国家级职业教育规划教材

人力资源和社会保障部职业能力建设司推荐

高等职业技术院校现代纺织技术专业任务驱动型教材

纺纱工艺设计

常涛 编著 魏雪梅 主审

图书在版编目(CIP)数据

纺纱工艺设计/常涛编著. —北京：中国劳动社会保障出版社，2010
ISBN 978－7－5045－8357－4

Ⅰ.①纺…　Ⅱ.①常…　Ⅲ.①纺纱-纺织工艺　Ⅳ.①TS104.2

中国版本图书馆 CIP 数据核字(2010)第 102035 号

中国劳动社会保障出版社出版发行

（北京市惠新东街 1 号　邮政编码：100029）

出 版 人：张梦欣

*

北京京华虎彩印刷有限公司印刷装订　　新华书店经销

787 毫米×1092 毫米　16 开本　19.5 印张　448 千字

2010 年 6 月第 1 版　　2010 年 6 月第 1 次印刷

定价：35.00 元

读者服务部电话：010－64929211

发行部电话：010－64927085

出版社网址：http://www.class.com.cn

内 容 简 介

本书为国家级职业教育规划教材，由人力资源和社会保障部职业能力建设司推荐。

本书根据高等职业技术院校教学实际，由人力资源和社会保障部教材办公室组织编写。主要内容包括：纯棉纱的工艺设计；化纤纱的工艺设计；混纺纱的工艺设计。

本书为高等职业技术院校纺织专业教材，也可作为成人高校、本科院校举办的二级职业技术学院和民办高校的纺织类专业教材，或作为自学用书。

本书由常涛编著，魏雪梅、周立娜审稿，魏雪梅主审。

目　录

模块一

纯棉纱的工艺设计

任务1　原料的选配

学习目标

1. 熟悉纺制纯棉纱所用原料的种类。
2. 熟练掌握配棉的方法。
3. 掌握原棉排包图的绘制方法。
4. 掌握原棉性能指标的计算方法。

任务引入

客户需要织造高档府绸的 JC9.8×2tex 纯棉精梳股线，要求纱线条干均匀、强力较高、棉结白星少、外观光洁，如图 1—1—1 所示。另外，客户要求原料中长绒棉占 35%，请确定配棉方案，并绘制排包图。

图 1—1—1　精梳股线

任务分析

客户需要的是纯棉精梳股线，并且对纱线的条干、强力、毛羽、外观都有具体的要求，因此，在选择原料时，应该按照客户的具体要求来选择原棉，并对原棉进行分类排队，计算混合棉的性能，最后绘制棉包的排包图。

相关知识

一、纺制纯棉纱所用原料的种类

纺制纯棉纱的原料品种主要有原棉与彩棉，其具体特点和用途见表1—1—1。

表1—1—1　　原棉品种

原棉品种		规格参数		适纺品种	产地
		手扯长度（mm）	马克隆值		
原棉	细绒棉	25～32	3.4～5.0	纯棉10 tex以上纱，或与棉型化纤混纺	中国
	长绒棉	35～45	3.0～3.8	纯棉10 tex以下纱，或特种工业用纱，或与化纤混纺	非洲，中国新疆、云南
	中绒棉	32～35	3.7～5.0	可用于纺织企业生产7～10 tex纱	中国新疆
彩棉	棕棉	26～28	3.4～4.2	彩棉10 tex以上纱	中国四川、湖南、甘肃、新疆
	绿棉	24～27	2.5～2.8		

二、原棉选配的依据

原棉选配的依据见表1—1—2。

表1—1—2　　原棉选配依据

纱线要求		原棉选配
成纱规格	特低与低线密度纱	色泽洁白、品级高、纤维细、长度长、杂质和有害疵点少、含短绒较少的原棉，混用部分长绒棉
	中高线密度纱	色泽正常、品级低、纤维略粗、长度略短、含短绒较多、杂质和有害疵点较多的原棉，可混用一些再用棉及低级棉
纺纱系统	精梳纱	色泽好、品级高、线密度适中、长度较长、整齐度略次、强度较高的原棉，部分使用长绒棉
	普梳纱	色泽一般、品级较低、线密度适中、长度一般、整齐度较好、强度中等的原棉，可混用一些再用棉及低级棉
纱线结构	单纱	色泽好、长度一般、强度较好、未成熟纤维和疵点较少、轧花质量稍好的原棉
	股线	色泽略次、长度一般、强度中等、未成熟纤维和疵点稍多、轧花质量稍差的原棉
用途	经纱	色泽略次、纤维较细长、整齐度较好、强度较高、成熟度适中的原棉
	纬纱	色泽好、线密度略高、长度略短、强度稍差、含杂质较少的原棉
	针织用纱	色泽乳白有丝光、纤维细长、整齐度好、短绒率低、成熟度正常、未成熟纤维和疵点少、轧花良好的原棉
	染色用纱	色泽较好、成熟度正常、含杂较少的原棉

续表

纱线要求	原 棉 选 配
强度大	色泽好、长度长、整齐度好、短纤维含量少、强度高、成熟度正常、手感富有弹性的原棉
条干不匀率小	纤维细且不匀率小、长度整齐度高、短绒少、棉结和带纤维籽屑少的原棉
棉结、杂质粒数少	成熟度正常、疵点少、回潮率低的原棉
外观光洁	长度整齐度较好，短绒含量较少，棉结、籽屑较少的原棉

三、原棉选配方法

目前我国棉纺企业使用较多的原棉选配方法是分类排队法。

1. 原棉分类

所谓原棉分类，就是根据原棉的特性和各种纱线的不同要求，把适合纺制某类纱的原棉划为一类，组成该种纱线的混合棉。原棉生产品种多，可分若干类。

在原棉分类时，先安排特低线密度纱和低线密度纱，后中线密度纱、高线密度纱；先安排重点产品，后安排一般或低档产品。具体分类时，还应考虑原棉资源、气候条件、机台性能、原棉性质差异等。

实例：山东某厂对原棉进行的分类见表 1—1—3。

表 1—1—3　　原 棉 分 类

JC7. 3 tex		JC9. 7 tex、JC11. 7 tex		JC18. 2 tex	
产地、批号	唛头	产地、批号	唛头	产地、批号	唛头
新疆 840104304	137	新疆阿克苏巨鹰	129	新疆 84010404	228
新疆 84011304	135	新疆兵团	229	新疆 84024204	228
新疆 84010904	136	三阳	329	新疆 8402204	229
新疆 8401504	236	宏宇	329	新疆 84024204	229
新疆 84011004	136	美棉	329	利津博源	328
新疆 84011304	136	澳棉	327	利津怡兴	329
新疆 84010104	137	美国 XVIV	328	三阳 30 批	329
		美国 CUCB5	328	三阳 34 批	329
				乌兹别克	328
				滨州惠滨	328

2. 原棉的排队

原棉的排队就是在分类的基础上将同一类原棉排成几个队，把地区、性质相近的排在一个队内，当一个批号的原棉用完后，用同一个队中的另一个批号的原棉接替上去，使混合棉的性质无显著变化，达到稳定生产和保证成纱质量的目的。为此，原棉在排队安排时应考虑如下因素。

（1）主体成分

一般在配棉成分中选择若干队性质基本相近的原棉作为主体成分。可以长度、线密度、地区三指标之一作为确定主体成分的指标。主体成分在总成分中应占 70% 以上，它是决定成纱质量的关键。

（2）队数与混用百分率

不同原棉混用百分率的高低与队数多少有关。在一个配棉成分表中，队数多则混用百分率可以低些；反之，队数少则混用百分率高。一般选用 4 ~ 6 队，每队原棉最大混用百分率控制在 25% 以内。对于原料品种少，批量也不大的企业，只能根据所进原料进行合理配棉。实际生产中，尤其是对单唛生产，必须以能达到客户的要求为前提。

（3）抽调接替

接替时应注意使混合棉的质量少变、慢变、勤调，注意采用取长补短、分段增减、交叉抵补的方法，从而保持混合棉性质相对稳定。抽调接替的方法为分段增减和交叉替补。

1）分段增减　分段增减就是把一次接批的成分分成两次或多次接批。例如，配棉成分为 25% 的某一个批号的原棉即将用完，需要由另一个批号的原棉来接替，但因这两个批号的原棉性质差异较大，如采取一次接批，就会造成混合棉性质突变，对生产不利。在这种情况下，可以考虑采用分段增减法接批，即在前一个批号的原棉还没有用完时，先用后一个批号的原棉换用 10%，等前一个批号用完后，再将后一个批号的原棉成分增加到 25%。根据原棉情况，也可分多段完成。

2）交叉抵补　若接批时某队原棉中接批原棉的某些性质较差，为了弥补，可在另一队原棉中选择一批在这些指标上较好的原棉同时接批，使混合棉的平均质量水平保持不变。此外，还应掌握同一天内接批的原棉批数，一般不超过两批，以百分比计，不宜超过 25%。

实例　山东某厂对各类原棉进行了如下排队，见表 1—1—4。

表 1—1—4　　原棉排队

JC7. 3 tex				JC9. 7 tex、JC11. 7 tex				JC18. 2 tex			
产地、批号	唛头	对号	成分（%）	产地、批号	唛头	对号	成分（%）	产地、批号	唛头	对号	成分（%）
新疆 840104304	137	1	15	新疆阿克苏巨鹰	129	1	6	新疆 84010404	228	1	28
新疆 84011304	135	2	13	新疆兵团	229	2	38	新疆 84024204	228		
新疆 84010904	136	3	25	三阳	329	3	30	新疆 8402204	229	2	13
新疆 8401504	236	4	10	宏宇	329			新疆 84024204	229		
新疆 84011004	136	5	25	美棉	329	4	9	利津博源	328	3	20
新疆 84011304	136			澳棉	327	5	4	利津怡兴	329	4	5
新疆 84010104	137	6	12	美国 XVIV	328	6	13	三阳 30 批	329	5	14
				美国 CUCB5	328			三阳 34 批	329		
								乌兹别克	328	6	17
								滨州惠滨	328	7	3

3. 原棉性质差异的控制

为了保证生产中配棉成分的稳定，避免原棉质量明显波动，关键是要控制好原棉性质差异；在正常情况下，原棉性质差异控制范围见表1—1—5。

表1—1—5　　原棉性质差异控制范围

控制内容	混合棉中原棉性质间差异	接批原棉性质差异	混合棉平均性质差异
产地	—	相同或接近	地区变动≤25%（针织纱≤15%）
品级	1~2级	1级	0.3级
长度	2~4 mm	2 mm	0.2~0.3 mm
含杂	1%~2%	含杂率≤1%，疵点接近	含杂率≤0.5%
线密度	0.15~0.2 dtex	0.12~0.15 dtex	0.02~0.06 dtex
断裂长度	1~2 km	接近	≤0.5 km

4. 回花和再用棉的使用

回花包括回卷、回条、粗纱头、皮辊花、细纱断头吸棉等，可以与混合棉混用，但混用量不宜超过5%。回花一般本支回用，但特低线密度纱、混纺纱的回花只能降级使用或利用回花专纺。

再用棉包括开清棉机的车肚花，梳棉机的车肚花、斩刀花和抄针花，精梳机的落棉等。再用棉的含杂率和短绒率都较高，一般经预处理后降级混用，精梳落棉在高线密度纱中可混用5%~20%，中线密度纱中可混用1%~5%。

四、纤维包排包图上机设计

1. 圆盘式抓包机纤维包排列

圆盘式抓包机纤维包排列台是相对于抓包机转台的圆环，如图1—1—2所示。由于抓取的打手绕中心作回转运动时，在指定的回转角度α内，中心内环弧长$A'B'$较外环AB短，因此，圆盘式抓包机打手抓取置于内环的一包纤维时，同时可抓取外环多包纤维，即置于内环的一包纤维可以均匀地混合到外环的多包纤维中去。

按照这个原理，排列纤维包时，少数包原料置于内环，而多包原料置于外环，各种原料沿着其放置层圆周均匀分布。这样就确保了抓取纤维的打手在抓取混合原料时，各种纤维混合的充分性与均匀性。

2. 往复式抓包机纤维包排列

往复式抓包机抓取纤维时，在两纤维包排列头尾会出现重复抓取的现象。打手对纤维的抓取采用窄带直线式抓取，故虽无须像圆盘式抓包机上纤维包排列那样麻烦，但必须考虑打手抓取的重复性。

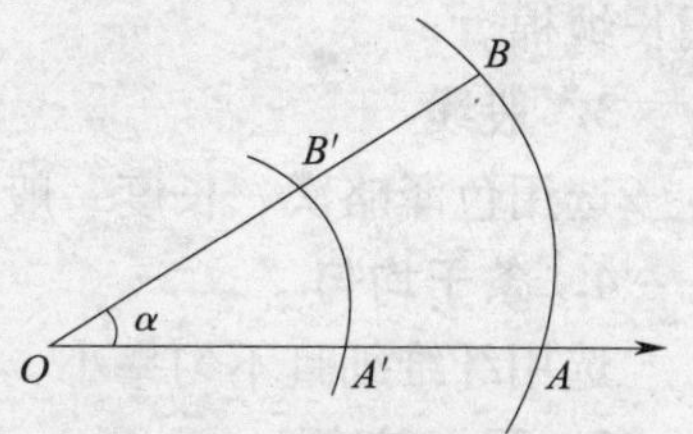

图1—1—2　圆盘式抓包机抓取纤维过程图

按打手往复抓取的纤维顺序，将各纤维包绘制在一个圆圈内，如果各种原料沿着圆周排列是均匀的，则可以认为，此种纤维包排列是合理的。实际操作时，先绘制一个圆圈，然后画一水平线平分圆周，接着将所需排列的各种纤维包排在上半圆周，后将上半周的各种纤维包以水平线为对称中心对称排在下半圆周上，这样，整个圆周上各种原料的纤维包排列，可实现打手往复抓取各种纤维原料一次，如图 1—1—3 所示。如果在整个圆周上，各种成分的纤维包沿圆周的排列是均匀分散的，则纤维包排列是合理的。

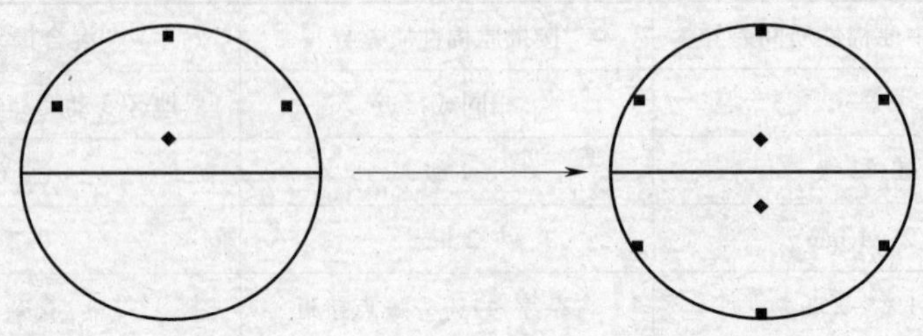

图 1—1—3 往复式抓包机纤维包排列示意图

五、混合体性能指标的计算

配棉时的混合棉称混合体，混合体的各项性能指标以混合体中各原料的性能指标及其重量百分比加权平均计算，参见下式：

$$X = X_1A_1 + X_2A_2 + \cdots + X_nA_n = \sum_{i=1}^{n} X_iA_i$$

式中 X——混合体的某项性能指标；

X_i——第 i 种纤维的某项性能指标；

A_i——第 i 种纤维的混用质量百分率。

任务实施

一、原棉选择

根据客户的订单，把对纱线的具体要求分解如下：

1. JC9. 8tex

属于特低线密度纱，应选用色泽洁白、品级高、纤维细、长度长、杂质和有害疵点少、含短绒较少的原棉，混用部分长绒棉。

2. 精梳

选用色泽好、品级高、线密度适中、长度较长、整齐度略次、强度较高的原棉，部分使用长绒棉。

3. 股线

选用色泽略次、长度一般、强度中等、未成熟纤维和疵点稍多、轧花质量稍差的原棉。

4. 条干均匀

选用纤维细且不匀率小、长度整齐度高、短绒少、棉结和带纤维籽屑少的原棉。

5. 强力较高

选用色泽好、长度长、整齐度好、短纤维含量少、强度高、成熟度正常、手感富有弹性的原棉。

6. 棉结白星少

选用成熟度正常、疵点少、回潮率低的原棉。

7. 外观光洁

选用长度整齐度较好，短绒含量较少，棉结、籽屑较少的原棉。

综合以上客户对JC9.8×2 tex纯棉精梳股线的具体要求，可以选择色泽洁白、品级较高、纤维较细、长度长、长度整齐度较好、短纤维含量少、强度较高、成熟度正常、棉结和籽屑较少、回潮率正常的原棉，并混用一定比例的长绒棉，以保证成纱强力、改善条干均匀度。

二、配棉

在实际生产中，纺纱厂都是根据购进原棉情况，结合所纺纱线按照分类排队法进行配棉的。

山东某纺纱厂在对原棉分类的基础上选择了纺制JC9.8×2 tex纯棉精梳股线的原棉，并充分考虑客户的要求，重点关注纱线强力、棉结、外观，因此，在配棉时对强力较高、短绒含量较少、含杂较低的原棉配备较多。具体配棉如下：

由于客户要求长绒棉占35%，因此在选取时，仅剩余65%的细绒棉，3队平均约各占22%。根据客户对强力、棉结的特殊要求，单纤维强力（即强力）比较大的原棉比例应略大些。例如第3队，其强力为4.63 cN，短绒含量只有10.2%，其混用比可为20%~30%，考虑原棉库存充足，最终选用30%；第2队，其强力为4.55 cN，主体长度为28.1 mm，其混用比可为15%~25%，最终选用20%。对于第1队，其等级比较低，只有三级，色泽略差，短绒含量较多，达12.1%，含杂较多，达到2%，这些都会影响到产品的质量，但其强力较高，品质长度也较长，因此，其混用比可为15%~20%，最终选用15%，这样既能提高产品的强力，又能降低产品的成本。最终配棉见表1—1—6。

表1—1—6　　配棉表

队别	产地	品级	成分（%）	主体长度（mm）	品质长度（mm）	线密度（dtex）	成熟度	强力（cN）	短绒（%）	含杂（%）
1	河南	329	15	27.2	30.8	1.70	1.74	4.83	12.1	2.0
2	山东	229	20	28.1	30.6	1.76	1.79	4.55	11.6	1.8
3	新疆	229	30	28.0	30.3	1.71	1.75	4.63	10.2	1.6
4	新疆	137	35	36.4	39.7	1.38	1.82	4.76	9.3	1.2
混合棉		1.80		30.84	33.725	1.603	1.781	4.689 5	10.45	1.56

综上所述，每个企业在选配原棉时，都是根据客户要求、原料储备、成本核算等因素综合考虑后进行的。

三、混合棉的性能指标

品级=3×15%+2×20%+2×30%+1×35%=1.80

主体长度=27.2 mm×15%+28.1 mm×20%+28.0 mm×30%+36.4 mm×35%

=30. 84 mm

品质长度 =30. 8 mm ×15% +30. 6 mm ×20% +30. 3 mm ×30% +39. 7 mm ×35%

=33. 725 mm

线密度 =1. 70 dtex ×15% +1. 76 dtex ×20% +1. 71 dtex ×30% +1. 38 dtex ×35%

=1. 603 dtex

成熟度 =1. 74 ×15% +1. 79 ×20% +1. 75 ×30% +1. 82 ×35% =1. 781

强力 =4. 83 cN ×15% +4. 55 cN ×20% +4. 63 cN ×30% +4. 76 cN ×35% =4. 689 5 cN

短绒 =12. 1% ×15% +11. 6% ×20% +10. 2% ×30% +9. 3% ×35% =10. 45%

含杂 =2. 0% ×15% +1. 8% ×20% +1. 6% ×30% +1. 2% ×35% =1. 56%

四、纤维包排包图上机设计

在圆盘式抓包机上，纤维包在内、外墙板间排列成内、外两环。按照混合棉的混合比例，1 队排 3 包、2 队排 4 包、3 队排 6 包、4 队排 7 包，共计 20 包，具体排列如图 1—1—4 所示。

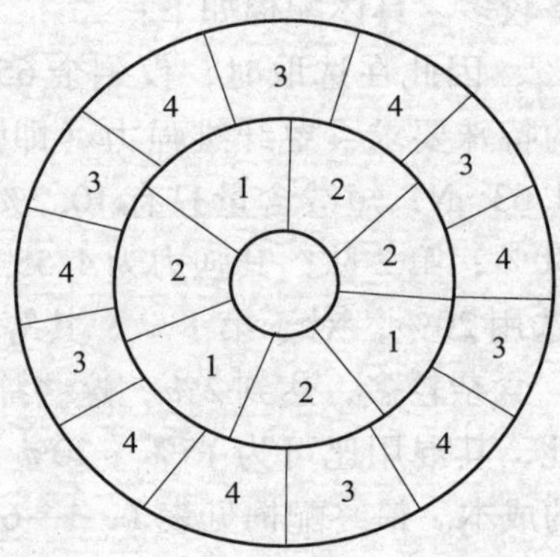

图 1—1—4　纤维包上机排包图

考核评价

考核评分见表 1—1—7。

表 1—1—7　　考核评分表

项目	分值				得分
原棉的选择	20（按照要求选择，少一项扣 2 分）				
配棉表	20（按照规范列出表格，少一项扣 2 分）				
混合棉指标计算	30（按照公式进行计算，错一项扣 5 分）				
纤维包排包图	30（按照混合原理排列纤维包，排错一包扣 2 分）				
书写、打印规范	书写有错误一次倒扣 4 分，格式错误倒扣 5 分，最多不超过 20 分				
姓名		班级		学号	总得分

思考与练习

1. 针织用 JC14.5 tex 纱，要求纱的条干均匀、粗细节少、强力较高、结杂少、毛羽少。请根据要求选配原棉。

2. 高档贡缎用 JC7.5×2 tex 精梳股线，要求纱线的条干均匀、强力高、毛羽少、外观光洁。请根据要求选配原棉。

3. 高级府绸用 JC4.9×3 tex 精梳股线，要求纱线的条干均匀、强力高、纱条光洁。请根据要求选配原棉。

知识拓展

一、新型棉纤维

1. 兔毛角蛋白转基因棉

兔毛角蛋白转基因棉是将从兔毛身上分离的（人工构建、合成的）兔毛角蛋白基因，利用我国独创的花粉管通道法导入抗虫棉中，形成一种新型棉纤维。与普通棉纤维相比，其纤维绒的长度增加了 3 mm，整齐度增加了 2.1%，断裂强度也有所增加，产品色泽似兔毛般光亮，手感柔软，弹性好。

2. 无土育苗棉

无土育苗棉是指先无土育苗后，由棉农将其移栽到大田。由于起苗快、促发早、抗病害、成活率高，棉花产量可提高 20%。棉花的统一供种解决了棉花品种多、乱、杂以及种子市场混乱、不易管理的问题，使棉花的产量、质量均有提高。

3. 天然有机棉

在棉花种植过程中，采用有机耕作，施用有机肥，对棉铃虫害采用生态防治方法，尽量少用或不用农药和化肥，以保证收获的棉花是不含毒害物质的绿色有机棉。

4. 天然“不皱棉”

将“PHB”聚合物的细菌基因导入棉花的细胞，生产出来的棉花即为带有外源基因的“不皱棉花”。这种棉花保留了棉花原有的吸水、柔软等特性，但其保温性、强度、抗皱性均高于普通棉纤维，用其制成的衬衫可免烫，且消除了含有大量甲醛的抗皱剂对人体健康的影响。

二、原棉选配的目的

1. 保持生产和成纱质量相对稳定

保持原棉性质相对稳定是保持生产和成纱质量相对稳定的一个重要条件。如果采用单一唛头纺纱，当一批原棉用完后，必须调换另一批原棉来接替使用（称接批），这样，次数频繁、大幅度地调换原料，势必造成生产和成纱质量的波动。如果采用多种原料搭配使用，只要配合得当，就能保持混合棉性质的相对稳定，从而使生产过程及成纱质量也保持相对稳定。

2. 合理使用原棉，满足纱线质量要求

由于纱线线密度和用途不同，对纱线质量和特性的要求也不同，加之纺纱工艺各有特点，因此，各种纱线对使用原棉的质量要求也不一样。另外，棉纺厂储存的原棉数量有多有少，质量有高有低，采用混合棉纺纱，可充分利用各种原棉的特性，取长补短，以满足纱线质量的要求。

3. 节约用棉，降低成本

配棉要从经济效益出发，控制配棉单价和吨纱用棉量，力求节约用棉，降低成本。例如，在纤维长度较短的混合棉中适当混用一些长度较长的低级棉，或在纤维线密度大的混合棉中混用少量线密度较小、成熟度较差的低级棉，不仅不会降低成纱质量，相反可使成纱强度有一定程度的提高。对于纺纱过程中产生的一部分回花、再用棉，可按配棉技术以一定比例回用或降级使用，也可收到降低成本、节约用棉的效果。

任务2　纱线性能的预测

学习目标

能根据所选的原料性能预测出所纺纱线的主要性能。

任务引入

在任务1中所选用的原棉性能指标见表1—2—1，试预测所纺纱线的性能。

表1—2—1　原棉性能指标

指标	品级	含杂率（%）	线密度（dtex）	成熟度
数值	1.80	1.56	1.603	1.781
指标	强力（cN）	主体长度（mm）	品质长度（mm）	短绒（%）
数值	4.689 5	30.84	33.725	10.45

任务分析

为合理利用原棉，节约成本，提高纱线质量，并纺制出客户满意的纱线，需要在纺纱前预测纱线的性能。通常情况下，我们需要预测纱线的最小线密度、细纱相对强度、强力不匀率和条干均匀度。

任务实施

一、原料能纺制细纱的最小线密度

1. 原料能纺制细纱的最小线密度经验预测公式

所谓纤维可纺最小线密度，是指单位质量（1 kg）的原棉所能纺出的单纱最小线密度，亦即最大的成纱长度。为合理利用原棉，提高原棉加工深度，节约成本，在客观上需提供一个参考数值。以往的研究结果表明，细纱的最小线密度 T_{min} 可以按下面的经验公式进行预测：

$$T_{min} = \left(\frac{0.0838\sqrt{T_B} - 0.5/R_f sk\eta}{1 - 0.0375H_0 - a/R_f sk\eta}\right)^2 \times 10^3$$

式中　T_B——棉纤维的线密度，tex；

R_f——棉纤维断裂强度，cN/tex，$R_f = \frac{P}{T_B}$；

P——棉纤维平均断裂强力，即强力，cN；

s——由纤维品质长度确定的系数，$s = 1 - \frac{5}{L_{mT}}$；

L_{mT}——棉纤维品质长度，mm；

a——棉纤维品级系数，优、一、二级原棉对应的 a 值分别为 21.6，20.5，19.5；

η——设备状态系数，一般为 0.95～1.1，正常状态时为 1；

k——细纱实际捻系数 α 与临界捻系数 α_T 的差异系数，一般为 0.9～1.1；

H_0——由纺纱工艺确定的质量系数，精梳纱为 3.5～4.0，普梳纱为 4.5～5.0。

2. 根据表1—2—1预测所选原棉能否纺制线密度为9.8 tex的纱

$$T_B = 1.603\ \text{dtex} = 0.1603\ \text{tex},$$

$$R_f = \frac{P}{T_B} = \frac{4.6895\ \text{cN}}{0.1603\ \text{tex}} = 29.2545\ \text{cN/tex},$$

$$s = 1 - \frac{5}{L_{mT}} = 1 - \frac{5}{33.725} = 0.8517,$$

k 选 1，η 选 1.1，a 选 19.5，H_0 选 3.5，则：

$$T_{min} = \left(\frac{0.0838\sqrt{0.1603} - \dfrac{0.5}{29.2545 \times 0.8517 \times 1 \times 1.1}}{1 - 0.0375 \times 3.5 - \dfrac{19.5}{29.2545 \times 0.8517 \times 1 \times 1.1}}\right)^2 \times 10^3 = 9.475\ \text{tex}$$

因此，所选原棉可以纺制 JC9.8 tex 纯棉精梳纱。

二、细纱相对强度的预测

1. 细纱相对强度的预测公式

细纱相对强度是考核细纱质量的重要指标之一，目前用于计算环锭纺棉纱强度的方法主要有希尔顿公式和索洛维耶夫公式。

（1）按希尔顿公式估算细纱相对强度

$$S_1 = \frac{3.91K(1.76L_m - 0.01N_e - 0.48)}{N_e N_t}$$

式中 S_1——单纱相对强度，cN/tex；

L_m——纤维的主体长度，in；

N_e——纱线的英制支数；

N_t——单纱线密度，tex；

K——由纺纱工艺确定的系数，普梳纱为1 800，精梳纱为1 950。

上面公式考虑了纤维长度，细纱线密度以及纺纱工艺对成纱强度的影响，但没有考虑纤维强力、线密度、单纱捻系数和设备状态对成纱强度的影响。

（2）按索洛维耶夫公式估算细纱相对强度

$$S_2 = \frac{P}{T_B}(1 - 0.0375H_0 - 2.65/\sqrt{T/T_B})\left(1 - \frac{5}{L_{mT}}\right)k\eta\lambda$$

式中 S_2——细纱的相对强度，cN/tex；

P——纤维的平均断裂强力，cN；

H_0——由纺纱工艺确定的质量系数，精梳纱为3.5~4.0，普梳纱为4.5~5.0；

T，T_B——分别为细纱和纤维的线密度，tex；

L_{mT}——纤维的品质长度，mm；

k——实际捻系数与临界捻系数的差异系数，一般为0.9~1.1；

η——设备状态系数，一般为0.95~1.1，正常状况为1；

λ——细纱强度增值系数，一般为1.15~1.20。

按索洛维耶夫公式估算细纱相对强度，比较全面地考虑了影响细纱强力的诸多因素。

2. 根据表1—2—1预测JC9.8 tex纱相对强度

（1）按希尔顿公式预测

由表1—2—1可知 $L_m = \frac{30.84}{25.4} = 1.2142$ in，$N_e = \frac{583.0}{9.8} = 59.49$，

N_t 为9.8 tex，K 为1 950。

则
$$S_1 = \frac{3.91K(1.76L_m - 0.01N_e - 0.48)}{N_e N_t}$$
$$= \frac{3.91 \times 1950 \times (1.76 \times 1.2142 - 0.01 \times 59.49 - 0.48)}{59.49 \times 9.8}$$
$$= 13.89 \text{ cN/tex}$$

（2）按索洛维耶夫公式预测

由表1—2—1可知：$T_B = 1.603$ dtex $= 0.1603$ tex，P 为4.689 5 cN，L_{mT} 为33.725 mm，

T 为9.8 tex，H_0 选3.5，k 选0.95，η 选1，λ 选1.15。

则
$$S_2 = \frac{P}{T_B}(1 - 0.0375H_0 - 2.65/\sqrt{T/T_B})\left(1 - \frac{5}{L_{mT}}\right)k\eta\lambda$$
$$= \frac{4.6895}{0.1603}(1 - 0.0375 \times 3.5 - 2.65/\sqrt{9.8/0.1603})(1 - \frac{5}{33.725}) \times 0.95 \times 1 \times 1.15$$
$$= 14.42 \text{ cN/tex}$$

三、细纱强力不匀率的预测

1. 细纱强力不匀率的预测公式

影响细纱强力不匀率的因素主要有纺纱工艺、纤维线密度、成纱线密度及设备工艺条件。

生产实践表明，细纱工序的设备精度与准确性，以及工艺的合理性是影响细纱单强不匀的最大因素。细纱强力不匀率估算的经验公式为：

$$S_P = \left(H + \frac{70.2}{\sqrt{T/T_B}}\right) \times \varepsilon$$

式中　S_P——细纱强力不匀率，$CV\%$；

H——由纺纱工艺确定的质量系数，精梳纱 3.5～4，普梳纱 4.5～5；

T——细纱的线密度，tex；

T_B——纤维的线密度，tex；

ε——设备工艺系数，一般为 0.80～0.90，设备良好、工艺合理时取 0.80。

2. 根据表 1—2—1，预测 JC9.8 tex 纱的强力不匀率

由表 1—2—1 可知：$T_B = 1.603$ dtex $= 0.1603$ tex，T 为 9.8 tex，H 选 3.5，ε 选 0.80。

则：$S_P = \left(H + \frac{70.2}{\sqrt{T/T_B}}\right) \times \varepsilon = \left(3.5 + \frac{70.2}{\sqrt{9.8/0.1603}}\right) \times 0.80 = 9.98$

四、细纱条干均匀度的预测

1. 细纱条干均匀度的预测公式

细纱条干不匀主要表现为成纱截面积不匀，它也是衡量细纱质量的主要指标之一。当细纱线密度一定时，细纱截面中的纤维根数须视纤维的线密度而定，纤维越细，细纱截面中的纤维根数越多，细纱也越均匀，不匀率也越小。

纤维在理想产品中是按泊松规律分布的，细纱截面积均方差变异系数 Cr（%）的估算方法为：

$$Cr = \frac{K}{\sqrt{T/T_B}} \times 100\%$$

式中　T——细纱的线密度，tex；

T_B——纤维的线密度，tex；

K——根据棉纤维截面积均方差变异系数而定的系数，通常取 $K = 1.16$。

2. 根据表 1—2—1，预测 JC9.8 tex 纱的条干均匀度

由表 1—2—1 可知：$T_B = 1.603$ dtex $= 0.1603$ tex，T 为 9.8 tex，K 为 1.16。

则

$$Cr = \frac{K}{\sqrt{T/T_B}} \times 100\% = \frac{1.16}{\sqrt{9.8/0.1603}} \times 100\% = 14.84\%$$

通过对纱线性能的预测，目前使用的纤维能够满足客户对成纱的质量要求，可以使用目前纤维进行纺纱。

若通过对纱线性能的预测，目前使用的纤维不能满足客户对成纱的质量要求，则必须更换纤维原料，直到达到要求为止。

考核评价

考核评分见表1—2—2。

表1—2—2　　考核评分表

项目	分值				得分	
最小线密度的计算	20（按照公式进行计算，错一处扣5分）					
相对强度的预测	30（按照公式进行计算，错一处扣5分）					
强力不匀率预测	20（按照公式进行计算，错一处扣5分）					
条干均匀度预测	30（按照公式进行计算，错一处扣5分）					
书写、打印规范	书写有错误一次倒扣4分，格式错误倒扣5分，最多不超过20分					
姓名		班级		学号	总得分	

思考与练习

1. JC14.5 tex 纱的性能预测。
2. JC7.5 tex 纱的性能预测。
3. JC4.9 tex 纱的性能预测。

知识拓展

棉纤维的成熟度、线密度、长度、强度、整齐度、含水量、杂质和疵点等各项品质指标与成纱质量的关系甚为密切。从某种程度来讲，原棉的特点和性能，是决定和选择合理工艺的主要依据，是决定和影响成纱质量的重要因素。

1. 棉纤维的成熟度对纱线质量的影响

棉纤维的成熟度是原棉品质的一项综合指标。棉纤维的强力、线密度、色泽、柔软性、弹性、转曲度、吸湿性、疵点、含杂率、染色能力等都在很大程度上取决于纤维的成熟度。

不同的成熟度对纱线强度、纱线耐磨性和染色性能的影响比较明显。

成熟度中等的棉纤维，由于纤维较细，成纱截面内的纤维根数多，纤维间的抱合好，纤维间滑脱机会少，因而成纱强度高。

成熟度过低的棉纤维成纱强度不高；成熟度过高的棉纤维偏粗，成纱截面内的纤维根数少，纤维间的抱合差，成纱强度亦低。

成熟度高的棉纤维在加工成织物后，耐磨性较好，吸色性好，织物染色均匀。

2. 棉纤维的长度对纱线质量的影响

在其他条件相同时，纤维越长，成纱质量越好。这是由于棉纤维长度越长，成纱强度越高，且由于棉纤维的长度一般较短，其长度对成纱强度的影响更为显著。但棉纤维短绒率高时，会使成纱强度显著下降。在保证成纱具有一定强度的前提下，棉纤维长度越长，纺出纱的极限线密度越小，各种长度棉纤维的纺纱线密度有一个极限值，表 1—2—3 为常用的棉纤维纺纱用长度范围。纤维长度越长，整齐度越高，则细纱条干越好，表面光洁，毛羽也少。

表 1—2—3 常用的棉纤维纺用长度范围

类别	特细号纱	细号纱	中号纱	粗号纱
线密度	10 tex 及以下	11 ~ 20 tex	21 ~ 30 tex	32 tex 及以上
棉纤维长度	31 mm 以上	28. 5 ~ 30. 5 mm	26 ~ 29 mm	25 ~ 27 mm

3. 棉纤维的线密度对纱线质量的影响

其他条件不变时，纤维越细，成纱强度越高，成纱条干不匀率越低，但刚度越差，不宜做起绒纱。

4. 棉纤维的强度对纱线质量的影响

在其他条件相同时，纤维强度越高，成纱的强度越高。但当棉纤维强力增高到一定限度时，由于纤维特数增加，成纱强力不再显著上升。

5. 原棉的杂质和疵点对纱线质量的影响

原棉中存在的杂质和疵点，既影响用棉量，又影响纱线质量，特别是细小疵点对纱线质量影响更大。粗大杂质易排除，而细小杂质部分会残留在纱条中或附着在纱条上，使条干恶化，断头增加，成纱结杂增多。

任务 3 纺纱工艺设备的确定

学习目标

1. 能确定纺纱工艺流程。
2. 能选择纯棉纺纱的设备。

任务引入

原料选配后，根据精梳工艺流程选择合适的设备。表 1—3—1 列出了部分棉纺设备的型号。

表 1—3—1　　部分棉纺设备型号

<table>
<tr><th colspan="2">设备类型</th><th>设 备 型 号</th></tr>
<tr><td rowspan="5">开清棉</td><td>抓棉机</td><td>FA1001 型圆盘抓棉机、FA002 型圆盘抓棉机、FA009 型往复式抓棉机</td></tr>
<tr><td>混棉机</td><td>FA016A 型自动混棉机、FA029 型多仓混棉机、FA022－6 型多仓混棉机、FA022－8 型多仓混棉机</td></tr>
<tr><td>开棉机</td><td>FA105A1 型单轴流开棉机、FA103 型双轴流开棉机、FA103A 型双轴流开棉机、FA116－165 型主除杂机、FA1112 型精开棉机、FA106 型豪猪开棉机、FA106A 型梳针滚筒开棉机、FA106B 型锯片打手开棉机</td></tr>
<tr><td>给棉机</td><td>FA1131 型振动式给棉机、FA046A 型振动式给棉机、FA045A 型双棉箱给棉机</td></tr>
<tr><td>成卷机</td><td>FA1141 型成卷机、FA141 型单打手成卷机、FA141A 型单打手成卷机</td></tr>
<tr><td colspan="2">清梳联</td><td>青岛纺织机械股份有限公司清梳联、郑州纺织机械股份有限公司清梳联
德国特吕茨勒清梳联、Crosrol 清梳联</td></tr>
<tr><td colspan="2">梳棉</td><td>DK903 型梳棉机、FA224 型梳棉机、FA201 型梳棉机</td></tr>
<tr><td rowspan="4">精梳准备</td><td>并条机</td><td>SB－D11 型并条机、FA311 型并条机、FA306 型并条机</td></tr>
<tr><td>条卷机</td><td>SXF1338 型条卷机、E2/4a 型条卷机</td></tr>
<tr><td>并卷机</td><td>SXF1348 型并卷机、E4/1a 型并卷机</td></tr>
<tr><td>条并卷联合机</td><td>HXFA368 型条并卷联合机、E32 型条并卷联合机、FA356A 型条并卷联合机</td></tr>
<tr><td colspan="2">精梳</td><td>E76 型精梳机、E7/5 型精梳机、E62 型精梳机、FA266 型精梳机</td></tr>
<tr><td colspan="2">并条</td><td>RSB－D40 型自调匀整并条机、D0/2 型并条机、FA322 型并条机、FA326A 型并条机</td></tr>
<tr><td colspan="2">粗纱</td><td>FA458A 型悬锭粗纱机、F1/1a 型粗纱机、FA421A 型粗纱机、TJFA458A 型粗纱机</td></tr>
<tr><td colspan="2">细纱</td><td>G35 型环锭细纱机、G5/1 型细纱机、EJM128K 型细纱机、FA506 型细纱机</td></tr>
<tr><td colspan="2">络筒</td><td>萨维奥 XCL 自动络筒机、AUTOCONER338 自动络筒机、ORION 自动络筒机、ESPERO－M/L 型自动络筒机</td></tr>
<tr><td colspan="2">并纱</td><td>TSB36 型并纱机、村田 NO. 23 型并纱机、FA703 型并纱机</td></tr>
<tr><td rowspan="2">捻线</td><td>捻线机</td><td>FA721－75A 型环锭捻线机</td></tr>
<tr><td>倍捻机</td><td>YF1702 型电锭棉纺倍捻机、村田 NO363－Ⅱ型倍捻机、EJP834－165 型倍捻机</td></tr>
</table>

任务分析

由于纺纱设备类型比较多，通常企业是根据自己的设备情况选择精梳工艺流程及机型的。精梳工艺流程有以下两种：

（1）开清棉→梳棉→精梳准备→精梳→并条→粗纱→细纱→络筒→并纱→捻线。

（2）清梳联→精梳准备→精梳→并条→粗纱→细纱→络筒→并纱→捻线。

相关知识

一、开清棉工序

1. 选择依据

（1）贯彻“多包细抓、多仓混合、成分正确、多松少打、先松后打、松打交替、早落少碎、杂除两头（粗杂、微尘及黏附性杂质）、清梳联结、多项自动、防火防爆、棉卷均匀、结构良好”等工艺原则。

（2）合理配置棉箱机械，为使各种不同成分的原料混合良好，并使棉层纵横向结构均匀或输出均匀的纤维流，在进行单机组合时，必须交替安排2~3台棉箱机械。

（3）配置多仓混棉机更能提高混合效果，使染色均匀。

（4）合理配置开清点数量，以适应含杂疵率不同的原料。不同原料含杂疵率与开清点数量见表1—3—2。

表1—3—2　原棉含杂率和开清点数量

原棉含杂率（%）	3以下	3~5	5以上
开清点数量（个）	2	3	4或经预处理

（5）合理选择打手形式和打击方式，从自由状态打击到握持状态打击，以符合逐步开松的原则，使开松由缓和到剧烈，减少纤维损伤。

2. 开清棉组合实例

开清棉机械一般由抓棉机械、混棉机械、开棉机械、配棉器、清棉机或清梳联合机等组成。

（1）开清棉联合机

1）加工纯棉的开清棉联合机工艺流程一（青岛纺织机械股份有限公司），如图1—3—1所示：

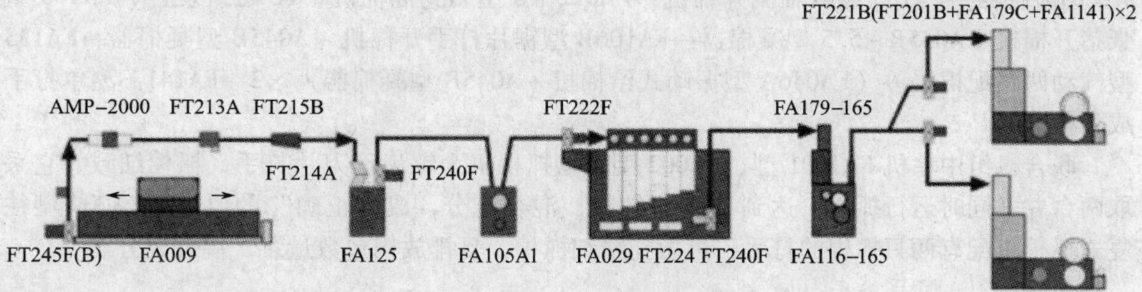

图1—3—1　加工纯棉的开清棉联合机工艺流程一

FA009 型往复式抓棉机→FT245F（B）型输棉风机→AMP－2000 型火星金属探除器→FT213A 型三通摇板阀→FT215B 型微尘分流器→FT214A 型桥式磁铁→FA125 型重物分离器→FT240F 型输棉风机→FA105A1 型单轴流开棉机→FT222F 型输棉风机→FA029 型多仓混棉机→FT224 型弧型磁铁→FT240F 型输棉风机→FA179－165 型喂棉箱→FA116－165 型主除杂机→FT221B 型两路分配器→（FT201B 型输棉风机＋FA179C 型喂棉箱＋FA1141 型成卷机）×2。

2）加工纯棉的开清棉联合机工艺流程二（青岛纺织机械股份有限公司），如图 1—3—2 所示：

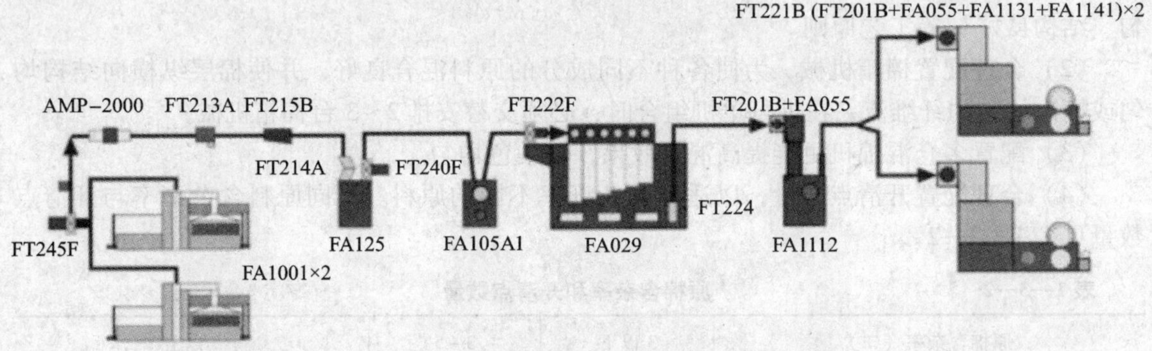

图 1—3—2　加工纯棉的开清棉联合机工艺流程二

FA1001 型圆盘抓棉机×2→FT245F 型输棉风机→AMP－2000 型火星金属探除器→FT213A 型三通摇板阀→FT215B 型微尘分流器→FT214A 型桥式磁铁→FA125 型重物分离器→FT240F 型输棉风机→FA105A1 型单轴流开棉机→FT222F 型输棉风机→FA029 型多仓混棉机→FT224 型弧型磁铁→FT201B 型输棉风机→FA055 型立式纤维分离器→FA1112 型精开棉机→FT221B 型两路分配器→（FT201B 型输棉风机＋ FA055 型立式纤维分离器＋FA1131 型振动式给棉机＋FA1141 型成卷机）×2。

3）加工纯棉的开清棉联合机工艺流程三（郑州纺织机械股份有限公司），如图 1—3—3 所示：

FA002 型圆盘抓棉机×2→FA121 型除金属杂质装置→FA016A 型自动混棉机＋A045B－5.5 型凝棉器→FA103 型双轴流开棉机→FA022－8 型多仓混棉机＋TF 磁铁装置→FA106 型豪猪开棉机＋A045B－5.5 型凝棉器→FA106B 型锯片打手开棉机＋A045B 型凝棉器→FA133 型气动两路配棉器→（FA046A 型振动式给棉机＋A045B 型凝棉器）×2→FA141A 型单打手成卷机×2。

联合机组中单机 FA1001 型、FA002 型圆盘抓棉机为锯齿形刀片打手，抓棉细致，它采取两台并联同时运行抓棉，达到“多包细抓，混合充分，成分正确”的要求；FA009 型往复式抓棉机配有两只抓棉的打手，可做到精细抓棉，且排放棉包数量多，混合充分。

多仓混棉机仓数多，容量大，混合时延时长，故混合充分，效果显著。

开棉机采用角钉式辊筒、锯齿辊筒、圆盘矩形刀片、圆盘锯齿刀片、梳针滚筒、梳针打手、鼻形打手等，达到“梳打结合、以梳代打、开松精细、落杂充分、早落少碎”的目的。轴流开棉机属于自由打击，纤维损伤少，杂质不易被打碎。

振动式给棉机的天平调节装置或 SYH301 型自调匀整装置具有良好的混匀作用，有利于控制棉层的纵、横向均匀度，使棉卷结构良好。

除金属杂质、桥式磁铁、硬物排除、火星排除等装置可有效地防火防爆，保证安全生产。

(2) 清梳联合机

1) 国产加工纯棉的清梳联工艺流程一（青岛纺织机械股份有限公司），如图 1—3—4 所示：

FA009 型往复式抓棉机→ FT245FB 型输棉风机→AMP－2000 型火星金属探除器→FA213A 型三通摇板阀→ FT215B 型微尘分流器→FT214A 型桥式磁铁→FA125 型重物分离器→FT240F 型输棉风机→FA105A1 型单轴流开棉机→FT222F 型输棉风机→FA029 型多仓混棉机→FT224 型弧型磁铁→ FT240F 型输棉风机→FA179 型喂棉箱→ FA116 型主除杂机→ FA156 型除微尘机→ FA201B 型输棉风机→119AⅡ型火星探除器→ FT240F 型输棉风机→FA301B 型连续喂给控制器→（FT024A 型自调匀整器＋JWF1171 型喂棉箱＋FA203A 型梳棉机）×6。

2) 国产加工纯棉的清梳联工艺流程二（郑州纺织机械股份有限公司），如图 1—3—5 所示：

FA006 型往复式抓棉机→ TF27 型桥式磁铁→ ANT－2000 型安谱火星探测器→A045B5.5 型高架凝棉器→ TF30 型重物分离器→ FA103 型双轴流开棉机→ FA028－160 型六仓混棉机（TF27 型桥式磁铁）→FA109－160 型三辊筒清棉机→ FA151 型除微尘机（FT202 型排压风机）→ ANT－2000 型安谱火星探测器→ FT202B 型配棉风机→ FA177A 型清梳联喂棉箱×10 →FA221B 型梳棉机＋FT025 型自调匀整器×10。

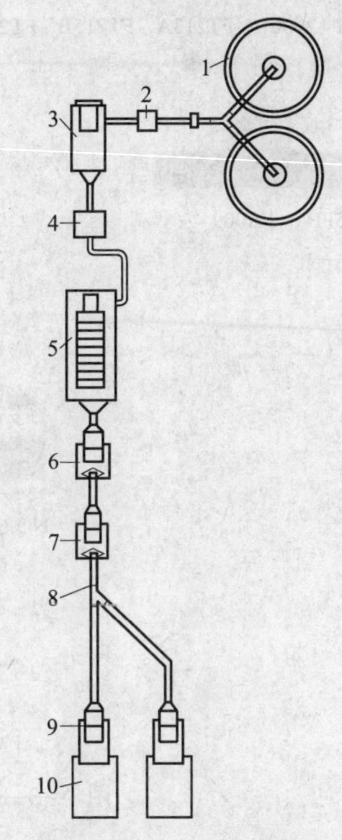

图 1—3—3 加工纯棉的开清棉联合机工艺流程三
1—FA002 型圆盘抓棉机
2—FA121 型除金属杂质装置
3—FA016A 型自动混棉机及 A045B－5.5 型凝棉器
4—FA103 型双轴流开棉机
5—FA022－8 型多仓混棉机及 TF 磁铁装置
6—FA106 型豪猪开棉机及 A045B－5.5 型凝棉器
7—FA106B 型锯片打手开棉机及 A045B 型凝棉器
8—FA133 型气动两路配棉器
9—FA046A 型振动式给棉机及 A045B 型凝棉器
10—FA141A 型单打手成卷机

3) 德国特吕茨勒清梳联工艺流程如图 1—3—6 所示：

BDT019 型全自动往复式抓棉机→MFC 型双轴流开棉机→SCB 型金属火花探测器→MCM6 型六仓混棉机×2→CXL4 型精清棉机×2→SCFO 型异纤分离器×2→DK903 型梳棉机×10。

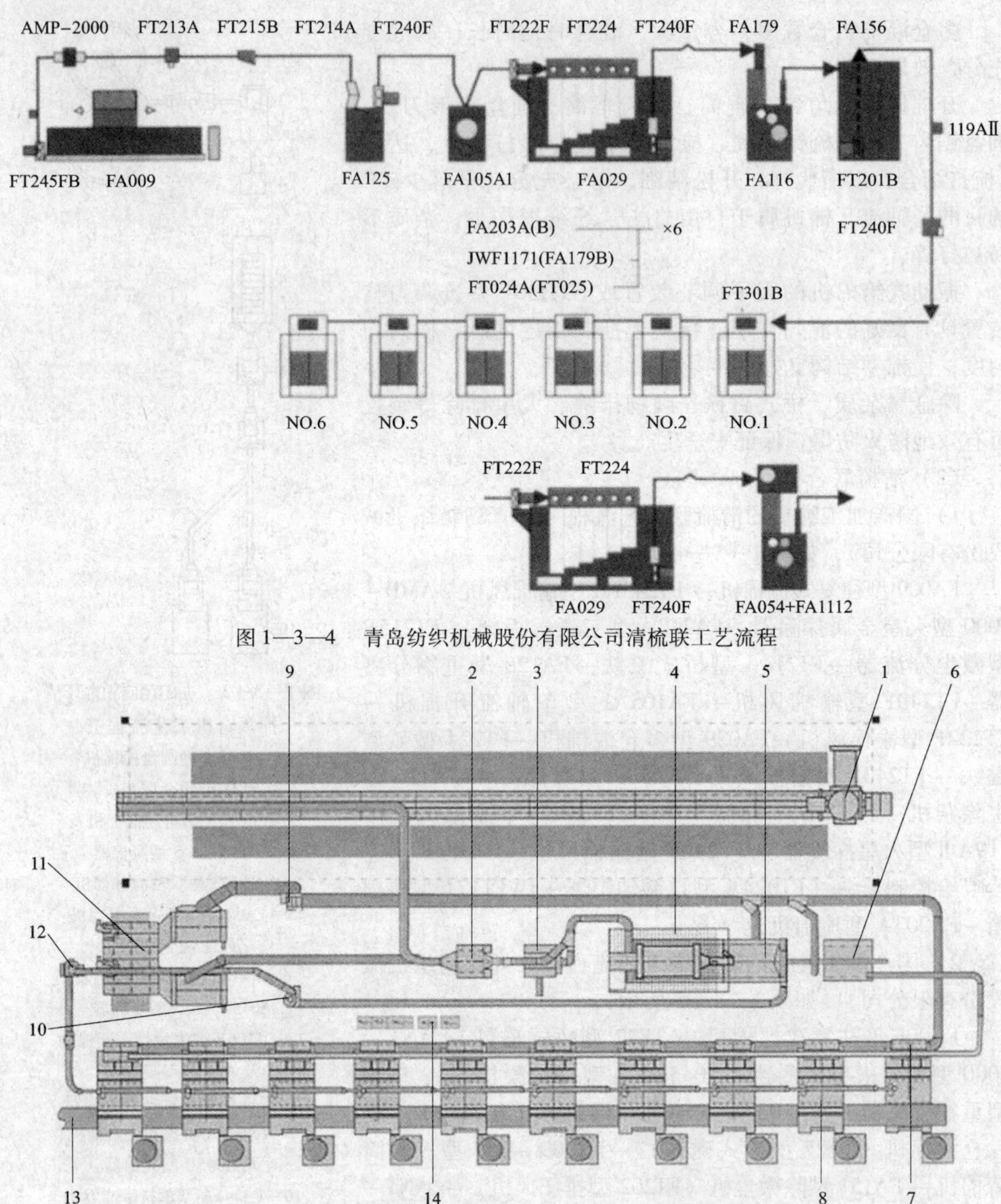

图 1—3—4　青岛纺织机械股份有限公司清梳联工艺流程

图 1—3—5　郑州纺织机械股份有限公司清梳联工艺流程

1—FA006 型往复式抓棉机　2—TF30 型重物分离器　3—FA103 型双轴流开棉机　4—FA028－160 型六仓混棉机　5—FA109－160 型三辊筒清棉机　6—FA151 型除微尘机　7—FA177A 型清梳联喂棉箱　8—FA221B 型梳棉机　9—TVK650 型排杂风机　10—TV425 型排尘风机　11—滤尘设备　12—TV500 型排尘风机　13—接至空调系统的梳棉机回风　14—电器集中控制柜

图 1—3—6　德国特吕茨勒清梳联工艺流程

4）Crosrol 清梳联（2～5 万锭棉纺单品种）工艺流程如图 1—3—7 所示：

自动抓包机→抓包机风机→桥式磁铁装置→金属探除及灭火器→多仓混棉机→三罗拉开清棉机→重杂分离器→精细开清棉机→除尘塔→输棉风机→清梳联喂棉箱→高产梳棉机。

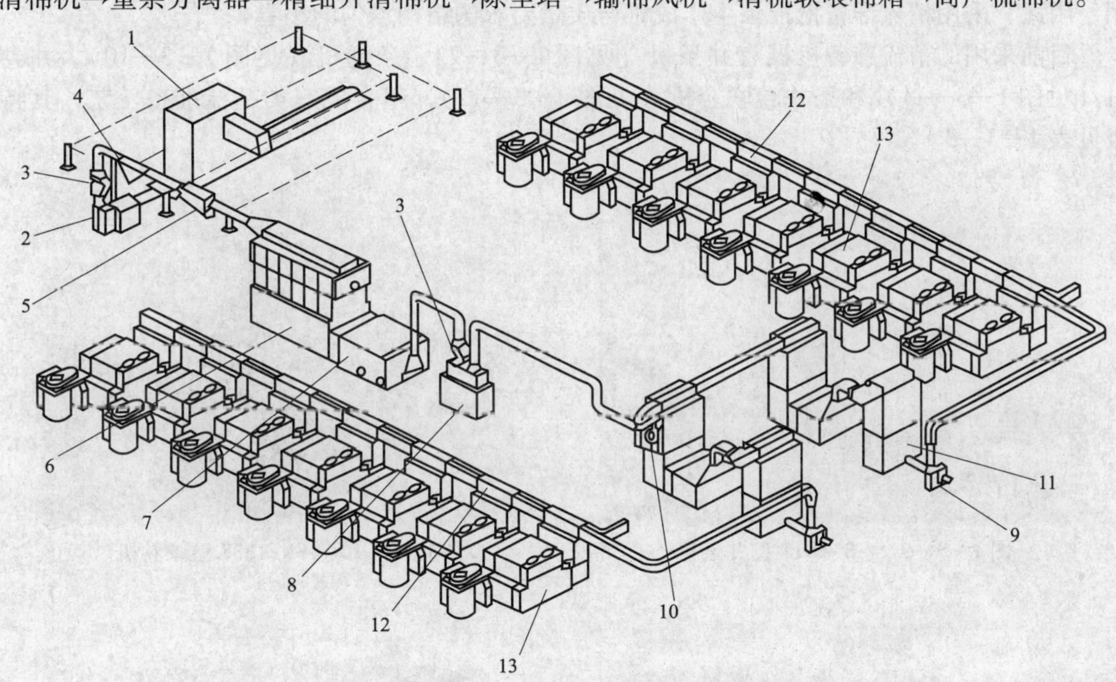

图 1—3—7　Crosrol 清梳联工艺流程

1—自动抓包机　2—抓包机风机　3—桥式磁铁装置　4—金属探除及灭火器　5—除尘柜
6—多仓混棉机　7—三罗拉开清棉机　8—重杂分离器　9—输棉风机　10—精细开清棉机
11—除尘塔　12—清梳联喂棉箱　13—高产梳棉机

二、梳棉工序

梳棉是对棉卷（或棉流）进行梳理、除杂、混合均匀和成条作业。采用的梳棉机如图 1—3—8所示。

图 1—3—8　DK903 型梳棉机

1—喂棉罗拉　2—给棉板　3—三刺辊　4—锡林　5—盖板　6—前后罩板
7—道夫　8—剥取罗拉　9—清洁辊　10—上下轧辊　11—喇叭口　12—大压辊

三、精梳准备工序

由于精梳机采用的是小卷喂入，而梳棉机生产出来的是棉条，无法直接喂入精梳机使用，因此，采用精梳准备把棉条生产成符合质量要求的结构均匀的小卷。

目前采用的精梳准备机械有并条机（见图 1—3—9）、条卷机（见图 1—3—10）、并卷机（见图 1—3—11）和条并卷联合机（见图 1—3—12），组合成三类精梳准备工艺，其特点见表 1—3—3。

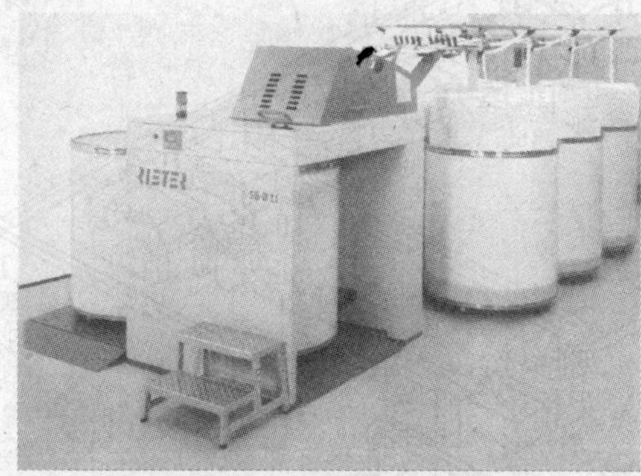

图 1—3—9　SB－D11 型并条机

图 1—3—10　SXF1338 型条卷机

图 1—3—11　SXF1348 型并卷机

图 1—3—12　HXFA368 型条并卷联合机

表 1—3—3　　精梳准备工艺比较

准备工艺		预并条—条卷工艺	条卷—并卷工艺	预并条—并卷联合工艺
工艺道数		2	2	2
并合数	预并条	6～8	—	6
	条卷	20～24	20～24	—
	并卷	—	6	—
	条并卷	—	—	20～28
总并合数		120～192	120～144	120～168
总牵伸倍数		5.2～17	7.0～12.0	12～24
小卷定量（g/m）		39～60	50～65	55～75
小卷粘层情况		二道较好	略差	略差
小卷均匀情况		经过一道预并，横向有明显条痕	成形好，纵横向均匀度较好	成形好，纵横向均匀度较好
纤维伸直平行度		二道纤维伸直平行度稍差	采用曲线牵伸后已有所改善	纵向伸直平行度较好
精梳机产量和落棉		二道因小卷定量轻而使产量受限制，落棉偏高	可加工较重的小卷，精梳机产量因小卷宽、横向不再扩散而有所增加，落棉较多	可提高产量、节约用棉，在同样工艺条件下，减少落棉 1%～2%
综合评价		一道预并占地面积小，工艺流程短，但经济效益差	有利于精梳机产量的提高，适纺长绒棉，特细特纱，能加重小卷定量，占地面积小	适宜于纺细、中特纱，占地面积大，对车间温湿度要求较高

精梳准备工艺道数应遵循偶数配置，目前多数采用二道工艺，这样使梳棉条中后弯钩纤维经过两道工序掉头牵伸后，进入精梳机时呈现前弯钩状态，以便精梳锡林梳理时被消除。

四、精梳工序

精梳是指进一步梳理纤维，排除短绒、伸直纤维并排除棉结、杂质，均匀成条。短绒被排除后，产品的质量可以得到显著提高，精梳机如图1—3—13所示。

五、并条工序

并条最主要的作用是保证均匀。目前，并条机多采用自调匀整装置，如图 1—3—14 所示，因此，精梳条经一道并条就可以达到所要求的效果。

六、粗纱工序

目前细纱机的牵伸能力达不到把棉条牵伸成所要求的细纱的能力，要先利用粗纱机进行一定程度的牵伸，然后进行细纱工序。因此，粗纱工序又可以看做是细纱的准备工序，粗纱机如图 1—3—15 所示。

图 1—3—13　E 76 型精梳机

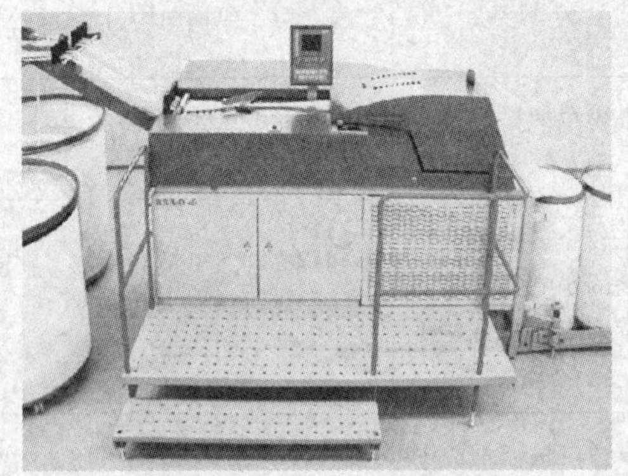

图 1—3—14　RSB－D40 型自调匀整并条机

图 1—3—15　FA458A 型悬锭粗纱机

七、细纱工序

细纱是纺纱的最后一道工序，即细纱机对喂入的粗纱施以一定的牵伸，将其抽长拉细到所需要的线密度，并加上适当的捻度，使之成为具有一定的强度、弹性和光泽等物理机械性能的细纱，同时将细纱按一定的要求卷绕成形，以便于再加工。细纱机如图 1—3—16所示。

图 1—3—16　G35 型环锭细纱机

八、络筒工序

络筒是把细纱管上的纱头和纱尾连接起来，重新卷绕制成容量较大的筒纱，络筒机如图1—3—17所示。络筒机上设置有专门的清纱装置以清除单纱上的绒毛、尘屑、粗细节等疵点。

图1—3—17　萨维奥XCL自动络筒机

九、并纱工序

并纱是把两根或两根以上的单纱并合成各根张力均匀的多股纱的筒子，供捻线使用，并纱机如图1—3—18所示。

十、捻线工序

捻线是将已经并合的两根或两根以上的单纱加以一定捻度，使之形成股线。单纱加捻时内外层纤维的应力不平衡，不能充分发挥所有纤维的作用。单纱经过并合后得到的股线，比同样粗细单纱的强力高，条干均匀、耐磨，表面光滑美观，弹性及手感好。捻线机有环锭捻线机和倍捻机，目前多使用倍捻机，如图1—3—19所示。

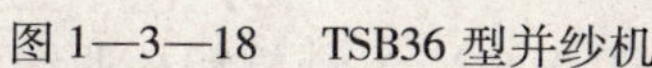

图1—3—18　TSB36型并纱机

图1—3—19　YF1702型电锭棉纺倍捻机

由于各企业的市场定位、资金状况、所处区域、发展状况等各不相同，因此，各企业使用的设备多种多样，因此在选择纺纱工艺设备时，要根据企业的实际情况确定。

任务实施

案例1　某厂使用20世纪80年代RIETER公司成套纺纱设备纺制JC9.8×2 tex纯棉精梳股线。

1. 清梳联工艺流程

A002D 型自动抓棉机→B4/1 型单锡林轴流开棉机→B7/3 型多仓混棉机→B5/5Ⅱ型锯齿开棉机→A7/2 型配棉箱→C4 型梳棉机。

因原棉的含杂率仅为 1.56%，所以选择两个开清点，即 B4/1 型单锡林轴流开棉机、B5/5Ⅱ型锯齿开棉机，就可以满足开松的需要，并且是采用先自由开松再握持开松的排列方式，这样有利于减少纤维的损伤。

采用 B7/3 型多仓混棉机可充分发挥其仓数多、容量大、混合时延时长的特点，使混合充分，效果显著。

采用 C4 型梳棉机可以使原棉分梳效果较好，并能有效去除杂质。

采用清梳联工艺，有效缩短了工艺流程，摒弃了成卷机的成卷，使工艺更加合理，可以达到使原棉逐步开松的目的。

2. 精梳准备及精梳工艺流程

精梳准备采用了条卷—并卷工艺，即 E2/4a 型条卷机→E4/1a 型并卷机→E7/5 型精梳机。

制作的小卷横向均匀、无条痕，粘层略差。

3. 并条、粗纱、细纱工艺流程

D0/2 型并条机→F1/1a 型粗纱机→G5/1 型细纱机。

因纯棉精梳条纤维伸直度好，易烂、易产生意外牵伸，故采用三上五下牵伸装置，并附有自调匀整装置，一道并条就可以达到均匀的效果。

从并条到细纱全部采用气动加压，加压稳定，释压方便。并且，细纱机有大小纱无级变速装置和全自动落纱装置。

4. 络筒、并纱、倍捻工艺流程

AUTOCONER338 自动络筒机→村田 NO. 23 型并纱机→村田 NO363 – Ⅱ型倍捻机。

采用自动络筒机、电子清纱器和倍捻机，可以保证股线疵点少，结头少而小。

案例 2 某厂采用以下纺纱工艺流程及设备纺制 JC9.8×2 tex 纯棉精梳股线。

BDT 型抓棉机→MF 型双轴流开棉机→MPM – 6 型多仓混棉机→FC1 型单滚筒开棉机→配棉箱→DK903 型梳棉机→FA311 型并条机→E32 型条并卷联合机→E62 型精梳机→FA322 型并条机→FA421A 型粗纱机→EJM128K 型细纱机→ORION 自动络筒机→村田 NO. 23 型并纱机→村田 NO363 – Ⅱ型倍捻机。

案例 3 某厂采用以下纺纱工艺流程及设备纺制 JC9.8×2 tex 纯棉精梳股线。

FA002 型圆盘抓棉机→FA103A 型双轴流开棉机→FA022 – 6 型多仓混棉机→FA106A 型梳针滚筒开棉机→FA133 型气动两路配棉器→FA046A 型振动式给棉机→FA141 型单打手成卷机→FA224 型梳棉机→FA306 型并条机→FA356A 型条并卷联合机→FA266 型精梳机→FA326A 型并条机→TJFA458A 型粗纱机→FA506 型细纱机→ESPERO – M/L 型自动络筒机→FA703 型并纱机→EJP834 – 165 型倍捻机。

由以上三种实施方案可以看出，纺同一种纱，所采用的工艺流程及设备相差很多，因此，必须根据企业实际情况进行工艺流程及设备的设计。

考核评价

考核评分见表1—3—4。

表1—3—4 **考核评分表**

项目	分值				得分	
开清、梳棉设备确定	20（按照要求选择，少一项扣2分）					
精梳准备、精梳设备确定	30（按照要求选择，少一项扣5分）					
并条、粗纱、细纱设备确定	30（按照要求选择，少一项扣5分）					
络筒、并纱、倍捻设备确定	20（按照要求选择，少一项扣5分）					
书写、打印规范	书写有错误一次倒扣4分，格式错误倒扣5分，最多不超过20分					
姓名		班级		学号	总得分	

思考与练习

1. 试确定JC14.5 tex纱的工艺流程。
2. 试确定JC7.5×2 tex精梳股线的工艺流程。
3. 试确定JC4.9×3 tex精梳股线的工艺流程。

知识拓展

一、转杯纺纱工艺流程

转杯纺纱工艺流程如下：

开清棉→梳棉→并条（二道）→转杯纺纱机。

其中，开清棉工艺流程为：

FA002型圆盘抓棉机→FA121型除金属杂质装置→FA104型六滚筒开棉机→FA022－6型多仓混棉机→FA106型豪猪开棉机→FA101型四刺辊开棉机→FA061型强力除尘机→A062型电气配棉器→A092AST型双棉箱给棉机→FA141型单打手成卷机。

二、喷气纺纱工艺流程

喷气纺纱工艺流程如下：

开清棉→梳棉→并条（二道）→喷气纺纱机。

其中，开清棉工艺流程为：

FA006型往复式抓棉机→FA121型除金属杂质装置→TF30型重物分离器→FA103型双轴流开棉机→FA022型多仓混棉机→TF27型桥式磁铁装置→FA106型豪猪开棉机→FA106A型梳针滚筒开棉机→FA133型气动两路配棉器→FA045A型双棉箱给棉机→FA141型单打手成卷机。

三、摩擦纺纱工艺流程

摩擦纺纱工艺流程如下：

开清棉→梳棉→（精梳）→并条（二道）→摩擦纺纱机。

其中，开清棉工艺流程为：

FA002 型圆盘抓棉机→FA121 型除金属杂质装置→FA104 型六滚筒开棉机→FA022－6 型多仓混棉机→FA106 型豪猪开棉机→FA101 型四刺辊开棉机→FA061 型强力除尘机→A062 型电气配棉器→A092AST 型双棉箱给棉机→FA141 型单打手成卷机。

四、涡流纺纱工艺流程

涡流纺纱工艺流程如下：

开清棉→梳棉→并条（二道）→涡流纺纱机。

其中，开清棉工艺流程为：

FA002 型圆盘抓棉机→FA121 型除金属杂质装置→FA104 型六滚筒开棉机→FA022－6 型多仓混棉机→FA106 型豪猪开棉机→FA101 型四刺辊开棉机→FA061 型强力除尘机→A062 型电气配棉器→A092AST 型双棉箱给棉机→FA141 型单打手成卷机。

任务 4　开清棉工艺设计

学习目标

1. 能进行开清棉工艺参数的选择与计算。
2. 掌握工艺参数对棉卷质量的影响。

任务引入

请根据任务 3 中案例 3 的设备选择，对开清棉工艺进行设计，主要设计内容见表 1—4—1。

表 1—4—1　　开清棉工艺设计

开清棉工艺流程	FA002 型圆盘抓棉机→FA103A 型双轴流开棉机→FA022－6 型多仓混棉机→FA106A 型梳针滚筒开棉机→FA133 型气动两路配棉器→FA046A 型振动式给棉机→FA141 型单打手成卷机			
机械名称	工艺参数			
FA002 型圆盘抓棉机	抓棉打手的转速（r/min）	抓棉小车的运行速度（r/min）	打手刀片伸出肋条的距离（mm）	抓棉打手间歇下降动程（mm）
FA103A 型双轴流开棉机	打手转速（r/min）	打手与尘棒间的隔距（mm）	尘棒与尘棒间的隔距（mm）	进、出棉口压力（Pa）
FA022－6 型多仓混棉机	开棉打手转速（r/min）	给棉罗拉转速（r/min）	输棉风机转速（r/min）	换仓压力（Pa）

续表

<table>
<tr><td>机械名称</td><td colspan="10">工艺参数</td></tr>
<tr><td rowspan="2">FA106A 型
梳针滚筒开棉机</td><td>打手转速（r/min）</td><td colspan="2">给棉罗拉转速（r/min）</td><td colspan="2">打手与给棉罗拉间的隔距（mm）</td><td colspan="2">打手与尘棒间的隔距（mm）</td><td>尘棒之间的隔距（mm）</td><td colspan="2">打手与剥棉刀间的隔距（mm）</td></tr>
<tr><td></td><td colspan="2"></td><td colspan="2"></td><td colspan="2"></td><td></td><td colspan="2"></td></tr>
<tr><td rowspan="2">FA046A 型
振动式给棉机</td><td colspan="10">角钉帘与均棉罗拉间的隔距（mm）</td></tr>
<tr><td colspan="10"></td></tr>
<tr><td rowspan="5">FA141 型单打手成卷机</td><td colspan="2">棉卷定量（g/m）</td><td rowspan="2">实际回潮率（%）</td><td colspan="2">棉卷长度（m）</td><td rowspan="2">棉卷伸长率(%)</td><td colspan="2">棉卷净重（kg）</td><td rowspan="2">线密度（tex）</td><td rowspan="2">机械牵伸倍数</td></tr>
<tr><td>干定量</td><td>湿定量</td><td>计算</td><td>实际</td><td>干重</td><td>湿重</td></tr>
<tr><td></td><td></td><td></td><td></td><td></td><td></td><td></td><td></td><td></td><td></td></tr>
<tr><td colspan="3">打手速度（r/min）</td><td colspan="3">打手与天平曲杆工作面间的隔距（mm）</td><td colspan="2">打手与尘棒间的隔距（mm）</td><td colspan="2">尘棒与尘棒间的隔距（mm）</td></tr>
<tr><td colspan="3"></td><td colspan="3"></td><td colspan="2"></td><td colspan="2"></td></tr>
</table>

任务分析

根据表1—4—1，开清棉工艺设计分为棉卷参数设计、各设备转速设计及隔距设计。由于开清棉设备比较多，因此各单机分别进行工艺设计。

任务实施

开清棉是纺纱过程的第一道工序，是将短纤维加工成适应下道工序使用的半制品——棉卷。由于原棉中含有杂质、疵点和短绒，为了保证棉纱质量，开清棉工序应完成开松、除杂、混合及均匀成卷的任务。

若采用清梳联工艺，则不成卷，经过开清棉加工后的纤维流通过喂棉箱均匀地分配给梳棉机使用。

开清棉工序的任务是由开清棉联合机来完成的，开清棉联合机是由一系列单台开清棉机械组成的，它包括抓棉机械、混棉机械、开棉机械、给棉机械、清棉成卷机械等。各种机械通过凝棉器、配棉器、输棉管道等连接成开清棉联合机组。

一、抓棉机械

1. 抓棉机械的主要结构和作用

各种原料按照排包图置于棉包台上，由抓棉打手对原料进行抓取，并喂给前方设备，在抓取的同时实现对原料的开松与混合。抓棉机械的种类和型号很多，但其作用原理基本相同，按机构特点的不同可分为两大类，即环行式自动抓棉机（抓棉小车相对于棉包台环行回转抓棉）和直行往复式自动抓棉机（抓棉小车作直行往复运动），如图1—4—1所示。

a）

b）

图 1—4—1　自动抓棉机

a）环行式自动抓棉机　b）直行往复式自动抓棉机

（1）FA002 型圆盘抓棉机（环行式自动抓棉机）适用于加工棉、棉型纤维和中长化纤。主要由抓棉小车、内围墙板、外围墙板、伸缩管、地轨等组成，如图 1—4—2 所示。

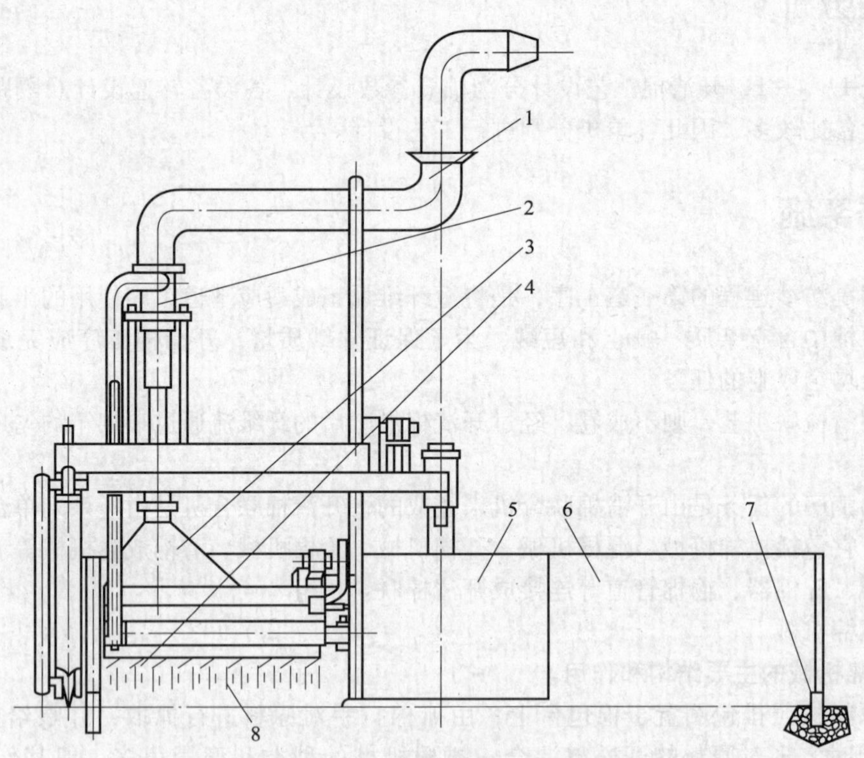

图 1—4—2　FA002 型圆盘抓棉机

1—输棉管道　2—伸缩管　3—抓棉小车　4—抓棉打手

5—内围墙板　6—外围墙板　7—地轨　8—肋条

棉包放在圆形地轨 7 内侧抓棉打手 4 的下方，抓棉小车 3 沿地轨顺时针环行回转，它的运行和停止由前方机台棉箱内的光电管控制。当前方机台需要原棉时，小车运行；前方机台不需要原棉时，小车就停止运行，以保证均匀供给。同时，小车每回转一周，打手间歇下降一定距离。抓棉机由齿轮减速电动机通过链轮、链条、4 只螺母、4 根丝杆传动。小车运行到上、下极限位置时，受限位开关的控制。抓棉小车运行时，抓棉打手同时作高速回转，借助肋条 8 紧压棉包表面，锯齿刀片自肋条间隙均匀地抓取棉块，抓取的棉块由前方机台凝棉器风扇或输棉风机所产生的气流吸走，通过输棉管道 1 落入前方机台的棉箱内。

（2）FA009 型往复式抓棉机　该抓棉机主要由抓棉小车、转塔、抓棉器、打手、压棉罗拉、输棉管道、地轨及电气控制柜等组成，如图 1—4—3 所示，该机适于加工各种原棉和长度小于 76 mm 的化学纤维。

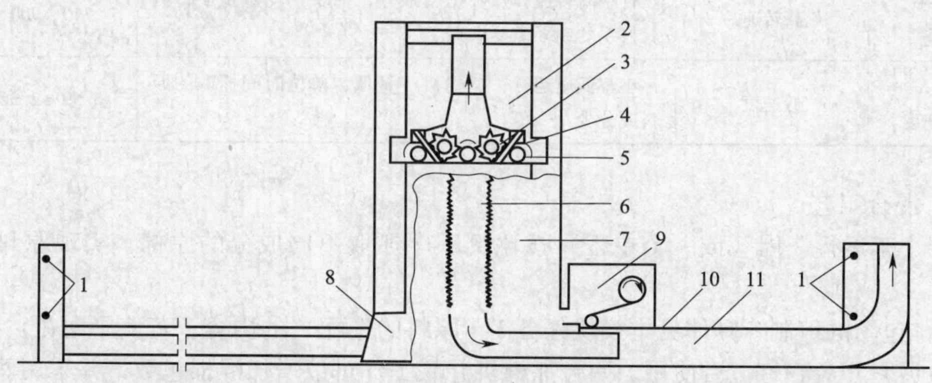

图 1—4—3　FA009 型往复式抓棉机

1—光电管　2—抓棉器　3—抓棉打手　4—肋条　5—压棉罗拉　6—伸缩输棉管
7—转塔　8—抓棉小车　9—覆盖带卷绕装置　10—覆盖带　11—输棉管道

抓棉机单侧可放置 50 ~ 100 个棉包，抓棉器内装有两只抓棉打手和三根压棉罗拉。打手刀片为锯齿形，刀尖排列均匀。压棉罗拉有两根分布在打手外侧，一根在两打手之间。抓棉小车通过四个行走轮在地轨上作双向往复运动。同时，间歇下降的抓棉打手高速回转，顺序抓取棉包，被抓取的棉包经输棉管道，通过前方凝棉器或输棉风机的抽吸作用送入前方机台棉箱内。

（3）抓棉机的作用

抓棉机具有抓取与开松、混合作用。抓取是指通过肋条的紧压作用并借助于打手锯齿的抓取作用来实现棉块的分离。混合作用是指抓棉装置抓取一层纤维时按照配棉比例抓取混合棉，并且由气流输送给前方机台，实现不同原棉的混合。

2. 抓棉机工艺设计

（1）开松工艺

抓棉机的开松作用是通过肋条压紧棉层表面，锯齿形打手刀片自肋条间插入棉层抓取棉块来实现的。工艺上要求抓棉机抓取的纤维块尽量小而均匀，即所谓精细抓棉，使杂质与纤维易于分离，这是因为浮在棉束表面的杂质比包裹在棉束内的杂质容易清除；另外，棉束小，纤维混合精确、充分，其线密度差异小，可避免在气流输送过程中因棉束重量悬殊产生分类现象。另外，小棉束能形成细微均匀的棉层，有利于后续机械效率的发挥，可提高棉卷均匀度。同时小棉束也为缩短开清棉流程提供了可能性。抓棉机的开松工艺设计见表1—4—2。

表 1—4—2　　抓棉机的开松工艺设计

项目	有利于开松的选择	选择依据	参考范围
打手刀片伸出肋条的距离	小距离（可为负值）	锯齿刀片插入棉层浅，抓取棉块的平均重量小（打手刀片缩进肋条内，即不伸出肋条）	1 ~6 mm（-5 ~0 mm）
抓棉打手间歇下降动程	小动程	下降动程小，抓取棉块的平均重量小（该动程应和打手刀片伸出肋条的距离相适应，即打手刀片伸出肋条的距离小时该动程也小）	2 ~4 mm
抓棉打手的转速	高转速	打手高转速，开松作用强烈，棉块平均重量小，但对打手的动平衡要求高	740 ~900 r/min
抓棉小车的运行速度	低速度	小车低速运行，抓棉机产量低，单位时间抓取的原料成分少	0. 59 ~2. 96 r/min

（2）混合工艺

抓棉小车运行一周（或一个单程）按比例顺序抓取不同成分的原棉，实现原料的初步混合。

1）排包图的编制　具体见本模块任务 1（原料的选配）的内容。若使用回花、再用棉，应用棉包夹紧，最好打包后使用。两台抓棉机并联工作可以增加混棉包数，并采用两台抓棉机棉包高度不同的分段法生产，以减少棉堆上层和底层的混合差异。

2）抓棉小车的运转效率　为了达到混棉均匀的目的，抓棉小车抓取的棉块应尽可能小，在保障前方机台产量供应的前提下，尽可能提高抓棉机的运转效率［运转效率 =（测定时间内小车运行的时间/测定时间内成卷机运行的时间）×100%］，一般要求达到 80% 以上。提高运转效率必须掌握“勤抓少抓”的原则。所谓“勤抓”就是单位时间内抓取的配棉成分多，所谓“少抓”就是抓棉打手每一回转的抓棉量要少。

实践表明，当产量一定时，在保证小车运转效率的条件下，提高小车运行速度，相应地减少抓棉打手下降动程，增加抓棉打手刀片的密度，这样既有利于开松，又有利于混合。

3. FA002 型圆盘抓棉机工艺设计

根据精细抓棉的原则，尽量使抓棉打手刀片每齿的抓棉量小，为此，在考虑机械状态的情况下，采用以下工艺设计，见表 1—4—3。

表 1—4—3　　FA002 型圆盘抓棉机的工艺设计

工艺参数	参数设计
打手刀片伸出肋条的距离	2. 5 mm
抓棉打手间歇下降动程	2 mm
抓棉打手的转速	900 r/min
抓棉小车的运行速度	0. 80 r/min

二、混棉机械

1. 混棉机械的主要结构和作用

混棉机械有较大的棉箱对原料进行混合，并用角钉机件扯松原料。按其结构特点分为两类。一类是自动混棉机，如FA016A型、A006BS型、A006CS型等；另一类是多仓混棉机，如FA022－6（8、10）型、FA028型、FA025型、FA029型等（见图1—4—4、图1—4—5）。现多采用多仓混棉机。

图1—4—4　FA022－6型多仓混棉机

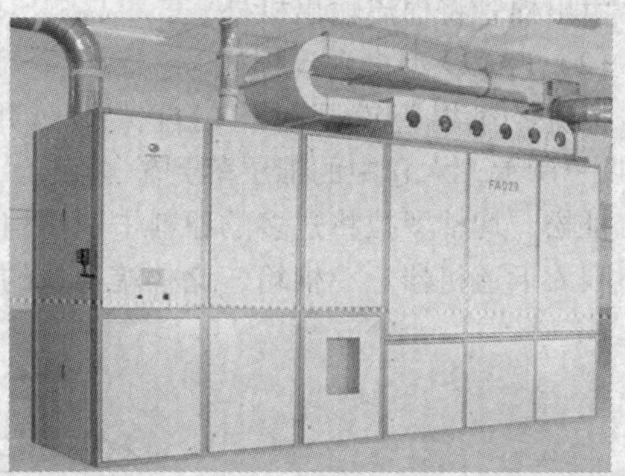

图1—4—5　FA029－6型多仓混棉机

（1）FA022型多仓混棉机

FA022型多仓混棉机有6仓、8仓、10仓之分，如图1—4—6所示。棉流被输棉风机吸

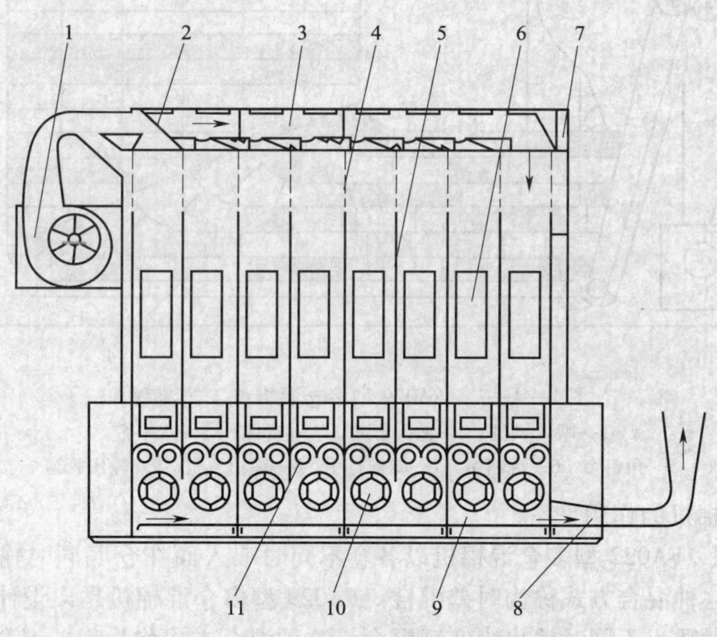

图1—4—6　FA022型多仓混棉机

1—输棉风机　2—挡板活门　3—输棉管道　4—网眼板　5—隔板　6—光电开关　7—排气管道　8—出棉管　9—混棉通道　10—开棉打手　11—给棉罗拉

入，进入输棉管道逐仓喂入仓内。各仓由挡板活门控制给棉，第一仓无活门，输棉管道两侧的排气管道与各仓隔板上部的网眼板相通，以排放仓内空气。当一个棉仓喂料时，料气分离，储棉增高，仓内气压增大，仓内外产生压差达到设定值时，压差开关发生作用，控制电气转换器，在气动作用下使该仓挡板活门关闭，同时下一个棉仓的挡板活门自动开启，如此连续进行。在第二仓处设有高度限位光电开关，控制后方机台的喂棉。各仓纤维块在其下方给棉罗拉的握持下，由开棉打手开松，排入混棉通道内，各仓输出原料顺次叠加，完成混合，由出棉管将棉流输出机外。

（2）FA029 型多仓混棉机

棉流经输棉管道同时均匀配入六只并列垂直的棉仓内，气流由网眼板排出。如图1—4—7所示，六仓中的棉层落到输送帘上，经给棉辊转过 90°呈水平方向输出，继而由角钉帘扯松，均棉罗拉将过多的原料击回小棉箱，角钉帘带出的更小的棉束由剥棉罗拉剥取落下，喂入下道机器。小棉箱、储棉箱棉量的多少由光电管控制。落下的杂质进入尘箱。

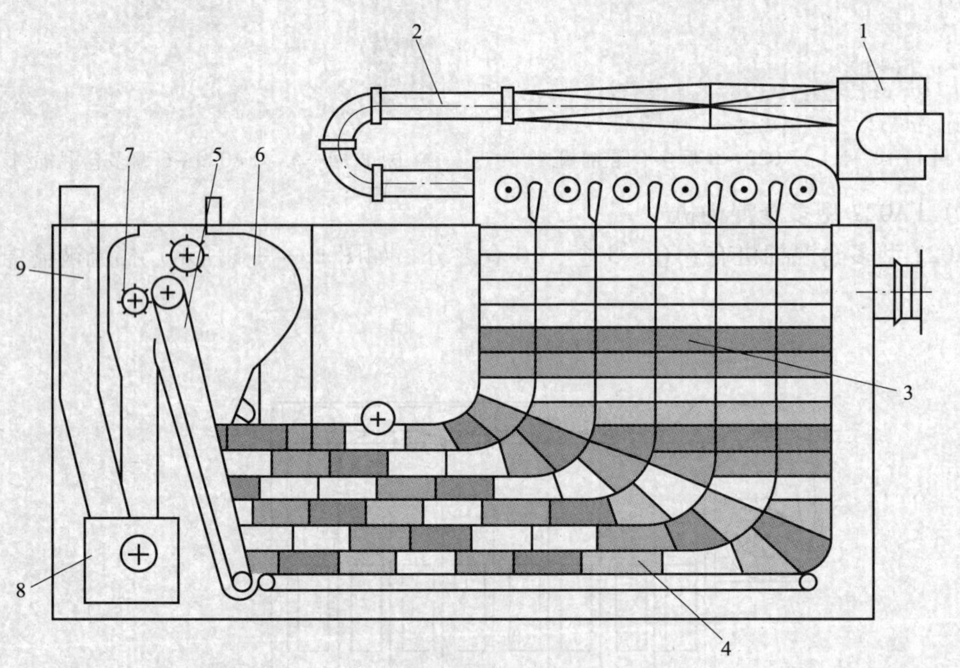

图 1—4—7　FA029 型多仓混棉机工艺流程

1—喂入风机　2—输入管道　3—输料槽　4—水平帘

5—角钉帘　6—混料帘　7—剥棉打手　8—输出风机　9—输出管道

（3）多仓混棉机的作用

1）混合作用　FA022 型多仓混棉机以各仓不同时喂入而在仓底同时输出所形成的时间差来实现混合，这种混合方式称为时差混合。FA029 型多仓混棉机是以设计的仓间路程差为基础，对各仓同时喂入不同时输出来实现混合，这种混合方式称为程差混合。

2）开松作用　FA022 型多仓混棉机对原料的开松在各仓的底部完成，即用一对给棉罗拉握持原料，并用开棉打手打击开松。FA029 型多仓混棉机对原料的开松在储棉箱内完成，即利用角钉帘的抓取、均棉罗拉的扯松、剥棉罗拉的打击产生开松作用。

棉箱机械的主要作用是完成混合和使混棉均匀，同时利用角钉机件将原料扯松实现初步的开松、除杂。

2. 多仓混棉机的工艺设计

FA022 型多仓混棉机采取逐仓喂入原料，阶梯储棉，同步输出，多仓混棉。多仓混棉机的混合工艺设计见表 1—4—4、表 1—4—5。

表 1—4—4　　多仓混棉机的混合工艺设计

工艺参数	有利于混合的选择	选择依据	参考范围
换仓压力	高压力	高压力能使各仓满仓容量大，对长片段混合有利	196 Pa 左右
光电管的高低位置	低位置	低位置的光电管可以延时，混合效果好，并可增加混合时间差，但过低易出现空仓现象	根据后方机台的供料产量调整

表 1—4—5　　多仓混棉机的开松工艺设计

工艺参数	利于开松的选择	选择依据	参考范围（r/min）
开棉打手转速	较高转速	给棉量一定时，打手转速高，开松作用强	260、330
给棉罗拉转速	较低转速	给棉罗拉转速较低，产量低，开松作用强，落棉率增加	0. 1、0. 2、0. 3
输棉风机转速	适当转速	适当的转速，保证输送原棉，保持畅通	1 200、1 400、1 700

3. FA022－6 型多仓混棉机的工艺设计

根据充分混合的原则，尽量增大多仓混棉机的容量，增加延时时间，使其达到较好的混合效果，为此，在考虑机械状态的情况下，采用以下工艺设计，见表 1—4—6。

表 1—4—6　　FA022－6 型多仓混棉机的工艺设计

工艺参数	参数设计
换仓压力	230 Pa
开棉打手转速	330 r/min
给棉罗拉转速	0. 2 r/min
输棉风机转速	1 400 r/min

三、开棉机械

1. 开棉机械的主要结构和作用

开棉机械的共同特点是利用打手对纤维块进行打击，实现进一步开松和除杂。开棉机械的打击方式有两种：一种为原料在非握持状态下经受打击，称为自由打击，如多滚筒开棉机、轴流开棉机（见图 1—4—8），自由打击开棉机作用缓和、损伤纤维少、杂质不易碎裂；另一种为原料在被握持状态下经受打击，称为握持打击，如豪猪开棉机（见图 1—4—9），握持打击开棉机作用剧烈、易损伤纤维、除杂效果好。打手形式有矩形刀片式、梳针式、锯齿式。开清棉联合机的排列组合中，一般先安排自由打击开棉机，再安排握持打击开棉机。

图 1—4—8　FA103A 型双轴流开棉机

图 1—4—9　FA106 型豪猪开棉机

（1）FA103A 型双（滚筒）轴流开棉机

适用于加工各种原棉及棉型化纤，一般安装在抓棉机与混棉机之间。如图 1—4—10 所示，棉流由进棉口输入，在轴向气流的作用下沿双滚筒作螺旋线轴向运动，经过两个滚筒的反复作用，从另一侧的出棉口输出。两只滚筒平行排列，回转方向相同，纤维流经两滚筒时，受到自由打击，反复翻转，棉块逐渐变小，沿导向板平行于轴向输出。杂质则通过可调尘棒间隙落入尘箱，由排杂打手经自动吸落棉系统排出机外。

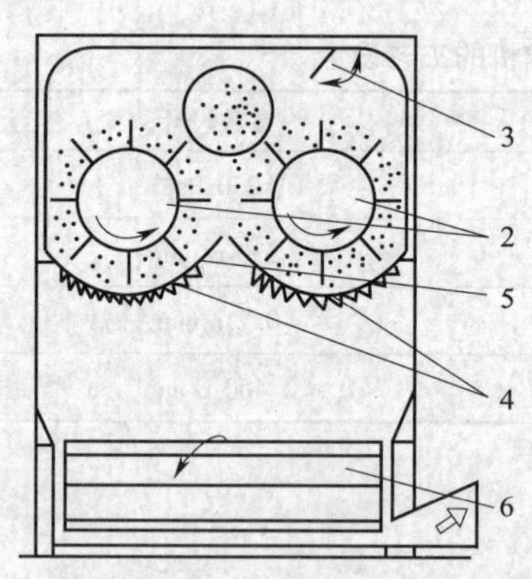

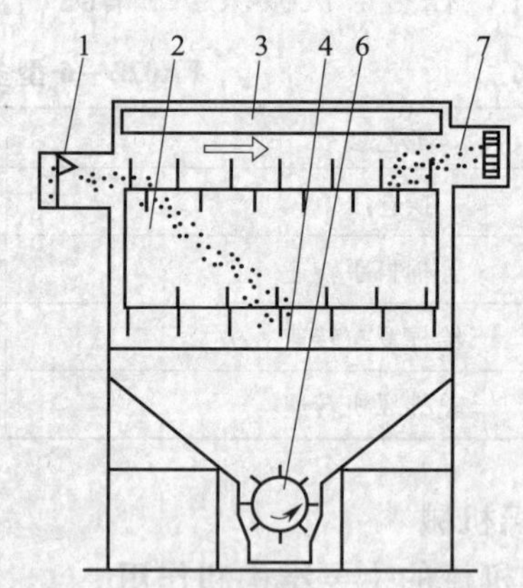

图 1—4—10　FA103A 型双（滚筒）轴流开棉机

1—进棉口　2—双滚筒　3，5—导向板　4—尘格　6—排杂打手　7—出棉口

（2）FA106 型豪猪开棉机

适用于对各种原棉进一步开松和除杂。如图 1—4—11 所示，原棉由凝棉器喂入储棉箱，储棉箱内装有调节板、光电管，调节板可调节储棉箱输出棉层的厚度，光电管可根据箱内原料的充满程度控制喂入机台对本机的供料，使棉箱内的原料保持一定的高度。棉箱下方设有一对木罗拉和一对给棉罗拉，棉层由给棉罗拉握持垂直喂入打手室，并受到高速回转的豪猪

打手的猛烈打击、分割、撕扯，被打手撕下的棉块，沿打手圆弧的切线方向撞击在三角形尘棒上，在打手与尘棒的共同作用以及气流的配合下，棉块获得进一步的开松与除杂，受下一机台凝棉器抽吸，由出棉管输出。杂质由尘棒间隙排落在车肚底部的输杂帘上输出机外，或与吸落棉系统相接收集处理。

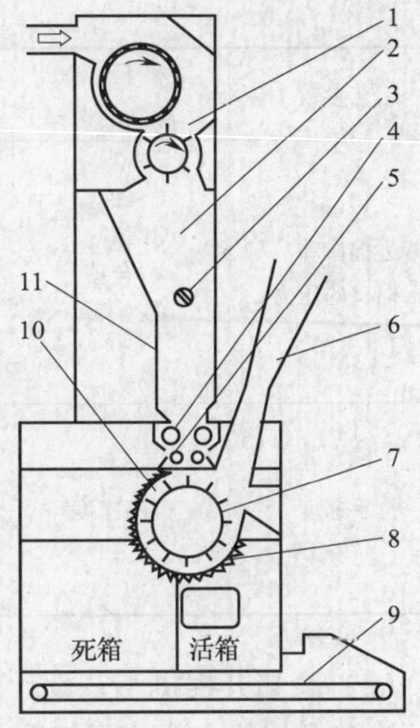

图 1—4—11　FA106 型豪猪开棉机
1—凝棉器　2—储棉箱　3—光电管　4—集束罗拉　5—给棉罗拉　6—出棉管　7—豪猪打手　8—尘格　9—输杂帘　10—打手室　11—调节板

2. 开棉机械工艺设计

在开清棉工序中，一般先安排自由打击的开棉机，再安排握持打击的开棉机，打手形式按粗、细、精循序渐进，从而实现大杂早落少碎、少伤纤维的工艺原则。

（1）轴流开棉机工艺设计

轴流开棉机的开松作用由角钉滚筒的自由打击以及滚筒与尘棒之间、滚筒与螺旋导板之间的反复撕扯实现，其作用特点是边前进边开松，边开松边除杂，即原料在自由状态下经受角钉多次均匀、密集、柔和的弹打。故原料开松充分，除杂面积大，具有高效而柔和的开松、除杂作用，有利于大杂早落少碎，对纤维损伤小，适合开清初始阶段的加工要求。轴流开棉机的开松工艺设计见表 1—4—7、表 1—4—8。

表 1—4—7　　FA105A 型单轴流开棉机的开松工艺设计

工艺参数	有利于开松、除杂的选择	选择依据	参考范围
尘棒的安装角	大安装角	大的尘棒安装角使打手与尘棒间的隔距小，尘棒与尘棒间的隔距大，开松和除杂作用加强	3°～30°
进棉口和出棉口的压力	合理	进棉口静压过大，会使入口处尘棒间易落白花 棉流出口静压过低，易使落棉箱落棉重新回收 出入口处压差过大使棉流流速过快，在机内停留时间缩短，降低开松效果	进棉管静压为 50～150 Pa 出棉管静压为 −200～−50 Pa
打手速度	高速度	打手速度高可以加强自由开松作用、除杂作用	480～800 r/min

表 1—4—8　　FA103 型、FA103A 型双轴流开棉机的开松工艺设计

工艺参数	利于开松、除杂的选择	选择依据	参考范围
打手与尘棒间的隔距	小隔距	打手与尘棒间的隔距小可加强开松和除杂作用	15～23 mm
尘棒与尘棒间的隔距	大隔距	尘棒与尘棒间的隔距大可加强开松和除杂作用	5～10 mm

续表

工艺参数	利于开松、除杂的选择	选择依据	参考范围
进棉口和出棉口的压力	合理	进棉口静压过大，会使入口处尘棒间易落白花 棉流出口静压过低，易使落棉箱落棉重新回收 出入口处压差过大使棉流流速过快，在机内停留时间缩短，降低开松效果	进棉管静压：50 ~ 150 Pa 出棉管静压：－200 ~ －150 Pa
打手速度	高速度	加强开松、除杂作用，自由开松，作用比较缓和	FA103 型：打手一 412 r/min，打手二 424 r/min FA103A 型：打手一369 r/min、412 r/min、452 r/min，打手二 381 r/min、424 r/min、465 r/min

（2）豪猪开棉机工艺设计

豪猪开棉机主要依靠打手与尘棒的机械作用完成开松、除杂。豪猪开棉机的开松工艺设计见表 1—4—9。

表 1—4—9　豪猪开棉机的开松工艺设计

工艺参数	利于开松、除杂的选择	选择依据	参考范围
打手速度	较高速度	给棉量一定时，打手转速高，开松、除杂作用强，落棉率高	FA106 型：480 r/min、540 r/min、600 r/min FA107 型：720 r/min、800 r/min、900 r/min
给棉罗拉转速	较低转速	较低给棉速度，产量低，开松作用强，落棉率增加	14 ~ 70 r/min
打手与给棉罗拉间的隔距	根据纤维长度和棉层厚度决定	隔距小，刀片进入棉层深，开松作用强，但较长的纤维易损伤 隔距最大限度应小于棉层厚度，最小限度应使打击点距棉层握持线的距离大于纤维主体长度	6 ~ 7 mm
打手与尘棒间的隔距	自进口至出口应逐渐放大	随着棉块的松解，其体积逐渐增大 隔距小，棉块受尘棒阻扯作用强，在打手室内停留时间长，受打手与尘棒的作用次数多，故开松作用强，落棉增加	进口隔距 10 ~ 14 mm 出口隔距 14.5 ~ 18.5 mm
尘棒之间的隔距	自入口至出口逐渐缩小	入口部分隔距较大，便于大杂先落，补入气流；随着杂质颗粒的减小，中间部分可适当减小尘棒间隔距；出口部分的尘棒间隔距在允许范围内可适当放大或反装尘棒，以便补入气流回收可纺纤维	进口一组 11 ~ 15 mm 中间两组 6 ~ 10 mm 出口一组 4 ~ 7 mm
打手与剥棉刀之间的隔距	小隔距	防止打手返花	1.5 ~ 2 mm

FA106 型豪猪开棉机尘棒安装角与尘棒隔距的关系见表 1—4—10。

表 1—4—10 尘棒安装角与尘棒隔距的关系 mm

尘棒安装角	40°	39°	37°	35°	33°	30°	27°	24°	20°	19°
进口一组 14 根		11.1	11.7	12.2	13	13.7	14.3	15		
中间两组 17 根	6	6.3	6.7	7.2	7.6	8.2	8.7	9.2	9.7	
出口一组 15 根		4	4.4	4.7	5.1	5.6	6.2	6.5	6.9	7.1

3. FA103A 型双轴流开棉机及 FA106A 型梳针滚筒开棉机工艺设计

根据渐进开松、早落少碎、以梳代打、少伤纤维的原则，先双轴流开棉再梳针滚筒开棉，使开松呈现先自由开松再握持开松的状态，有利于开松、除杂，能有效减少纤维的损伤。在保证产量的情况下，尽量减少喂入量，增加打手的转速，为此，在考虑机械状态的情况下，采用以下工艺设计，见表 1—4—11。

表 1—4—11 FA103A 型双轴流开棉机及 FA106A 型梳针滚筒开棉机的工艺设计

机型	工艺参数	参数设计
FA103A 型双轴流开棉机	打手速度	打手一 412 r/min，打手二 424 r/min
	打手与尘棒间的隔距	20 mm
	尘棒与尘棒间的隔距	9 mm
	进、出棉口压力	进棉管静压：50 Pa，出棉管静压：－150 Pa
FA106A 型梳针滚筒开棉机	打手速度	600 r/min
	给棉罗拉转速	35 r/min
	打手与给棉罗拉间的隔距	7 mm
	打手与尘棒间的隔距	进口 10 mm，出口 18.5 mm
	尘棒之间的隔距	进口 15 mm，中间 10 mm，出口 7 mm
	打手与剥棉刀间的隔距	1.5 mm

注：FA106A 型梳针滚筒开棉机的工艺参考 FA106 型豪猪开棉机（见表 1—4—9）。

四、给棉机械

1. 给棉机械的主要结构和作用

给棉机械的主要作用是均匀给棉，并具有一定的混棉和扯松作用。给棉机械在流程中靠近成卷机，以保证棉卷定量，提高棉卷均匀度。给棉机如图 1—4—12 所示。

FA046A 型振动式给棉机结构如图 1—4—13 所示，纤维流经凝棉器进入后储棉箱，储棉量的多少由光电管控制。棉箱下部一对角钉罗拉将原料送出落在水平帘上，水平帘再将原料带至中储棉箱，由角钉帘抓取并与均棉罗拉进行撕扯开松。中储棉箱的储棉量由摇板控制角钉罗拉的转动与停止而保持稳定。角钉帘上的原料由角钉打手剥取并均匀地喂入振动棉箱。振动棉箱内包括振动板、光电管和出棉罗拉。光电管控制振动棉箱内棉量的稳定，通过振动板振动使振动棉箱内的原料密度增大，输出棉层均匀。

2. 给棉机的工艺设计

振动式给棉机的主要作用是均匀给棉，在进棉箱和振动棉箱内均装有光电管，中部储棉

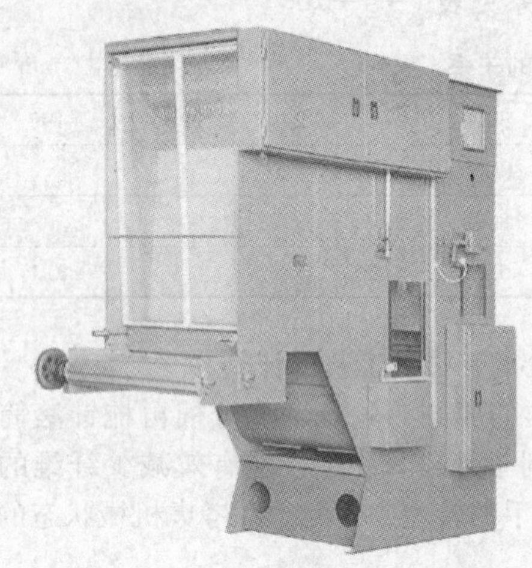

图 1—4—12　FA046A 型振动式给棉机外观

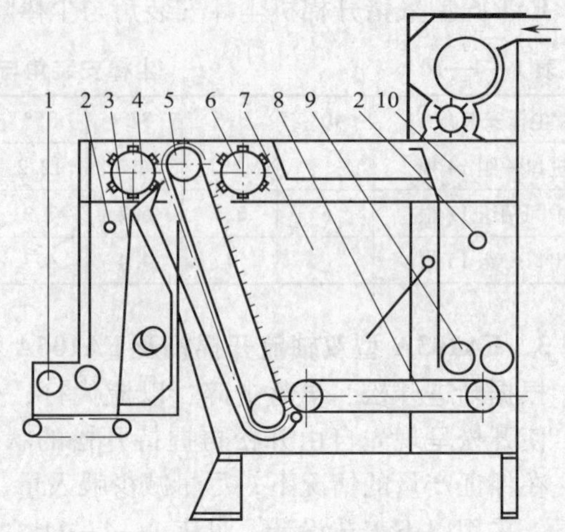

图 1—4—13　FA046A 型振动式给棉机结构

1—出棉罗拉　2—光电管　3—振动板　4—出棉罗拉　5—角钉帘　6—均棉罗拉　7—中储棉箱　8—水平帘　9—角钉罗拉　10—后储棉箱

箱内装有摇板，用以保证棉箱内储棉量相对稳定，使单位时间内的输棉量一致。另外，角钉帘与均棉罗拉的隔距也能保证出棉均匀。当两者隔距小时，除开松作用增强外，还能使输出棉束减小和均匀，但隔距小，产量低，一般采用 0 ~ 40 mm。

3．FA046A 型振动式给棉机的工艺设计

角钉帘与均棉罗拉的隔距设计为 30 mm。

五、清棉成卷机械

1．清棉成卷机械的主要结构和作用

原料经给棉机械加工后，已达到一定程度的开松与混合，一些较大的杂质已被清除，但尚有相当数量的棉籽、不孕籽、籽屑和短纤维等需经过清棉机械进一步开松与清除。FA141 型单打手成卷机如图 1—4—14 所示。清棉成卷机械的作用如下：

（1）继续开松、均匀、混合原料。

（2）继续清除叶屑、破籽、不孕籽等杂质和部分短纤维。

（3）控制和提高棉层纵、横向的均匀度，制成一定规格的棉卷或棉层。

FA141 型单打手成卷机结构如图 1—4—15 所示，该机用于加工各种原棉、棉型化纤及 76 mm 以下的中长化纤。原料由振动式给棉机输出后，均匀地铺放在输棉帘上，经角钉罗拉引导，在天平罗拉和天平曲杆的握持下，接受高速回转的综合打手的打击、撕扯、分割和梳理作用，纤维抛向尘格，部分杂质落入尘箱。纤维块因风机的强力抽吸凝聚在回转的尘笼表面，形成纤维层，同时细小尘杂和短绒透过尘

图 1—4—14　FA141 型单打手成卷机外观

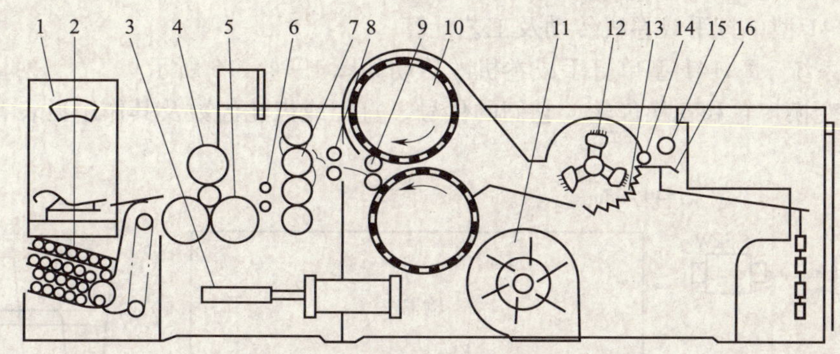

图 1—4—15　FA141 型单打手成卷机结构

1—棉卷秤　2—存放扦装置　3—渐增加压装置　4—压卷罗拉　5—棉卷罗拉　6—导棉罗拉
7—紧压罗拉　8—防粘罗拉　9—剥棉罗拉 10—尘笼　11—风机　12—综合打手
13—尘格　14—天平罗拉　15—角钉罗拉　16—天平曲杆

笼网眼而被排除。纤维层被剥棉罗拉剥下，经防粘罗拉、紧压罗拉、导棉罗拉至棉卷罗拉，并在压卷罗拉的压力下卷绕成卷。当棉卷达到规定的长度后，自动落卷装置将棉卷落下，再重新生头进行卷绕。

2. 成卷机工艺设计

（1）FA141 型单打手成卷机工艺参数

单打手成卷机主要依靠打手与尘棒的机械作用完成开松、除杂，并最终制成相对均匀的棉卷。单打手成卷机的开松工艺设计见表 1—4—12。

表 1—4—12　　单打手成卷机的开松工艺设计

工艺参数	利于开松、除杂的选择	选择依据	参考范围
打手速度	较高速度	较高的打手速度可增加打击强度，提高开松、除杂效果。加工的纤维长度长、含杂少或成熟度差时，宜采用较低转速	900 ~ 1 000 r/min
打手与天平曲杆工作面间的隔距	小隔距	较小的隔距使梳针刺入棉层的深度深，开松效果好	8.5 ~ 10.5 mm
打手与尘棒间的隔距	小隔距（进口至出口逐渐放大）	打手与尘棒间的隔距小，尘棒阻滞纤维的能力强，开松、除杂效果好（适应纤维开松后体积增大的情况）	进口隔距：8 ~ 10 mm 出口隔距：16 ~ 18 mm
尘棒与尘棒间的隔距	大隔距	尘棒间隔距大，可使除杂作用加强（根据喂入原棉的含杂内容和含杂量来确定）	5 ~ 8 mm

FA141 型单打手成卷机尘棒安装角与尘棒间隔距的关系见表 1—4—13。

表 1—4—13　　尘棒安装角与尘棒间隔距的关系

尘棒安装角	16°	20°	24°	27°	30°	33°	35°	37°	38°
尘棒间的隔距（mm）	8.4	7.9	7.2	7.0	6.5	6.0	5.6	5.2	5.0

（2）FA141 型单打手成卷机传动及工艺计算

1）传动系统　FA141 型单打手成卷机的传动如图 1—4—16 所示。

2）工艺变换带轮和变换齿轮　它们的代号、直径或齿轮齿数及其作用见表 1—4—14。

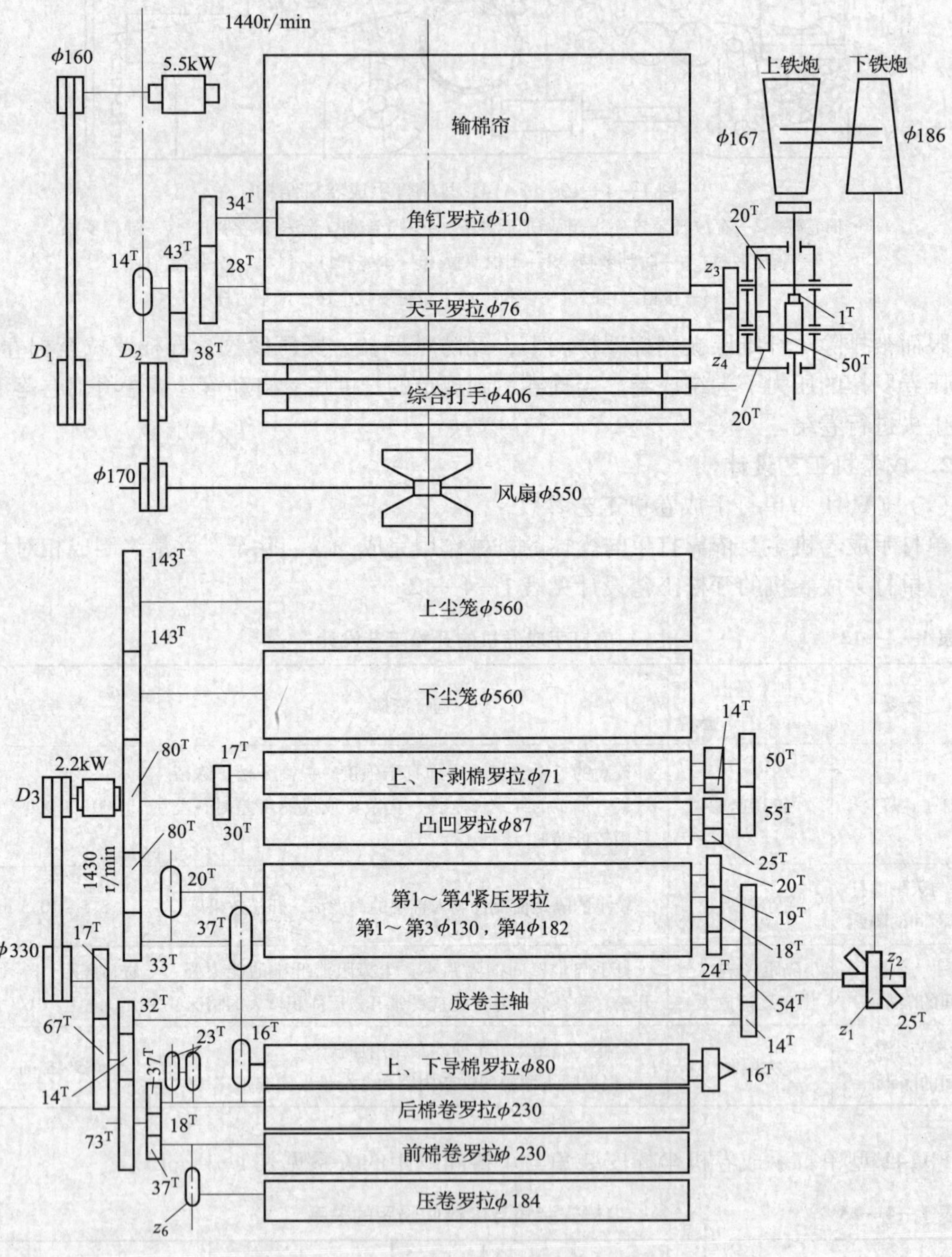

图 1—4—16　FA141 型单打手成卷机的传动图

表 1—4—14　工艺变换带轮和变换齿轮的代号、直径或齿轮齿数及其作用

名称	代号	直径或齿轮齿数	变换作用
打手带轮	D_1	230 mm，250 mm	综合打手速度
风扇带轮	D_2	180 mm，200 mm，220 mm，240 mm，250 mm	风扇速度
电动机带轮	D_3	100 mm，110 mm，120 mm，130 mm，140 mm，150 mm	棉卷罗拉速度
牵伸变换齿轮	z_1/z_2	24/18，25/17，26/16	棉卷罗拉与天平罗拉之间的牵伸倍数
	z_3/z_4	21/30，25/26	
压卷罗拉传动齿轮	z_6	23，24	压卷罗拉速度

3）工艺计算

①速度计算　综合打手转速 n_1（r/min）：

$$n_1 = n \times \frac{D}{D_1} \times 98\% = 1\,440 \times \frac{160}{D_1} \times 98\% = \frac{230\,400}{D_1} \times 98\%$$

式中　n——电动机（5.5 kW）的转速，r/min，1 440 r/min；

D——电动机带轮直径，mm，160 mm；

D_1——打手带轮直径，mm。

天平罗拉转速 n_2（r/min）（设传动带在铁炮的中央位置）：

$$n_2 = n' \times \frac{D_3 \times z_1 \times 186 \times 1 \times 20 \times z_3}{330 \times z_2 \times 167 \times 50 \times 20 \times z_4} = 0.096\,5 \times \frac{D_3 \times z_1 \times z_3}{z_2 \times z_4}$$

式中　n'——电动机（2.2 kW）的转速，r/min，1 430 r/min；

D_3——电动机带轮直径，mm；

z_1/z_2——牵伸变换齿轮齿数；

z_3/z_4——牵伸变换齿轮齿数。

棉卷罗拉转速 n_3（r/min）：

$$n_3 = n' \times \frac{D_3 \times 17 \times 14 \times 18}{330 \times 67 \times 73 \times 37} = 0.102\,6 \times D_3$$

棉卷罗拉转速范围为 10.26 ~ 15.38 r/min。

② 牵伸倍数计算：在加工过程中将须条均匀地抽长拉细，使之单位长度的重量变小的过程称为牵伸。牵伸的程度用牵伸倍数表示，按输出与喂入机件表面速度比值求得的牵伸倍数称为机械牵伸倍数（亦称理论牵伸倍数），按喂入与输出半制品单位长度重量的比值求得的牵伸倍数称为实际牵伸倍数。

在成卷机中，为了获得一定规格的棉卷，需对棉卷罗拉与天平罗拉之间的牵伸倍数 E 进行调节。

$$E = \frac{d_1}{d_2} \times \frac{z_4 \times 20 \times 50 \times 167 \times z_2 \times 17 \times 14 \times 18}{z_3 \times 20 \times 1 \times 186 \times z_1 \times 67 \times 73 \times 37} = 3.216\,2 \times \frac{z_4 \times z_2}{z_3 \times z_1}$$

式中　d_1——棉卷罗拉直径，mm，230 mm；

d_2——天平罗拉直径，mm，76 mm。

根据牵伸变换齿轮的齿数范围，棉卷罗拉与天平罗拉之间的牵伸倍数见表 1—4—15。

表 1—4—15　棉卷罗拉与天平罗拉之间的牵伸倍数

z_3/z_4 \ z_1/z_2	24/18	25/17	26/16
21/30	3.446	3.124	2.827
25/26	2.507	2.276	2.058

实际牵伸倍数与机械牵伸倍数之间的关系如下：

$$\text{实际牵伸倍数} = \frac{\text{机械牵伸倍数}}{1 - \text{落棉率}}$$

③ 棉卷长度计算：

成卷线密度过大不利于开松、除杂，且增加后续工序牵伸负担，过小则产生粘卷破洞，降低质量。不同线密度细纱的成卷线密度和成卷定量见表 1—4—16。

表 1—4—16　不同线密度细纱的成卷线密度和成卷定量

细纱线密度（tex）	成卷线密度（tex）	成卷定量 G_K（g/m）
9.7～11	（350～400）$\times 10^3$	350～400
12～20	（360～420）$\times 10^3$	360～420
21～31	（380～470）$\times 10^3$	380～470
32～97	（430～480）$\times 10^3$	430～480

当棉卷线密度选定后，成卷长度由整只棉卷的总质量考虑选定，一般棉卷的总质量控制在 16～20 kg。

FA141 型单打手成卷机采用计数器控制棉卷长度。计数器由导棉罗拉传动，导棉罗拉每转一转，计数器跳过一个数，当达到预置长度的数字时发出落卷信号。设棉卷计算长度为 L（m），则：

$$L = \frac{n_4 \times \pi \times d \times E_1 \times E_0}{1\,000}$$

式中　n_4——导棉罗拉一个棉卷的转速，调节范围为 110～292 r/min；

d——导棉罗拉直径，mm，80 mm；

E_1——棉卷罗拉与导棉罗拉之间的牵伸倍数，$E_1 = 1.022\,6$；

E_0——压卷罗拉与棉卷罗拉之间的牵伸倍数，$E_0 = 24.571/z_6$（z_6 有 23、24 齿两种）。

棉卷在卷绕过程中略有伸长，故实际长度 L_1 大于计算长度 L，设棉卷的伸长率为 ε，则：

$$L_1 = (1 + \varepsilon) \times L$$

棉卷长度的调整可根据需要调整计数器的数值来完成，调好后即可开车生产。

3. FA141 型单打手成卷机工艺设计

成卷机的主要工作是均匀成卷，并有开松、除杂作用，为此，既要考虑最终的成卷情况，又要考虑设备开松、除杂情况。在考虑机械状态的情况下，采用以下工艺设计，见表1—4—17。

（1）计算速度

1）综合打手转速 n_1（r/min）：

$$n_1 = n \times \frac{D}{D_1} \times 98\% = 1\,440 \times \frac{160}{230} \times 98\% = 981.7 \text{ r/min}$$

式中　n——电动机（5.5 kW）的转速，r/min，1 440 r/min；

D——电动机带轮直径，mm，160 mm；

D_1——打手带轮直径，mm，230 mm。

2）棉卷罗拉转速 n_3（r/min）：

$$n_3 = n' \times \frac{D_3 \times 17 \times 14 \times 18}{330 \times 67 \times 73 \times 37} = 0.102\,6 \times D_3 = 0.102\,6 \times 120 = 12.312 \text{ r/min}$$

式中　D_3——电动机带轮直径，取120 mm。

（2）计算牵伸倍数

$$E = 3.216\,2 \times \frac{z_4 \times z_2}{z_3 \times z_1} = 3.216\,2 \times \frac{30 \times 17}{21 \times 25} = 3.124$$

式中，z_1/z_2 取25/17，z_3/z_4 取21/30。

（3）计算棉卷长度

1）棉卷计算长度 L（m）为：

$$L = \frac{n_4 \times \pi \times d \times E_1 \times E_0}{1\,000} = \frac{160 \times 3.14 \times 80 \times 1.022\,6 \times 24.571}{1\,000 \times 24} = 42.1 \text{ m}$$

式中，n_4 取160 r/min，d 为80 mm，E_1 为1.022 6，$E_0 = 24.571/z_6$（z_6 选24齿）。

2）棉卷实际长度 L_1（m，棉卷的伸长率 ε 为2.8%）：

$$L_1 = (1 + \varepsilon) \times L = (1 + 0.028) \times 42.1 = 43.3 \text{ m}$$

（4）计算棉卷质量

根据表1—4—16，棉卷干定量选取362 g/m。

棉卷干净重 = 362 × 43.3/1 000 = 15.7 kg

开清棉车间的回潮率为8.0%（通常控制范围为7.5% ~ 8.5%），则棉卷湿净重为：

棉卷湿定量 = 棉卷干定量 ×（1 + 8.0%）= 362 ×（1 + 8.0%）= 390.96 g/m

棉卷湿净重 = 棉卷湿定量 × 43.3/1 000 = 390.96 × 43.3/1 000 = 16.93 kg

（5）计算棉卷的线密度：

$$T_{t成卷} = 362 \times (1 + 8.5\%) \times 1\,000 = 392\,770 \text{ tex}$$

表1—4—17　　FA141型单打手成卷机的工艺设计

工艺参数	参数设计
打手速度	981.7 r/min
打手与天平曲杆工作面的隔距	8.5 mm
打手与尘棒间的隔距	进口：8 mm，出口：18 mm
尘棒与尘棒间的隔距	8 mm

续表

工艺参数	参数设计
机械牵伸倍数	3.124
棉卷干定量	362 g/m
棉卷湿定量	390.96 g/m
棉卷长度	42.1 m
棉卷的伸长率	2.8%
棉卷实际长度	43.3 m
棉卷干净重	15.7 kg
棉卷湿净重	16.93 kg

六、开清棉工艺设计表

开清棉工艺设计见表 1—4—18。

表 1—4—18　　开清棉工艺设计表

<table>
<tr><td>开清棉工艺流程</td><td colspan="12">FA002 型圆盘抓棉机→FA103A 型双轴流开棉机→FA022－6 型多仓混棉机→FA106A 型梳针滚筒开棉机→FA133 型气动两路配棉器→FA046A 型振动式给棉机→FA141 型单打手成卷机</td></tr>
<tr><td>机械名称</td><td colspan="12">工艺参数</td></tr>
<tr><td rowspan="2">FA002 型
圆盘抓棉机</td><td colspan="3">抓棉打手的转速（r/min）</td><td colspan="3">抓棉小车的运行速度（r/min）</td><td colspan="3">打手刀片伸出肋条的距离（mm）</td><td colspan="3">抓棉打手间歇下降动程（mm）</td></tr>
<tr><td colspan="3">900</td><td colspan="3">0.80</td><td colspan="3">2.5</td><td colspan="3">2</td></tr>
<tr><td rowspan="2">FA103A 型
双轴流开棉机</td><td colspan="3">打手转速（r/min）</td><td colspan="3">打手与尘棒间的隔距（mm）</td><td colspan="3">尘棒与尘棒间的隔距（mm）</td><td colspan="3">进、出棉口压力（Pa）</td></tr>
<tr><td colspan="3">412/424</td><td colspan="3">20</td><td colspan="3">9</td><td colspan="3">进棉口：50，出棉口：－150</td></tr>
<tr><td rowspan="2">FA022－6 型
多仓混棉机</td><td colspan="3">开棉打手转速（r/min）</td><td colspan="3">给棉罗拉转速（r/min）</td><td colspan="3">输棉风机转速（r/min）</td><td colspan="3">换仓压力（Pa）</td></tr>
<tr><td colspan="3">330</td><td colspan="3">0.2</td><td colspan="3">1 400</td><td colspan="3">230</td></tr>
<tr><td rowspan="2">FA106A 型
梳针滚筒开棉机</td><td colspan="2">打手转速（r/min）</td><td colspan="2">给棉罗拉转速（r/min）</td><td colspan="2">打手与给棉罗拉间的隔距（mm）</td><td colspan="2">打手与尘棒间的隔距（mm）</td><td colspan="2">尘棒之间的隔距（mm）</td><td colspan="2">打手与剥棉刀间的隔距（mm）</td></tr>
<tr><td colspan="2">600</td><td colspan="2">35</td><td colspan="2">7</td><td colspan="2">10/18.5</td><td colspan="2">15/10/7</td><td colspan="2">1.5</td></tr>
<tr><td rowspan="2">FA046A 型
振动式给棉机</td><td colspan="12">角钉帘与均棉罗拉间的隔距（mm）</td></tr>
<tr><td colspan="12">30</td></tr>
<tr><td rowspan="5">FA141 型单打手
成卷机</td><td colspan="2">棉卷定量（g/m）</td><td colspan="2" rowspan="2">实际回潮率（%）</td><td colspan="2">棉卷长度（m）</td><td rowspan="2">棉卷伸长率（%）</td><td colspan="2">棉卷净重（kg）</td><td rowspan="2">线密度（tex）</td><td colspan="2" rowspan="2">机械牵伸倍数</td></tr>
<tr><td>干定量</td><td>湿定量</td><td>计算</td><td>实际</td><td>干重</td><td>湿重</td></tr>
<tr><td>362</td><td>390.96</td><td colspan="2">8.0</td><td>42.1</td><td>43.3</td><td>2.8</td><td>15.7</td><td>16.93</td><td>392 770</td><td colspan="2">3.124</td></tr>
<tr><td colspan="3">打手速度（r/min）</td><td colspan="3">打手与天平曲杆工作面间的隔距（mm）</td><td colspan="3">打手与尘棒间的隔距（mm）</td><td colspan="3">尘棒与尘棒间的隔距（mm）</td></tr>
<tr><td colspan="3">981.7</td><td colspan="3">8.5</td><td colspan="3">进口：8，出口：18</td><td colspan="3">8</td></tr>
</table>

考核评价

考核评分见表1—4—19。

表1—4—19　　考核评分表

项目	分值					得分	
抓棉机工艺设计	25（按照要求进行设计，少一项扣3分）						
混棉机工艺设计	25（按照要求进行设计，少一项扣3分）						
开棉机工艺设计	25（按照要求进行设计，少一项扣3分）						
成卷机工艺设计	25（按照要求进行设计，少一项扣3分）						
书写、打印规范	书写有错误一次倒扣4分，格式错误倒扣5分，最多不超过20分						
姓名		班级		学号		总得分	

思考与练习

1. 设计针织用JC14.5 tex纱的开清棉工艺。
2. 设计高档贡缎用JC7.5×2 tex精梳股线的开清棉工艺。
3. 设计高级府绸用JC4.9×3 tex精梳股线的开清棉工艺。

知识拓展

棉卷的质量指标，各企业不尽相同，但都应保证成品符合国家标准。

一、棉卷重量不匀率与伸长率

棉卷重量不匀率主要评价棉卷纵向1 m片段质量的均匀情况，同时测定棉卷的实际长度，核算棉卷伸长率，供改进生产参考。

及时调整和降低同品种各机台棉卷的伸长率差异，减小棉卷的不匀率，可稳定纱线重量不匀率和质量偏差。

通常，每周每台至少试验1次，各品种每月至少试验3次。取样方法是任取质量合格的棉卷一只。

1. 计算公式

$$\text{每米平均质量}=\frac{\sum \text{试验总质量（g）}}{\sum \text{试验总长度（m）}}$$

$$\text{重量不匀率}=\frac{2\times\text{（平均数}-\text{平均值以下项的平均值）}\times\text{平均值以下的项数}}{\text{平均值}\times\text{总项数}}\times 100\%$$

$$\text{伸长率}=\frac{\text{实际长度}-\text{计算长度}}{\text{计算长度}}\times 100\%$$

注意：棉层头、末段不足 1 m 者，只量长度，不记质量；每米平均质量取小数点后一位，重量不匀率取小数点后两位。

2. 参考指标

（1）棉卷重量不匀率为 0.8% ~1.2%。

（2）棉卷伸长率为 2.5% ~3.5%，台差 <1%。

二、棉卷含杂率

棉卷含杂率主要评价棉卷的含杂量。对照混棉成分中的原棉平均含杂率，可计算开清棉联合机的除杂效率，作为调整清棉、梳棉工艺的参考。

试验周期是各品种、各机台每周至少试验 1 次。每次取外层棉卷（略多于 100 g）放入样筒，试验时称取试样 100 g（可结合棉卷重量不匀率和开清棉联合机落棉试验进行）。

1. 计算公式

$$\text{棉卷含杂率} = \frac{\text{试样所含杂质质量}}{\text{试样质量}} \times 100\%$$

$$\text{棉卷含纤维率} = \frac{\text{试样所含纤维质量}}{\text{试样质量}} \times 100\%$$

$$\text{风耗率} = \frac{\text{喂入原棉质量} - \text{落棉质量} - \text{输出棉流质量}}{\text{喂入原棉质量}} \times 100\%$$

2. 参考指标

棉卷含杂率按原棉含杂率制定指标，一般为 0.9% ~1.6%，见表 1—4—20。

表 1—4—20　　棉卷含杂率参考指标

原棉含杂率（%）	1.5 以下	1.5 ~2.0	2.0 ~2.5	2.5 ~3.0	3.0 ~3.5	3.5 ~4.0	4.0 以上
棉卷含杂率（%）	0.9 以下	1 ~1.1	1.2 ~1.3	1.3 ~1.4	1.4 ~1.5	1.5 ~1.6	1.6 以上

三、棉卷结构

棉卷结构是指对棉卷中的束丝、不孕籽、破籽、棉结等疵点进行定量评价，以作为工艺改进时的参考。其试验一般是在原棉、开清棉工艺变化前后进行对比试验。

每次取样时，任取棉卷 1 只，将约 1 m 棉卷铺于试验台上，分别在 6 ~8 处用天平取样 10 g。

1. 试验方法

采用手拣与灯光检验相结合的方法。

第一次手拣 10 g 棉样中的棉束（紧棉束、紧棉团、钩形棉束、畸形棉束）、不孕籽、僵棉、破籽、带纤维破籽，并计算疵点粒数的百分率及疵点总质量。

第二次将手拣后的净棉称 1 g 做试样，用棉网检验器按生条棉结、杂质规定的方法检验，并按紧棉结、带纤维破籽及籽屑、杂质三项计数。

（1）将第一次手拣疵点的粒数乘以 10，折合成 100 g 棉样的疵点粒数及各类疵点的质量。

（2）将第二次灯光检验的疵点数乘以 100，折合成 100 g 棉样的疵点粒数。

2. 参考指标

棉卷结构（或质量）一般包括棉卷中杂质和疵点的内容和数量、短纤维率、棉卷纵向和横向不均匀率、整片结构、开松度等内容，各项参考指标见表1—4—21。

表1—4—21　　　　　　　　　　棉卷结构的各项参考指标

棉卷结构质量指标		一般控制范围
棉卷手拣疵点	带纤维籽屑数	中特纱18粒/g以下，细特纱15粒/g以下
	软籽及僵瓣	中特纱0．4%以下，细特纱0．3%以下
	棉束数	紧棉束、紧棉团、钩形棉束、畸形棉束总和170只/100 g以下，其中钩形棉束120只/100 g以下
化纤硬丝、并丝等手扯疵点		1 mg/100 g以下
棉卷	短纤维率	与喂入混合棉相比，增加量不大于1%
	棉结数	与喂入混合棉相比，增加量不大于50%
棉卷纵向（重量）不匀率		见棉卷重量不匀率与伸长率参考指标
棉卷横向（重量）不匀率		1m长棉卷片段横向卷成小卷装在梳棉机上喂入，将其生条按5m长计算不匀率时，重量不匀率在5%以内
整片结构		各处均匀，无破洞、薄层
开松度		气流仪测定为85%~90%。以目光观察时，要求纤维松散平正，要绝对避免紧棉束和钩形棉束。一般用梳针打手可取得理想效果

四、总除杂率、总落棉率

通过了解开清棉联合机落棉的数量和落棉中落杂的多少，计算其除杂效率，由此分析开清棉联合机工艺处理和机械状态是否适当，以提高质量，节约用棉。

试验周期为每月各机台、各品种棉卷至少轮试1次，配棉成分变动或工艺调整较大时，应随时增加试验。

取样是在开车后待做到一定数量的棉卷（一般不少于10只）时，即停止喂棉，但继续开车，棉卷逐只称重，作好记录；停车，出清各机落棉，并逐一称重，然后取样作落棉分析。各种唛头的原棉、棉卷也分别取样。对落棉、原棉、棉卷试样用Y101型原棉杂质分析机处理分析。

1．开清棉联合机落棉试验计算公式

$$\text{喂入质量}=\text{试验棉卷总质量}+\text{落棉总质量}+\text{回花总质量}$$

$$\text{制成质量}=\text{试验棉卷总质量}+\text{回花总质量}$$

$$\text{原棉平均含杂率}=\sum(\text{各唛头原棉含杂率}\times\text{混用比例})$$

$$\text{总落棉率（统破籽率）}=\frac{\text{总落棉质量}}{\text{喂入质量}}\times100\%$$

$$\text{某机（部分）落棉率}=\frac{\text{某机（部分）落棉总质量}}{\text{喂入质量}}\times100\%$$

$$\text{落棉含杂率}=\frac{\text{落棉试样所含杂质质量}}{\text{落棉试样质量}}\times100\%$$

$$\text{落棉含纤维率}=\frac{\text{落棉试样所含纤维质量}}{\text{落棉试样质量}}\times100\%$$

$$某机（部分）落杂率=某机（部分）落棉率\times落棉含杂率$$

$$总除杂效率=\frac{\sum各机落杂率}{原棉平均含杂率}\times100\%$$

$$某机（部分）除杂效率=\frac{某机（部分）落杂率}{原棉平均含杂率}\times100\%$$

如有特殊需要，尚可计算下列指标，并手拣分析落棉中的含杂内容。

$$制成率=\frac{制成棉卷标准含水率质量}{喂入原棉标准含水率质量}\times100\%=\frac{制成棉卷干重}{喂入原棉干重}\times100\%$$

式中：

$$原棉(棉卷)标准含水率质量=\frac{原棉(棉卷)的实际质量\times(1-实际含水率)}{1-标准含水率}$$

$$原棉(棉卷)干重=原棉(棉卷)的实际质量\times\frac{1}{1+实际回潮率}$$

$$=原棉(棉卷)的实际质量\times(1-实际含水率)$$

$$总风耗率=1-(制成率+总落棉率)$$

$$落棉中可用纤维率=\frac{落棉中可用纤维质量}{落棉质量}\times100\%$$

2. 参考指标

根据原棉含杂率确定除杂效率和统破籽率，清棉除杂和落棉参考指标见表1—4—22。

表1—4—22　　清棉除杂和落棉参考指标

原棉含杂率（%）	除杂效率（%）	落棉含杂率（%）	统破籽率（%）
1.5以下	30~40	50	60~75
1.5~2.0	35~45	55	65~80
2.0~2.5	40~50	58	70~85
2.5~3.0	45~55	60	75~90
3.0~3.5	50~60	63	80~95
3.5~4.0	55~65	65	85~95
4.0以上	60以上	68	85~95

任务5　梳棉工艺设计

学习目标

1. 能进行梳棉工艺参数的选择与计算。
2. 掌握工艺参数对生条质量的影响。

任务引入

在任务4中已经对开清棉的工艺进行了设计，下一步是梳棉工艺设计，其主要设计内容见表1—5—1。

表1—5—1　　　　　　　　**梳 棉 工 艺**

机型	生条定量（g/5m）		回潮率（%）	线密度（tex）	总牵伸倍数		棉网张力牵伸	刺辊转速（r/min）	锡林转速（r/min）	盖板速度（mm/min）	道夫转速（r/min）
	干定量	湿定量			机械	实际					
FA201											

刺辊与周围机件隔距（mm）

给棉板	第一除尘刀	第二除尘刀	第一分梳板	第二分梳板	锡林

锡林与周围机件隔距（mm）

活动盖板	后固定盖板	前固定盖板	大漏底	后罩板	前上罩板	前下罩板	道夫

齿轮的齿数

z_1	z_2	z_3	z_4	z_5

任务分析

根据表1—5—1，梳棉工艺设计分为生条定量及牵伸倍数设计、速度设计、隔距设计三部分。通常依次进行生条定量及牵伸倍数设计、速度与隔距设计。

相关知识

一、梳棉机机构

1. 梳棉工序的任务

（1）分梳

在不损伤或少损伤纤维的前提下，对纤维进行细致梳理，使其分离成单纤维状态，并使纤维部分伸直且初步取向。

（2）除杂

继续清除残留在棉束中的杂质和疵点，如带纤维的籽屑、破籽、软籽表皮、短绒、棉结、束丝与尘屑等。

（3）均匀混合

使不同性状的纤维得到充分的混合，并通过梳理机件的“吸”“放”纤维性能对在制品产生均匀作用。

（4）成条

制成一定线密度的均匀生条，并有规则地圈放在条筒中，供下道工序使用。

2. FA201 型梳棉机

FA201 型梳棉机如图 1—5—1 所示，其工艺流程简图如图 1—5—2 所示。

梳棉机分为给棉、刺辊部分，锡林、盖板和道夫部分及剥棉成条和圈条部分三大部分。

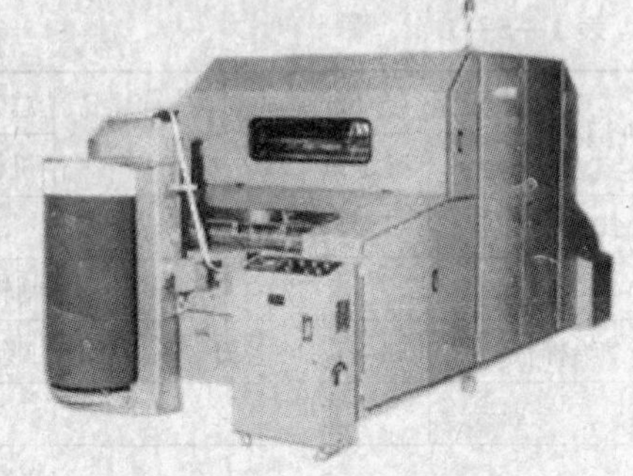

图 1—5—1　FA201 型梳棉机

（1）给棉和刺辊部分

棉卷置于棉卷罗拉 16 上，并借其与棉卷罗拉间的摩擦而逐层退解（采用清梳联时，由机后喂棉箱 18 输出均匀棉层），沿给棉板 19 进入给棉罗拉 15 和给棉板之间，在紧握状态下向前喂给刺辊 11，使棉层接受开松与分梳。由刺辊分梳后的纤维随同刺辊向下经过两块刺辊分梳板 14 的梳理、两只除尘刀的清除（两只除尘刀分别装在两块分梳板的前部）后，纤维经过三角小漏底 21，由锡林 9 剥取。杂质和短绒等在给棉板与第一除尘刀之间、第一分梳板与第二除尘刀之间以及第二分梳板与三角小漏底之间落下，成为后车肚落棉。这一部分以刺辊的握持分梳为特点，是梳棉机的第一分梳部分，简称给棉和刺辊部分。

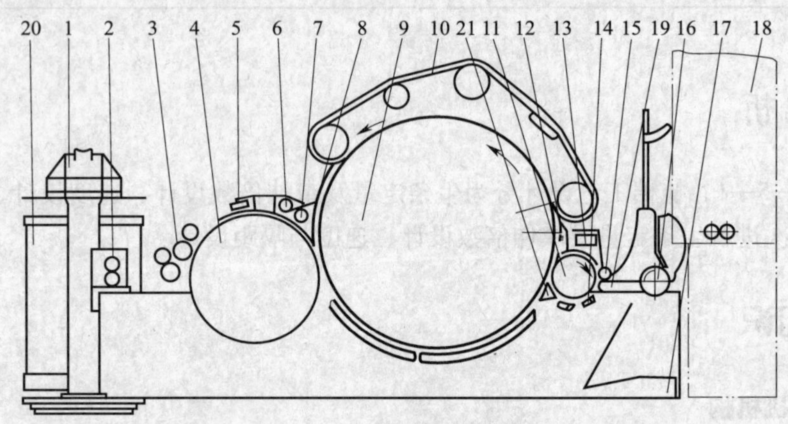

图 1—5—2　FA201 型梳棉机的工艺流程简图

1—圈条器　2—大压辊　3—剥棉罗拉　4—道夫　5—清洁辊吸点　6—盖板花吸点　7—三角区吸点　8—前固定盖板　9—锡林　10—盖板　11—刺辊　12—后固定盖板　13—刺辊放气罩吸点　14—刺辊分梳板　15—给棉罗拉　16—棉卷罗拉　17—车肚花吸点　18—喂棉箱　19—给棉板　20—条筒　21—三角小漏底

（2）锡林、盖板和道夫部分

由锡林剥取的纤维随同锡林向上经过后固定盖板 12 的梳理后，进入锡林盖板工作区，由锡林和盖板 10 的针齿对纤维进行细致的分梳。充塞到盖板针齿内的短绒、棉结、杂质和少量可纺纤维，在走出工作区后由盖板花吸点 6 吸走。随锡林走出工作区的纤维通过锡林与前固定盖板 8 的梳理后，进入锡林道夫工作区，其中一部分纤维凝聚于道夫 4 表面被其剥取转移出去，另一部分纤维随锡林返回，又与从刺辊针面剥取的纤维并合重新进入锡林盖板工作区进行分梳。这一部分以锡林、盖板和道夫的细致分梳为特点，是梳棉机的第二分梳部分，简称锡林、盖板和道夫部分。

（3）剥棉成条和圈条部分

道夫表面凝聚的纤维层，被剥棉罗拉3剥取后形成棉网，经喇叭口制成棉条由大压辊2输出，通过圈条器1将棉条有规则地圈放在条筒20内。剥棉成条和圈条构成梳棉机的输出部分。

二、梳棉机工艺设计

1．梳棉机工艺设计要求

（1）高速高产

现代梳棉机通过提高锡林转速和在刺辊、锡林上附加分梳元件，来保持高产时纤维良好的分梳度，提高成纱质量，从而进一步提高梳棉机产量。

（2）增加生条定量

为适应单位时间内输出纤维量增加的情况，高产梳棉机宜适当提高道夫转速和适当增加生条定量。但过大的生条定量不利于梳理、除杂和纤维转移。

（3）较小隔距

在针面状态良好的前提下，锡林与盖板间采用较小的隔距，可提高分梳效能。尽可能减小锡林与道夫隔距，有利于纤维的转移和梳理。在锡林和刺辊间采用较大的速比和较小的隔距，可减少纤维返花和棉结的产生。

（4）协调关系

协调好开松度、除杂效率、棉结增长率和短绒增长率之间的关系，是梳棉机工艺设计时必须着重考虑的问题。纤维开松度差，除杂效率低，短绒和棉结的增长率也低。提高开松度和除杂效率，短绒和棉结也呈增长趋势。要充分发挥刺辊部分的作用，注意给棉板工作面长度和除尘刀工艺配置。在保证一定开松度的前提下，尽可能减少纤维的损伤和断裂。

（5）除杂分工

梳棉机上宜后车肚多落，抄斩花少落。根据原棉含杂内容和纤维长度合理制定梳棉机后车肚工艺，充分发挥刺辊部分的预梳和除杂效能。

（6）选好针布

选好针布、用好针布和管好针布，是改善梳理、减少结杂和提高质量的有力保证。要根据纤维的种类和特性、梳棉机的产量及纱的线密度等选用不同的新型高效能针布（如高产梳棉机针布、细特纱针布、低级棉针布、普通棉型针布等不同系列），并注意锡林针布与盖板、道夫针布和刺辊锯条的配套。由于针布价格昂贵，所以通常不会因为纺制新纱而更换针布，在实际生产中，一般要根据针布的情况来设计可以纺制的纱线。

2．梳棉生条定量设计

梳棉机牵伸倍数常随所纺纱的线密度不同而不同。在纺细特纱时，常选用较大的牵伸倍数，同时棉卷的定量较轻，因此，生条定量较轻；反之，应较重。在纺线密度相同或相近的纱时，一般若产品质量要求较高可采用较轻的生条定量。

一般生条定量轻，有利于提高转移率，有利于改善锡林和盖板间的分梳效果。

事实上高产梳棉机已采取了刺辊加装分梳板，锡林加装前、后固定盖板，盖板逆转，新型针布等措施，加强了对棉层的分梳，弥补了因定量重而造成刺辊分梳不良和分梳力不够的缺陷。

当梳棉机在高速高产和使用金属针布以及其他高产措施后，定量过轻有以下缺点：

（1）喂入定量过轻，则在相同条件下棉层结构不易均匀（如产生破洞等），且由于针面负荷低，纤维吞吐量少，不易弥补，因而生条条干较差。

（2）生条定量轻，直接提高了道夫转移率，降低了分梳次数，在高产梳棉机转移率较高、分梳次数已显著不足的情况下，必将影响分梳质量。

（3）生条定量轻，为保持梳棉机一定的台时产量，势必要提高道夫转速，这不利于剥棉并易造成棉网飘动而增加断头，对生条条干不利。所以生条定量不宜过轻，一般为 20 ~ 25 g/5 m；但也不宜过重，以免影响梳理质量。

梳棉生条定量常见范围见表 1—5—2、表 1—5—3。

表 1—5—2　　梳棉机生条定量常见范围

机型	FA201B	FA221、FA224、FA225、FA231	FA232A	DK903
产量［kg/（台·h）］	最高 40	25 ~ 70	40 ~ 80	最高 140
推荐生条定量（g/5m）	17.5 ~ 32.5	20 ~ 32.5	20 ~ 32.5	20 ~ 50

表 1—5—3　　不同线密度纱线的生条定量常见范围（锡林转速 360r/min 左右）

线密度（tex）	32 以上	20 ~ 30	12 ~ 19	11 以下
生条定量（g/5m）	22 ~ 28	20 ~ 26	18 ~ 24	16 ~ 22

在锡林转速为 450 ~ 600 r/min 的高产梳棉机（如 DK903 型、FA232A 型等）上，上述定量一般可增加 10%。

3. 梳棉速度设计

（1）锡林速度

锡林转速提高，增加了单位时间内作用于纤维上的针齿数，从而提高了分梳能力，为梳棉机高产提供了条件，也为提高刺辊转速和保证良好的转移状态提供了条件。同时，锡林转速提高，纤维和杂质所受的离心力相应增大，有助于清除杂质。另外，锡林转速提高，能增强纤维向道夫转移的能力，针面负荷显著减少，针齿对纤维握持作用良好，有利于提高分梳质量，而且纤维不易在针布间搓转，减少了棉结的形成，因而在一定范围内提高锡林转速是梳棉机优质高产的一项有效措施。但转速的提高受机械状态的限制，若机械状态不适应，会造成严重的机械磨损和产生碰针以及盖板倒针等现象，速度过高也易损伤纤维。

锡林转速应根据加工原料的性能不同有所区别。如纤维长或与针齿摩擦因数大，则纤维易被两针齿抓取，若锡林速度较快，则会增加梳理过程中的纤维损伤，特别是纤维强力较低时，锡林速度应偏低掌握。

国内不同型号梳棉机的锡林转速见表 1—5—4。

表 1—5—4　　**不同型号梳棉机的锡林转速**

型号	FA201B	FA231	FA203 FA203A	FA232	FA221A、FA221B、FA221C FA223、FA223C、FA224、FA224C	FA225 FA225A
锡林转速 （r/min）	330～360	330、360、 420	412、467、 508	400～600	280、350、400	288～550

（2）刺辊速度

刺辊速度的设计主要考虑以下几个方面：

1）刺辊转速影响刺辊对棉层的握持分梳程度及刺辊下方后车肚的气流和落棉情况。转速提高，单位纤维的作用齿数增加，分梳作用加强，生条中棉束百分率下降，有利于清除杂质。但刺辊转速增加会加大纤维的损伤，使生条中短绒率增大。因此，刺辊转速不宜过高，一般纺棉时约为 900 r/min。对线密度小、成熟度差的原棉，应偏低掌握；对成熟度好的原棉，转速可高些。

2）梳棉机高产，锡林转速随之较高，在刺辊部分，由于刺辊的握持分梳易对纤维造成损伤，高产时刺辊转速的增幅一般小于锡林转速的增幅。预梳效能可采用附加分梳板、增加刺辊的齿密等来弥补。

3）锡林与刺辊的表面速比影响纤维由刺辊向锡林的转移，不良的转移会产生棉结。高产梳棉机上锡林与刺辊表面速比纺棉时宜为 1.7～2.0。

4）若采用三刺辊，如 DK903 型梳棉机，其第一刺辊转速为 900～992 r/min，第二刺辊转速为 1 200～1 540 r/min，第三刺辊转速为 1 700～2 018 r/min，这种转速递增式的“牵引分离”可减少对纤维的损伤。同时三个刺辊增大了刺辊表面积，配合分梳板使附加分梳作用增强，有利于梳棉机产量的提高。

部分国内外梳棉机锡林与刺辊转速及速比见表 1—5—5，其特点是锡林与刺辊的表面速比多数在 2.0 以上。

表 1—5—5　　**国内外梳棉机锡林与刺辊转速及速比**

机型		C4					DK903	FA201	FA224				FA225
刺辊直径（mm）		220					172.5	250	250				127.5
锡林直径（mm）		1 290					1 290	1 290	1 290				1 290
刺辊转速 （r/min）	第一	753	899	949	1 130	1 348	900～992	920	600	810	925	1 060	690～1 321
	第二						1 200～1 540						902～2 071
	第三						1 700～2 018						1 194～2 729
锡林转速 （r/min）		303 335	360 400	381 422	453 502	540 640	450～600	360	280、350、400				288～550
表面速比 （锡林/刺辊）		2.4 2.6	2.3 2.6	2.4 2.6	2.4 2.6	2.3 2.8	1.67～2.0 2.22～2.6	2.02	2.4 3.01 3.44	1.78 2.23 2.55	1.56 1.95 2.23	1.36 1.70 1.95	1.07～2.44 2.04～4.66

（3）盖板速度

盖板速度是指每分钟盖板走出工作区的毫米数。盖板速度的设计主要考虑以下几个方面：

1）盖板速度提高，盖板针面上的纤维量减少，每块盖板带出分梳区的斩刀花少，但单位时间走出工作区的盖板根数多，盖板花的总量增加且含杂率降低，而除杂率稍有增加。

2）在产量一定时，纺低级棉用较高的盖板速度可改善棉网的质量，成纱强力亦略有提高；但在使用品质较好的原料时，针面负荷较小，提高盖板线速度对生条质量没有显著影响，而盖板花中纤维量却会大大增加，不利于节约用棉。只有在针面负荷较大时，提高盖板线速度对生条质量才较有效。因为锡林表面速度极高，盖板速度改变对后者相对分梳速度影响极小。

3）在一定速度范围内，盖板采用同样的速度，其排除短绒和杂质的数量随后车肚落棉情况而改变。后车肚落棉多，盖板排除短绒和杂质就少。

4）生产上采用的盖板速度是否恰当，可通过观察棉网的质量是否符合要求以及根据斩刀花的外形结构和含杂情况来判定。通常，盖板花中只应含有少量的束状纤维，两块盖板之间应很少有较长的搭桥纤维。

5）采用反转盖板可以提高分梳效果，在新的梳棉机上已普遍应用反转盖板。盖板的线速度范围是80～320 mm/min，如纺棉锡林转速为450 r/min，则盖板线速度采用210 mm/min。盖板速度常用范围见表1—5—6。

表1—5—6　　盖板速度常用范围（锡林转速为360 r/min左右时）

纺纱线密度（tex）	32以上	20～30	19以下
盖板速度（mm/min）	150～200	90～170	80～130

（4）道夫速度

道夫转速直接关系到梳棉机的生产率，需要提高梳棉机产量时，可采取提高道夫转速和增加生条定量两种措施。

当生条定量加重时，意味着纺纱总牵伸倍数要随之增加，不匀率也会增大，因此生条定量不能过重是高产梳棉机研制和使用中应遵循的原则。但生条定量过轻，意味着道夫转速过快，则棉网抱合力差，不利于棉网形成，不能适应棉条的高速输出。故随着梳棉机产量的提高，生条定量亦缓慢增加。

当梳棉机产量一定时，无论道夫速度快慢，单位时间内锡林向道夫转移的纤维量是一定的。道夫速度增加时，同样的纤维量凝聚在较大的道夫清洁针面上，使道夫针齿抓取纤维的能力增加，道夫的转移率高，锡林针面负荷小。

国内不同型号梳棉机的道夫转速见表1—5—7。

表1—5—7　　不同型号梳棉机的道夫转速

型号	FA201B	FA231	FA203 FA203A	FA232	FA221A、FA221B、FA221C FA223、FA223C、FA224、FA224C	FA225 FA225A
道夫转速（r/min）	6～30	5.7～55.80	8.9～89	9～90	≤70	≤75

4. 梳棉隔距设计

梳棉机上共有30多个隔距，隔距和梳棉机的分梳、转移、除杂作用有密切关系。

分梳隔距主要有刺辊—给棉板、刺辊—预分梳板、盖板—锡林、锡林—固定盖板、锡林—道夫等机件间的隔距。

转移隔距主要有刺辊—锡林、锡林—道夫、道夫—剥棉罗拉等机件间的隔距。

除杂隔距主要有刺辊—除尘刀、小漏底、前上罩板上口—锡林等机件间的隔距。

分梳和转移隔距小有利于分梳转移。隔距较小，梳理长度增加，针齿易抓取和握持纤维，使纤维不易游离，不易搓擦成结。

梳棉机隔距及设定的主要因素见表1—5—8。

表1—5—8　梳棉机隔距及设定的主要因素

机件部位		隔距 mm（1/1 000 in）	设定主要因素
给棉、刺辊部分	给棉罗拉～给棉板	入口：0.30（12）～0.38（15） 出口：0.10（4）～0.18（7）	①给棉罗拉空转时应不接触 ②一般入口大、出口小，喂入棉层后，基本相同（不同型号、不同结构有所不同）
	刺辊～给棉板	0.2～0.25 （8～10）	①刺辊对棉层的梳理作用随着隔距的减小而加剧，上下棉层分流差异减小易引起纤维损伤 ②一般棉层厚、纤维长、强力差的应放大隔距，清梳联时的隔距宜比棉卷大 ③纺棉杂质较多时宜大，以防杂质碎裂（国外有用1 mm的）
	刺辊～除尘刀	0.25～0.30（10～12）	可除去纤维中的大杂质、僵棉、不孕籽，隔距宜偏小掌握，纺纱定量重时以偏大为好，防止除尘刀击落原棉
	刺辊～分梳板	0.4～0.5（16～20）	分梳板对提高刺辊梳理度，改善筵棉上下层、纵横向分梳差异有一定效果
	刺辊～锡林	0.12～0.20（5～8）	在两者偏心小、针面平整、运转平稳的条件下，隔距宜小，这样有利于纤维向锡林针面转移
锡林、盖板、道夫部分	锡林～活动盖板	入口：0.19～0.27（7～11） 0.15～0.22（6～9） 0.15～0.22（6～9） 0.15～0.22（6～9） 出口：0.20～0.25（8～10）	①有4～5个隔距点，近刺辊侧为锡林从刺辊上转移来的纤维，首先进入盖板工作区（4～6块）分梳，纤维量较多，隔距宜偏大，出口时隔距也宜大一点；中间几档可略小一些，以利分梳 ②锡林、盖板是主要分梳区，强调针布锋锐度和平整度，特别是盖板要降低磨针根与根之间的差异
	锡林～后固定盖板	下：0.45～0.55（18～22） 中：0.40～0.45（16～18） 上：0.30～0.45（12～14）	①锡林与后固定盖板起预分梳作用，锡林从刺辊上转移来的纤维束首先抛向固定盖板，作用比较剧烈，隔距宜由大到小 ②固定盖板中间宜加装除尘刀和采用吸风，以利去除细杂、尘屑和短绒

续表

	机件部位	隔距 mm（1/1 000 in）	设定主要因素
锡林、盖板、道夫部分	锡林～前固定盖板	0.20～0.25（8～10）	锡林与前固定盖板起精细分梳和整理分梳作用，锡林上纤维大多处于单纤维状态，利于纤维伸直和去除棉结、细小杂质、短绒，隔距以较小为宜
	锡林～大漏底	入口：6.4（1/4 in） 中间：1.58（1/16 in） 出口：0.78（1/32 in）	①入口不宜太小，在保证不积花情况下偏大掌握 ②出口不宜太大，否则影响小漏底气压而增加后落棉 ③两片接口要平整，隔距自入口起由大到小，保持大漏底的曲率半径
	锡林～后罩板	上口：0.48～0.56（19～22） 下口：0.50～0.78（20～31）	一般上口较下口略小，下口隔距应与大漏底出口相匹配，使气流畅通
	锡林～前上罩板	上口：0.43～0.81（17～33） 下口：0.79～1.08（31～43）	①上口与盖板出口相适应，在盖板顺转时隔距大小与盖板花量有较大关系，隔距小盖板花量少，反之则多，可进行调节 ②如果盖板花量太多，则应使前上罩板上口至导盘轴线距离适当减小（即罩板上抬） ③在盖板反转时，上、下口隔距可掌握一致
	锡林～前下罩板	上口：0.79～1.09（31～43） 下口：0.43～0.66（17～26）	①一般上口大、下口小，下口放大一些有利于锡林上纤维向道夫转移，但太大会造成棉网云斑和条干不匀 ②有时会因道夫返花造成纤维因压迫罩板使罩板与锡林摩擦，可将下口隔距适当放大，甚至可以割短下罩板
	锡林～道夫	0.1～0.15（4～6）	一般要求隔距较小为好；隔距偏大或两侧不一致，会影响纤维顺利转移，严重时出现云斑，棉结增多，抄斩棉增多
剥棉成条、圈条部分	盖板～斩刀	0.48～1.08（19～43）	①以能剥下盖板花为宜，隔距不宜偏小，以免斩刀片碰伤盖板针布 ②盖板反转时，刷辊和盖板为“零”隔距，保持刷辊与盖板不接触，以能刷下盖板花为度
	道夫～剥棉罗拉	0.2～0.5（8～20）	以剥下棉网为度，太小太大均有可能剥不下来
	剥棉罗拉～上轧辊	0.5～1.0（20～40）	三罗拉剥棉时，以剥下剥棉罗拉棉网为度
	上轧辊～下轧辊	0.05～0.25（2～10）	在不加压时，上下轧辊表面最好不接触

注：表中给出的隔距值只是参考范围，实际应用中可以突破。

任务实施

一、设计梳棉生条定量及牵伸倍数

纺制 JC9.8×2 tex 纯棉精梳股线，根据表 1—5—3，梳棉生条定量选择范围是 16～22 g/5 m。结合精梳机、并条机、粗纱机、细纱机的牵伸能力，初步设计生条棉条的定量为 19 g/5 m。

棉卷含杂率为 1%，因为棉卷含杂率较低，所以控制梳棉的总落棉率为 3%，除杂效率达到 90%，实际回潮率为 6%（控制范围为 5.5%～6%），棉卷干定量为 362 g/m。

第一步：计算实际牵伸倍数

$$E_{实际估}=\frac{棉卷或棉絮定量\times5}{G_{生条估}}=\frac{362\times5}{19}=95.3$$

第二步：计算机械牵伸倍数

$$E_{机械估}=\frac{E_{实际估}}{1+落棉率}=\frac{95.3}{1+0.03}=92.5$$

梳棉机的总牵伸倍数是指小压辊与棉卷罗拉之间的牵伸倍数。图 1—5—3 为 FA201 型梳棉机的传动图，可求得其总牵伸倍数 E。

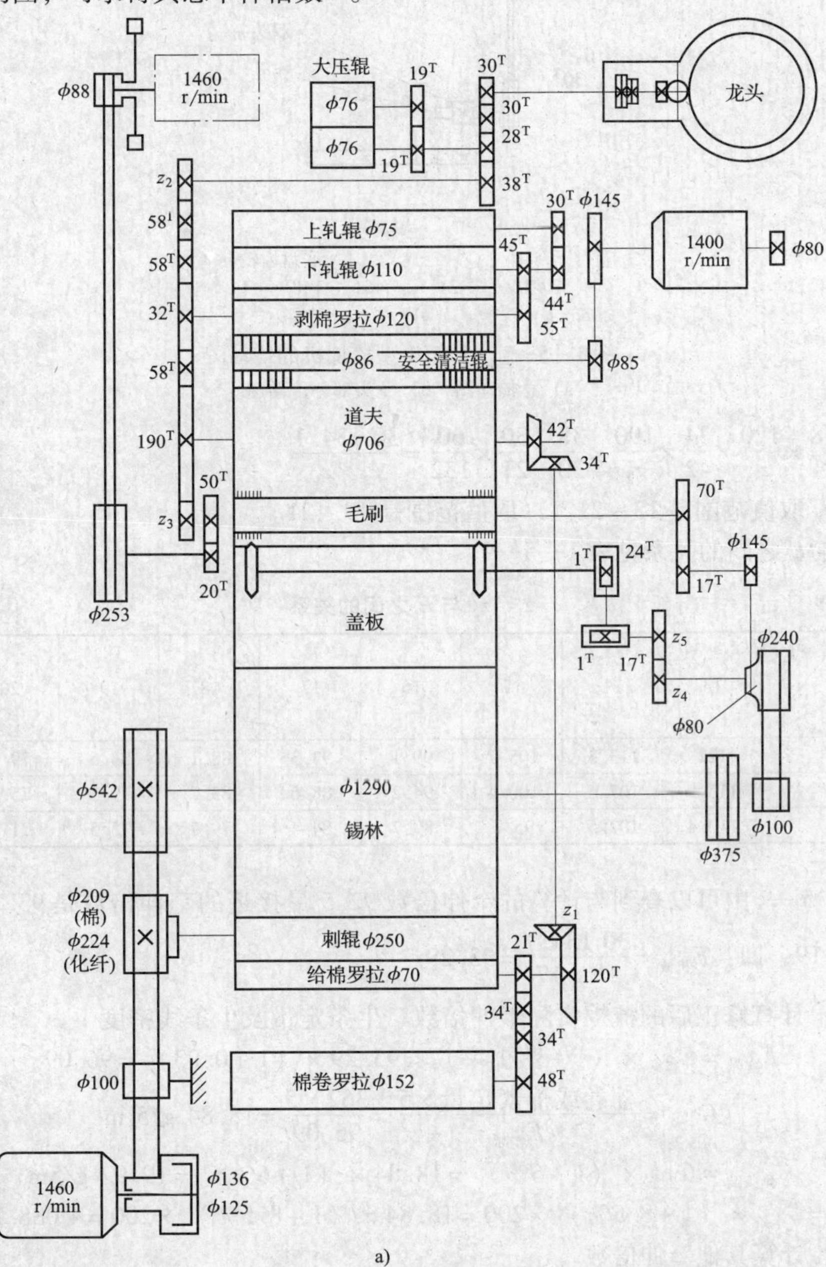

a)

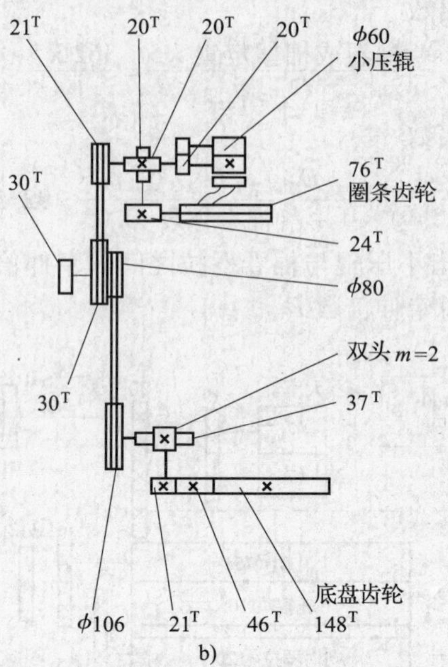

图 1—5—3　FA201 型梳棉机的传动图

a）总传动图　b）龙头部分传动图

$$E_{机械}=\frac{48}{21}\times\frac{120}{z_1}\times\frac{34}{42}\times\frac{190}{z_2}\times\frac{38}{30}\times\frac{30}{21}\times\frac{60}{152}=\frac{30\ 134.1}{z_2\times z_1}$$

式中，z_1 取值范围是 13～21，z_2 取值范围是 19～21。

z_1、z_2 与 E 之间的关系见表 1—5—9。

表 1—5—9　　z_1、z_2 与 E 之间的关系

z_2 \ E \ z_1	13	14	15	16	17	18	19	20	21
19	122	113.3	105.7	99.1	93.3	88.1	83.5	79.3	75.5
20	115.9	107.6	100.4	94.2	88.6	83.7	79.3	75.3	71.7
21	110.4	102.5	95.7	89.7	84.4	79.7	75.5	71.7	68.3

从表 1—5—9 中可以查到与计算的牵伸倍数 92.5 最接近的牵伸倍数是 93.3，相应的 z_1 是 17，z_2 是 19，即：$E_{机械}=\frac{30\ 134.1}{19\times17}=93.29$

第三步：计算修正后的梳棉实际牵伸倍数、生条定量及生条线密度

$$E_{实际}=E_{机械}\times（1+落棉率）=93.29\times（1+0.03）=96.09$$

$$G_{生条}=\frac{棉卷或棉絮定量\times5}{E_{实际}}=\frac{362\times5}{96.09}=18.84\ \text{g/5 m}$$

$$G_{生条湿}=G_{生条}\times（1+6\%）=18.84\times（1+6\%）=19.97\ \text{g/5m}$$

$$T_{t梳棉}=G_{生条}\times（1+8.5\%）\times200=18.84\times（1+8.5\%）\times200=4\ 088.28\ \text{tex}$$

第四步：计算其他牵伸倍数

（1）棉网张力牵伸倍数

根据图 1—5—3，棉网张力牵伸倍数即是大压辊与下轧辊之间的牵伸倍数，因此，得出棉网张力牵伸倍数是：

$$e_{棉网张力}=\frac{45}{55}\times\frac{32}{z_2}\times\frac{38}{28}\times\frac{76}{110}=\frac{24.55}{z_2}=\frac{24.55}{19}=1.29$$

（2）小压辊与道夫间的牵伸倍数

$$e_{小压辊\sim道夫}=\frac{190\times38\times30\times60}{z_2\times30\times21\times706}=\frac{190\times38\times30\times60}{19\times30\times21\times706}=1.54$$

二、设计速度

根据图 1—5—3，V 带和平带的传动效率均取 98%。

1. 锡林速度（r/min）

$$n_{锡林}=1\,460\times\frac{136}{542}\times0.98=359.02\ \text{r/min}$$

2. 刺辊速度（r/min）

$$n_{刺辊}=1\,460\times\frac{136}{209}\times0.98=931.05\ \text{r/min}$$

3. 盖板速度（mm/min）

盖板由星形导盘传动，星形导盘有 14 齿，周节为 36.5 mm，与相邻两块盖板间的距离相等。由图 1—5—3 得：

$$v_{盖板}=1\,460\times\frac{136}{542}\times0.98\times\frac{100}{240}\times\frac{z_4}{z_5}\times\frac{1}{17}\times\frac{1}{24}\times14\times36.5\times0.98=183.609\times\frac{z_4}{z_5}$$

式中，z_4 值是 18、21、26、30、34、39，z_5 相对应的值是 42、39、34、30、26、21。

盖板速度与变换齿轮齿数之间的关系见表 1—5—10。

表 1—5—10　　盖板速度与变换齿轮齿数之间的关系

z_4	18	21	26	30	34	39
z_5	42	39	34	30	26	21
$n_{盖板}$（mm/min）	78.69	98.87	140.41	183.61	240.10	340.99

根据表 1—5—10，选择 $v_{盖板}$ 值是 98.87 mm/min，对应的 z_4 值是 21，z_5 值是 39。

4. 道夫速度（r/min）

由图 1—5—3 得：

$$n_{道夫}=1\,460\times\frac{88}{253}\times\frac{20}{50}\times\frac{z_3}{190}\times0.98=1.048\times z_3$$

式中，z_3 取值范围是 18 ~ 34。

道夫速度与变换齿轮齿数之间的关系见表 1—5—11。

表 1—5—11　　道夫速度与变换齿轮齿数之间的关系

z_3	18	19	20	21	22	23	24	25	26	27	28	29	30	31	32	33	34
$n_{道夫}$（r/min）	18.9	19.9	21	22	23	24.1	25.2	26.2	27.2	28.3	29.3	30.4	31.4	32.5	33.5	34.6	35.6

考虑到梳棉机的产量及分梳的质量等情况，最终选择 $n_{道夫}$ 是 29.3 r/min，对应的 z_3 值是 28 齿。

5. 小压辊成条速度（m/min）

$$v_{出条} = 60 \times 3.14 \times 1\,460 \times \frac{88}{253} \times \frac{20}{50} \times \frac{z_3}{z_2} \times \frac{38}{30} \times \frac{30}{21} \times \frac{1}{1\,000} \times 0.98 = 67.9 \times \frac{z_3}{z_2} = 67.9 \times \frac{28}{19}$$

$$= 100.06\ (\text{m/min})$$

三、设计梳棉隔距

FA201 型梳棉机隔距的设计及依据见表 1—5—12。

表 1—5—12　　FA201 型梳棉机隔距的设计及依据

机件部位		隔距的设计（mm）		隔距设计的依据
给棉、刺辊部分	给棉罗拉～给棉板	入口	0.32	①给棉罗拉空转时不接触 ②入口大、出口小，喂入棉层后，基本相同
		出口	0.12	
	刺辊～给棉板	0.23		刺辊对棉层的梳理作用较好，棉层较厚、纤维较长
	刺辊～除尘刀	第一除尘刀	0.3	能除去纤维中的大杂质、僵棉、不孕籽
		第二除尘刀	0.3	
	刺辊～分梳板	第一分梳板	0.5	刺辊与分梳板的隔距一般不改变
		第二分梳板	0.5	
	刺辊～锡林	0.15		有利于纤维向锡林针面转移
锡林、盖板、道夫部分	锡林～活动盖板	入口	0.19	有 5 个隔距点，近刺辊侧为锡林从刺辊上转移来的纤维，首先进入盖板工作区（4～6 块）分梳，纤维量较多，隔距宜偏大，出口时隔距也宜大一点；中间几档可略小一些，以利分梳
		第二点	0.16	
		第三点	0.16	
		第四点	0.16	
		出口	0.2	
	锡林～后固定盖板	下	0.45	锡林从刺辊上转移来的纤维束首先抛向固定盖板，作用比较剧烈，隔距宜由大到小
		中	0.4	
		上	0.3	
	锡林～前固定盖板	上	0.2	利于纤维伸直和去除棉结、细小杂质、短绒
		第二	0.2	
		第三	0.2	
		下	0.2	
	锡林～大漏底	入口	6.4	①入口保证不积花 ②出口不影响小漏底气压 ③隔距自入口起由大到小，保持大漏底的曲率半径
		中间	1.58	
		出口	0.78	
	锡林～后罩板	上口	0.48	上口较下口略小，下口隔距与大漏底出口相匹配，使气流畅通
		下口	0.56	
	锡林～前上罩板	上口	0.79	上口与盖板出口相适应，隔距与盖板花量适应
		下口	1.08	

续表

<table>
<tr><th colspan="2">机件部位</th><th colspan="2">隔距的设计 mm</th><th>隔距设计的依据</th></tr>
<tr><td rowspan="3">锡林、盖板、道夫部分</td><td rowspan="2">锡林～前下罩板</td><td>上口</td><td>0.79</td><td rowspan="2">上口、下口一样，有利于锡林上纤维向道夫转移</td></tr>
<tr><td>下口</td><td>0.55</td></tr>
<tr><td>锡林～道夫</td><td colspan="2">0.1</td><td>有利于纤维顺利转移</td></tr>
<tr><td rowspan="4">剥棉成条、圈条部分</td><td>盖板～斩刀</td><td colspan="2">0.84</td><td>能较好剥下盖板花</td></tr>
<tr><td>道夫～剥棉罗拉</td><td colspan="2">0.3</td><td>能较好剥下棉网</td></tr>
<tr><td>剥棉罗拉～上轧辊</td><td colspan="2">0. 5</td><td>能较好剥下剥棉罗拉棉网</td></tr>
<tr><td>上轧辊～下轧辊</td><td colspan="2">0.13</td><td>在不加压时，上下轧辊表面最好不接触</td></tr>
</table>

四、梳棉工艺设计表

梳棉工艺设计见表 1—5—13。

表 1—5—13　　**梳棉工艺设计表**

<table>
<tr><th rowspan="2">机型</th><th colspan="2">生条定量（g/5 m）</th><th rowspan="2">回潮率（%）</th><th rowspan="2">线密度（tex）</th><th colspan="2">总牵伸倍数</th><th rowspan="2">棉网张力牵伸倍数</th><th rowspan="2">刺辊转速（r /min）</th><th rowspan="2">锡林转速（r /min）</th><th rowspan="2">盖板速度（mm/min）</th><th rowspan="2">道夫转速（r /min）</th></tr>
<tr><th>干定量</th><th>湿定量</th><th>机械</th><th>实际</th></tr>
<tr><td>FA201</td><td>18.84</td><td>19.97</td><td>6</td><td>4 088.28</td><td>93.29</td><td>96.09</td><td>1.29</td><td>931.05</td><td>359.02</td><td>98.87</td><td>29.3</td></tr>
</table>

刺辊与周围机件隔距（mm）

给棉板	第一除尘刀	第二除尘刀	第一分梳板	第二分梳板	锡林
0.23	0.3	0.3	0.5	0.5	0.15

锡林与周围机件隔距（mm）

活动盖板	后固定盖板	前固定盖板	大漏底	后罩板	前上罩板	前下罩板	道夫
0.19/0.16/0.16/0.16/0.20	0.45/0.4/0.3	0.2/0.2/0.2/0.2	6.4/1.58/0.78	0.48/0.56	0.79/1.08	0.79/0.55	0.1

齿轮的齿数

z_1	z_2	z_3	z_4	z_5
17	19	28	21	39

考核评价

考核评分见表 1—5—14。

表 1—5—14　　考核评分表

<table>
<tr><td>项目</td><td colspan="5">分值</td><td colspan="2">得分</td></tr>
<tr><td>梳棉定量及牵伸倍数设计</td><td colspan="5">40（按照要求进行设计，少一项扣5分）</td><td colspan="2"></td></tr>
<tr><td>梳棉速度设计</td><td colspan="5">30（按照要求进行设计，少一项扣4分）</td><td colspan="2"></td></tr>
<tr><td>梳棉隔距设计</td><td colspan="5">30（按照要求进行设计，少一项扣1分）</td><td colspan="2"></td></tr>
<tr><td>书写、打印规范</td><td colspan="5">书写有错误一次倒扣4分，格式错误倒扣5分，最多不超过20分</td><td colspan="2"></td></tr>
<tr><td>姓名</td><td></td><td>班级</td><td></td><td>学号</td><td></td><td>总得分</td><td></td></tr>
</table>

思考与练习

1. 设计针织用 JC14.5 tex 纱的梳棉工艺。
2. 设计高档贡缎用 JC7.5 ×2 tex 精梳股线的梳棉工艺。
3. 设计高级府绸用 JC4.9 ×3 tex 精梳股线的梳棉工艺。

知识拓展

梳棉生条质量指标主要有生条条干不匀率、生条重量不匀率、短绒增长率（生条短绒率）、每克生条棉结杂质粒数和落棉率等项指标。

一、生条条干不匀率

生条条干不匀率直接影响成纱重量不匀率、条干不匀率和强力。

影响生条条干不匀率的主要因素有分梳质量、纤维由锡林向道夫转移的均匀程度、机械状态以及棉网云斑、破洞和破边等。生条条干不匀率控制范围见表 1—5—15。

二、生条重量不匀率

生条重量不匀率与细纱重量不匀率和重量偏差有一定关系。

影响生条重量不匀率的主要因素有喂入梳棉机棉层（棉卷或絮棉）重量不匀率、梳棉机各机台间落棉率差异、机械状态等。对生条重量不匀率应从内不匀和外不匀两个方面加以控制。生条重量不匀率控制范围见表 1—5—16。

表 1—5—15　生条条干不匀率控制范围

等级	萨氏生条条干不匀率（%）	*CV*（%）
优	<18	2.6～3.7
中	18～20	3.8～5.0
差	>20	5.1～6.0

表 1—5—16　生条重量不匀率控制范围

类别	重量不匀率（%）	
	有自调匀整	无自调匀整
优	≤1.8	≤4
中	1.8～2.5	4～5
差	>2.5	>5

三、生条中棉结杂质粒数

生条中的棉结杂质直接影响普梳纱线的结杂和布面疵点，并对并、粗、细各工序牵伸时纤维的正常运动以及细纱加捻卷绕时钢丝圈的正常运动有不利影响，易造成条干恶化、纱疵和断头增加，因此必须控制并减少生条中的棉结杂质粒数。

在生产中要加强控制管理和整顿落后机台，尽可能缩小机台间棉结杂质粒数的离散性。

棉纺各工序中棉结杂质变化的基本情况是：从原棉到生条，含杂重量百分率迅速降低，且杂质的粒数逐渐增多，每粒杂质的重量减轻。由于在清棉、梳棉工序中，纤维要接受强烈打击和细致分梳，棉结粒数均有所增加，尤其在梳棉工序，未成熟纤维经过刺辊锯齿的打击、摩擦，并在锡林、盖板工作区反复搓转，易扭结成棉结；另外，部分带纤维杂质、僵棉或清棉中产生的纤维团、束丝也易转化形成棉结。生条经并、粗工序加工后，结杂粒数均有所增加，但在细纱工序由于部分棉结杂质被包卷在纱条内部，所以成纱结杂粒数较生条少20%～40%。

要降低成纱结杂，在梳棉工序要结合原棉性状、棉卷质量和成纱质量要求，合理配置纺纱工艺并与“四锋一准”“紧隔距”相结合，充分发挥后车肚和盖板处的除杂作用。一般刺辊部分的除杂效率应控制在50%～60%，盖板除杂效率控制在3%～10%，生条含杂率控制在0.15%以下，减少搓转纤维，加强温湿度控制。生条中棉结杂质的控制范围见表1—5—17。

表1—5—17　　生条中棉结杂质的控制范围

棉纱线密度（tex）	棉结数/结杂总数（粒/g）		
	优	良	中
32以上	25～40/110～160	35～50/150～200	45～60/180～220
20～30	20～38/100～135	38～45/135～150	45～60/150～180
11～19	10～20/75～100	20～30/100～120	30～40/120～150
11以下	6～12/55～75	12～15/75～90	15～18/90～120

注：表中给出的只是参考范围，实际应用中可以突破。

四、生条短绒率

生条短绒率与梳棉以后各工序牵伸时浮游纤维的数量以及成纱的结构有关，短绒率直接影响成纱的条干均匀度、细节、粗节和强力。

生条短绒率是指生条中16 mm以下纤维所占的重量百分率。刺辊和锡林在分梳过程中要切断和损伤少量纤维，同时在刺辊落棉、梳棉机吸尘和盖板花中又要排除短绒，但短绒的增加量大于其排除量，故生条短绒率比棉卷短绒率增加2%～6%。

生产中对生条短绒率应作不定期的抽验，控制短绒的增加。短绒率应视原棉性状、成纱强力和条干不匀率等情况控制在一定范围内。一般生条短绒率控制范围为：中特纱为14%～18%，细特纱为10%～14%。

降低生条短绒率的方法是减少纤维的损伤和断裂，增加短绒的排除量。原棉成熟度正常，棉卷结构良好、开松均匀，梳棉针齿光洁、隔距准确，可减少纤维损伤断裂。如给棉板工作面过短、针齿有毛刺、锡林和刺辊的转速过高，均会增加短绒。为排除短绒，刺辊下要有足够长的落杂区，另外还要控制后车肚落棉和盖板花，发挥吸尘装置的作用。

五、落棉数量与质量

1. 落棉数量

落棉包括刺辊落棉、盖板花落棉和吸尘落棉，其中以刺辊落棉为最多。所以，为了节约用棉，首先应控制刺辊落棉率。纺纯棉时，刺辊落棉率一般为棉卷含杂率的1.2~2.2倍。应根据一定的原棉性状、棉卷含杂率和纺纱质量的要求，合理确定落棉率。如纺中特纱，棉卷含杂为1.5%时，梳棉机的总落棉率一般控制在3.5%~4.5%，其中刺辊落棉率、盖板花落棉率和吸尘落棉率分别为2.5%、0.8%、0.2%左右。

2. 落棉内容和质量

落棉内容和质量是指各落杂区各自情况和内容及落棉含杂率如何等，有的生产厂家还控制落棉中的短绒率。

3. 落棉差异

同线密度纱的各机台间落棉率和除杂效率的差异要小，以有利于控制生条重量不匀率。

在控制落棉率和落棉含杂率时，要符合各部除杂效率的要求。如刺辊除杂效率要求为60%、棉卷含杂率为1.5%时，则刺辊部分落杂率应为两者的乘积，即60%×1.5%=0.9%，此时如刺辊落棉含杂率为36%，则刺辊落棉率应为0.9%÷36%=2.5%。

刺辊部分在梳棉机上应为控制落棉的重点，但刺辊部分除杂效率的大小还不能全面反映整台机器除杂数量的多少。因而控制落棉既要有重点又要全面，既要控制总的落棉率和除杂效率，又要根据各部分落棉分工控制相应的比例。

根据目前的技术条件，原棉含杂率为3%左右时，开清棉的统破籽率控制在2.5%~3.5%，棉卷含杂率控制在1%~1.5%，经过梳棉后，棉卷中90%左右的杂质被清除掉，生条中的杂质仅有0.08%~0.15%。

六、棉网质量

棉网质量一般可分为三级，优质棉网定为一级，良好棉网定为二级，差棉网定为三级，见表1—5—18。

表1—5—18　棉网质量评级依据

棉网等级	评级依据
一级	棉网很清晰，无下列疵点：破边、破洞、挂花、棉球、淡云斑
二级	棉网清晰，但有下列疵点：淡云斑，挂花时有出现，稍有破边，道夫一转有两处直径在2 cm以内的小破洞，有一处直径在2 cm以内的小破洞并兼有淡云斑
三级	棉网不清晰，有下列严重疵点：严重云斑，连续出现挂花，严重破边，道夫一转有一处直径在5 cm以上的大破洞，有两处直径为2~5 cm的小破洞，有三处直径为2 cm及以内的小破洞，有1~2处直径为2 cm以内的小破洞并兼有淡云斑

任务 6　精梳工艺设计

学习目标

1. 能进行精梳工艺参数的选择与计算。
2. 掌握工艺参数对精梳条质量的影响。

任务引入

在梳棉工艺设计的基础上，进行精梳工艺设计，其主要设计内容见表 1—6—1。

表 1—6—1　　精梳工艺

预并条工艺

机型	预并条定量（g/5 m）		回潮率（%）	总牵伸倍数		线密度（tex）	并合数	牵伸倍数分配				前罗拉速度（m/min）
	干重	湿重		机械	实际			紧压罗拉～前罗拉	前罗拉～中罗拉	中罗拉～后罗拉	后罗拉～导条罗拉	
FA306												

罗拉握持距（mm）		罗拉加压（N）	罗拉直径（mm）	喇叭头孔径（mm）	压力棒调节环直径（mm）
前～中	中～后	导条×前×中×后×压力棒	前×中×后		

齿轮的齿数

z_1	z_2	z_3	z_4	z_5	z_6	z_8

条并卷工艺

机型	小卷定量（g/m）		回潮率（%）	总牵伸倍数		线密度（tex）	并合数	成卷罗拉速度（m/min）	握持距（mm）		满卷定长（m）
	干重	湿重		机械	实际				主牵伸罗拉	预牵伸罗拉	
FA356A											

牵伸倍数分配						胶辊加压（MPa）			
前成卷罗拉与后成卷罗拉	后成卷罗拉与前紧压辊	前紧压辊与后紧压辊	台面压辊与前罗拉	前罗拉与后罗拉	后罗拉与导条辊	前胶辊	中胶辊	后胶辊	紧压胶辊

齿轮的齿数

z_A	z_B	z_C	z_D	z_{F_1} / z_{F_2}	z_G	z_I	z_J	z_K	z_L

续表

精梳工艺

机型	精梳条定量（g/5m）		回潮率（%）	并合数	总牵伸倍数		线密度（tex）	落棉率（%）	给棉方式	给棉长度（mm）	转速（r/min）	
	干重	湿重			机械	实际					锡林	毛刷
FA266												

牵伸倍数分配						隔距			
圈条压辊与前罗拉	前罗拉与后罗拉	后罗拉与台面压辊	台面压辊与分离罗拉	分离罗拉与给棉罗拉	给棉罗拉与承卷罗拉	落棉隔距（刻度）	梳理隔距（mm）	顶梳进出隔距（mm）	顶梳高低隔距（挡）

主牵伸罗拉握持距（mm）	锡林定位（分度）	分离罗拉顺转定时刻度	加压（N/端）			
			前胶辊	中胶辊	后胶辊	分离胶辊

齿轮的齿数							
z_A	z_B	z_C	z_E	z_F	z_G	z_H	z_J

任务分析

根据表1—6—1，精梳工艺设计分为预并条工艺设计、条并卷工艺设计、精梳工艺设计三部分，每个工艺都要进行棉条（小卷）定量、牵伸倍数、速度、握持距或隔距及其他工艺参数的设计。

相关知识

一、精梳准备

1. 精梳准备机械的机构

（1）精梳准备的任务

1）提高纤维的伸直平行度　利用精梳准备机械的牵伸作用提高棉卷中纤维的伸直平行度，减少纤维损伤和梳针损伤，降低落棉中长纤维的含量，有利于节约用棉。

2）制成均匀的小卷　制成容量大、定量准确、边缘整齐、棉层清晰和纵横向均匀的小卷，以利于在精梳机上均匀握持，提高精梳质量。

（2）精梳准备工艺

目前采用的精梳准备机械有并条机、条卷机、并卷机和条并卷联合机，组合成三类精梳准备工艺。

1）条卷工艺　梳棉生条→并条机→条卷机。

2）并卷工艺　梳棉生条→条卷机→并卷机。

3）条并卷工艺　梳棉生条→并条机→条并卷联合机。

（3）精梳准备机械

1）FA306 型并条机　FA306 型并条机如图 1—6—1 所示。

图 1—6—1　FA306 型并条机

FA306 型并条机主要由喂入机构、牵伸机构、成条机构及自动换筒机构组成。如图 1—6—2 所示，其工艺流程是在并条机机后导条架的下方放置 6～16 个喂入棉条筒 1，分为两组。棉条经导条罗拉 2 积极喂入，并借助于分条器将棉条平行排列于导条罗拉上，并列排好的两组棉条有秩序地经过导条块和给棉罗拉 3，进入牵伸装置 4。经过牵伸的须条沿前罗拉表面，并由导向罗拉 5 引导，进入紧靠在前罗拉表面的弧形导管 6，再经喇叭口聚拢成条后由紧压罗拉 7 压紧成光滑紧密的棉条，再由圈条器 8 将棉条有规律地圈放在输出棉条筒 9 中。

2）FA334 型条卷机　FA334 型条卷机如图 1—6—3 所示。

如图 1—6—4 所示，其工艺流程是由导条辊 5 与压辊 3 将 24 根棉条 2 从棉条筒 1 内引出，在 V 形导条平台 4 上转过 90°平行排列，然后在进条罗拉 6 的引导下，经牵伸罗拉 7 牵伸后再经两对气动紧压辊 8 压紧，最后由棉卷罗拉 10 卷绕成条卷 9，该机采用高架与低架平台相接合的方式。

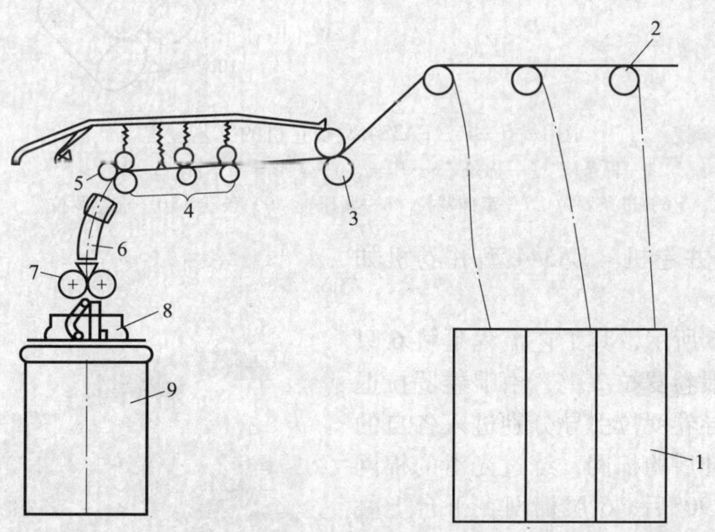

图 1—6—2　FA306 型并条机的工艺过程

1—棉条筒　2—导条罗拉　3—给棉罗拉　4—牵伸装置　5—导向罗拉

6—弧形导管　7—紧压罗拉　8—圈条器　9—棉条筒

图 1—6—3　FA334 型条卷机

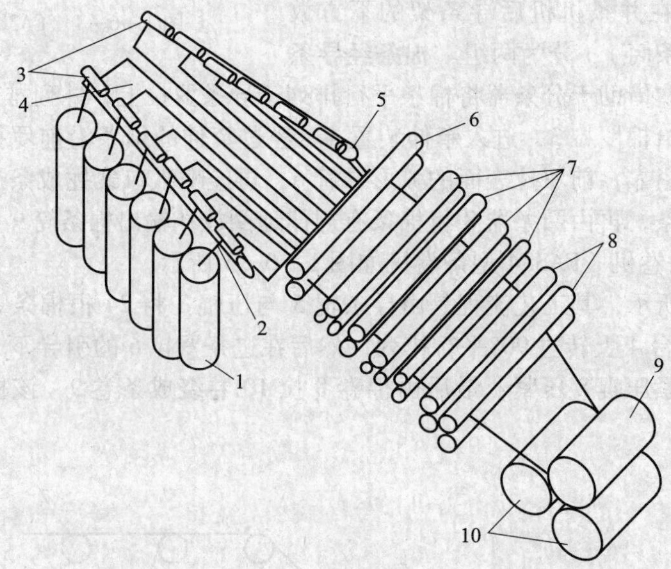

图 1—6—4　FA334 型条卷机的工艺过程

1—棉条筒　2—棉条　3—压辊　4—V 形导条平台　5—导条辊
6—进条罗拉　7—牵伸罗拉　8—紧压辊　9—条卷　10—棉卷罗拉

3）FA344 型并卷机　FA344 型并卷机如图 1—6—5 所示。

如图 1—6—6 所示，其工艺流程是将 6 只条卷 1 分别放在喂卷罗拉 2 上，由喂卷罗拉退绕后经喂棉板由导卷罗拉引导分别进入各自的牵伸装置。经牵伸后的棉网，绕过光滑的棉网曲面导板 3 转过 90°后，6 层棉网在平台上叠合，经输棉罗拉输送到两对紧压罗拉 6 将棉层压紧，再由棉卷罗拉 4 制成小卷 5。

4）FA356A 型条并卷联合机　FA356A 型条并卷联合机如图 1—6—7 所示。

图 1—6—5　FA344 型并卷机

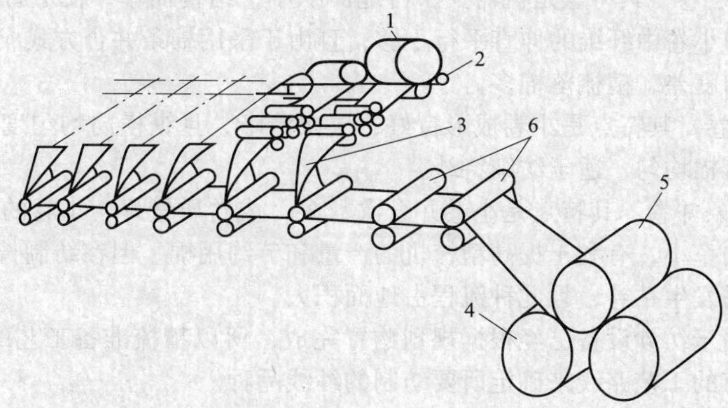

图 1—6—6　FA344 型并卷机的工艺过程

1—条卷　2—喂卷罗拉　3—曲面导板　4—棉卷罗拉　5—小卷　6—紧压罗拉

如图 1—6—8 所示，其工艺流程是把喂入机构分为两组，每组各有 12 ~ 14 根棉条从棉条筒 1 喂入，经导条罗拉 2 导条，两组棉层经牵伸装置 3 牵伸后由曲面导棉板 4 转过 90°，在输棉平台上完成两层棉层的重叠，然后经两对紧压罗拉 5 压紧由成卷机构的棉卷罗拉 6 制成小卷 7。

图 1—6—7　FA356A 型条并卷联合机

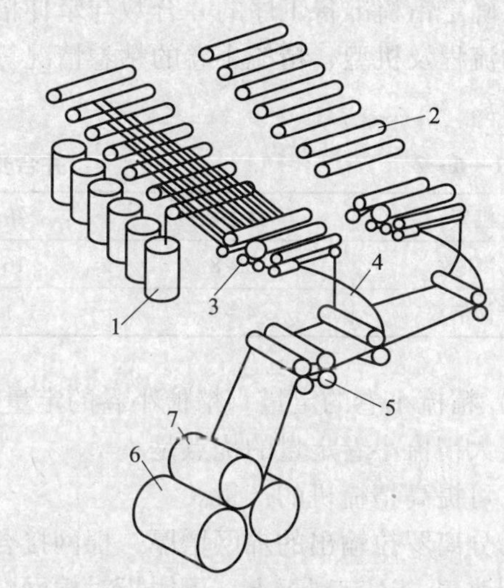

图 1—6—8　FA356A 型条并卷联合机的工艺过程

1—棉条筒　2—导条罗拉　3—牵伸装置　4—曲面导棉板　5—紧压罗拉　6—棉卷罗拉　7—小卷

2．精梳准备工艺设计

合理的工艺路线与工艺参数可以提高精梳小卷的质量，减小精梳落棉和粘卷。

目前精梳准备的工艺路线有并条与条卷、条卷与并卷、并条与条并卷三种，应根据纺纱品种及成纱质量要求合理选择。同时要合理地确定精梳准备工序的并合数、牵伸倍数，尽可能提高纤维的伸直度、平行度，减少精梳小卷的粘连。

（1）精梳准备的工艺路线

1）预并条→条卷　其特点是机器少，占地面积小，结构简单，便于管理和维修；但由于牵伸倍数较小，小卷中纤维的伸直平行不够，且由于采用棉条并合方式成卷，制成的小卷有条痕，横向均匀度差，精梳落棉多。

2）条卷→并卷　其特点是小卷成形良好，层次清晰，且纵横向均匀度好，有利于梳理时钳板的握持，落棉均匀，适于纺细特纱。

3）预并条→条并卷　其特点是小卷并合次数多，成卷质量好，小卷的均匀度和纤维伸直度好，重量不匀率小，有利于提高精梳机的产量和节约用棉。但在纺制长绒棉时，因牵伸倍数过大，小卷易发生粘卷，且此种流程占地面积大。

在企业中，由于纺纱设备已经根据规划购置完成，所以精梳准备工艺的路线已经确定，因此只能根据现有的工艺路线来确定所要纺制的纱线品种。

（2）精梳准备工艺的设计

精梳准备工艺设计主要包括棉条与小卷的并合数、牵伸倍数及精梳小卷定量的设计。

1）并合数与牵伸倍数　棉条或小卷的并合数越多，越有利于改善精梳小卷的纵向及横向结构、降低精梳小卷的不匀率，并有利于不同成分纤维的充分混合。但如果在精梳小卷定量不变的情况下增加并合数，会使并条机、条卷机及条并卷联合机的牵伸倍数增大，由牵伸产生的附加不匀率增大，并且牵伸倍数过大，还会造成条子发毛而引起精梳小卷粘卷。

在确定精梳准备工序的并合数与牵伸倍数时，应考虑精梳小卷及棉条的定量、精梳准备工序的流程及机型、精梳小卷的粘卷情况等因素。各机台并合数及牵伸倍数的取值范围见表1—6—2。

表1—6—2　　并合数及牵伸倍数

机型	并条机	条卷机	并卷机	条并卷联合机
并和数	5~8	16~24	5~6	20~28
牵伸倍数	4~9	1.1~1.6	4~6	1.3~2.0

2）精梳小卷的定量　精梳小卷的定量影响精梳机的产量与质量。

增大精梳小卷定量的优点是：

①可提高精梳机的产量。

②分离罗拉输出的棉网增厚，棉网接合牢度大，棉网破洞、破边及纤维缠绕胶辊的现象可得到改善，还有利于上、下钳板对棉网的横向握持均匀。

③棉丛的弹性大，钳板开口时棉丛易抬头，在分离接合过程中有利于新旧棉网的搭接。

④有利于减少精梳小卷的粘卷。

但定量过重也会使精梳锡林的梳理负荷及精梳机的牵伸负担加重。

在确定精梳小卷的定量时，应考虑纺纱线密度、设备状态及给棉罗拉的给棉长度等因素。不同精梳机的精梳小卷定量见表1—6—3。

表1—6—3　　精梳机的精梳小卷定量

机型	FA251	CJ25	PX2J	CJ40	FA261	FA266	FA269	F1268	E7/5、E7/6	E62、E72
定量（g/m）	45~65	50~65	50~70	50~70	50~70	50~70	60~80	50~80	50~70	60~80

3）并条工艺

①棉条定量　棉条定量的配置应根据纺纱线密度、精梳小卷的定量、产品质量要求和加工原料的特性等来决定。一般纺细特纱时，产品质量要求较高，定量应偏轻掌握。在精梳小卷的定量较重时，棉条定量可以偏重掌握。在罗拉加压充分的条件下，可适当加重定量。棉条定量的参考范围见表1—6—4。

②牵伸工艺　并条机的总牵伸倍数应接近于并合数，一般选用范围为并合数的0.9～1.2倍。总牵伸倍数应结合梳棉生条、条卷机或条并卷联合机的小卷定量和牵伸机构的能力综合考虑合理配置。总牵伸配置范围见表1—6—5。

表1—6—4　棉条定量的参考范围

纺纱线密度（tex）	19～13	13～9	<7.5
棉条定量（g/5 m）	19～22	16～19	<16

表1—6—5　总牵伸配置范围

牵伸形式	曲线牵伸	
并合数	6	8
总牵伸	5.5～7.5	7～10

并条机的牵伸，既要注意喂入棉条的内在结构和纤维的弯钩方向，又要兼顾牵伸造成的附加不匀率。并条机喂入的生条纤维排列紊乱，前弯钩居多，若配置较大的牵伸倍数，虽可促使纤维伸直平行、分离度提高，但对消除前弯钩效果不明显。

前张力牵伸倍数与加工的纤维类别、品种（普梳、精梳）、出条速度、集束器、喇叭头口径和形式、温湿度等有关，一般控制在0.99～1.03。纺纯棉时前张力牵伸倍数取1或略大于1；纺精梳棉时，如棉条起皱，可比普梳纯棉略大；当喇叭头口径偏小或采用压缩喇叭头形式时，前张力牵伸倍数应略为放大。前张力牵伸倍数的大小应以棉网能顺利集束下引，不起皱、不涌头为准。较小的前张力牵伸倍数对条干均匀有利。FA系列并条机都采用喇叭口加集束器的成条技术，可采用较小的前张力牵伸倍数。

后张力牵伸（导条张力牵伸）倍数应根据品种、纤维原料的不同和前工序圈条成形的优劣作调整，又与棉条喂入形式有关。目前FA系列并条机绝大多数均采用悬臂导条辊高架顺向导入式（分有上压辊或无上压辊）。导条喂入装置主要应使条子不起毛，避免意外伸长，使棉条能平列（不重叠）顺利进入牵伸区。后张力牵伸倍数一般为1.01～1.02（带上压辊）、1.00～1.03（不带上压辊）。

③罗拉握持距　正确配置罗拉握持距对提高棉条质量至关重要，纤维长度、性状及整齐度是决定罗拉握持距的主要因素。握持距过大会使条干恶化、纤维伸直平行效果差、成纱强力下降；过小则牵伸力过大，容易形成粗节和纱疵。罗拉握持距的配置范围见表1—6—6。

表1—6—6　罗拉握持距的配置范围

牵伸形式	罗拉握持距 S（mm）		
	前区	中区	后区
三上四下曲线牵伸	L_P +（3～5）	L_P	L_P +（10～16）
五上三下曲线牵伸	L_P +（2～6）		L_P +（8～15）
三上三下压力棒曲线牵伸	L_P +（6～12）		L_P +（8～14）

④罗拉（胶辊）加压　并条机各罗拉加压的配置应根据牵伸形式、前罗拉速度、棉条定量和原料性能等综合考虑，一般在罗拉速度快、棉条定量重时，罗拉加压应适当加重。牵伸形式、出条速度与罗拉加压压力的关系见表1—6—7。

表1—6—7　牵伸形式、出条速度与罗拉加压压力的关系

牵伸形式	出条速度（m/min）	罗拉加压（N）					
		导条罗拉	前罗拉	中罗拉	三上罗拉	后罗拉	压力棒
三上四下曲线牵伸	150以下		150～200	250～300		200～250	
三上四下曲线牵伸	150～250		200～250	300～350		200～250	
五上三下曲线牵伸	200～500	140	260	450		400	
三上三下压力棒曲线牵伸	200～600	100～200	300～380	350～400		350～400	50～100

注：表中给出的数值仅供参考，不同的机型有不同的取值范围。

⑤压力棒工艺　压力棒为梨状金属棒，与纤维接触的下端面圆弧曲率半径为6 mm。压力棒中心至第二罗拉中心的垂直距离固定，纤维长度为40 mm以下时为19.6 mm。当压力棒调节环用蓝色（ϕ14 mm）时，压力棒下母线与第一罗拉上母线在同一水平面。根据所纺纤维长度、品种、品质和定量的不同，变换不同直径（颜色）的调节环，使压力棒在牵伸区中处于不同高低位置，从而获得对棉层的不同控制。调节环直径越小控制力越强，反之则越弱。通常，对于棉纤维一般从直径为14 mm（蓝）、13 mm（黄）、12 mm（红）的压力棒调节环中选取。

⑥喇叭头孔径　喇叭头孔径的大小主要根据棉条定量而定，合理地选择喇叭头孔径，可使棉条抱合紧密、表面光洁，减少纱疵。

$$喇叭头孔径\ (mm)\ = C \times \sqrt{G_m}$$

式中　C——经验常数；

G_m——棉条定量，g/5 m。

使用压缩喇叭头时，C为0.6～0.65；使用普通喇叭头时，C为0.85～0.90。

遇到下列情况时，孔径应偏大掌握：并条机速度较高，张力牵伸较小，相对湿度较高，喇叭头出口至紧压罗拉夹持点距离较大。

4）条卷工艺

①牵伸工艺　牵伸区有主牵伸区和预牵伸区。第3～4罗拉间为无牵伸区，牵伸倍数尽可能等于1，以免涌条或意外牵伸。牵伸机构的牵伸倍数一般为1.3～1.7。当总牵伸倍数大于1.5时，预牵伸倍数取1.15～1.3；总牵伸倍数小于或等于1.5时，预牵伸倍数一般取1.05。

②罗拉握持距　罗拉握持距要根据纤维长度及喂入棉条总定量等因素确定。

主牵伸区握持距＝纤维品质长度＋（5～8）mm。

预牵伸区握持距＝纤维品质长度＋（7～13）mm。

③上罗拉加压　上罗拉压力在气囊充气之后通过挂钩对上罗拉施压，改变压力可调节减压阀。气压表显示压力与上罗拉加压压力的对照见表1—6—8。

④紧压辊加压　紧压辊加压是通过调节拉簧的长度来实现的。拉簧下端的螺杆有三个凹槽作为刻度。刻度位置与紧压辊压力的对照见表1—6—9。

表 1—6—8　　气压表显示压力与上罗拉加压压力对照

气压表显示压力（MPa）	0.1	0.125	0.15	0.175	0.2
牵伸上罗拉加压压力（N）	490	612.5	735	857.5	980

表 1—6—9　　刻度位置与紧压辊压力对照

刻 度 位 置	每侧压力（N）	两侧合计压力（N）
1	117.6	235.2
2	157	314
3	196	392

⑤成卷加压　成卷压力通过调节总输入气压来实现。压力过高，容易产生粘卷；压力过低，小卷结构松弛，一般设为 0.3 ~0.5 MPa。压力表显示压力与成卷压力的对照见表 1—6—10。

表 1—6—10　　压力表显示压力与成卷压力对照

压力表显示压力（MPa）	0.3	0.35	0.4	0.45	0.5
棉卷加压（N/cm）	161.7	188.7	215.6	243.0	269.5
夹盘对筒管的夹持力（N）	1 470	1 715	1 960	2 205	2 450

⑥满卷长度　满卷长度为 150 ~200 m，可预置设定。

5）并卷工艺

①牵伸工艺　FA344 型并卷机的总牵伸倍数为 5.4 ~7.1。台面张力牵伸倍数、成卷张力牵伸倍数应尽量偏小选用，避免意外牵伸，但也应防止张力太小而涌卷。

②罗拉握持距

主牵伸区握持距 = 纤维品质长度 + （5 ~8） mm。

预牵伸区握持距 = 纤维品质长度 + （7 ~13） mm。

③牵伸胶辊加压　牵伸胶辊的加压根据喂入棉层的定量设定。压力不足，会在输出棉层上出现未牵伸开的棉块；压力过大，对罗拉轴承的使用寿命有影响。牵伸胶辊加压参考数据见表 1—6—11。

表 1—6—11　　牵伸胶辊加压参考数据

喂入小卷定量（g/m）	55	60	65	70	75
所需压力（MPa）	0.06	0.06	0.075	0.09	0.09
胶辊加压量（N）	588	588	735	882	882

④紧压辊加压　见表 1—6—9。

⑤成卷加压　成卷压力通过调节总输入气压实现。压力过高，易粘卷；压力过低，小卷结构松弛，一般为 0.3 ~0.5 MPa。压力表显示值与成卷压力关系见表 1—6—12。

表 1—6—12　　压力表显示值与成卷压力关系

压力表显示压力（MPa）	0.3	0.35	0.4	0.45	0.5
棉卷加压（N/cm）	135.24	157.8	180.32	202.86	225.4
夹盘对筒管的夹持力（N）	1 470	1 715	1 960	2 205	2 450

⑥制动压力　机器停车时，制动气缸充气，推动制动器实现传动轴制动。制动压力得当，落卷的小卷尾部卷绕整齐、成形好。制动压力约为0.1 MPa。

⑦并合数　因原料或温湿度影响使精梳小卷产生粘卷时，可通过减轻成卷压力、加大紧压辊压力等方法来消除粘卷；还可将原6卷并合改为5卷并合，相应降低牵伸倍数以减轻精梳小卷粘卷。

⑧满卷长度　满卷长度为150～200 m，可预置设定。

6）条并卷工艺

①牵伸工艺　FA356A型条并卷联合机的牵伸倍数是1.3～2.27（不同机型有不同的牵伸倍数）。预牵伸倍数要根据喂入定量进行选择。

②罗拉隔距　纤维长度与罗拉隔距、握持距的关系见表1—6—13。

表1—6—13　　纤维长度与罗拉隔距、握持距的关系　　mm

纤维长度	主牵伸罗拉隔距	主牵伸罗拉握持距	预牵伸罗拉隔距	预牵伸罗拉握持距
24～26	2	34	3	38
26～28	2	34	4	39
28～30	4	36	4	39
30～32	6	38	5	40
32～34	8	40	5	40
34～36	10	42	6	41
36～38	12	44	8	43
38～40	14	46	8	43

③加压　牵伸胶辊压力的改变可通过调节相应的调压阀来实现。前牵伸胶辊的压力表显示值为0.25～0.45 MPa，中、后牵伸胶辊的压力表显示值为0.2～0.35 MPa，紧压辊压力为0.25 MPa。

④并合数　如粘卷严重，可减少本机的并合数，并相应降低其总牵伸倍数。

⑤满卷长度　满卷长度为250 m，可预置设定。

（3）本任务实施选择的精梳准备工艺流程是：FA306型并条机→FA356A型条并卷联合机。

3. FA306型并条机的工艺设计

（1）设计棉条定量及牵伸倍数

精梳机喂入棉卷定量的范围为50～70 g/m，另外，考虑并条机、条并卷联合机的牵伸倍数及并合数，参考表1—6—4，初步设计棉条定量为18.5 g/5 m。

设FA306型并条机的牵伸效率为98%（在实际情况下，工厂可以根据实际牵伸倍数与机械牵伸倍数计算获得，多数情况为96%～99%），实际回潮率为6%（控制范围为6%～6.5%）。

由于梳棉生条中纤维多数呈后弯钩，到预并条工序呈现前弯钩较多，牵伸倍数小对拉伸纤维比较有利，因此，并合数选择6。

第一步：计算实际牵伸倍数

生条的干定量为18.84 g/5 m。

$$E_{实际估}=\frac{G_{生条}\times 6}{G_{预并条估}}=\frac{18.84\times 6}{18.5}=6.11$$

第二步：计算机械牵伸倍数

$$E_{机械估}=\frac{E_{实际估}}{牵伸效率}=\frac{6.11}{0.98}=6.23$$

并条机的总牵伸倍数是指导条罗拉与紧压罗拉之间的牵伸倍数。FA306 型并条机传动图如图 1—6—9 所示，由此传动图求其总牵伸倍数 E。

$$E_{机械}=\frac{18\times36\times z_8\times63\times70\times z_2\times66\times61\times76\times60}{18\times36\times32\times z_4\times51\times z_1\times z_3\times43\times38\times60}$$

$$=506\times\frac{z_8\times z_2}{z_4\times z_1\times z_3}=506\times\frac{50\times42}{122\times56\times25}=6.22$$

式中，z_1、z_2、z_3、z_4、z_8 均为变换齿轮齿数（见图 1—6—9），选择如下：

z_2/z_1 为 62/36、60/38、58/40、56/42、54/44、52/46、50/48、48/50、46/52、44/54、42/56、40/58、38/60、36/62，取 42/56；

z_3 为 25、26、27，取 25；

z_4 为 121、122、123、124、125，取 122；

z_8 为 49、50、51，取 50。

第三步：计算修正后的预并条实际牵伸倍数、棉条定量及线密度

$$E_{实际}=E_{机械}\times牵伸效率=6.22\times0.98=6.1$$

$$G_{预并条}=\frac{G_{生条}\times6}{E_{实际}}=\frac{18.84\times6}{6.1}=18.53\ \text{g/5 m}$$

$$G_{预并条湿}=G_{预并条}\times(1+6\%)=18.53\times(1+6\%)=19.64\ \text{g/5 m}$$

$$T_{t预并条}=G_{预并条}\times(1+8.5\%)\times200=18.53\times(1+8.5\%)\times200=4\ 021.01\ \text{tex}$$

第四步：计算部分牵伸倍数

①前罗拉与中罗拉间的牵伸倍数：

$$e_{前罗拉\sim中罗拉}=\frac{z_6\times76\times38\times45}{z_5\times27\times29\times35}=4.742\times\frac{z_6}{z_5}=4.742\times\frac{53}{65}=3.87$$

式中，z_5 为 47、51、65、71，取 65；

z_6 为 53、63、74，取 53。

②中罗拉与后罗拉间的牵伸倍数：

$$e_{中罗拉\sim后罗拉}=\frac{21\times63\times70\times z_2\times66\times61\times76\times27\times z_5\times35}{24\times z_4\times51\times z_1\times z_3\times43\times38\times76\times z_6\times35}$$

$$=5\ 033.4\times\frac{z_2\times z_5}{z_4\times z_1\times z_3\times z_6}=5\ 033.4\times\frac{42\times65}{122\times56\times25\times53}=1.52$$

③紧压罗拉与前罗拉间的牵伸倍数：

$$e_{紧压罗拉\sim前罗拉}=\frac{29\times60}{38\times45}=1.017\ 5$$

④后罗拉与导条罗拉间的牵伸倍数：

$$e_{后罗拉\sim导条罗拉}=\frac{35\times24\times z_8}{60\times21\times32}=0.020\ 83\times z_8=0.020\ 83\times50=1.04$$

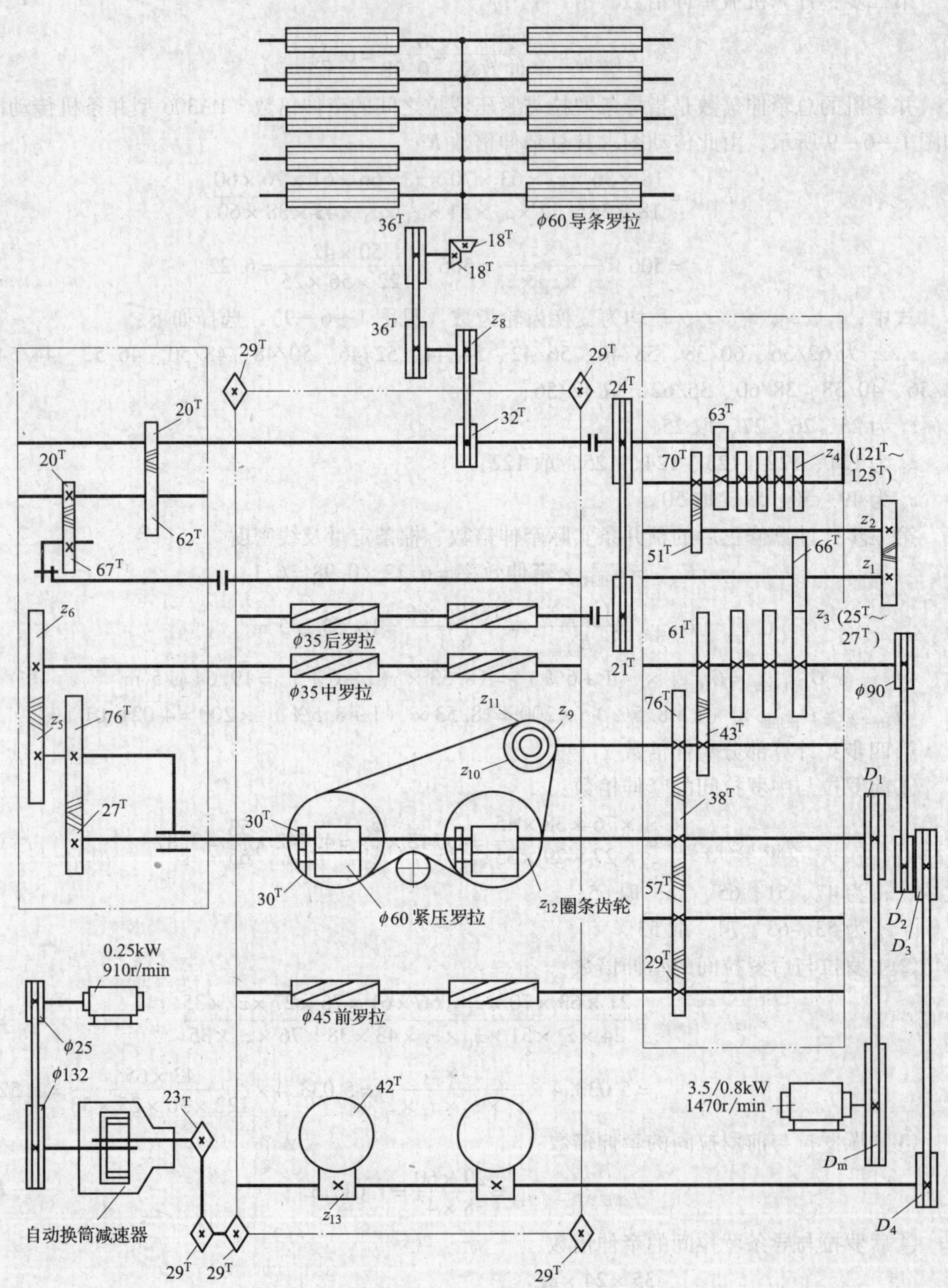

图 1—6—9 FA306 型并条机的传动图

（2）设计速度

前罗拉速度：

$$v_{\text{前罗拉}}=1\,470\times\frac{D_m}{D_1}\times\frac{38}{29}\times\pi\times d=1\,470\times\frac{180}{140}\times\frac{38}{29}\times3.14\times\frac{45}{1\,000}=350\ \text{m/min}$$

式中　D_m——电动机带轮直径，mm，200 mm、190 mm、180 mm、170 mm、160 mm、150 mm、140 mm、130 mm、120 mm，取180 mm；

D_1——电动机从动轮直径，mm，120 mm、130 mm、140 mm、150 mm、160 mm、170 mm、180 mm、190 mm、200 mm，取140 mm；

d——前罗拉直径，mm，45 mm。

（3）设计罗拉握持距

FA306型并条机采用的是三上三下压力棒曲线牵伸，根据纤维的品质长度33.725 mm（见任务1），前区握持距设计为：33.725 + 9 ≈ 43 mm，后区握持距设计为：33.725 + 11 ≈ 45 mm（见表1—6—6）。

（4）设计其他工艺参数

1）压力棒工艺　综合考虑所纺的精梳纯棉纱的质量及纤维品质情况，选用直径为13 mm的压力棒调节环。

2）罗拉加压(N)　导条罗拉×前罗拉×中罗拉×后罗拉×压力棒:118×362×392×362×58.8。

3）喇叭头孔径（mm）　使用压缩喇叭头时，C取0.63。

$$\text{喇叭头孔径}=C\times\sqrt{G_m}=0.63\times\sqrt{18.53}=2.71\ \text{mm}$$

4. FA356A型条并卷联合机的工艺设计

（1）设计小卷定量及牵伸倍数

根据精梳机喂入棉卷定量的范围50～70 g/m，结合生产经验，初步选取62 g/m。

设FA356A型条并卷联合机的牵伸差异率为1.5%（在实际情况下，工厂可以根据实际牵伸倍数与机械牵伸倍数计算获得，多数情况为－1.5%～+1.5%），实际回潮率为6%（控制范围为6%～6.5%）。

并合数选择为28。

第一步：计算实际牵伸倍数

$$E_{\text{实际估}}=\frac{G_{\text{预并条}}\times28}{G_{\text{条并卷估}}\times5}=\frac{18.53\times28}{62\times5}=1.674$$

第二步：计算机械牵伸倍数

$$E_{\text{机械估}}=\frac{E_{\text{实际估}}}{1+\text{牵伸差异率}}=\frac{1.674}{1.015}=1.649$$

条并卷联合机的总牵伸倍数是指导条辊与前成卷罗拉之间的牵伸倍数。FA356A型条并卷联合机传动图如图1—6—10所示，由此传动图求其总牵伸倍数E。

$$E_{\text{机械}}=\frac{700\times18\times z_L\times z_J\times16\times25\times z_{F_2}\times54\times z_C\times54\times92\times z_A\times23}{70\times15\times28\times z_I\times18\times30\times z_{F_1}\times z_D\times92\times92\times z_B\times83\times98}$$

$$=0.028\,45\times\frac{z_L\times z_J\times z_{F_2}\times z_C\times z_A}{z_I\times z_{F_1}\times z_D\times z_B}=0.028\,45\times\frac{53\times76\times33\times57\times86}{55\times23\times95\times94}=1.641$$

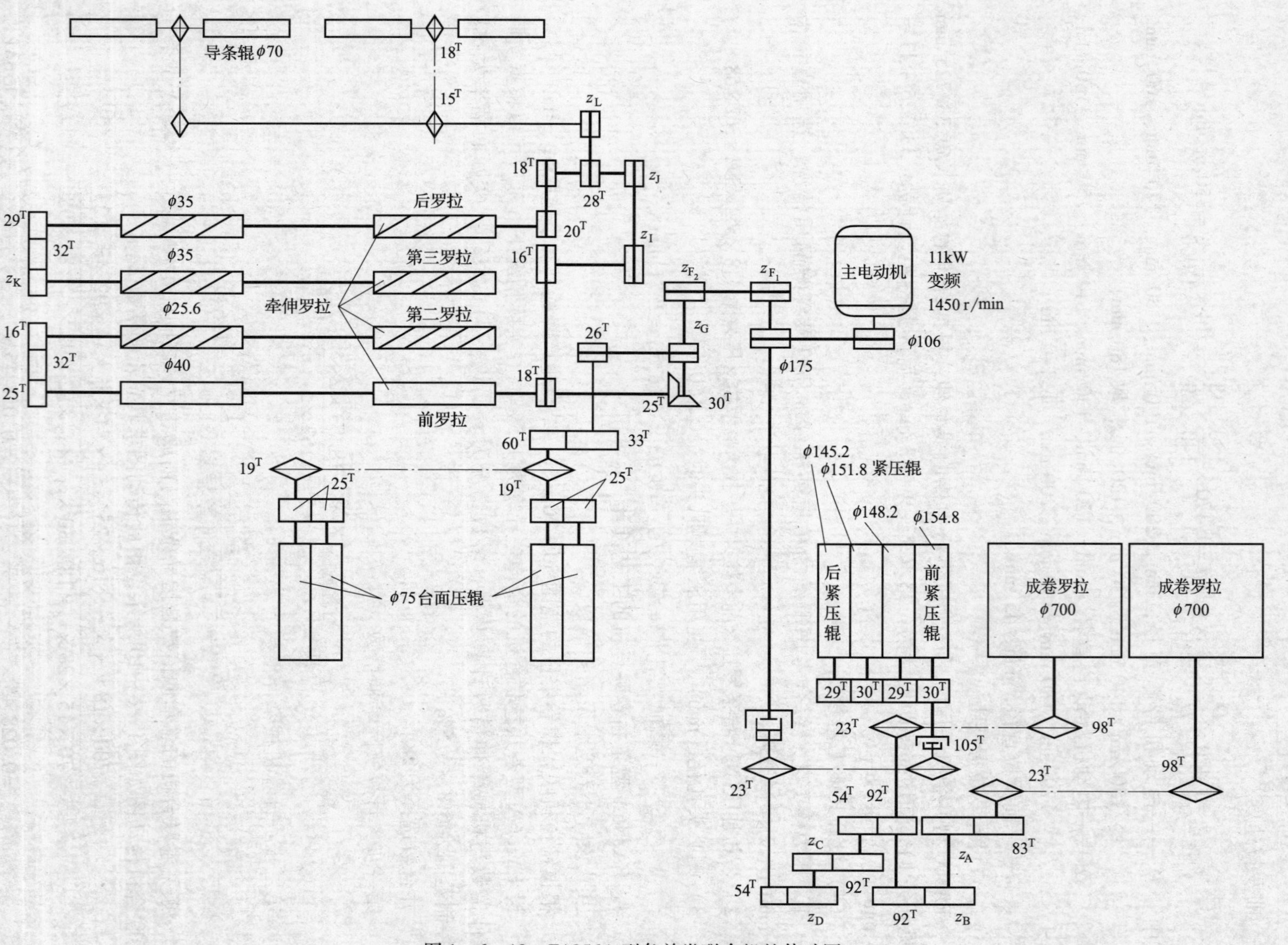

图 1—6—10　FA356A 型条并卷联合机的传动图

式中，z_A、z_B、z_C、z_D、z_L、z_I、z_J、z_{F_1}、z_{F_2}均为变换齿轮齿数（见图1—6—10），选择如下：

z_A 为82～93，取86；

z_B 为91～103，取94；

z_C 为49、50、52～59，取57；

z_D 为82、83、86、87、88、90、91、92、93、95、96、97、98，取95；

z_{F1} 为22～25，取23；

z_{F2} 为33～37，取33；

z_I 为44、55，取55；

z_J 为64、66、68、70、72、74、76、78，取76；

z_L 为53、54、55，取53。

第三步：计算修正后的条并卷实际牵伸倍数、小卷定量及线密度

$$E_{实际}=E_{机械}\times(1+牵伸差异率)=1.641\times1.015=1.666$$

$$G_{条并卷}=\frac{G_{预并条}\times28}{E_{实际}\times5}=\frac{18.53\times28}{1.666\times5}=62.29\text{ g/m}$$

$$G_{条并卷湿}=G_{条并卷}\times(1+6\%)=62.29\times(1+6\%)=66.03\text{ g/m}$$

$$T_{t条并卷}=G_{条并卷}\times(1+8.5\%)\times1\,000=62.29\times(1+8.5\%)\times1\,000=67\,584.65\text{ tex}$$

第四步：计算部分牵伸倍数

①前罗拉与后罗拉间的牵伸倍数

$$e_{前罗拉\sim后罗拉}=\frac{40\times16\times z_J\times20}{35\times18\times z_I\times18}=1.128\,7\times\frac{z_J}{z_I}=1.128\,7\times\frac{76}{55}=1.560$$

②后罗拉与导条辊间的牵伸倍数

$$e_{后罗拉\sim导条辊}=\frac{35\times18\times z_L\times18}{70\times20\times28\times15}=0.019\,3\times z_L=0.019\,3\times53=1.023$$

③台面压辊与前罗拉间的牵伸倍数

$$e_{台面压辊\sim前罗拉}=\frac{75\times25\times z_G\times33}{40\times30\times26\times60}=0.033\,1\times z_G=0.033\,1\times31=1.026$$

式中，z_G 为29～32，取31。

④前紧压辊与台面压辊间的牵伸倍数

$$e_{前紧压辊\sim台面压辊}=\frac{154.8\times60\times26\times z_{F_2}\times23}{75\times33\times z_G\times z_{F_1}\times105}$$

$$=21.373\times\frac{z_{F_2}}{z_G\times z_{F_1}}=21.373\times\frac{33}{31\times23}=0.989$$

⑤前紧压辊与后紧压辊间的牵伸倍数

$$e_{前紧压辊\sim后紧压辊}=\frac{154.8\times29}{145.2\times30}=1.031$$

⑥后成卷罗拉与前紧压辊间的牵伸倍数

$$e_{后成卷罗拉\sim前紧压辊}=\frac{700\times23\times54\times z_C\times54\times105}{154.8\times98\times92\times92\times z_D\times23}$$

$$=1.669\times\frac{z_C}{z_D}=1.669\times\frac{57}{95}=1.001$$

⑦前成卷罗拉与后成卷罗拉间的牵伸倍数

$$e_{前成卷罗拉\sim后成卷罗拉}=\frac{700\times23\times z_A\times92\times98}{700\times98\times83\times z_B\times23}$$

$$=1.1084\times\frac{z_A}{z_B}=1.1084\times\frac{86}{94}=1.014$$

⑧第三罗拉与后罗拉间的牵伸（预牵伸）倍数

根据喂入定量选择预牵伸。

$$e_{第三罗拉\sim后罗拉}=\frac{29}{z_K}=\frac{29}{27}=1.074$$

式中，z_K 为26、27、28，取27。

（2）设计速度

由于FA356A型条并卷联合机采用了变频电动机，所以，在允许的范围内，可以自由选择速度。根据实际经验，选择成卷罗拉的线速度为90 m/min。

（3）设计隔距和握持距

根据表1—6—13，考虑纤维的品质长度为33.725 mm，选择主牵伸罗拉隔距为8 mm，握持距为40 mm；预牵伸罗拉隔距为5 mm，握持距为40 mm。

（4）设计其他工艺参数

1）加压　前胶辊0.35 MPa，中、后胶辊0.30 MPa，紧压辊0.25 MPa。成卷加压0.2～0.5 MPa，渐增加压。

2）满卷定长　满卷定长为250 m。

二、精梳设备

1. 精梳机机构

（1）精梳工序的任务

为了纺制高档纱线或特种纱线，如纯棉高档汗衫、细密府绸、涤棉织物用纱，轮胎帘子线，高速缝纫线和工艺刺绣线等，需经过精梳加工，以提高纱线的强力、条干均匀度、表面光洁度等。精梳工序的主要任务是：

1）排除短绒　排除梳棉条中一定长度以下的短纤维，提高纤维长度的整齐度，提高成纱强力及降低强力不匀率。

2）清除杂质　进一步清除梳棉条中残留的棉结、杂质和疵点，提高纤维的光洁度，改善成纱外观质量。

3）分离纤维　进一步分离纤维，提高纤维的伸直平行度，提高成纱条干均匀度和强力，增加成纱光洁度。

4）均匀成条　制成均匀的精梳棉条，并卷绕成形。

（2）FA266型精梳机

FA266型精梳机如图1—6—11所示。精梳机由钳持喂给机构、梳理机构、分离接合机构和落棉排除及输出机构等组成。

图 1—6—11 FA266 型精梳机

其工艺流程如图 1—6—12 所示。小卷在承卷罗拉 2 的作用下退绕，小卷棉层经偏心张力辊 3 输入给棉罗拉 4，给棉罗拉每次间歇给棉，给出的棉层经过上、下钳板 5、6 的钳口，当钳板向后摆动钳口闭合时，钳板握持须丛的后端，锡林 7 上的锯齿刺入钳口外的须丛中，逐步梳理须丛的前端，使纤维的前弯钩伸直平行，同时清除须丛中的短纤维及棉结杂质疵点。当锡林 7 梳理完毕，钳板向前摆动，钳板逐步靠近分离罗拉钳口。在钳板向前摆动过程中，上钳板 5 逐渐开启，钳口外的须丛回挺伸直。同时，被分离罗拉 8 钳住的棉网倒入机内一定长度，准备与已梳理过的须丛前端接合，分离罗拉 8 倒转结束后变为顺转，当钳板外的须丛前端到达分离罗拉钳口，分离开始，须丛被张紧。同时，顶梳 10 刺入须丛中，随着分离罗拉的顺转，须丛的后端受到顶梳的梳理，使须丛的后弯钩伸直平行。同时，须丛中的短

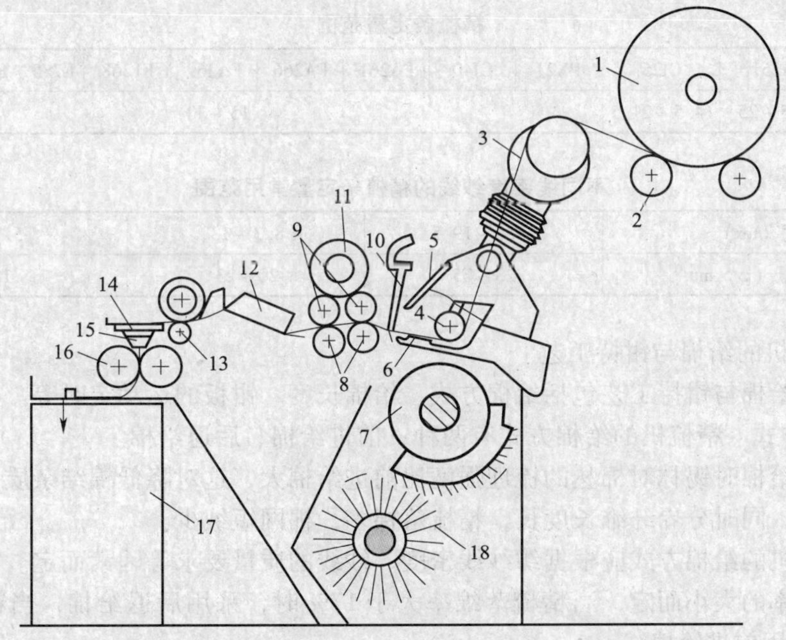

图 1—6—12 FA266 型精梳机的工艺过程

1—小卷 2—承卷罗拉 3—偏心张力辊 4—给棉罗拉 5—上钳板 6—下钳板 7—锡林 8—分离罗拉 9—分离胶辊 10—顶梳 11—绒辊 12—棉网托板 13—引导罗拉 14—集合器 15—喇叭口 16—导向压辊 17—棉条筒 18—圆毛刷

纤维、棉结杂质和疵点阻留于顶梳后面的须丛中，由锡林 7 梳理时去除。当钳板与顶梳 10 到达最前位置时意味着分离接合结束。钳板与顶梳开始后退，给棉罗拉给棉，准备重复上述的工作过程。输出的棉网经过棉网托板 12、引导罗拉 13 到达集束托棉板，再经过垂直向下的集合器 14 及喇叭口 15 集束成条，棉条经导向压辊 16 和导条钉作直角转向，八根棉条在台面上平行排列，再经并合牵伸成为一根棉条。然后，棉条由一对圈条压辊及圈条斜管圈送入棉条筒 17。被锡林梳下的短纤维、棉结杂质和疵点由高速回转的圆毛刷 18 刷下，形成的落棉由气流吸走。

2. 精梳工艺的设计

(1) 精梳工艺的设计要求

1) 合理确定精梳落棉率　合理的精梳落棉率可以提高精梳产品的质量与经济效益。精梳落棉率的大小应根据纺纱的品种、成纱的质量要求、原棉条件、精梳准备流程及工艺情况而定。

2) 充分发挥锡林作用　要根据成纱的品种及质量要求合理选择精梳锡林的规格及种类，以提高其梳理效果。

3) 合理确定定时定位　合理的定时、定位及隔距有利于减少精梳棉结杂质，提高精梳条的质量。

(2) 精梳条的定量设计

精梳条的定量偏重为好，因为精梳条定量重，精梳机的牵伸倍数可以降低，牵伸造成的附加不匀率会减小，精梳条的条干 *CV* 值降低。精梳条的定量范围见表 1—6—14、表 1—6—15。

表 1—6—14　　精梳条定量范围

机型	FA251	CJ25	PX2J	CJ40	FA261	FA266	FA269	F1268	E7/5、E7/6	E62、E72
定量 (g/5 m)	12.5～25	14.5～21.5	15～30							

表 1—6—15　　不同线密度纱线的精梳条定量常用范围

线密度 (tex)	14.6～19.5	8.3～13	5.8～7.3
精梳条定量 (g/5 m)	23～25	20～23	18～21

(3) 精梳机的给棉与钳持工艺

精梳机的给棉与钳持工艺包括给棉方式、给棉长度、钳板的运动定时等。

1) 给棉方式　精梳机的给棉方式有两种：前进给棉、后退给棉。

采用后退给棉时锡林对棉丛的梳理强度比前进给棉大，这对降低棉结杂质、提高纤维伸直平行度有利，同时分界纤维长度长，精梳落棉多，棉网短绒少。

一般精梳机的给棉方式应根据纺纱线密度、纱线的质量要求等因素而定。在生产中一般根据精梳落棉率的大小而定，当精梳落绵率大于 17% 时，采用后退给棉，当精梳落棉率小于 17% 时，采用前进给棉。

2) 给棉长度　精梳机的给棉长度对精梳机的产量及质量均有影响。

当给棉长度大时，精梳机的产量高，分离罗拉输出的棉网较厚，棉网的破洞、破边可减少，开始分离接合的时间提早，但会使精梳锡林的梳理负担加重而影响梳理效果，另外精梳机牵伸装置的牵伸负担也会加重。因此，给棉罗拉的给棉长度应根据纺纱线密度、精梳机的机型、精梳小卷定量等情况而定。几种精梳机的给棉长度见表1—6—16。

表1—6—16　　精梳机的给棉长度　　mm

机型	前进给棉	后退给棉	机型	前进给棉	后退给棉	机型	前进给棉	后退给棉
FA251	6，6.5，7.1	4.9，5.2，5.6	FA261	5.2，5.9，6.7	4.2，4.7，5.2，5.9	E7/5	5.2，5.9，6.7	4.2，4.7，5.2，5.9
CJ25	—	5.23，5.61，6.04	FA266	5.2，5.9	4.7，5.2，5.9	E7/6		
PX2J	—	4.71，4.96，5.23，5.89	FA269			E62	5.2，5.9	4.7，5.2，5.9
CJ40			F1268			E72		

3）钳板的运动定时　钳板的运动定时主要包括钳板最前位置定时和开、闭口定时。

①钳板最前位置定时　精梳机的其他定时与定位都以钳板最前位置定时为依据。不同精梳机钳板最前位置定时见表1—6—17。

表1—6—17　　精梳机钳板最前位置定时

机型	FA251	CJ25	PX2J	CJ40	FA261	FA266	FA269	F1268	E7/5、E7/6	E62、E72
定时（分度）	0（40）		20	0（40）	24				24	

②钳板闭口定时　钳板闭口定时要与锡林梳理开始定时相配合，一般情况下钳板闭口定时要早于或等于锡林开始梳理定时，否则锡林梳针有可能抓走钳板中的纤维，使精梳落棉中的可纺纤维增多。锡林梳理开始定时的早晚与锡林定位和落棉隔距的大小有关。锡林开始梳理定时见表1—6—18。

表1—6—18　　锡林开始梳理定时（FA266型、FA269型、F1268型精梳机）

落棉刻度		5	6	7	8	9	10	11	12
锡林梳理开始定时	锡林定位37	35.05	34.95	34.85	34.75	34.65	34.55	34.45	34.35
	锡林定位38	35.77	35.65	35.53	35.41	35.32	35.23	35.12	35.01

③钳板开口定时　钳板开口定时晚时，被锡林梳理过的棉丛受上钳板钳唇的下压作用而不能迅速抬头，不能很好地与分离罗拉倒入机内的棉网进行搭接而影响分离接合质量，严重时，分离罗拉输出棉网会出现破洞与破边现象。因此，从分离接合方面考虑，钳板钳口开启越早越好。

精梳机钳板的闭合与开启是在钳板前、后摆动到同一处发生，几乎所有的精梳机都遵循这一规律，即钳板后退时在什么地方闭合，则钳板在前进时就在什么地方开启。

FA266型、FA269型、F1268型精梳机不同落棉刻度时钳板开口与闭口定时见表1—6—19。

表1—6—19　　钳板的开口与闭口定时（FA266型、FA269型、F1268型精梳机）

落棉刻度	5	6	7	8	9	10	11	12
闭合定时（分度）	34.4	34.0	33.6	33.2	32.9	32.5	32.0	31.7
开口定时（分度）	6.8	7.6	8.3	9.1	9.8	10.5	11.3	12.1

（4）精梳机的梳理与落棉工艺

1）梳理隔距　由于钳板的传动采用四连杆机构，而锡林作圆周运动，故梳理隔距随时间变化。在一个工作循环中，梳理隔距的变化幅度越小，梳理负荷越均匀，梳理效果就越好。按精梳机钳板支撑的方式不同，可分为下支点钳板（如 A201 型）、上支点钳板（如 FA251 型）和中支点（如 FA261 型）钳板。无论采用何种支撑方式，都存在梳理隔距最小点，此点称为最紧隔距点。现在多用中支点钳板，而 FA261 型、FA266 型、FA269 型、F1268 型最紧隔距点无法调整。最紧隔距点所在的分度随落棉隔距的改变而变化，在调整时应引起注意。

2）落棉隔距　落棉隔距越大，则分离隔距越大，钳板握持棉丛的重复梳理次数及分界纤维长度越大，故可提高梳理效果和精梳落棉率。因此，改变落棉隔距是调整精梳落棉率和梳理质量的重要手段。一般情况下，落棉隔距改变 1 mm，精梳落棉改变约 2%。落棉隔距的大小应根据纺纱线密度和纺纱的质量要求而定。

在精梳机上，通常采用改变落棉刻度盘上的刻度来调整落棉刻度。精梳机落棉刻度与落棉隔距的关系见表 1—6—20。

表 1—6—20　落棉刻度与落棉隔距的关系（FA266 型、FA269 型、F1268 型精梳机）

落棉刻度	5	6	7	8	9	10	11	12
落棉隔距（mm）	6.34	7.47	8.62	9.78	10.95	12.14	13.34	14.55

3）锡林定位　锡林定位也称弓形板定位，其目的是改变锡林与钳板、锡林与分离罗拉运动的配合关系，以满足不同纤维长度及不同品种的纺纱要求。

锡林定位的早晚，影响锡林第一排及末排梳针与钳板钳口相遇的分度数，即影响开始梳理及梳理结束时的分度数，同时也影响锡林末排梳针通过锡林与分离罗拉最紧隔距点时的分度数。

锡林定位早时，锡林开始梳理定时、梳理结束定时均提早，要求钳板闭合定时要早，以防棉丛被锡林梳针抓走；锡林定位晚时，锡林末排梳针通过最紧隔距点时的分度数亦晚，有可能将分离罗拉倒入机内的棉网抓走形成落棉。

所纺纤维越长，锡林末排梳针通过最紧隔距点时分离罗拉倒入机内的棉网越长，越易被锡林末排梳针抓走。因此当所纺纤维长时，要求锡林定位提早为好。锡林定位不同时，FA266 型、FA269 型及 F1268 型精梳机锡林末排梳针通过最紧隔距点的分度值见表 1—6—21。

表 1—6—21　锡林末排梳针通过最紧隔距点的分度值

锡林定位（分度）	36	37	38
末排梳针通过最紧隔距点的分度（分度）	9.48	10.48	11.48
适纺纤维长度（mm）	31 以上	27 ~ 31	27 以下

4）顶梳高低隔距及进出隔距　顶梳的高低隔距越大，顶梳插入棉丛越深，梳理作用越好，精梳落棉率就越高。但高低隔距过大时，会影响分离接合开始时棉丛的抬头。顶梳高低

隔距共分五挡，分别用 -1、-0.5、0、+0.5、+1 来表示，标值越大，顶梳插入棉丛就越深。顶梳高低隔距每增加一挡，精梳落棉约增加1%左右。

顶梳的进出隔距越小，顶梳梳针将棉丛送向分离罗拉越近，越有利于分离接合工作的进行。但进出隔距过小，易造成梳针与分离罗拉表面碰撞。顶梳进出隔距一般为1.5 mm。

（5）分离接合工艺

精梳机的分离接合工艺主要是利用改变分离罗拉顺转定时的方法，调整分离罗拉与锡林、分离罗拉与钳板的相对运动关系，以满足不同长度纤维及不同纺纱工艺的要求。

1）对分离罗拉顺转定时的要求　根据分离接合的要求，分离罗拉顺转定时要早于分离接合开始定时，否则分离接合工作无法进行。分离罗拉顺转定时应满足以下要求：

①分离罗拉顺转定时的确定应保证开始分离时分离罗拉的顺转速度大于钳板的前摆速度。

②分离罗拉顺转定时的确定应保证分离罗拉倒入机内的棉网不被锡林末排梳针抓走。

2）分离刻度与分离罗拉顺转定时的关系　精梳机分离罗拉顺转定时的调整方法是改变曲柄销与大齿轮（143 齿，或称分离罗拉定时调节盘）的相对位置。分离罗拉定时调节盘上刻有刻度，刻度从“-2”到“+1”，其间以0.5为基本单位。分离刻度与分离罗拉顺转定时的关系见表1—6—22。

表1—6—22　分离刻度与分离罗拉顺转定时的关系（FA261型、FA266型、FA269型精梳机）

分离刻度	+1	+0.5	0	-1	-1.5	-2
分离罗拉顺转定时（分度）	14.5	15.2	15.8	16.8	17.5	18

3）分离罗拉顺转定时确定　分离罗拉顺转定时应根据所纺纤维长度、锡林定位、给棉长度及给棉方式等因素确定。

纤维长度越长，倒入机内棉网的头端到达分离罗拉与锡林隔距点时的分度越早，易使棉网被锡林末排梳针抓走，因此当所纺纤维长度长时，分离罗拉顺转定时应相应提早。

当锡林定位早时，锡林末排梳针通过锡林与分离罗拉隔距点的分度提早，分离罗拉顺转定时也应提早。

当采用长给棉时，由于开始分离的时间提早，分离罗拉顺转定时也应适当提早，以防在分离接合开始时，钳板的前进速度大于分离罗拉的顺转速度而产生棉网头端弯钩。

（6）其他工艺

1）分离罗拉集合器　分离罗拉集合器可以调节棉网宽度，可根据不同原料与品种来调整。通过改变垫片的集棉宽度来实现291 mm、293 mm、295 mm、297 mm、299 mm、301 mm、302 mm、305 mm等不同宽度的要求，以改善棉网破边问题。

2）牵伸　三上五下牵伸装置的主牵伸区和后牵伸区均为曲线牵伸，摩擦力界分布合理，后牵伸区牵伸倍数可以适当放大，这样有利于精梳条的条干均匀度和弯钩纤维的伸直。后牵伸区牵伸倍数有1.14、1.36、1.5三挡。

3）加压

精梳机采用气动加压方式。

分离胶辊：两端加压，范围是 240～384 N/端。

前胶辊：两端加压，范围是 346～415 N/端。

中、后胶辊：两端加压，范围是 485～623 N/端。

3. FA266 型精梳机工艺设计

（1）设计精梳条定量及牵伸倍数

纺制 JC9.8×2 tex 纯棉精梳股线，根据表 1—6—15 中不同线密度纱线的精梳条定量常用范围，考虑到精梳条的条干均匀度，精梳条定量初步选择为 20 g/5 m，实际回潮率为 6%（控制范围为 6%～6.5%），并合数为 8。

根据精梳落棉率与纺纱线密度的关系（见表 1—6—23），选择精梳落棉率为 17%。

表 1—6—23　　精梳落棉率与纺纱线密度的关系

纺纱线密度（tex）	16～19	8～15	7	6	5	4
参考落棉率（%）	16～18	17～19	19～20	20～21	21～22	22～23

第一步：计算实际牵伸倍数

$$E_{实际估}=\frac{G_{条并卷}\times 8\times 5}{G_{精梳估}}=\frac{62.29\times 8\times 5}{20}=124.58$$

第二步：计算机械牵伸倍数

$$E_{机械估}=E_{实际估}\times(1-落棉率)=124.58\times(1-0.17)=103.40$$

精梳机的总牵伸倍数是指圈条压辊与承卷罗拉之间的牵伸倍数。FA266 型精梳机的传动如图 1—6—13 所示，由此传动图求得其总牵伸倍数 E。

$$E_{机械}=\frac{z_F\times 138\times 138\times 138\times 138\times 40\times 45\times 28\times z_G\times 104\times 53.25\times 44\times 1.1\times 59.5}{37\times 40\times 40\times 40\times 40\times 140\times 45\times 39\times z_H\times 42\times 98.5\times 28\times 70}$$

$$=1.5448\times\frac{z_F\times z_G}{z_H}=1.5448\times\frac{53\times 38}{30}=103.71$$

式中，z_F 为 52、53、58、59、60、65、66，取 53；

z_G 为 30、33、38、40，取 38；

z_H 为 30、33、38、40，取 30。

第三步：计算修正后的精梳实际牵伸倍数、精梳条定量及线密度

$$E_{实际}=\frac{E_{机械}}{1-落棉率}=\frac{103.71}{1-0.17}=124.95$$

$$G_{精梳}=\frac{G_{条并卷}\times 8\times 5}{E_{实际}}=\frac{62.29\times 8\times 5}{124.95}=19.94\ \text{g/5 m}$$

$$G_{精梳条湿}=G_{精梳}\times(1+6\%)=19.94\times(1+6\%)=21.14\ \text{g/5 m}$$

$$T_{t精梳}=G_{精梳}\times(1+8.5\%)\times 200=19.94\times(1+8.5\%)\times 200=4\,326.98\ \text{tex}$$

第四步：计算部分牵伸倍数

①给棉罗拉与承卷罗拉间的牵伸倍数

每钳次给棉长度：

$$L_{给棉}=\frac{\pi\times30}{z_E}=\frac{94.2}{18}=5.23\ \text{mm/钳次}$$

式中，z_E 为16、18、20，取18。

每钳次的喂卷长度：

$$L_{喂卷}=\frac{143\times40\times40\times40\times40\times37}{29\times138\times138\times138\times138\times z_F}\times\pi\times70=\frac{283.21}{z_F}=\frac{283.21}{53}=5.34\ \text{mm/钳次}$$

$$e_{给棉罗拉\sim承卷罗拉}=\frac{L_{给棉}}{L_{喂卷}}=\frac{5.23}{5.34}=0.98$$

②分离罗拉与给棉罗拉间的分离牵伸倍数

每钳次的有效输出长度：

$$L_{有效输出}=-\frac{15}{95}\times\left(1-\frac{33\times29}{21\times25}\right)\times\frac{87}{28}\times25\times\pi=31.71\ \text{mm/钳次}$$

$$e_{分离罗拉\sim给棉罗拉}=\frac{L_{有效输出}}{L_{给棉}}=\frac{31.71}{5.23}=6.06$$

③台面压辊与分离罗拉间的牵伸倍数

每钳次的台面压辊输出长度：

$$L_{台面压辊输出}=\frac{143\times40\times40\times40}{29\times138\times138\times76}\times\pi\times50=34.2504\ \text{mm/钳次}$$

$$e_{台面压辊\sim分离罗拉}=\frac{L_{台面压辊输出}}{L_{有效输出}}=\frac{34.2504}{31.71}=1.08$$

④后罗拉与台面压辊间的牵伸倍数

$$L_{后罗拉输出}=\frac{143\times40\times45\times28\times28\times28}{29\times140\times45\times38\times70\times28}\times\pi\times27=35.2223\ \text{mm/钳次}$$

$$e_{后罗拉\sim台面压辊}=\frac{L_{后罗拉输出}}{L_{台面压辊输出}}=\frac{35.2223}{34.2504}=1.028$$

⑤第三罗拉与第四罗拉间的牵伸倍数

$$e_{第三罗拉\sim第四罗拉}=\frac{z_J}{28}=\frac{38}{28}=1.357$$

式中，z_J 为32、38、42，取38。

⑥前罗拉与后罗拉间的牵伸倍数

$$e_{前罗拉\sim后罗拉}=\frac{28\times70\times z_G\times104\times35}{28\times28\times z_H\times28\times27}=12.037\times\frac{z_G}{z_H}=12.037\times\frac{38}{30}=15.25$$

⑦圈条压辊与前罗拉间的牵伸倍数

$$e_{圈条压辊\sim前罗拉}=\frac{28\times53.25\times44\times1.1\times59.5}{42\times98.5\times28\times35}=1.059$$

（2）设计速度

由 FA266 型精梳机传动图，设计速度如下：

1）锡林速度

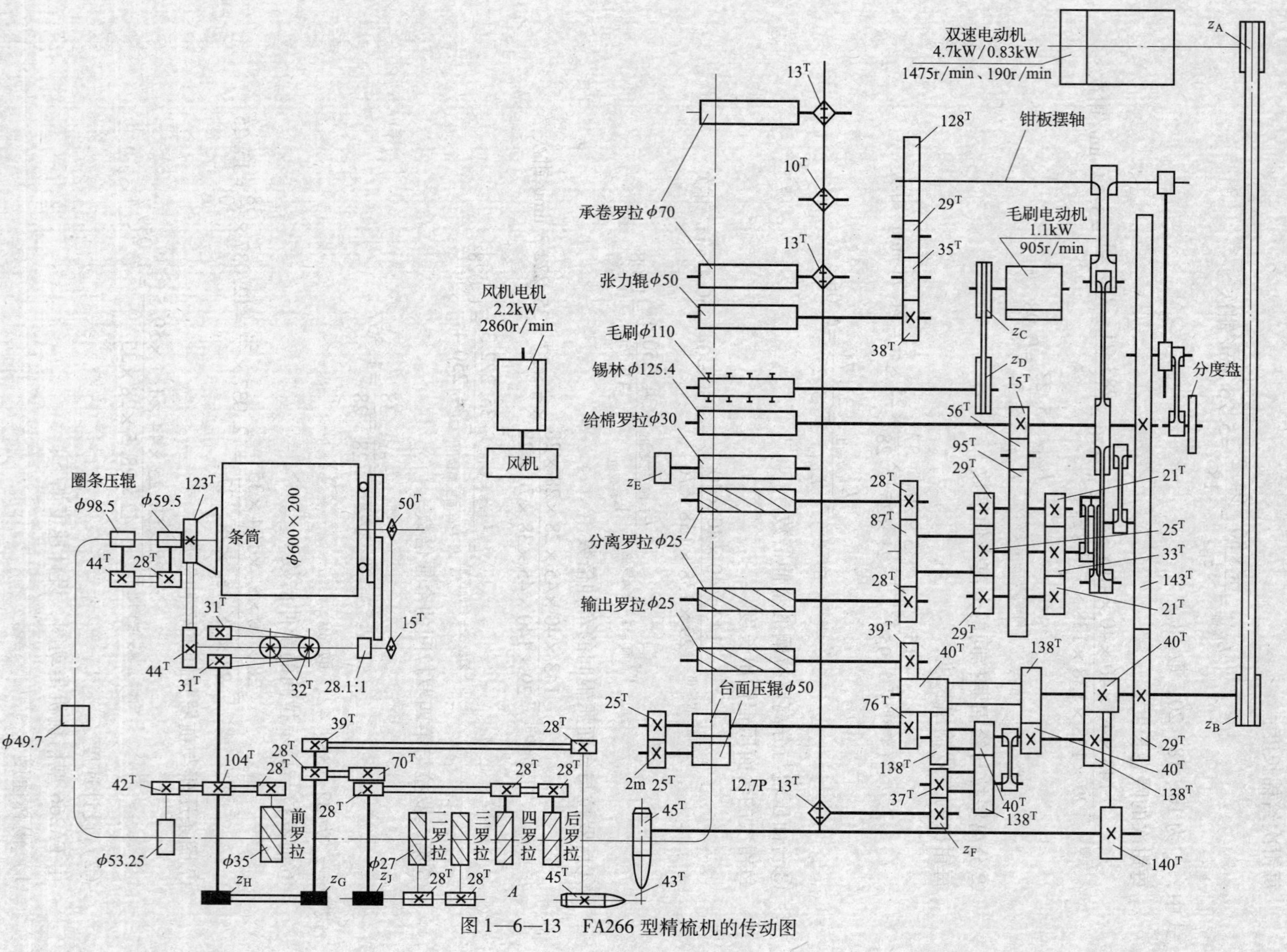

图 1—6—13 FA266 型精梳机的传动图

$$锡林速度 = 1\ 475 \times \frac{z_A \times 29}{z_B \times 143} = 299.13 \times \frac{z_A}{z_B} = 299.13 \times \frac{144}{154} = 280\ \text{r/min}$$

式中，z_A 为 126、144、154、174，取 144；

z_B 为 144、154、174、218，取 154。

2）毛刷速度

$$n_{毛刷} = 905 \times \frac{z_C}{109} = 905 \times \frac{137}{109} = 1\ 137\ \text{r/min}$$

式中，z_C 为 109、137，取 137。

3）圈条压辊速度

$$v_{圈条压辊} = 1\ 475 \times \frac{z_A \times 40 \times 45 \times 28 \times z_G \times 104 \times 53.25 \times 44 \times 1.1 \times 59.5 \times \pi}{z_B \times 140 \times 45 \times 39 \times z_H \times 42 \times 98.5 \times 28 \times 1\ 000}$$

$$= 130.80 \times \frac{z_A \times z_G}{z_B \times z_H} = 130.80 \times \frac{144 \times 38}{154 \times 30} = 154.92\ \text{m/min}$$

（3）设计隔距

1）落棉隔距（刻度）　落棉刻度选择 9。

2）梳理隔距　梳理隔距为 0.40 mm。

3）顶梳隔距　进出隔距为 1.5 mm，高低隔距选择 +0.5 挡。

4）主牵伸罗拉握持距　根据主牵伸罗拉握持距等于跨距长度的最长纤维长度，以及原棉的情况，握持距应为 40 mm，隔距为 9 mm。

（4）设计其他工艺参数

1）定时定位　锡林定位为 37 分度，分离罗拉顺转定时刻度为 -1。

2）加压　分离胶辊加压为 300 N/端，牵伸前胶辊加压为 380 N/端，中、后胶辊为 560 N/端。

三、精梳工艺设计表

精梳工艺设计见表 1—6—24。

表 1—6—24　　精梳工艺设计表

预并条工艺

机型	并条定量（g/5 m）		回潮率（%）	总牵伸倍数		线密度（tex）	并合数	牵伸倍数分配				前罗拉速度（m/min）
	干重	湿重		机械	实际			紧压罗拉～前罗拉	前罗拉～中罗拉	中罗拉～后罗拉	后罗拉～导条罗拉	
FA306	18.53	19.64	6	6.22	6.1	4 021.01	6	1.017 5	3.87	1.52	1.04	350

罗拉握持距（mm）		罗拉加压（N）	罗拉直径（mm）	喇叭头孔径（mm）	压力棒调节环直径（mm）
前～中	中～后	导条×前×中×后×压力棒	前×中×后		
43	45	118×362×392×362×58.8	45×35×35	2.71	13

齿轮的齿数

z_1	z_2	z_3	z_4	z_5	z_6	z_8
56	42	25	122	65	53	50

续表

条并卷工艺

机型	小卷定量（g/m）		回潮率（%）	总牵伸倍数		线密度（tex）	并合数	成卷罗拉速度（m/min）	握持距（mm）		满卷定长（m）
	干重	湿重		机械	实际				主牵伸罗拉	预牵伸罗拉	
FA356A	62.29	66.03	6	1.641	1.666	67 584.65	28	90	40	40	250

牵伸倍数分配						胶辊加压（MPa）			
前成卷罗拉与后成卷罗拉	后成卷罗拉与前紧压辊间	前紧压辊与后紧压辊	台面压辊与前罗拉	前罗拉与后罗拉	后罗拉与导条辊	前胶辊	中胶辊	后胶辊	紧压胶辊
1.014	1.001	1.031	1.026	1.560	1.023	0.35	0.30	0.30	0.25

齿轮的齿数

z_A	z_B	z_C	z_D	z_{F_1}/z_{F_2}	z_G	z_I	z_J	z_K	z_L
86	94	57	95	23/33	31	55	76	27	53

精梳工艺

机型	精梳条定量（g/5 m）		回潮率（%）	并合数	总牵伸倍数		线密度（tex）	落棉率（%）	给棉方式	给棉长度（mm）	转速（r/min）	
	干重	湿重			机械	实际					锡林	毛刷
FA266	19.94	21.14	6	8	103.71	124.95	4 326.98	17	后退给棉	5.23	280	1 137

牵伸倍数分配						隔距			
圈条压辊与前罗拉	前罗拉与后罗拉	后罗拉与台面压辊	台面压辊与分离罗拉	分离罗拉与给棉罗拉	给棉罗拉与承卷罗拉	落棉隔距（刻度）	梳理隔距（mm）	顶梳进出隔距（mm）	顶梳高低隔距（挡）
1.059	15.25	1.028	1.08	6.06	0.98	9	0.40	1.5	+0.5

主牵伸罗拉握持距（mm）	锡林定位（分度）	分离罗拉顺转定时刻度	加压（N/端）			
			前胶辊	中胶辊	后胶辊	分离胶辊
40	37	−1	380	560	560	300

齿轮的齿数

z_A	z_B	z_C	z_E	z_F	z_G	z_H	z_J
144	154	137	18	53	38	30	38

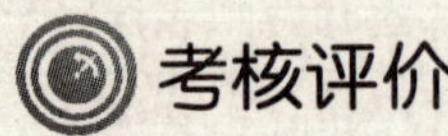

考核评价

考核评分见表1—6—25。

表 1—6—25　考核评分表

项目	分值					得分	
并条定量及牵伸倍数设计	20（按照要求进行设计，少一项扣 2 分）						
并条机速度、隔距及其他工艺参数设计	10（按照要求进行设计，少一项扣 2 分）						
小卷定量及牵伸倍数设计	20（按照要求进行设计，少一项扣 2 分）						
条并卷联合机速度、隔距及其他工艺参数设计	10（按照要求进行设计，少一项扣 2 分）						
精梳条定量及牵伸倍数设计	20（按照要求进行设计，少一项扣 2 分）						
精梳机速度、隔距及其他工艺参数设计	20（按照要求进行设计，少一项扣 2 分）						
书写、打印规范	书写有错误一次倒扣 4 分，格式错误倒扣 5 分，最多不超过 20 分						
姓名		班级		学号		总得分	

思考与练习

1. 设计针织用 JC14.5 tex 纱的精梳工艺。
2. 设计高档贡缎用 JC7.5 ×2 tex 精梳股线的精梳工艺。
3. 设计高级府绸用 JC4.9 ×3 tex 精梳股线的精梳工艺。

知识拓展

一、条卷质量

条卷质量指标主要有回潮率、重量不匀率、伸长率和短纤维含量，其重量不匀率及短纤维率指标见表 1—6—26。

表 1—6—26　条卷重量不匀率及短纤维率

纺纱线密度（tex）	>9.7	5.83 ~ 7.29	<5.83
条卷重量不匀率（%）	0.90 ~ 1.10	1.05 ~ 1.15	1.10 ~ 1.20
条卷短纤维率（%）	13 ~ 15（16.5 mm 以下）	12 ~ 14（20.5 mm 以下）	12 ~ 14（20.5 mm 以下）

二、精梳条质量

精梳机机型不同，精梳条的质量指标有较大差异，在正常配棉条件下，其控制范围见表 1—6—27 和表 1—6—28。

表 1—6—27　精梳条质量参考指标

精梳条干 *CV* 值（%）	精梳条短绒率（%）	精梳条重量不匀率（%）	精梳后棉结清除率（%）	精梳后杂质清除率（%）
<3.8	<8	<0.6	>17	>50

表 1—6—28　　精梳落棉率参考指标

纺纱线密度（tex）	30～14	14～10	10～6	<6
参考落棉率（%）	14～16	15～18	17～20	>19
落棉含短绒率（%）	>60			

任务7　并条工艺设计

学习目标

1. 能进行并条工艺参数的选择与计算。
2. 掌握工艺参数对熟条质量的影响。

任务引入

在精梳工艺设计的基础上，进行并条工艺设计，其主要设计内容见表 1—7—1。

表 1—7—1　　并 条 工 艺

机型	条子定量（g/5 m）		回潮率（%）	总牵伸倍数		线密度（tex）	并合数	牵伸倍数分配				紧压罗拉速度（m/min）
	干重	湿重		机械	实际			紧压罗拉～前罗拉	前罗拉～后罗拉	后罗拉～检测罗拉	检测罗拉～导条罗拉	
FA326A												

罗拉握持距（mm）		罗拉加压（N）	罗拉直径（mm）	喇叭头孔径（mm）	压力棒调节环直径（mm）
前～中	中～后	导条×前×中×后×压力棒	前×中×后		

齿轮的齿数								
z_1	z_2	z_3	z_4	z_5	z_6	z_7	z_8	z_9

任务分析

根据表 1—7—1，并条工艺设计分为棉条定量及牵伸倍数设计、速度设计、握持距设计及其他工艺参数的设计。通常先进行棉条定量及牵伸倍数设计，然后进行速度、握持距及其他工艺参数的设计。

相关知识

一、并条机的机构

1. 并条工序的任务

由于生条或精梳条的重量不匀率较高，且在普梳纺纱系统中生条的纤维排列很紊乱，大部分纤维呈弯钩卷曲状态，并有部分小纤维束存在。为了获得优质的细纱，必须经过并条工序。并条工序的主要任务是并合、牵伸、混合、成条。

（1）并合

将6～8根条子随机并合，改善熟条的长、中片段均匀度，使熟条的重量不匀率降到1%以下。

（2）牵伸

牵伸可以改善条子的结构，提高纤维的伸直、平行度和分离度。

（3）混合

利用反复并合和牵伸实现单纤维之间的混合。

（4）成条

经过并合、牵伸、混合后的纤维层，再经集束、压缩制成棉条，并有规律地圈放在条筒内，便于搬运和后道工序的加工。

2. FA326A型并条机

FA326A型并条机主要由喂入机构、牵伸机构、成条机构、自动换筒机构及自调匀整装置组成。其外形如图1—7—1所示。

FA326A型并条机的工作原理如图1—7—2所示。在后导条架的下方放置6～16个喂入棉条筒，分为两组。棉条经导条罗拉积极喂入，并被分条器平行排列于导条罗拉上，并列排好的两组棉条有秩序地经过导条块和给棉罗拉进入牵伸装置。经过牵伸的须条由导向罗拉引导，沿前罗拉表面进入紧靠在前罗拉表面的弧形导管，再经喇叭口聚拢成条后由紧压罗拉压紧成光滑紧密的棉条，再由圈条器将棉条有规律地圈放在输出棉条筒中。

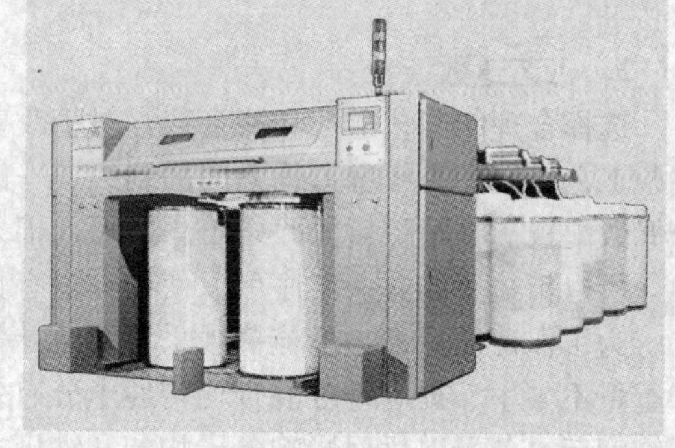

图1—7—1　FA326A型并条机

二、并条工艺设计

并条工序要求纺制定量符合设计标准、条干均匀度好、重量不匀率低和纱疵少的熟条。工艺设计必须事先考虑熟条的质量要求、所要加工原料的特点、设备条件等因素。

1. 棉条定量

棉条定量的配置应根据纺纱线密度、纺纱品种、设备配置情况、产品质量要求和加工原料的特性等因素综合考虑决定，一般为10～30 g/5 m。纺细特纱时，产品质量要求较高，定

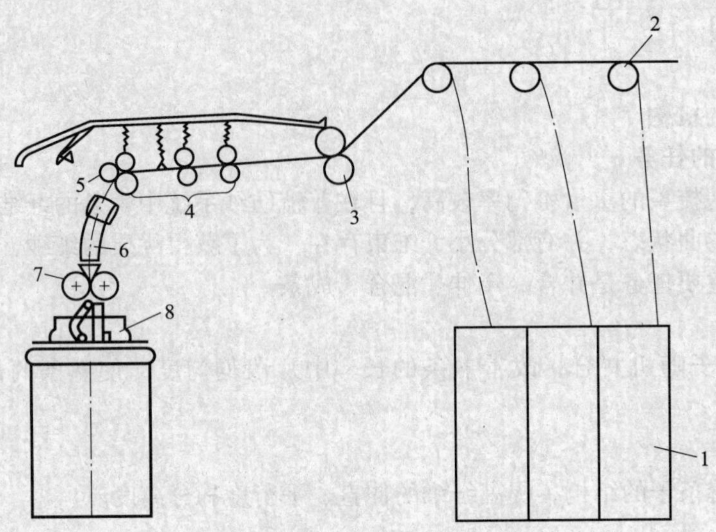

图 1—7—2 FA326A 型并条机的工作原理图

1—棉条筒 2—导条罗拉 3—给棉罗拉 4—牵伸装置 5—导向罗拉
6—弧形导管 7—紧压罗拉 8—圈条器

量应偏轻掌握。在罗拉加压充分、后工序设备牵伸能力较大的条件下，可适当加重定量。棉条定量的选用范围见表 1—7—2。

表 1—7—2 棉条定量的选用范围

纺纱线密度（tex）	>32	20~30	13~19	9~13	<7.5
棉条干定量范围（g/5 m）	20~25	17~22	15~20	13~17	<13

2. 工艺道数

选择合理的工艺道数和并合数，对于改善纤维伸直、平行和提高混合均匀性十分重要。并条工艺道数还受纤维弯钩方向的制约，一般梳棉纱工艺应符合奇数配置，精梳纱工艺应符合偶数配置。在精梳后的并条工序，喂入棉条纤维已充分伸直平行，生产中容易产生意外牵伸，所以精梳后的并条工序可以使用一道有自调匀整装置的并条机。

为了保证质量，一般梳棉纱采用两道并条，并合数通常为 48 或 64。增加并合数对于改善重量不匀率、提高纤维混合均匀性十分有效，但过多的并合道数和过大的牵伸倍数，会使纤维疲劳、条子熟烂而影响条干均匀和纱疵。使用有预牵伸和自调匀整性能的梳棉机，可以减少并条道数。

纯棉纺并条机的工艺道数应视品种而定。在使用自调匀整装置后，工艺道数可以减少，特别是精梳后的并条宜采用一道。常规并条机的工艺道数一般不少于两道，色纺或混色要求高的品种可以增加工艺道数。纯棉纺工艺道数见表 1—7—3。

3. 牵伸的配置

（1）总牵伸

并条机的总牵伸倍数应接近于并合数，一般选用范围为并合数的 0.9~1.2 倍。总牵伸倍数应结合精梳棉条定量、粗纱定量和牵伸机构的能力综合考虑配置。总牵伸倍数配置范围见表1—7—4。

表1—7—3　　纯棉纺工艺道数

品种	精梳后并条	细特纱及特种用纱	粗、中特纱	转杯纱
有自调匀整装置的并条机	1	2~3	2	1~2
无自调匀整装置的并条机	2	2~3	2	2

表1—7—4　总牵伸倍数配置范围

牵伸形式	曲线牵伸	
并合数	6	8
总牵伸倍数	5.5~7.5	7~10

（2）各道并条机的牵伸分配

头、二道并条机的牵伸分配，既要注意喂入棉条的内在结构和纤维的弯钩方向，又要兼顾逐次牵伸造成的附加不匀率增大的情况。有两种工艺路线可供选择：一种是头并牵伸倍数大（大于并合数）、二并牵伸倍数小（等于或略小于并合数），又称倒牵伸，这种牵伸配置对改善熟条的条干均匀度有利；另一种是头并牵伸倍数小、二并牵伸倍数大，又称顺牵伸，这种牵伸配置有利于纤维的伸直，对提高成纱强力有利。

头道并条机喂入的生条纤维排列紊乱，前弯钩居多，若配置较大的牵伸倍数，虽可促使纤维伸直平行、分离度提高，但对消除前弯钩效果不明显；二道并条机喂入条的内在结构已有较大改善，且纤维中后弯钩居多，可配置较大牵伸倍数消除后弯钩，但这样做对条干均匀度不利。

在纺特细特纱时，为了减少后续工序的牵伸，也可采用头并牵伸倍数略大于并合数，而二并牵伸倍数可更大（如当并合数为8根时，可采用9倍或10倍以上牵伸）。原则上头并牵伸倍数要小于并合数，头并的后区牵伸选2倍左右；二并的总牵伸倍数略大于并合数，后区牵伸维持弹性牵伸（小于1.2倍）。

（3）部分牵伸分配的确定

虽然目前并条机牵伸形式不同，但大都为双区牵伸，所以，部分牵伸分配主要是指后区牵伸和前区牵伸（主牵伸）的分配问题。

1）主牵伸（前区牵伸）　由于主牵伸区的摩擦力界较后区布置得更合理，所以牵伸倍数主要靠主牵伸区承担，主牵伸配置参考因素见表1—7—5。

表1—7—5　　主牵伸配置参考因素

参考因素	主牵伸区摩擦力界布置合理	纤维伸直度好	加压足够并可靠	纤维后弯钩居多
主牵伸倍数	较大	较大	较大	较大

2）后区牵伸　后区牵伸一般为简单罗拉牵伸，牵伸倍数小，只起为前区牵伸做好准备的辅助作用。一方面后区牵伸摩擦力界布置的特点不适宜进行大倍数牵伸，另一方面，由于喂入后区的纤维排列十分紊乱，棉条内在结构较差，不适宜进行大倍数牵伸。一般头道并条的后区牵伸倍数为1.6~2.1，二道并条的后区牵伸倍数为1.06~1.15。另外，后区采用小倍数牵伸，则牵伸后进入前区的须条不至于严重扩散，须条中纤维抱合紧密，有利于前区牵伸的进行。

3）前张力牵伸　前张力牵伸与加工的纤维种类、品种（普梳、精梳）、出条速度、集束器、喇叭头口径和形式、温湿度等有关，牵伸倍数一般为0.99～1.03。纺纯棉时前张力牵伸倍数取1或略大于1；纺精梳棉时，如棉条起皱，前张力牵伸倍数可比普梳纯棉略大；当喇叭头口径偏小或采用压缩喇叭头形式时，前张力牵伸倍数应略为放大。前张力牵伸倍数的大小应以棉网能顺利集束下引，不起皱、不涌头为准。较小的前张力牵伸倍数对条干均匀有利。FA系列并条机都采用喇叭口加集束器的成条技术，可采用较小的前张力牵伸倍数。

4）后张力牵伸　后张力牵伸（导条张力牵伸）应根据纤维品种、纤维原料的不同和前工序圈条成形的优劣进行配置，又与棉条喂入形式有关。目前FA系列并条机绝大多数均采用悬臂导条辊高架顺向导入式（有上压辊或无上压辊）。导条喂入装置主要应使条子不起毛，避免意外伸长，使棉条能平列排列（不重叠）顺利进入牵伸区。后张力牵伸倍数一般配置为1.01～1.02（带上压辊）、1.00～1.03（不带上压辊）。

4. 罗拉握持距

正确配置罗拉握持距对提高棉条质量至关重要，纤维长度、性状及整齐度是决定罗拉握持距的主要因素。确定罗拉握持距的主要因素为纤维长度及其整齐度。纤维长度长、整齐度好时可偏大掌握。

握持距过大，会使条干恶化、成纱强力下降；过小，会使胶辊滑溜，牵伸不开，拉断纤维而增加短绒，破坏后续工序的产品质量。为了既不损伤长纤维，又能控制绝大部分纤维的运动，并且考虑到胶辊在压力作用下产生变形使实际钳口向两边扩展的因素，罗拉握持距必须大于纤维的品质长度。这是所有牵伸形式的共同原则。配置罗拉握持距的参考因素见表1—7—6。

表1—7—6　　配置罗拉握持距的参考因素

各项因素	棉条定量		罗拉加压		纤维整齐度		输出速度		工艺道数		牵伸倍数		喂入条紧密度		附加摩擦力界机构	
	轻	重	轻	重	差	好	快	慢	头道	二道	大	小	紧	松	有	无
罗拉握持距	宜小	宜大	宜大	宜小	宜小	宜大	宜小	宜大	宜小	宜大	宜小	宜大	宜大	宜小	宜大	宜小

握持距S可根据下式确定：

$$S = L_p + P$$

式中　S——罗拉握持距，mm；

L_p——纤维品质长度，mm；

P——根据牵伸力的差异及罗拉钳口扩展长度而确定的长度，mm。

罗拉握持距的配置范围见表1—7—7。

在压力棒牵伸装置中，主牵伸区罗拉握持距的大小取决于前胶辊移距（前移或后移）、中胶辊移距（前移或后移）以及压力棒在主牵伸区内与前罗拉间的隔距三个参数。实践表明，压力棒牵伸装置的前区握持距对条干均匀度影响较大，在前罗拉钳口握持力充分的条件下，握持距越小则条干均匀度越好。

表 1—7—7　　罗拉握持距的配置范围

牵伸形式	罗拉握持距（mm）		
	前区	中区	后区
三上四下曲线牵伸	L_P +（3～5）	L_P	L_P +（10～16）
五上三下曲线牵伸	L_P +（2～6）		L_P +（8～15）
三上三下压力棒曲线牵伸	L_P +（6～12）		L_P +（8～14）

5. 罗拉加压

重加压是实现对纤维运动有效控制的主要手段，它对摩擦力界的影响最大，重加压也是实现并条机优质高产的重要手段。并条机各罗拉加压的配置应根据牵伸形式、前罗拉速度、棉条定量和原料性能等综合考虑，一般在罗拉速度快、棉条定量重时，罗拉加压应适当加重。牵伸形式、出条速度与加压压力的关系见表 1—7—8。

表 1—7—8　　牵伸形式、出条速度与加压重量的关系

牵伸形式	出条速度（m/min）	罗拉加压（N）					
		导条罗拉	前罗拉	中罗拉	三上罗拉	后罗拉	压力棒
三上四下曲线牵伸	150 以下		150～200	250～300		200～250	
三上四下曲线牵伸	150～250		200～250	300～350		200～250	
五上三下曲线牵伸	200～500	140	260	450		400	
三上三下压力棒曲线牵伸	200～600	100～200	300～380	350～400		350～400	50～100

6. 压力棒工艺

压力棒在牵伸区内是一种附加摩擦力界机构，被 FA 系列各种型号并条机普遍采用。压力棒安装在牵伸区内，加强了对纤维，特别是浮游纤维运动的控制，有利于提高牵伸质量，改善棉条内在结构，降低条干不匀率。压力棒可分为下压式和上托式两种，两种形式作用原理和效果相同。

压力棒为梨状金属棒，与纤维接触的下端面圆弧曲率半径为 6 mm。压力棒中心至第二罗拉中心垂直距固定，纤维长度为 40 mm 以下时为 19.6 mm。当压力棒调节环用蓝色（ϕ14 mm）时，压力棒下母线与第一罗拉上母线在同一水平面。根据所纺纤维长度、品种、品质和定量的不同，变换不同直径（颜色）的调节环，使压力棒在牵伸区中处于不同高低位置，从而获得对棉层的不同控制，调节压力棒位置高低的因素见表 1—7—9。调节环直径越小控制力越强，反之则越弱。通常，对于棉纤维一般从直径为 14 mm（蓝）、13 mm（黄）、12 mm（红）压力棒调节环中选取。

表 1—7—9　　调节压力棒位置高低的因素

各项因素	品种		工艺道数		棉条定量		纤维整齐度		前区隔距		牵伸倍数		胶辊加压	
	梳棉纱	精梳纱	头道	二道	重	轻	好	差	大	小	大	小	大	小
位置高低	宜低	宜高	宜高	宜低	宜高	宜低	宜高	宜低	宜低	宜高	宜低	宜高	宜低	宜高

7. 喇叭头孔径（mm）

喇叭头孔径的大小主要根据棉条重量而定，合理地选择孔径，可使棉条抱合紧密、表面光洁，减少纱疵。

$$喇叭头孔径 = C \times \sqrt{G_m}$$

式中　C——经验常数；

　　G_m——棉条定量（g/5 m）。

使用压缩喇叭头时，C 为 0.6～0.65；使用普通喇叭头时，C 为 0.85～0.90。

遇到下列情况时，孔径应偏大掌握：并条机速度较高，张力牵伸较小，相对湿度较高，喇叭头出口至紧压罗拉夹持点距离较大。棉条定量与喇叭头孔径的关系见表 1—7—10。

表 1—7—10　　棉条定量与喇叭头孔径的关系

棉条定量（g/5 m）	压缩喇叭头孔径（mm）	普通喇叭头孔径（mm）
<12	2.0～2.2	2.8～3.0
12	2.1～2.3	2.9～3.1
14	2.2～2.4	3.2～3.4
16	2.4～2.6	3.4～3.6
18	2.6～2.8	3.6～3.8
20	2.7～2.9	3.8～4.0
22	2.8～3.0	4.0～4.2
24	3.0～3.2	4.2～4.4
>24	3.2～3.4	4.4～4.6

任务实施

一、设计并条棉条定量及牵伸倍数

根据表 1—7—2 中并条棉条定量的选用范围，考虑到 FA326A 型并条机带有自调匀整装置，因此，采用一道并条，结合粗纱机、细纱机的牵伸能力，初步设计并条棉条的定量为 15 g/5 m。

设 FA326A 型并条机的牵伸效率为 98%（在实际情况下，工厂可以根据实际牵伸倍数与机械牵伸倍数计算获得，多数情况为 96%～99%），实际回潮率为 6%（控制范围为 6%～6.5%）。

由于精梳条中纤维伸直、平行度较高，且并条最主要的工作就是使并条后的熟条均匀，因此，并合根数选择 6 根。

第一步：计算实际牵伸倍数

$$E_{实际估} = \frac{G_{精梳} \times 6}{G_{并条估}} = \frac{19.94 \times 6}{15} = 7.98$$

第二步：计算机械牵伸倍数

$$E_{机械估} = \frac{E_{实际估}}{牵伸效率} = \frac{7.98}{0.98} = 8.14$$

并条机的总牵伸倍数是指导条罗拉与紧压罗拉之间的牵伸倍数。图 1—7—3 所示为 FA326A 型并条机传动图，求其总牵伸倍数 E。

$$E_{机械} = \frac{20 \times z_5 \times z_7 \times z_4 \times 42 \times 59.8}{20 \times z_6 \times 27 \times z_3 \times (1-0.25) \times 24 \times 60}$$

$$= 0.0861 \times \frac{z_5 \times z_7 \times z_4}{z_6 \times z_3} = 0.0861 \times \frac{75 \times 78 \times 73}{74 \times 61} = 8.15$$

式中，z_3 为 60 ~ 73，取 61；

z_4 为 63 ~ 73、80 ~ 90，取 73；

z_5 为 74、75、76，取 75；

z_6 为 72、74，取 74；

z_7 为 76、77、78，取 78。

第三步：计算修正后的实际牵伸倍数、棉条定量及线密度

$$E_{实际} = E_{机械} \times 牵伸效率 = 8.15 \times 0.98 = 7.99$$

$$G_{并条} = \frac{G_{精梳} \times 6}{E_{实际}} = \frac{19.94 \times 6}{7.99} = 14.97 \text{ g/5 m}$$

$$G_{并条湿} = G_{并条} \times (1+6\%) = 14.97 \times (1+6\%) = 15.87 \text{ g/5 m}$$

$$T_{t并条} = G_{并条} \times (1+8.5\%) \times 200 = 14.97 \times (1+8.5\%) \times 200 = 3\,248.49 \text{ tex}$$

第四步：计算部分牵伸倍数

①前罗拉与后罗拉间的牵伸倍数：

$$e_{前罗拉\sim后罗拉} = \frac{33 \times z_4 \times 42 \times 41 \times z_9 \times 45}{20 \times z_3 \times (1-0.25) \times 24 \times 53 \times 29 \times 35}$$

$$= 0.132 \times \frac{z_4 \times z_9}{z_3} = 0.132 \times \frac{73 \times 49}{61} = 7.74$$

式中，z_9 为 47 ~ 50，取 49。

②紧压罗拉与前罗拉间的牵伸倍数：

$$e_{紧压罗拉\sim前罗拉} = \frac{29 \times 53 \times 59.8}{z_9 \times 41 \times 45} = \frac{49.817}{z_9} = \frac{49.817}{49} = 1.0167$$

③中罗拉与后罗拉间的牵伸倍数：

$$e_{中罗拉\sim后罗拉} = \frac{z_8}{20} = \frac{36}{20} = 1.8$$

式中，z_8 为 22、24、25、26、28、30、32、34、36、38，取 36。

④后罗拉与检测罗拉间的牵伸倍数：

$$e_{后罗拉\sim检测罗拉} = \frac{33 \times z_7 \times 20 \times 22 \times 35}{22 \times 27 \times 33 \times 22 \times 90} = 0.0131 \times z_7 = 0.0131 \times 78 = 1.02$$

⑤检测罗拉与导条罗拉间的牵伸倍数：

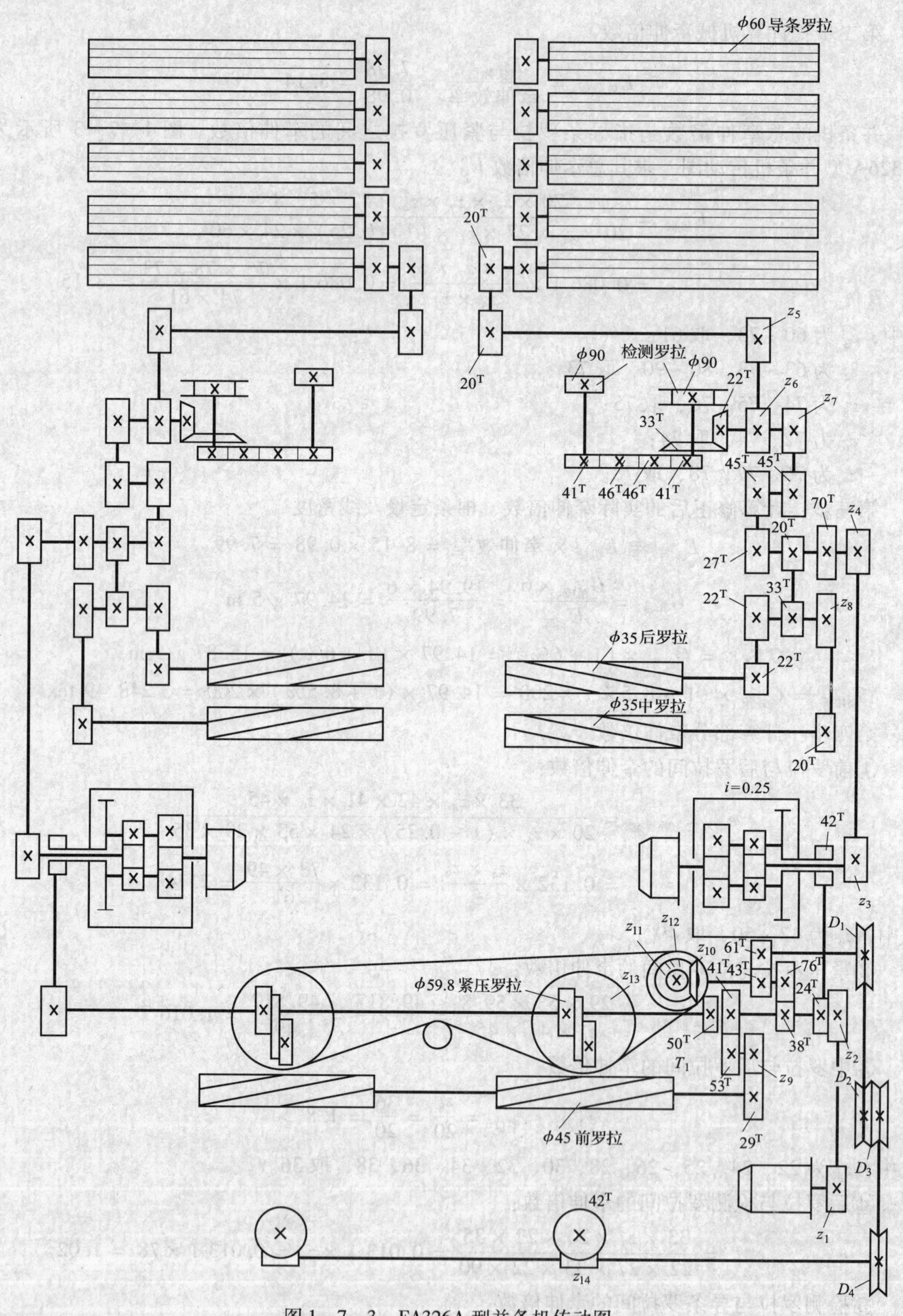

图 1—7—3　FA326A 型并条机传动图

$$e_{检测罗拉\sim导条罗拉} = \frac{90 \times 22 \times z_5}{60 \times 33 \times z_6} = \frac{z_5}{z_6} = \frac{75}{74} = 1.0135$$

二、设计速度

紧压罗拉速度：

$$v_{紧压罗拉} = 58 \times f \times \frac{z_1 \times \pi \times d}{z_2 \times 1000} = 58 \times 40 \times \frac{30 \times 3.14 \times 59.8}{34 \times 1000} = 384 \text{ m/min}$$

式中　f——变频电动机频率，Hz，24 Hz、30 Hz、35 Hz、40 Hz、45 Hz、50 Hz、55 Hz、60 Hz、65 Hz，取 40 Hz；

z_1/z_2——24/44、30/34，取 30/34；

d——紧压罗拉直径，mm，59.8 mm。

三、设计握持距

FA326A 型并条机采用的是三上三下压力棒曲线牵伸，根据纤维的品质长度 33.725 mm，则前区握持距设计为 33.725 + 10 ≈ 44 mm；后区握持距设计为 33.725 + 11 ≈ 45 mm。

四、设计其他工艺参数

1. 压力棒工艺

综合考虑所纺的精梳纯棉纱的质量及纤维品质情况，选用直径为 13mm 的压力棒调节环。

2. 罗拉加压（N）

导条罗拉 × 前罗拉 × 中罗拉 × 后罗拉 × 压力棒：118 × 353 × 392 × 353 × 58.8。

3. 喇叭头孔径（mm）

使用压缩喇叭头时，C 取 0.63。

$$喇叭头孔径 = C \times \sqrt{G_m} = 0.63 \times \sqrt{14.97} = 2.4 \text{ mm}$$

五、并条工艺设计表

并条工艺设计见表 1—7—11。

表 1—7—11　　并条工艺设计表

机型	条子定量（g/5 m）		回潮率（%）	总牵伸倍数		线密度（tex）	并合数	牵伸倍数分配				紧压罗拉速度（m/min）
	干重	湿重		机械	实际			紧压罗拉～前罗拉	前罗拉～后罗拉	后罗拉～检测罗拉	检测罗拉～导条罗拉	
FA326A	14.97	15.87	6	8.15	7.99	3 248.49	6	1.016 7	7.74	1.02	1.013 5	384

罗拉握持距（mm）		罗拉加压（N）	罗拉直径（mm）	喇叭头孔径（mm）	压力棒调节环直径（mm）
前～中	中～后	导条×前×中×后×压力棒	前×中×后		
44	45	118×353×392×353×58.8	45×35×35	2.4	13

齿轮的齿数

z_1	z_2	z_3	z_4	z_5	z_6	z_7	z_8	z_9
30	34	61	73	75	74	78	36	49

考核评价

考核评分见表1—7—12。

表1—7—12　考核评分表

项目	分值					得分	
并条棉条定量及牵伸倍数设计	60（按照要求进行设计，少一项扣5分）						
速度设计	10（按照要求进行设计，少一项扣5分）						
握持距设计	10（按照要求进行设计，少一项扣5分）						
其他工艺参数设计	20（按照要求进行设计，少一项扣5分）						
书写、打印规范	书写有错误一次倒扣4分，格式错误倒扣5分，最多不超过20分						
姓名		班级		学号		总得分	

思考与练习

1. 设计针织用JC14.5 tex纱的并条工艺。
2. 设计高档贡缎用JC7.5×2 tex精梳股线的并条工艺。
3. 设计高级府绸用JC4.9×3 tex精梳股线的并条工艺。

知识拓展

熟条质量指标主要有条干不匀率、重量不匀率、重量偏差、条子的内在质量（条子中纤维的分离度、伸直度、短绒含量等）等项指标，其中前三项为工厂常规检验项目，最后一项为机械、工艺实验研究以及其他科学研究时的附加检验指标。熟条质量的部分参考指标见表1—7—13。

表1—7—13　熟条质量的部分参考指标

品种	回潮率（%）	萨氏条干均匀率（%）不大于	条干不匀率（%）	重量不匀率（%）不大于
细特纱	6~7	18	3.5~3.6	0.9
中、粗特纱	6.3~7.3	21	4.1~4.3	1

任务 8　粗纱工艺设计

学习目标

1. 能进行粗纱工艺参数的选择与计算。
2. 掌握工艺参数对粗纱质量的影响。

任务引入

在并条工艺设计的基础上，进行粗纱工艺的设计，其主要设计内容见表 1—8—1。

表 1—8—1　　粗纱工艺设计参数

机型	粗纱定量（g/10 m）		回潮率（%）	总牵伸倍数		后区牵伸倍数	线密度（tex）	捻度（捻回/10 cm）	捻系数	罗拉握持距（mm）		
	干重	湿重		机械	实际					前～二	二～三	三～后
TJFA458A												

罗拉加压（daN/双锭）	罗拉直径（mm）	轴向卷绕密度（圈/10 cm）	径向卷绕密度（层/10 cm）	转速（r/min）	
前×二×三×后	前×二×三×后			前罗拉	锭子

集合器口径（宽×高）（mm）			钳口隔距（mm）	齿轮的齿数												
前区	后区	喂入		z_1	z_2	z_3	z_4	z_5	z_6	z_7	z_8	z_9	z_{10}	z_{11}	z_{12}	z_{14}

任务分析

根据表 1—8—1，粗纱工艺设计分为粗纱定量及牵伸倍数设计、捻度设计、速度设计、罗拉握持距设计、粗纱卷绕密度设计及其他工艺参数设计。通常先进行粗纱定量及牵伸倍数设计，然后进行捻度设计，再进行速度、罗拉握持距、粗纱卷绕密度及其他工艺参数的设计。

相关知识

一、粗纱机的机构

1．粗纱工序的任务

将熟条纺成细纱约需 150 倍以上的牵伸，而目前一般细纱机的牵伸能力只有 10～80 倍。

所以，需要设置粗纱工序。粗纱工序的任务是牵伸、加捻、卷绕成形。

(1) 牵伸

施加 5 ~ 12 倍牵伸，将熟条抽长拉细，并进一步改善纤维的伸直平行度与分离度。

(2) 加捻

对牵伸后的须条加上适当的捻度，使粗纱具有一定强力，以承受粗纱卷绕和在细纱上退绕时的张力，防止意外牵伸或拉断。

(3) 卷绕成形

将加捻后的粗纱卷绕在筒管上，制成一定形状和大小的卷装，便于贮存和搬运，适应细纱机的喂入。

2. TJFA458A 型粗纱机

TJFA458A 型粗纱机如图 1—8—1 所示，其工艺过程是棉条从机后条筒内引出，由导条辊积极输送，经导条喇叭口喂入牵伸装置。棉条被牵伸成规定线密度后，由前罗拉钳口输出，经锭翼加捻成粗纱，最后卷绕成管纱，如图 1—8—2 所示。粗纱机由喂入机构、牵伸机构、加捻机构、卷绕成形机构等组成。

图 1—8—1 TJFA458A 型粗纱机

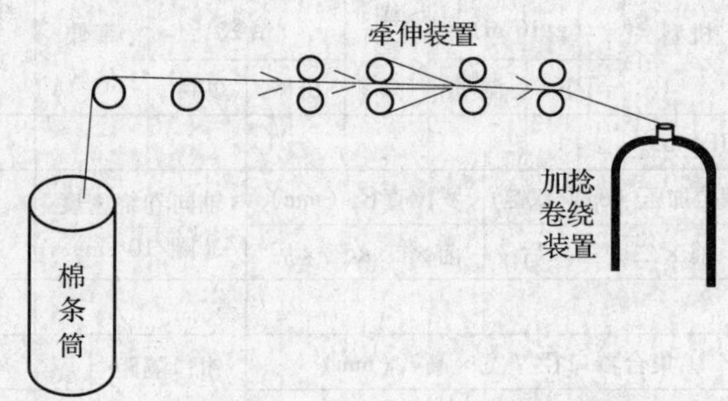

图 1—8—2 TJFA458A 型粗纱机工艺过程示意图

二、粗纱工艺设计

粗纱工艺设计时要根据熟条定量大小，同时兼顾细纱机的牵伸能力、细纱线密度的大小和粗纱加工质量的要求，正确设定粗纱的定量和总牵伸倍数，确保粗纱机按设计要求将熟条加工成具有一定线密度的粗纱，正确配置各牵伸齿轮的齿数。通过合理的工艺设计，尽可能提高粗纱产品的加工质量，向细纱工序提供优质的半制品，为最终提高成纱质量打好基础。

1. 粗纱定量

粗纱定量应根据熟条定量、细纱机牵伸能力、成纱线密度、纺纱品种、产品质量要求以及粗纱设备性能和供应情况等各项因素综合确定。在双胶圈牵伸中，粗纱定量过重时，往往会因中上罗拉打滑使上下胶圈间速度差异较大而产生胶圈间须条分裂或分层现象。所以，双胶圈牵伸形式不宜纺定量过重的粗纱。一般粗纱定量为 2 ~ 6 g/10 m，纺特细特纱时，粗纱定量以 2 ~ 2.5 g/10 m 为宜。粗纱定量选用范围见表 1—8—2。

2. 牵伸

(1) 总牵伸倍数

表1—8—2　　粗纱定量选用参考范围

纺纱线密度（tex）	>32	20～30	9～19	<9
粗纱干定量（g/10 m）	5.5～10	4.1～6.5	2.5～5.5	1.6～4.0

粗纱机的总牵伸倍数主要根据细纱线密度、细纱机的牵伸倍数、熟条定量、粗纱机的牵伸效能决定。目前，新型细纱机的牵伸能力普遍提高，采用大牵伸倍数，而粗纱趋于重定量，在细纱牵伸能力较强时，粗纱机可配置较低的牵伸倍数以利于保证成纱质量。

目前，双胶圈牵伸装置粗纱机的牵伸范围为4～12倍，一般常用5～10倍，见表1—8—3。粗纱机在采用四罗拉（D型）牵伸形式时，对重定量、大牵伸倍数有较明显的效果。

（2）牵伸分配

粗纱机的牵伸分配主要根据粗纱机的牵伸形式和总牵伸倍数确定，同时参照熟条定量、粗纱定量和所纺品种等合理配置，见表1—8—4。

表1—8—3　粗纱机总牵伸配置范围

牵伸形式	三罗拉双胶圈牵伸、四罗拉双胶圈牵伸		
纺纱特数	粗特纱	中特、细特纱	特细特纱
总牵伸倍数	5～8	6～9	7～12

表1—8—4　部分牵伸分配

部分牵伸	三罗拉双胶圈牵伸	四罗拉双胶圈牵伸
前区	主牵伸区	1.05
中区		主牵伸区
后区	1.15～1.4	1.2～1.4

粗纱机的前牵伸区采用双胶圈及弹性钳口，对纤维的运动控制良好，所以牵伸倍数主要由前牵伸区承担；后区牵伸是简单罗拉牵伸，控制纤维能力较差，牵伸倍数以偏小为宜，使结构紧密的纱条喂入主牵伸区，有利于改善条干。当喂入熟条定量过重时，为防止须条在前区产生分层现象，后区可采用较大的牵伸倍数；四罗拉双胶圈牵伸较三罗拉双胶圈牵伸的后区牵伸倍数可略大一些。四罗拉双胶圈牵伸前部为整理区，由于该区不承担牵伸任务，所以只需1.05倍的张力牵伸，以保证纤维在集束区中有序排列。

3. 捻系数

粗纱捻系数的选择主要根据所纺品种、纤维长度、线密度、粗纱定量、细纱后区工艺等而定，它们对粗纱捻系数的影响见表1—8—5。

表1—8—5　　影响粗纱捻系数的因素

类别	影响因素	粗纱捻系数	
		大	小
纤维特性	纤维长度	短	长
	纤维整齐度	低	高
	纤维线密度	粗	细
温湿度	温度	高	低
	粗纱回潮率	大	小
	季节	潮湿	干燥

续表

类别	影响因素	粗纱捻系数	
		大	小
粗纱工艺	粗纱定量	轻	重
	粗纱机锭速	高	低
	粗纱卷装容量	大卷装	小卷装
粗纱手感	粗纱松紧	松	紧
	粗纱强力	低	高
细纱工艺	细纱后加压重量	重	轻
	细纱后牵伸倍数	大	小
	细纱后隔距	大	小
产品质量	粗节和阴影	粗节少、阴影多	粗节多、阴影少
	强力	低	高
	重量不匀率	低	高
产品种类	梳棉纱或精梳纱	梳棉纱	精梳纱
	针织用纱或起绒用纱	针织用纱	起绒用纱
	织布用纱	经纱	纬纱

细纱后区的工艺参数（后罗拉加压、后区隔距）与粗纱捻度的配置密切相关。配置得当，对于改善成纱质量有好处。针织用纱布面质量应重点防止产生阴影，要求成纱条干细节少，因此粗纱捻系数要偏大掌握，但以牵伸过程不出硬头为原则。粗纱捻系数对细纱后区工艺参数选择的影响见表1—8—6。

表1—8—6　粗纱捻系数对细纱后区工艺参数选择的影响

粗纱捻系数	对细纱后罗拉握持力的要求	细纱后区牵伸力	细纱后牵伸力出现峰值时的细纱后牵伸倍数	喂入细纱机前牵伸区的粗纱须条结构	成纱质量		
					强力	重量不匀率	成纱条干
大	较大	较大	较大	较紧密	较高	较大	粗节多，细节少
小	较小	较小	较小	较松散	较低	较小	粗节少，细节多

粗纱捻系数由实践得出，表1—8—7为粗纱捻系数的参考范围。

表1—8—7　纯棉粗纱捻系数的参考范围

粗纱线密度（tex）	200～325	325～400	400～770	770～1 000
粗纱捻系数（粗梳）	105～120	105～115	95～105	90～92
粗纱捻系数（精梳）	90～100	85～95	80～90	75～85

4. 锭速

锭速主要与纤维特性、粗纱定量、捻系数、粗纱卷装和粗纱机设备性能等有关。纺棉纤维的锭速相对较高，粗纱定量较大的锭速可低于定量较小的锭速，捻系数较大的粗纱采用较大锭速，卷装较小的锭速可高于卷装较大的锭速，见表1—8—8。

表1—8—8　　纯棉粗纱锭速选用范围

纺纱特数	粗特纱	中特、细特纱	特细特纱
锭速范围（r/min）	800～1000	900～1 100	1 000～1 200

5. 罗拉握持距

粗纱机的罗拉握持距主要根据纤维品质长度 L_P 确定，并综合考虑纤维的整齐度和牵伸区中牵伸力的大小，以不使纤维断裂或须条牵伸不开为原则。

主牵伸区握持距的大小对条干均匀度影响很大，一般等于胶圈架长度加自由区长度。

胶圈架长度是指胶圈工作状态下胶圈夹持须条的长度，即上销前缘至小铁辊中心线间的距离，由所纺纤维品种而定，胶圈架长度有30 mm和34 mm两种。

自由区长度是指胶圈钳口到前罗拉钳口间的距离，在不碰集合器的前提下以偏小为宜，D型牵伸中集合区移到了整理区，则自由区长度可较小些。

后区为简单罗拉牵伸，故采用重加压、大握持距的工艺方法；由于有集合器，握持距可大些。当熟条定量较轻或后区牵伸倍数较大时，因牵伸力小，握持距可小些；当纤维整齐度差时，为缩短纤维浮游动程，握持距应小些，反之应大。

握持距的大小应根据加压和牵伸倍数来选择，使牵伸力与握持力相适应。总牵伸倍数较大，加压较重时，罗拉握持距应适当小些。整理区握持距可略大于或等于纤维的品质长度。不同牵伸形式罗拉握持距的参考范围见表1—8—9。

表1—8—9　　不同牵伸形式罗拉握持距的参考范围

牵伸形式	罗拉握持距（mm）		
	前罗拉～二罗拉	二罗拉～三罗拉	三罗拉～四罗拉
三罗拉双胶圈牵伸	胶圈架长度+（14～20）	L_p+（16～20）	—
四罗拉双胶圈牵伸	35～40	胶圈架长度+（22～26）	L_p+（16～20）

6. 粗纱卷绕密度

粗纱卷绕密度影响粗纱卷绕张力和粗纱容量。粗纱轴向卷绕密度配置，必须以纱圈排列整齐，粗纱圈层之间不嵌入、不重叠为原则。粗纱纱圈间距应等于卷绕粗纱的高度，粗纱纱层间距应等于卷绕粗纱的厚度，如图1—8—3所示。

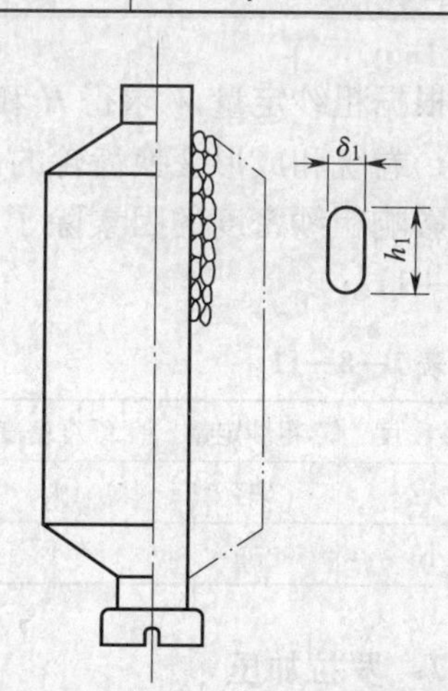

图1—8—3　粗纱卷装截面示意图

粗纱轴向卷绕密度为：

$$H = \frac{100}{\sum h/n} \approx 100/h_1$$

粗纱径向卷绕密度为：

$$R = \frac{100}{\sum \delta/n} \approx 100/\delta_1$$

式中 h_1——粗纱始绕高度，mm；

δ_1——粗纱始绕厚度，mm；

n——卷绕圈数；

h——每层粗纱的卷绕厚度，mm；

δ——每层粗纱的卷绕高度，mm。

粗纱由于机型及卷绕条件不同，h_1 和 δ_1 的比值也有差异。根据对多种粗纱机的调查，一般 $h_1 = (3 \sim 7)\ \delta_1$，如果取中值 $h_1 = 5\delta_1$，则：

$$h_1 = \sqrt{\frac{W}{\gamma} \times \frac{5}{7.854}} = 0.798\sqrt{\frac{W}{\gamma}}$$

$$\delta_1 = 0.1596\sqrt{\frac{W}{\gamma}}$$

式中 γ——粗纱密度，g/cm³；

W——粗纱定量，g/10 m。

则

$$H = 125.3\sqrt{\frac{\gamma}{W}}$$

$$R = 626.6\sqrt{\frac{\gamma}{W}}$$

由此可见，决定粗纱卷绕密度的主要因素是粗纱定量和密度，而后者主要与纺纱原料有关。表1—8—10为纯棉粗纱卷绕密度的推荐值。

表1—8—10　纯棉粗纱卷绕密度的推荐值（$\gamma = 0.55$ g/cm³）

W（g/10 m）	3.0	3.5	4.0	4.5	5.0	5.5	6.0	6.5	7.0	7.5	8.0
H（圈/10 cm）	57.3	53.1	49.6	46.8	44.4	42.3	40.5	38.9	37.5	36.2	35.1
R（层/10 cm）	268	248	232	219	208	198	190	182	176	170	164

根据粗纱定量 W 求得 H 和 R，在有锥轮粗纱机上，按其传动计算就可正确设定粗纱机升降、卷绕和成形变换齿轮的齿数；在无锥轮粗纱机上则据此设定卷绕参数。

影响粗纱密度的因素除了粗纱定量、纺纱纤维外，还有卷绕张力、粗纱捻度等，见表1—8—11。

表1—8—11　影响粗纱密度的因素

粗纱密度	粗纱定量	纤维密度	粗纱捻度	锭速	压掌压力	锭翼压掌绕圈数	纺纱张力
大	轻	大	大	高	大	多	大
小	重	小	小	低	小	少	小

7. 罗拉加压

在满足握持力大于牵伸力的前提下，粗纱机的罗拉加压主要根据牵伸形式、罗拉速度、罗拉握持距、须条定量及胶辊的状况而定。罗拉速度慢、握持距大、定量轻、胶辊硬度低、弹性好时加压轻，反之则重。粗纱机罗拉加压量见表1—8—12。

表1—8—12　　粗纱机罗拉加压量

牵伸形式	罗拉加压（daN/双锭）			
	前罗拉	二罗拉	三罗拉	后罗拉
三罗拉双胶圈牵伸	20～25	10～15	—	15～20
四罗拉双胶圈牵伸	9～12	15～20	10～15	10～15

8．胶圈原始钳口隔距

胶圈原始钳口隔距是上、下销弹性钳口的最小距离，其大小依据粗纱定量以不同规格的隔距块来确定，见表1—8—13。

表1—8—13　　胶圈原始钳口隔距与粗纱定量

粗纱干定量（g/10 m）	2.0～4.0	4.0～5.0	5.0～6.0	6.0～8.0	8.0～10.0
胶圈原始钳口隔距（mm）	3.0～4.0	4.0～5.0	5.0～6.0	6.0～7.0	7.0～8.0

9．上销弹簧起始压力

上销弹簧起始压力是上销处于原始钳口位置时的片簧压力。上销弹簧起始压力以7～10N为宜。起始压力过大，形成死钳口，上销不能起弹性摆动的调节作用；起始压力过小，上销摆动频繁甚至“张口”，起不到弹性钳口的控制作用。

在上销弹簧压力适当的情况下，配以较小的原始钳口，对保证条干均匀有利。但需定期检查弹簧变形情况，如果各锭弹簧压力不一致，将造成锭与锭间的质量差异，如果钳口太小，有时会出硬头。

10．集合器

粗纱机上使用集合器，可防止纤维扩散，同时也会产生附加的摩擦力界。集合器口径的大小，前区与输出定量相适应，后区与喂入定量相适应。集合器规格可参考表1—8—14、表1—8—15。

表1—8—14　　前区集合器规格

粗纱干定量（g/10 m）	2.0～4.0	4.0～5.0	5.0～6.0	6.0～8.0	9.0～10.0
前区集合器口径（mm）：宽×高	（5～6）×（3～4）	（6～7）×（3～4）	（7～8）×（4～5）	（8～9）×（4～5）	（9～10）×（4～5）

表1—8—15　　后区集合器、喂入集合器规格

喂入干定量（g/5 m）	14～16	15～19	18～21	20～23	22～25
后区集合器口径（mm）：宽×高	5×3	6×3.5	7×4	8×4.5	9×5
喂入集合器口径（mm）：宽×高	（5～7）×（4～5）	（6～8）×（4～5）	（7～9）×（5～6）	（8～10）×（5～6）	（9～10）×（5～6）

任务实施

一、设计粗纱定量及牵伸倍数

根据表1—8—2中粗纱定量的选用范围，考虑到TJFA458A型粗纱机的牵伸形式，并结合细纱机的牵伸能力，初步设计粗纱的定量为3.5 g/10 m，实际回潮率为6.6%（在实际生产中，粗纱的回潮率控制在6.5%～7%之间）。

设TJFA458A型粗纱机的牵伸效率为98%（在实际情况下，工厂可以根据实际牵伸倍数与机械牵伸倍数计算获得，多数情况下牵伸效率为96%～99%）。

第一步：计算实际牵伸倍数

$$E_{实际估} = \frac{G_{并条} \times 10}{G_{粗纱估} \times 5} = \frac{14.97 \times 10}{3.5 \times 5} = 8.55$$

第二步：计算机械牵伸倍数

$$E_{机械估} = \frac{E_{实际估}}{牵伸效率} = \frac{8.55}{0.98} = 8.72$$

粗纱机的总牵伸倍数是指导条辊与前罗拉之间的牵伸倍数。图1—8—4所示为TJFA458A型粗纱机的传动图，由此传动图可求得其总牵伸倍数E。

$$E_{机械} = \frac{z_{14} \times 77 \times 70 \times z_6 \times 96 \times 28}{24 \times 63 \times 31 \times z_7 \times 25 \times 63.5} = 0.194\ 71 \times \frac{z_{14} \times z_6}{z_7} = 0.194\ 71 \times \frac{20 \times 79}{35} = 8.79$$

式中，z_{14}为19、20、21、22，取20；

z_6为69、79，取79；

z_7为25～64，取35。

第三步：计算修正后的粗纱实际牵伸倍数、粗纱定量及线密度

$$E_{实际} = E_{机械} \times 牵伸效率 = 8.79 \times 0.98 = 8.61$$

$$G_{粗纱} = \frac{G_{并条} \times 10}{E_{实际} \times 5} = \frac{14.97 \times 10}{8.61 \times 5} = 3.48\ \text{g/10 m}$$

$$G_{粗纱湿} = G_{粗纱} \times (1 + 6.6\%) = 3.48 \times (1 + 6.6\%) = 3.71\ \text{g/10 m}$$

$$T_{t粗纱} = G_{粗纱} \times (1 + 8.5\%) \times 100 = 3.48 \times (1 + 8.5\%) \times 100 = 377.58\ \text{tex}$$

第四步：计算部分牵伸倍数

①前罗拉与后罗拉间的牵伸倍数：

$$e_{前罗拉\sim后罗拉} = \frac{z_6 \times 96 \times 28}{z_7 \times 25 \times 28} = 3.84 \times \frac{z_6}{z_7} = 3.84 \times \frac{79}{35} = 8.667$$

②第三罗拉与后罗拉间的牵伸倍数：

$$e_{第三罗拉\sim后罗拉} = \frac{31 \times 47 \times \pi \times (25 + 2 \times 1.1)}{z_8 \times 29 \times \pi \times 28} = \frac{48.805\ 9}{z_8} = \frac{48.805\ 9}{36} = 1.356$$

式中，z_8为22、24、25、26、28、30、32、34、36、38，取36。

③导条辊与后罗拉间的牵伸倍数：

$$e_{导条辊\sim后罗拉} = \frac{z_{14} \times 77 \times 70 \times 28}{24 \times 63 \times 31 \times 63.5} = 0.050\ 7 \times z_{14} = 0.050\ 7 \times 20 = 1.014$$

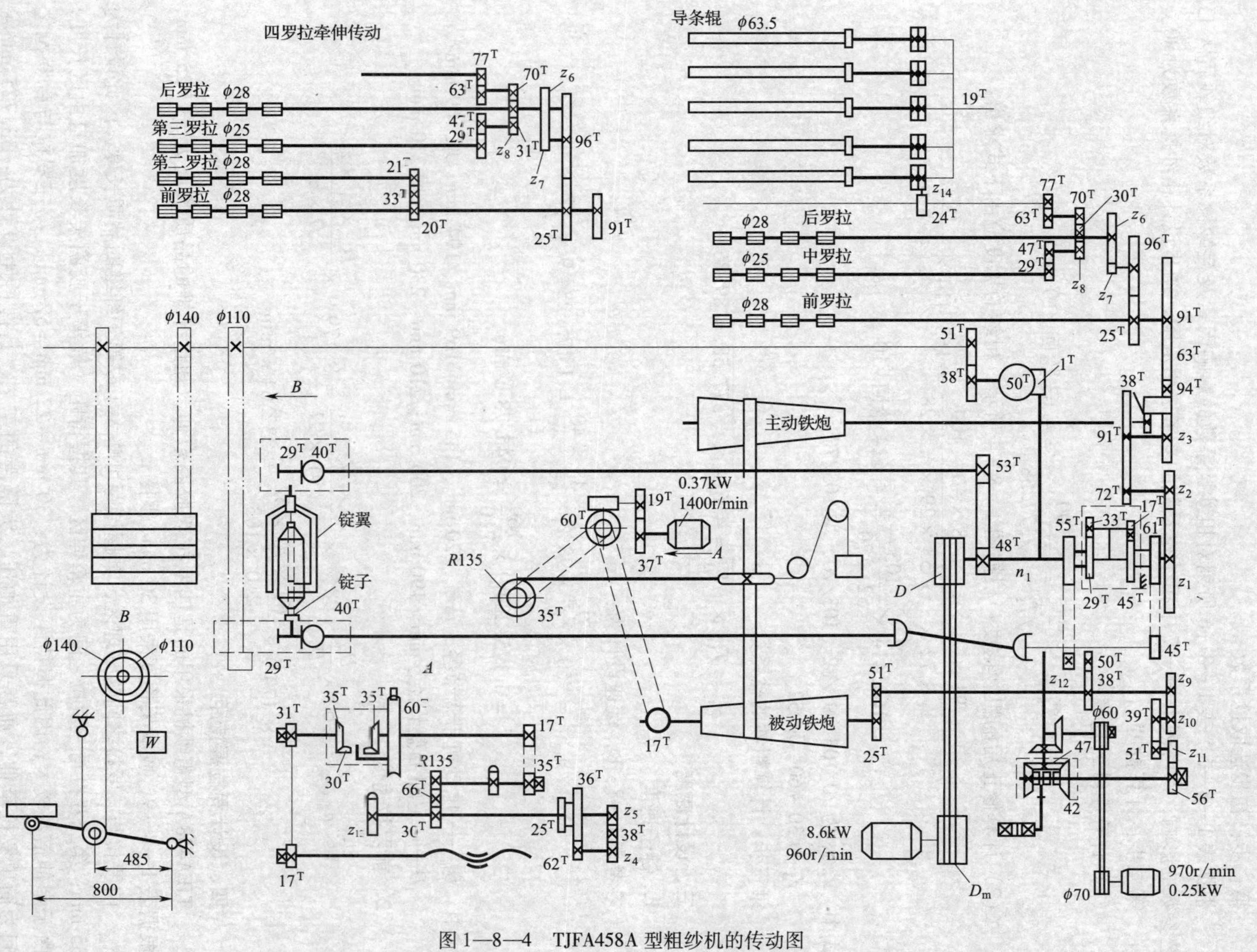

图 1—8—4　TJFA458A 型粗纱机的传动图

二、设计捻度

第一步：初步选取捻系数

根据表1—8—5、表1—8—6所列对粗纱捻系数的影响因素及粗纱捻系数对细纱后区工艺参数的影响，参考表1—8—7中粗纱捻系数的参考选用范围，初步设计粗纱捻系数为90。

第二步：计算捻度

（1）计算粗纱的捻度：

$$T_{\text{tex估}} = \frac{\alpha_{\text{t估}}}{\sqrt{T_t}} = \frac{90}{\sqrt{377.58}} = 4.63 \text{ 捻回}/10 \text{ cm}$$

（2）计算修正后的粗纱捻度：根据图1—8—4所示，粗纱的捻度应由下式求出：

$$T_{\text{tex}} = \frac{91 \times 91 \times z_2 \times 48 \times 40 \times 100}{z_3 \times 72 \times z_1 \times 53 \times 29 \times \pi \times 28} = 163.414 \times \frac{z_2}{z_3 \times z_1}$$

$$= 163.414 \times \frac{103}{52 \times 70} = 4.624 \text{ 捻回}/10 \text{ cm}$$

式中，z_2/z_1 为70/103、91/82、103/70，取103/70；

z_3 为30～60，取52。

第三步：计算粗纱的捻系数

$$\alpha_t = T_{\text{tex}} \times \sqrt{T_t} = 4.624 \times \sqrt{377.58} = 89.85$$

三、设计速度

1. 锭子速度

参考表1—8—8，锭速设计为：

$$n_{\text{锭子}} = 960 \times \frac{D_m}{D} \times 98\% \times \frac{48 \times 40}{53 \times 29} = 1\,175.234\,9 \times \frac{D_m}{D}$$

$$= 1\,175.234\,9 \times \frac{169}{210} = 945.78 \text{ r/min}$$

式中 D_m——电动机带盘节径，mm，120 mm、145 mm、169 mm、194 mm，取169 mm；

D——主轴带盘节径，mm，190 mm、200 mm、210 mm、230 mm，取210 mm。

2. 前罗拉速度

$$n_{\text{前罗拉}} = 960 \times \frac{D_m}{D} \times 98\% \times \frac{z_1 \times 72 \times z_3}{z_2 \times 91 \times 91} = 8.179\,9 \times \frac{D_m \times z_1 \times z_3}{D \times z_2}$$

$$= 8.179\,9 \times \frac{169 \times 70 \times 52}{210 \times 103} = 232.64 \text{ r/min}$$

四、设计罗拉握持距

TJFA458A型粗纱机采用的是四罗拉双胶圈牵伸，知道纤维的品质长度为33.725 mm，根据表1—8—9，胶圈架长度采用30 mm，则：

前罗拉与二罗拉之间为整理区，其握持距可略大于或等于纤维的品质长度，因此设计为35 mm；第二罗拉与三罗拉之间为主牵伸区，其握持距一般等于胶圈架长度加自由区长度，由于牵伸倍数较大，因此握持距设计为：30 mm + 22 mm = 52 mm；第三罗拉与后罗拉之间为简单罗拉牵伸，通常采用重加压、大隔距的工艺，其握持距设计为：33.725 mm + 19 mm≈53 mm。

五、设计粗纱卷绕密度

粗纱的密度为 $\gamma = 0.55\ g/cm^3$，粗纱的定量为 3.48 g/10 m，根据表 1—8—10 所列的推荐值，初步选取粗纱轴向卷绕密度 H 为 53.1 圈/10 cm，粗纱径向卷绕密度 R 为 248 层/10 cm。

根据图 1—8—4 所示，粗纱轴向卷绕密度 H 应该由下式求出：

$$H = \frac{\text{被动铁炮一转时筒管的卷绕圈数}}{\text{被动铁炮一转时升降龙筋的升降高度}}$$

$$= \frac{\dfrac{25 \times 38 \times z_{12} \times 493 \times 61 \times 40}{51 \times 50 \times 55 \times 1\,485 \times 45 \times 29}}{\dfrac{25 \times z_9 \times 39 \times z_{11} \times 42 \times 1 \times 38}{51 \times z_{10} \times 51 \times 56 \times 47 \times 50 \times 51} \times \dfrac{1}{2} \times \pi \times 110 \times \dfrac{800}{485} \times \dfrac{1}{10}}$$

$$= 1.655\,8 \times \frac{z_{12} \times z_{10}}{z_9 \times z_{11}} = 1.655\,8 \times \frac{37 \times 45}{22 \times 24}$$

$$= 5.22\ \text{圈}/\text{cm} = 52.2\ \text{圈}/10\ \text{cm}$$

式中　z_{12}——卷绕变换齿轮齿数，36、37、38，取 37；

z_{10}/z_9——升降阶段变换齿轮齿数，39/28、45/22，取 45/22；

z_{11}——升降变换齿轮齿数，21～30，取 24。

粗纱径向卷绕密度 R 应由下式求出：

$$R = \frac{\text{铁炮皮带移动范围(mm)} \times 100}{\text{铁炮皮带每次移动量(mm)} \times \dfrac{(\text{满管直径} - \text{筒管直径})}{2}}$$

$$= \frac{700 \times 100}{\dfrac{1 \times 1 \times 36 \times z_4 \times 30}{2 \times 25 \times 62 \times z_5 \times 57} \times \pi \times (270 + 2.5) \times \dfrac{(152 - 45)}{2}}$$

$$= 250.18 \times \frac{z_5}{z_4} = 250.18 \times \frac{32}{32} = 250.18\ \text{层}/10\ \text{cm}$$

式中　z_4——成形变换齿轮 1 齿数，取值范围为 19～41，取 32；

z_5——成形变换齿轮 2 齿数，取值范围为 19～46，取 32。

六、设计其他工艺参数

1. 罗拉加压（daN/双锭）

根据设计的罗拉速度、握持距、定量，选择罗拉的加压为：

前罗拉×二罗拉×三罗拉×后罗拉：12×20×15×15。

2. 胶圈原始钳口隔距

由于粗纱的定量为 3.48 g/10 m，根据表 1—8—13，选择胶圈原始钳口隔距为3.5 mm。

3. 上销弹簧起始压力

上销弹簧起始压力选择 10 N。

4. 集合器

由于粗纱的定量为 3.48 g/10 m，熟条的定量为 15.01 g/5 m，参考表 1—8—14、表 1—8—15，粗纱机的前区集合器口径（宽×高）选择 6 mm×4 mm，后区集合器口径（宽×高）选择 5 mm×3 mm，喂入集合器口径（宽×高）选择 7 mm×5 mm。

七、粗纱工艺设计表

粗纱工艺设计见表1—8—16。

表1—8—16 粗纱工艺设计表

机型	粗纱定量（g/10 m）		回潮率（%）	总牵伸倍数		后区牵伸倍数	线密度（tex）	捻度（捻回/10 cm）	捻系数	罗拉握持距（mm）		
	干重	湿重		机械	实际					前～二	二～三	三～后
TJFA458A	3.48	3.71	6.6	8.79	8.61	1.356	377.58	4.624	89.85	35	52	53

罗拉加压（daN/双锭）	罗拉直径（mm）	轴向卷绕密度（圈/10 cm）	径向卷绕密度（层/10 cm）	转速（r/min）	
前×二×三×后	前×二×三×后			前罗拉	锭子
12×20×15×15	28×28×25×28	52.2	250.18	232.64	945.78

集合器口径（宽×高）（mm）			钳口隔距（mm）	齿轮的齿数												
前区	后区	喂入		z_1	z_2	z_3	z_4	z_5	z_6	z_7	z_8	z_9	z_{10}	z_{11}	z_{12}	z_{14}
6×4	5×3	7×5	3.5	70	103	52	32	32	79	35	36	22	45	24	37	20

考核评价

考核评分见表1—8—17。

表1—8—17 考核评分表

项目	分值				得分
粗纱定量及牵伸倍数设计	30（按照要求进行设计，少一项扣5分）				
捻度设计	20（按照要求进行设计，少一项扣5分）				
速度设计	10（按照要求进行设计，少一项扣5分）				
罗拉握持距设计	10（按照要求进行设计，少一项扣5分）				
卷绕密度设计	20（按照要求进行设计，少一项扣5分）				
其他工艺参数设计	10（按照要求进行设计，少一项扣5分）				
书写、打印规范	书写有错误一次倒扣4分，格式错误倒扣5分，最多不超过20分				
姓名		班级		学号	总得分

思考与练习

1. 设计针织用JC14.5 tex纱的粗纱工艺。
2. 设计高档贡缎用JC7.5×2 tex精梳股线的粗纱工艺。
3. 设计高级府绸用JC4.9×3 tex精梳股线的粗纱工艺。

知识拓展

粗纱质量对成纱质量至关重要，但各企业的考核指标并不统一。表1—8—18为粗纱质量控制指标示例。

表1—8—18　　　　粗纱质量控制指标

纺纱类别		回潮率（%）	萨氏条干不匀率（%）	乌斯特条干不匀率（%）	重量不匀率（%）	粗纱伸长率（%）	捻度（捻回/10 cm）
纯棉纱	粗	6.8~7.4	40	6.1~8.7	1.1	1.5~2.5	以设计捻度为标准
	中	6.7~7.3	35	6.5~9.1	1.1	1.5~2.5	
	细	6.6~7.2	30	6.9~9.5	1.1	1.5~2.5	
精梳纱		6.6~7.2	25	4.5~6.8	1.3	1.5~2.5	

任务9　细纱工艺设计

学习目标

1. 能进行细纱工艺参数的选择与计算。
2. 掌握工艺参数对细纱质量的影响。

任务引入

在粗纱工艺设计的基础上，进行细纱工艺设计，其主要设计内容见表1—9—1。

表1—9—1　　　　细 纱 工 艺

机型	细纱定量（g/100m）		实际回潮率（%）	公定回潮率（%）	总牵伸倍数		后区牵伸倍数	线密度（tex）	捻度（捻回/10 cm）	捻系数	捻缩率（%）	捻向
	干重	湿重			机械	实际						
FA506												

罗拉中心距（mm）		罗拉加压（daN/双锭）	罗拉直径（mm）	钢领		钢丝圈型号、号数	转速（r/min）	
前~中	中~后	前×中×后	前×中×后	型号	直径（mm）		前罗拉	锭子

前区集合器口径（mm）	钳口隔距（mm）	卷绕圈距（mm）	钢领板级升距（mm）	齿轮的齿数													
				z_A	z_B	z_C	z_D	z_E	z_F	z_G	z_H	z_J	z_K	z_M	z_N	z_n	n

任务分析

根据表1—9—1，细纱工艺设计分为细纱定量及牵伸倍数设计、捻度设计、速度设计、卷绕圈距设计、钢领板级升距设计、钢领与钢丝圈设计、罗拉中心距设计及其他工艺参数的设计。通常先进行细纱定量及牵伸倍数设计，然后进行捻度设计，再进行速度、卷绕圈距、钢领板级升距、钢领与钢丝圈、罗拉中心距及其他工艺参数设计。

相关知识

一、细纱机的机构

1. 细纱工序的任务

细纱工序是将粗纱纺制成具有一定线密度、符合国家（或用户）质量标准的细纱。细纱工序的主要任务是牵伸、加捻、卷绕成形。

（1）牵伸

将喂入粗纱均匀地抽长拉细到所设计的线密度。

（2）加捻

给牵伸后的须条加上适当的捻度，使细纱具有一定的强力、弹性、光泽和手感等物理机械性能。

（3）卷绕成形

把纺成的细纱按照一定的成形要求卷绕在筒管上，以便于运输、贮存和后道工序的继续加工。

棉纺厂以细纱机总锭数表示生产规模，细纱的产量决定棉纺厂各道工序机台数量，因此，细纱工序在棉纺厂中占有非常重要的地位。

2. FA506型细纱机

FA506型细纱机为双面多锭结构，如图1—9—1所示。其工艺流程是粗纱从吊锭支持器上的粗纱管退绕后，经过导纱杆和慢速往复横动的导纱喇叭口，进入牵伸装置。牵伸后的须

图1—9—1　FA506型细纱机

条从前罗拉输出后，经导纱钩，穿过钢丝圈，卷绕到紧套在锭子上的纱管上，如图 1—9—2 所示。生产中，筒管高速回转，使纱条产生张力，带动钢丝圈沿钢领高速回转，钢丝圈每转一圈，前钳口到钢丝圈之间的须条上便得到一个捻回。由于钢丝圈受钢领的摩擦阻力作用，使得钢丝圈的回转速度小于筒管转速，两者的转速之差就是卷绕速度。依靠成形机构的控制，钢领板按照一定的规律升降运动，使细纱卷绕成符合要求的管纱。

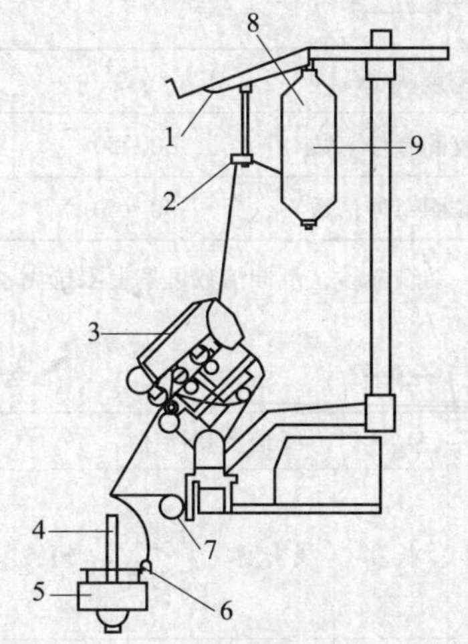

图 1—9—2　FA506 型细纱机的工艺过程示意图

1—粗纱架　2—导纱杆　3—牵伸装置　4—筒管　5—钢领板　6—钢丝圈　7—导纱钩　8—吊锭支持器　9—粗纱

环锭细纱机主要由喂入机构、牵伸机构、加捻机构、卷绕成形机构及自动控制机构等组成。

二、细纱工艺设计

目前，细纱机在向大牵伸方向发展，为了加大细纱机的牵伸倍数，可采用不同的牵伸机构，改善牵伸过程中对须条的控制，合理确定牵伸工艺，以获得理想的效果。细纱捻度直接影响成纱的强力、捻缩、伸长、光泽和毛羽、手感，而且捻度对细纱机的产量和用电等经济指标的影响很大，因此，必须全面考虑，合理选择捻系数。在加强机械保全保养工作的基础上，保证最大限度地提高纺纱速度，选择合适的钢领、钢丝圈、筒管直径和长度等。加大细纱管纱卷装可以有效地提高劳动生产率。在确定管纱卷装时，应考虑最大限度地增加卷绕密度，但必须使络筒时发生的脱圈现象减少到最低限度，否则会降低劳动生产率。

1. 细纱定量

根据所纺细纱的线密度 T_t，细纱定量应为：

$$G_{细纱} = \frac{T_t}{(1+8.5\%)\times 10}$$

2. 牵伸工艺设计

(1) 总牵伸倍数

在保证和提高产品质量的前提下，适当提高细纱机的牵伸倍数，有利于保证成纱质量。目前大牵伸细纱机的牵伸倍数一般为 30 ~ 60。

总牵伸倍数首先决定于细纱机的机械工艺性能，但也因其他因素而变化。当所纺棉纱线密度较大时，总牵伸倍数较小；当所纺棉纱线密度较小时，总牵伸倍数较大。在纺精梳棉纱时，由于粗纱均匀、结构较好、纤维伸直度好、所含短绒率也较低，牵伸倍数一般可高于同线密度粗梳棉纱。纱织物和线织物用纱的牵伸倍数也可有所不同，这是因为单纱经并纱加捻后，可弥补若干条干和单强方面的缺陷，但也必须根据产品质量要求而定。总牵伸倍数过高，产品质量将恶化，棉纱条干不匀率和单强不匀率高，细纱机的断头率也高。但总牵伸倍数过小会增加前纺的负担，造成一定的经济损失。

细纱机总牵伸倍数的参考范围见表 1—9—2，纺纱条件对总牵伸倍数的影响见表1—9—3。

表 1—9—2 细纱机总牵伸倍数参考范围

线密度（tex）	<9	9～19	20～30	>32
双短胶圈牵伸倍数	30～50	22～40	15～30	10～20
长短胶圈牵伸倍数	30～60	22～45	15～35	12～25

注：纺精梳纱，牵伸倍数可偏上限选用，固定钳口式牵伸的牵伸倍数偏下限选用。

表 1—9—3 纺纱条件对总牵伸倍数的影响

总牵伸倍数	纤维及其性质				粗纱性能			细纱工艺与机械			
	长度	线密度	长度均匀度	短绒	纤维伸直度、分离度	条干均匀度	捻系数	线密度	罗拉加压	前区控制能力	机械状态
可偏高	较长	较小	较好	较少	较好	较好	较高	较小	较重	较强	良好
可偏低	较短	较大	较差	较多	较差	较差	较低	较大	较轻	较弱	较差

（2）后牵伸区工艺

细纱机的后区牵伸与前区牵伸有着密切的关系。大牵伸细纱机提高前区牵伸倍数的主要目的是合理布置胶圈工作区的摩擦力界，使其有效地控制纤维运动，提高条干均匀度。但是，只有前区的摩擦力界布置，而喂入纱条的结构不均匀、纤维间没有足够的紧密程度，也难以发挥前区胶圈牵伸的作用。因为如果喂入纱条结构不匀、纤维松散，在通过前区时，纱条可能发生局部分裂，纤维运动不规则，难以纺成均匀的细纱。因此，后区牵伸的主要作用是为前区作准备，以充分发挥胶圈控制纤维运动的作用，达到既能提高前区牵伸倍数，又能保证成纱质量的目的。

提高细纱机的牵伸倍数，有两类工艺路线可选择：一是保持后区较小的牵伸倍数，主要提高前区牵伸倍数；二是增大后区牵伸倍数。后牵伸区工艺参数见表 1—9—4。

表 1—9—4 后牵伸区工艺参数

工艺类型	机织纱工艺	针织纱工艺
后区牵伸倍数	1.20～1.40	1.04～1.30
粗纱捻系数（线密度制）	90～105	105～120

在牵伸区中利用粗纱捻回产生附加摩擦力界控制纤维运动是有效的，对提高成纱均匀度是有利的。实践经验得出，在后罗拉加压足够的条件下，为了充分利用粗纱捻回控制纤维运动，宜适当增加粗纱捻系数 α_t。

3. 捻系数

在选择捻系数时，需根据成品对细纱品质的要求，综合考虑、全面平衡。细纱因用途不同，其捻系数也应有所不同，影响捻系数的因素见表 1—9—5，常用细纱品种捻系数参考范围见表 1—9—6。

表 1—9—5　影响捻系数的因素

细纱捻系数	原料性能			细纱线密度	细纱类别			细纱品质			细纱产量	细纱机用电
	长度	线密度	强力					强力	弹性	手感		
略大	短	大	小	小	普梳	经纱	汗布纱	高	好	清爽	低	高
略小	长	小	大	大	精梳	纬纱	棉毛纱	低	差	柔软	高	低

表 1—9—6　常用细纱品种捻系数参考范围

棉纱品种	线密度（tex）	经纱	纬纱
普梳织布用纱	8.4～11.16	340～400	310～360
	11.7～30.7	300～390	300～350
	32.4～194	320～380	290～340
精梳织布用纱	4.0～5.3	340～400	310～360
	5.3～16	330～390	300～350
	16.2～36.4	320～380	290～340
普梳针织、起绒用纱	10～9.7	不大于 330	
	32.8～83.3	不大于 310	
	98～197	不大于 310	
精梳针织、起绒用纱	13.7～36	不大于 310	

为了保证不同线密度细纱所应有的品质和满足最后产品的需要，对细纱捻系数已制定相关国家标准。在实际生产中，适当提高细纱捻系数可减少断头，但是细纱捻系数过高会影响其产量。因此，在保证产品质量和正常生产的前提下，细纱捻系数选择以偏小掌握。

加捻会引起捻缩，由于加捻量的不同会导致不同的捻缩率，在一定的范围内，捻系数加大，捻缩率也会相应加大。

$$\text{捻缩率}(\%) = \frac{\text{前罗拉输出须条长度} - \text{加捻成纱长度}}{\text{前罗拉输出须条长度}} \times 100\%$$

影响捻缩率的因素很多，主要有捻系数、纺纱线密度、纤维性质。捻缩率与捻系数的关系示例见表 1—9—7。

表 1—9—7　捻缩率与捻系数的关系示例

捻系数	285	295	304	309	314	323	333	342	352	357	361	371
捻缩率（%）	1.84	1.87	1.90	1.92	1.94	2.00	2.08	2.16	2.26	2.31	2.37	2.49
捻系数	380	390	399	404	409	418	428	437	447	451	450	466
捻缩率（%）	2.61	2.74	2.90	2.98	3.08	3.17	3.54	3.96	4.55	4.90	5.04	6.70

4. 锭速

锭子是加捻机构中的重要机件之一。锭速一般为 14 000～17 000 r/min，国外最高锭速可达 30 000 r/min 左右，因此，对锭子要求振动小、运转平稳、功率小、磨损小、结构简单。

细纱机锭速的选择与纺纱线密度、纤维特性、钢领直径、钢领板升降动程、捻系数等有关。不同纺纱特数的锭速参考范围见表 1—9—8。

表 1—9—8　　不同纺纱特数的锭速参考范围

纺纱特数	粗特纱	中特纱	细特纱、特细特纱
锭速（r/min）	10 000 ~ 14 000	14 000 ~ 16 000	14 300 ~ 16 500

5. 卷绕圈距

卷绕圈距 Δ 如图 1—9—3 所示。

Δ 是指卷绕层的圈距，其大小与绕纱密度及退绕时的脱圈有关，一般 Δ 为细纱直径 d 的 4 倍，根据捻度和捻系数关系式：

$$T_{\text{tex}} = \frac{\alpha_t}{\sqrt{T_t}}$$

式中　T_{tex}——细纱捻度，捻回/10 cm；

α_t——细纱捻系数；

T_t——细纱线密度，tex。

当纱条单位体积质量为 0.8 g/cm³ 时，细纱直径为：

$$d \approx 0.04\sqrt{T_t}$$

于是有

$$\Delta = 0.16\sqrt{T_t}$$

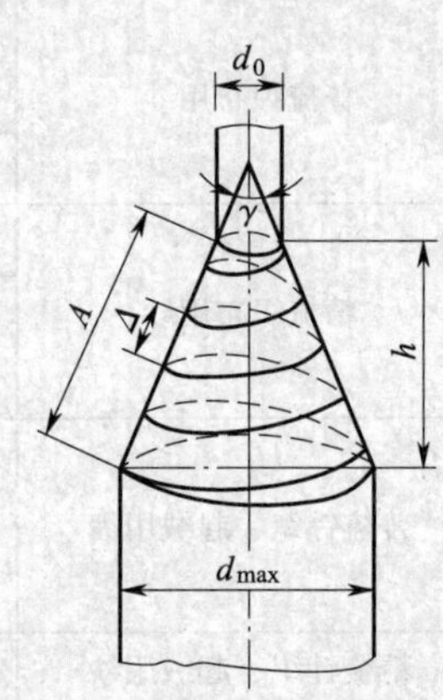

图 1—9—3　卷绕圈距

6. 钢领板级升距

钢领板每升降一次，级升轮 z_n（也称成形轮或撑头牙）间歇地被撑过几齿，钢领板卷绕链轮也间歇地卷取链条，使钢领板产生一次级升距 m_2。

$$m_2 = \frac{\sqrt{T_t}}{120\rho\sin(\gamma/2)}$$

式中　ρ——管纱绕纱密度，在一般卷绕张力条件下为 0.55g/cm³；

$\gamma/2$——成形半锥角。

有关卷绕的其他参数如图 1—9—3 所示，参考值见表 1—9—9。

表 1—9—9　　细纱机卷绕部分其他参数

钢领直径 D	45	42	38	35	32
管纱直径 d_m	42	39	35	32	29
筒管直径 d_0	18	18	18	18	13
成形半锥角 $\gamma/2$	14.62°	12.86°	10.47°	8.65°	9.87°
钢领板动程 h	46	46	46	46	46

7. 钢领与钢丝圈

（1）平面钢领与钢丝圈型号的选配

如果钢丝圈重心位置高，则纱线通道通畅、钢丝圈拎头轻，但因磨损位置低，钢丝圈易飞出，并且可能碰钢领外壁而引起纺纱张力突变。

如果钢丝圈重心位置低，则其运转稳定，但纱线通道小而拎头重。不同型号钢领和钢丝圈的配套与适纺纱线密度的关系见表1—9—10。

表1—9—10　　平面钢领与钢丝圈的选配

钢领		钢丝圈		适纺品种线密度（tex）
型号	边宽（mm）	型号	线速度（m/s）	
PG1/2	2.6	CO	36	18～31 棉纱
		OSS	36	5.8～19.4 棉纱
		RSS、BR	38	9.7～19.4 棉纱
		W261、WSS、7196、7506	38	9.7～19.4 棉纱
		2.6Elf	40	15 以下棉纱
PG1	3.2	6802	37	19.4～48.6 棉纱
		6903、7201、9803	38	11～30 棉纱
		FO	36	18.2～41.6 棉纱
		BFO	37	13～29 棉纱
		FU、W321	38	13～29 棉纱
		BU	38	13～29 棉纱
		3.2Elgc	42	13～29 棉纱
PG2	4.0	G、O、GO、W401	32	32 以上棉纱
NY－4521		52	40～44	13～29 棉纱

（2）锥面钢领与钢丝圈型号的选配见表1—9—11。

表1—9—11　　锥面钢领与钢丝圈的选配

钢领		钢丝圈		适纺品种线密度（tex）
型号	边宽（mm）	型号	线速度（m/s）	
ZM－6	2.6	ZB	38～40	21～30 棉纱
		ZB－8	40～44	14～18 棉纱
ZM－20	2.6	ZBZ	40～44	28～39 棉纱

（3）钢丝圈号数的选择

纺纱时，钢丝圈号数应根据细纱线密度、钢领直径、导纱钩至锭子端的距离、管纱长度、成纱强力、锭子速度、钢领状态、钢领和钢丝圈的接触状态、温湿度等条件来选择。

1）成纱线密度越小，所用钢丝圈越轻。

2）钢领直径大，锭子速度快，钢丝圈宜稍轻。

3）新钢领较毛，摩擦力大，钢丝圈宜减轻2～5号。

4）锥边钢领和钢丝圈是两点接触，钢丝圈宜减轻1～2号。

5）成纱强力高，管纱长，导纱钩至锭子端的距离大，钢丝圈可加重。

6）气候干燥，湿度低，钢丝圈和钢领的摩擦因数小，钢丝圈宜稍重。

总之，除了纺制富有弹性的棉纱外，只要在细纱可以承受的张力范围内，一般选用稍重的钢丝圈，以保持气圈的稳定性，特别是对减少小纱断头有显著效果。当然，若钢丝圈过重，反而会增加断头。大纱时的气圈张力可以通过调节导纱钩动程来解决。纯棉纱钢丝圈号数选用范围参见表1—9—12。

表1—9—12　　纯棉纱钢丝圈号数选用范围

钢领型号	线密度（tex）	钢丝圈号数	钢领型号	线密度（tex）	钢丝圈号数
PG1/2	7.5	16/0～18/0	PG1	21	6/0～9/0
	10	12/0～15/0		24	4/0～7/0
	14	9/0～12/0		25	3/0～6/0
	15	8/0～11/0		28	2/0～5/0
	16	6/0～10/0		29	1/0～4/0
	18	5/0～7/0	PG2	32	2～2/0
	19	4/0～6/0		36	2～4
PG1	16	10/0～14/0		48	4～8
	18	8/0～11/0		58	6～10
	19	7/0～10/0		96	16～20

（4）钢丝圈轻重的掌握

钢丝圈轻重的掌握参见表1—9—13。

表1—9—13　　钢丝圈轻重的掌握

纺纱条件变化因素	钢领走熟	钢领衰退	钢领直径减小	升降动程增大	单纱强力增高
钢丝圈重量	加重	加重	加重	加重	可偏重

8. 罗拉中心距

（1）前区罗拉中心距

前牵伸区是细纱机的主要牵伸区，为适应高倍牵伸的需要，应尽量改善对各类纤维运动的控制，并使牵伸过程中的牵引力和纤维运动摩擦阻力配置得当。

在前区牵伸装置中，上、下胶圈间形成曲线牵伸通道，收小该钳口隔距，并采用重加压和缩短胶圈钳口至前罗拉钳口之间的距离，可大大改善在牵伸过程中对各类纤维运动的控制，从而具有较高的牵伸能力。

一般地说，双胶圈牵伸装置细纱机的前区罗拉隔距不必随纤维长度、纺纱线密度等的变化而调节。因此，在不少型号的细纱机上，前区罗拉隔距是固定的，即不可调节的，但这并不是说所有固定的前区罗拉隔距都是合理的。前区罗拉隔距应根据胶圈架长度（包括销子最前端在内）和胶圈钳口至前罗拉钳口之间的距离来决定，由于罗拉隔距与罗拉中心距是正相关的，因此，通常用前罗拉中心距来表示前罗拉隔距的大小，即前区罗拉中心距为胶圈架长度（包括销子最前端在内）与胶圈钳口至前罗拉钳口之间的距离之和。

胶圈架长度通常根据原棉长度来选择，以不小于纤维长度为宜。胶圈钳口至前罗拉钳口之间的距离，随销子和胶圈架的结构、前区集合器的形式以及前罗拉和胶辊直径等而异，缩小此距离有利于控制游离纤维的运动，有利于改善棉纱条干均匀度。胶圈钳口至前罗拉钳口之间的距离，又称浮游区长度，应当设法缩小。不同胶圈前牵伸区罗拉中心距与浮游区长度的关系见表1—9—14。

表1—9—14　　前牵伸区罗拉中心距与浮游区长度　　mm

牵伸形式	纤维及长度	上销（胶圈架）长度	前区罗拉中心距	浮游区长度
双短胶圈	棉，31以下	25	36~39	11~14
	棉，31以上	29	40~43	11~14
长短胶圈	棉	33	43~47	11~14

（2）后区罗拉中心距

后区为简单罗拉牵伸，故采用重加压、大隔距的工艺方法，由于有集合器，中心距可大些。当粗纱定量较轻或后区牵伸倍数较大时，因牵伸力小，中心距可小些；当纤维整齐度差时，为缩短纤维浮游动程，中心距应小些，反之应大些。

中心距的大小应根据加压和牵伸倍数来选择，使牵伸力与握持力相适应。后牵伸区罗拉中心距的参考范围见表1—9—15。

表1—9—15　　后牵伸区罗拉中心距的参考范围

工艺类型	机织纱工艺	针织纱工艺
后区牵伸倍数	1.20~1.40	1.04~1.30
后区罗拉中心距（mm）	44~56	48~60

9. 胶圈钳口隔距

弹性钳口的原始隔距应根据纺纱线密度、胶圈厚度和弹性上销弹簧的压力、纤维长度及其摩擦性能以及其他有关工艺参数确定。在胶圈材料和销子形式确定以后，销子开口就成了调整胶圈钳口部分摩擦力界强度的工艺参数。纺不同线密度细纱时的销子开口不同，线密度小时，开口小；纺同线密度细纱时，因各厂所用纤维长度、喂入定量、胶圈厚度和性能、罗拉加压等条件不同，销子开口稍有差异，参见表1—9—16和表1—9—17。

表1—9—16　　胶圈钳口隔距参考范围　　mm

线密度（tex）	双短胶圈固定钳口		长短胶圈弹性钳口	
	机织纱工艺	针织纱工艺	机织纱工艺	针织纱工艺
9以下	2.5~3.5	3.0~4.0	2.0~2.6	2.0~3.0
9~19	3.0~4.0	3.2~4.2	2.3~3.2	2.5~3.5
20~30	3.5~4.4	4.0~4.6	2.8~3.8	3.0~4.0
32以上	4.0~5.2	4.4~5.5	3.2~4.2	3.5~4.5

注：在条件许可下，采用较小的上下销钳口隔距，有利于改善成纱质量。

表 1—9—17　　纺纱条件对胶圈钳口隔距的影响

钳口隔距	纤维性质	粗纱定量	细纱工艺					
			捻系数	线密度	后牵伸倍数	胶圈钳口形式	罗拉加压	胶圈厚度
宜偏大	细、长	较重	较大	较大	较小	固定钳口	较轻	较厚
宜偏小	粗、短	较轻	较小	较小	较大	弹性钳口	较重	较薄

10. 罗拉加压

为使牵伸顺利进行，罗拉钳口必须具有足够的握持力，以克服牵伸力。如果钳口握持力小于牵伸力，则须条在罗拉钳口下就会打滑，轻则造成产品不匀，重则须条不能被牵伸拉细。罗拉钳口的握持力大小主要决定于罗拉加压、钳口与须条间的动摩擦因数以及被握持须条的粗细和几何形态。

加重胶辊压力，胶辊对纱条的实际压力相应增大，钳口握持力随之增加。但胶辊上加压不能过重，否则会引起胶辊严重变形，罗拉弯曲、扭振，从而造成规律性条干不匀，甚至引起牵伸部分传动齿轮爆裂等现象。当提高牵伸倍数时，由于喂入纱条粗，摩擦力界相应加强，应增大加压。罗拉加压参考范围见表 1—9—18。

表 1—9—18　　罗拉加压参考范围

牵伸形式	前罗拉加压（daN/双锭）	中罗拉加压（daN/双锭）	后罗拉加压（daN/双锭）	
			机织纱工艺	针织纱工艺
双短胶圈牵伸	10 ~ 15	6 ~ 8	8 ~ 14	10 ~ 14
长短胶圈牵伸	10 ~ 15	8 ~ 10	8 ~ 14	10 ~ 14

11. 前区集合器

集合器的作用是防止纤维扩散，收小加捻三角区，提高成纱强力，但同时它也提供了附加的摩擦力界，不利于成纱条干。目前，有的细纱机上不用集合器。前区集合器口径的大小与输出定量相适应。前区集合器开口尺寸可参考表 1—9—19。

表 1—9—19　　前区集合器开口尺寸

纺纱线密度（tex）	9 以下	9 ~ 19	20 ~ 30	32 以上
前区集合器开口（mm）	1.0 ~ 1.5	1.5 ~ 2.0	2.0 ~ 2.5	2.5 ~ 3.0

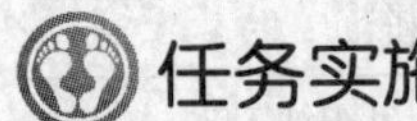

任务实施

一、设计细纱定量及牵伸倍数

根据所纺细纱的线密度 JC9.8 tex，公定回潮率为 8.5%，实际回潮率为 6.3%（在实际生产中，粗纱的回潮率控制在 6.0% ~ 6.5%）细纱定量为：

$$G_{细纱} = \frac{T_t}{(1 + 8.5\%) \times 10} = \frac{9.8}{(1 + 8.5\%) \times 10} = 0.903\ 2\ \text{g/100 m}$$

$$G_{细纱湿} = G_{细纱} \times (1 + 6.3\%) = 0.903\,2 \times (1 + 6.3\%) = 0.96\ \text{g/100 m}$$

设 FA506 型细纱机的牵伸效率为98%（在实际生产中，工厂可以根据实际牵伸倍数与机械牵伸倍数计算获得，多数情况为94%~98%）。

第一步：计算实际牵伸倍数

$$E_{实际} = \frac{G_{粗纱} \times 10}{G_{细纱}} = \frac{3.48 \times 10}{0.903\,2} = 38.53$$

第二步：计算机械牵伸倍数

$$E_{机械估} = \frac{E_{实际}}{牵伸效率} = \frac{38.53}{0.98} = 39.32$$

细纱机的总牵伸倍数是指前罗拉与后罗拉之间的牵伸倍数。图 1—9—4 所示为 FA506 型细纱机的传动图，由此传动图求其总牵伸倍数 E。

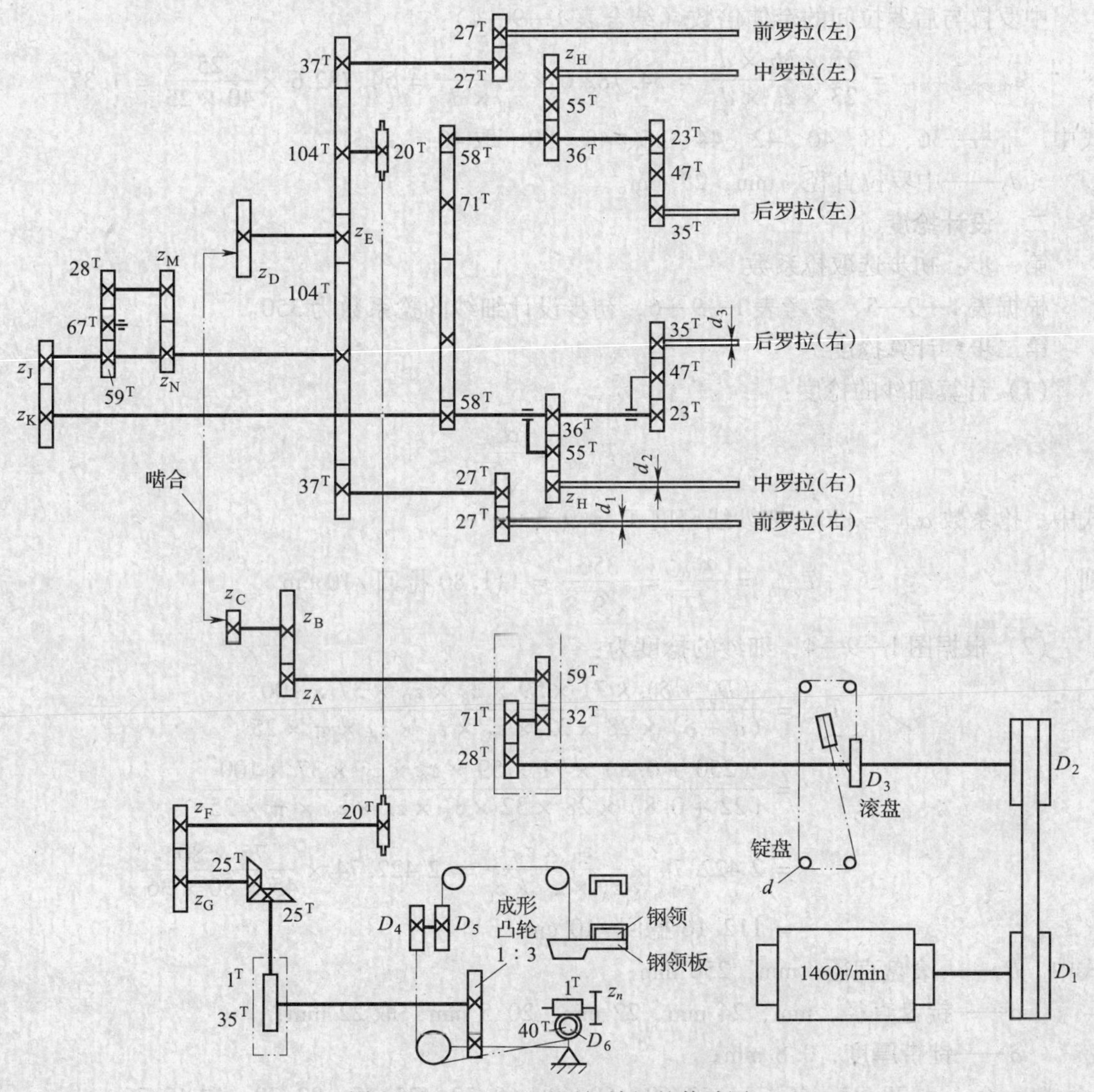

图 1—9—4　FA506 型细纱机的传动图

$$E_{机械} = \frac{35 \times z_K \times 59 \times z_M \times 104 \times 27 \times d_1}{23 \times z_J \times 28 \times z_N \times 37 \times 27 \times d_3}$$

$$= 9.0129 \times \frac{z_K \times z_M \times d_1}{z_J \times z_N \times d_1} = 9.0129 \times \frac{85 \times 69 \times 25}{48 \times 28 \times 25} = 39.33$$

式中 z_K——39、43、48、53、59、66、73、81～89，取85；

z_J——39、43、48、53、59、66、73、81～89，取48；

z_M——69、51，取69；

z_N——28、46，取28；

d_1——前罗拉直径，mm，25 mm；

d_3——后罗拉直径，mm，25 mm。

第三步：计算后区牵伸倍数

中罗拉与后罗拉间的牵伸倍数（结合表1—9—4）：

$$e_{中罗拉\sim后罗拉} = \frac{35 \times 36 \times d_2}{23 \times z_H \times d_3} = 54.7826 \times \frac{d_2}{z_H \times d_3} = 54.7826 \times \frac{25}{40 \times 25} = 1.37$$

式中 z_H——36、38、40、42、44、46、48、50，取40；

d_2——中罗拉直径，mm，25 mm。

二、设计捻度

第一步：初步选取捻系数

根据表1—9—5，参考表1—9—6，初步设计细纱的捻系数为350。

第二步：计算捻度

（1）计算细纱的捻度：

$$T_{tex估} = \frac{\alpha_{t估}}{\sqrt{T_t}}$$

式中，捻系数 $\alpha_{t估} = 350$，细纱线密度 $T_t = 9.8$ tex 。

则 $$T_{tex估} = \frac{\alpha_{t估}}{\sqrt{T_t}} = \frac{350}{\sqrt{9.8}} = 111.80 \text{ 捻回}/10\text{ cm}$$

（2）根据图1—9—4，细纱的捻度为：

$$T_{tex} = \frac{(D_3 + \delta) \times 71 \times 59 \times z_B \times z_D \times 37 \times 100}{(d + \delta) \times 28 \times 32 \times z_A \times z_C \times z_E \times \pi \times 25}$$

$$= \frac{(250 + 0.8) \times 71 \times 59 \times z_B \times z_D \times 37 \times 100}{(22 + 0.8) \times 28 \times 32 \times z_A \times z_C \times z_E \times \pi \times 25}$$

$$= 2422.74 \times \frac{z_B \times z_D}{z_A \times z_C \times z_E} = 2422.74 \times \frac{75 \times 80}{45 \times 80 \times 36}$$

$$= 112.16 \text{ 捻回}/10\text{ cm}$$

式中 D_3——滚盘直径，mm，250 mm；

d——锭盘直径，mm，24 mm、22 mm、20.5 mm，取22 mm；

δ——锭带厚度，0.8 mm；

z_A/z_B——38/82、45/75、52/68、60/60、68/52、75/45、82/38，取45/75；

z_C——80、85、87，取80；

z_D——77、80、85，取80；

z_E——捻度变换齿轮齿数（与锭盘直径有关），33（ϕ24 mm）、36（ϕ22 mm）、39（ϕ20.5 mm），取36。

第三步：计算细纱的捻系数

$$\alpha_t = T_{tex} \times \sqrt{T_t} = 112.16 \times \sqrt{9.8} = 351.12$$

根据表1—9—7，确定捻缩率为2.26%，为方便操作，捻向设计为Z向。

三、设计速度

1. 前罗拉速度

$$n_{前罗拉} = 1\,460 \times \frac{D_1 \times 28 \times 32 \times z_A \times z_C \times z_E \times 27}{D_2 \times 71 \times 59 \times z_B \times z_D \times 37 \times 27} \times 98\%$$

$$= 8.27 \times \frac{D_1 \times z_A \times z_C \times z_E}{D_2 \times z_B \times z_D}$$

$$= 8.27 \times \frac{180 \times 45 \times 80 \times 36}{200 \times 75 \times 80} = 160.77 \text{ r/min}$$

式中　D_1——电动机带盘节径，mm，170 mm、180 mm、190 mm、200 mm、210 mm，取180 mm；

D_2——主轴带盘节径，mm，180 mm、190 mm、200 mm、210 mm、220 mm、230 mm、240 mm，取200 mm。

2. 锭子速度

$$n_{锭子} = 1\,460 \times \frac{(D_3 + \delta) \times D_1}{(d + \delta) \times D_2} \times 98\%$$

$$= 1\,460 \times \frac{(250 + 0.8) \times 180}{(22 + 0.8) \times 200} \times 98\% = 14\,165 \text{ r/min}$$

四、设计卷绕圈距

第一步：预测卷绕圈距

$$\Delta_{估} = 0.16 \times \sqrt{T_t} = 0.16 \times \sqrt{9.8} = 0.500\,9 \text{ mm}$$

第二步：计算卷绕圈距

如图1—9—4所示，钢领板每升降一次，前罗拉输出长度等于同一时间内管纱绕纱长度。

$$\frac{\pi \times d_1 \times 35 \times 25 \times z_G \times 20 \times 104 \times 27}{1 \times 25 \times z_F \times 20 \times 37 \times 27} = \frac{d_m \times d_0}{2} \times \pi \times \frac{A}{\Delta} \times \frac{4}{3} = \frac{\pi \times (d_m^2 - d_0^2)}{3 \times \Delta \times \sin\frac{\gamma}{2}}$$

$$7\,726.62 \times \frac{z_G}{z_F} = \frac{\pi \times (d_m^2 - d_0^2)}{3 \times \Delta \times \sin\frac{\gamma}{2}}$$

$$\frac{z_G}{z_F} = \frac{0.000\,135\,5 \times (d_m^2 - d_0^2)}{\Delta \times \sin\frac{\gamma}{2}}$$

$$\frac{z_G}{z_F} = \frac{0.000\,135\,5 \times (35^2 - 18^2)}{0.500\,9 \times \sin 10.47°}$$

式中　d_m——管纱直径，mm，35 mm；

d_0——筒管直径，mm，18 mm；

$\gamma/2$——成形半锥角，10.47°。

式中各项从表1—9—9中选取。

$z_G + z_F = 122$，所以 $z_G = 70$，$z_F = 52$，则：

$$\Delta = \frac{0.0001355 \times (d_m^2 - d_0^2) \times z_F}{\sin\frac{\gamma}{2} \times z_G} = \frac{0.0001355 \times (35^2 - 18^2) \times 52}{\sin 10.47° \times 70} = 0.50 \text{ mm}$$

五、设计钢领板级升距

第一步：预测钢领板级升距

$$m_{2估} = \frac{\sqrt{T_t}}{120\rho \sin(\gamma/2)} = \frac{\sqrt{9.8}}{120 \times 0.55 \times \sin 10.47°} = 0.2610 \text{ mm}$$

式中　ρ——管纱绕纱密度，在一般卷绕张力条件下为0.55 g/cm³。

第二步：计算钢领板级升距

由图1—9—4所示FA506型细纱机的传动图可知，钢领板每升降一次，级升距变换棘轮 z_n 撑过 n 齿，从而获得级升距 m_2。

$$m_2 = \frac{n \times 1 \times D_6}{z_n \times 40 \times D_4} \times \pi \times D_5 = \frac{n \times 1 \times 140}{z_n \times 40 \times 130} \times \pi \times 130$$

$$= 10.9956 \times \frac{n}{z_n} = 10.9956 \times \frac{1}{43} = 0.2557 \text{ mm}$$

式中　D_4——上分配轴左端轮直径，mm，130 mm；

D_5——钢领板牵吊轮直径，mm，130 mm；

D_6——卷绕轮直径，mm，140 mm；

n——1～3，取1；

z_n——43、45、48、50、55、60、65、70、72、75、80，取43。

六、选取钢领与钢丝圈

参考表1—9—10、表1—9—11、表1—9—12、表1—9—13，选择钢领、钢丝圈如下：

钢领：PG1/2，直径38 mm。

钢丝圈型号：2.6Elf。

钢丝圈号数：15/0。

七、设计罗拉中心距

根据FA506型细纱机的牵伸形式（长短胶圈牵伸），纤维、粗纱及所纺纱的情况，设计罗拉中心距如下：

前区罗拉中心距采用43 mm。

后区罗拉中心距采用54 mm。

八、设计其他工艺参数

1. 罗拉加压（daN/双锭）

根据设计的罗拉速度、中心距、定量，选择罗拉的加压为：

前罗拉×中罗拉×后罗拉：14×10×14。

2. 胶圈原始钳口隔距

由于细纱的线密度为9.8 tex，根据表1—9—16和表1—9—17，选择胶圈原始钳口隔距为2.4 mm。

3. 前区集合器

由于细纱的线密度为9.8 tex，根据表1—9—19，选择细纱机的前区集合器开口尺寸为1.6 mm。

九、细纱工艺设计表

细纱工艺设计见表1—9—20。

表1—9—20　　细纱工艺设计表

机型	细纱定量（g/100 m）		实际回潮率（%）	公定回潮率（%）	总牵伸倍数		后区牵伸倍数	线密度（tex）	捻度（捻回/10 cm）	捻系数	捻缩率（%）	捻向
	干重	湿重			机械	实际						
FA506	0.903 2	0.96	6.3	8.5	39.33	38.53	1.37	9.8	112.16	351.12	2.26	Z

罗拉中心距（mm）		罗拉加压（daN/双锭）	罗拉直径（mm）	钢领		钢丝圈型号、号数	转速（r/min）	
前～中	中～后	前×中×后	前×中×后	型号	直径（mm）		前罗拉	锭子
43	54	14×10×14	25×25×25	PG1/2	38	2.6Elf　15/0	160.77	14 165

前区集合器口径(mm)	钳口隔距（mm）	卷绕圈距（mm）	钢领板级升距(mm)	齿轮的齿数													
				z_A	z_B	z_C	z_D	z_E	z_F	z_G	z_H	z_J	z_K	z_M	z_N	z_n	n
1.6	2.4	0.50	0.2557	45	75	80	80	36	52	70	40	48	85	69	28	43	1

考核评价

考核评分见表1—9—21。

表1—9—21　　考核评分表

项目	分值	得分
细纱定量及牵伸倍数设计	20（按照要求进行设计，少一项扣5分）	
捻度设计	20（按照要求进行设计，少一项扣5分）	
速度设计	10（按照要求进行设计，少一项扣5分）	
卷绕圈距设计	10（按照要求进行设计，少一项扣5分）	
钢领板级升距设计	10（按照要求进行设计，少一项扣5分）	
钢领、钢丝圈选取	10（按照要求进行设计，少一项扣5分）	

续表

<table>
<tr><th>项目</th><th colspan="5">分值</th><th colspan="2">得分</th></tr>
<tr><td>隔距设计</td><td colspan="5">10（按照要求进行设计，少一项扣5分）</td><td colspan="2"></td></tr>
<tr><td>其他工艺参数设计</td><td colspan="5">10（按照要求进行设计，少一项扣5分）</td><td colspan="2"></td></tr>
<tr><td>书写、打印规范</td><td colspan="5">书写有错误一次倒扣4分，格式错误倒扣5分，最多不超过20分</td><td colspan="2"></td></tr>
<tr><td>姓名</td><td></td><td>班级</td><td></td><td>学号</td><td></td><td>总得分</td><td></td></tr>
</table>

思考与练习

1. 设计针织用JC14.5 tex纱的细纱工艺。
2. 设计高档贡缎用JC7.5×2 tex精梳股线的细纱工艺。
3. 设计高级府绸用JC4.9×3 tex精梳股线的细纱工艺。

知识拓展

依据GB/T 398—2008，棉本色纱线标准如下：

1. 梳棉纱的技术要求（见表1—9—22）

表1—9—22　　梳棉纱的技术要求

线密度(tex)	等别	单纱断裂强力变异系数(%)不大于	百米重量变异系数(%)不大于	单纱断裂强度(cN/tex)	百米重量偏差(%)不大于	条干均匀度变异系数(%)不大于	1g内棉结粒数(粒/g)不多于	1g内棉结杂质总粒数(粒/g)不多于	实际捻系数 经纱	实际捻系数 纬纱	十万米纱疵(个/10^5m)不多于
8~10	优	10.0	2.2	15.6	±2.0	16.5	25	45	340~430	310~380	10
	一	13.0	3.5	13.6	±2.5	19.0	55	95			30
	二	16.0	4.5	10.6	±3.5	22.0	95	145			—
11~13	优	9.5	2.2	15.8	±2.0	15.0	30	55			10
	一	12.5	3.5	13.8	±2.5	18.5	65	10^5			30
	二	15.5	4.5	10.8	±3.5	21.5	105	155			—
14~15	优	9.5	2.2	16.0	±2.0	16.0	30	55	330~420	300~370	10
	一	12.5	3.5	14.0	±2.5	18.5	65	105			30
	二	15.5	4.5	11.0	±3.5	21.5	105	155			—
16~20	优	9.0	2.2	16.2	±2.0	15.5	30	55			10
	一	12.0	3.5	14.2	±2.5	18.0	65	105			30
	二	15.0	4.5	11.2	±3.5	21.0	105	155			—

续表

线密度（tex）	等别	单纱断裂强力变异系数（%）不大于	百米重量变异系数（%）不大于	单纱断裂强度（cN/tex）	百米重量偏差（%）不大于	条干均匀度变异系数（%）不大于	1g内棉结粒数（粒/g）不多于	1g内棉结杂质总粒数（粒/g）不多于	实际捻系数		十万米纱疵（个/10^5m）不多于
									经纱	纬纱	
21~30	优	8.5	2.2	16.4	±2.0	14.5	30	55	330~420	300~370	10
	一	11.5	3.5	14.4	±2.5	17.0	65	105			30
	二	14.5	4.5	11.4	±3.5	20.0	105	155			—
32~34	优	8.0	2.2	16.2	±2.0	14.0	35	65	320~410	290~360	10
	一	11.0	3.5	14.2	±2.5	16.5	75	125			30
	二	14.5	4.5	11.2	±3.5	19.5	115	185			—
36~60	优	7.5	2.2	16.0	±2.0	13.5	35	65			10
	一	10.5	3.5	14.0	±2.5	16.0	75	125			30
	二	14.0	4.5	11.0	±3.5	19.0	115	185			—
64~80	优	7.0	2.2	15.8	±2.0	13.0	35	65			10
	一	10.0	3.5	13.8	±2.5	15.5	75	125			30
	二	13.5	4.5	10.8	±3.5	18.5	115	185			—
88~192	优	6.5	2.2	15.6	±2.0	12.5	35	65			10
	一	9.5	3.5	13.6	±2.5	15.0	75	125			30
	二	13.0	4.5	10.6	±3.5	18.0	115	185			—

2. 精梳棉纱的技术要求（见表1—9—23）

表1—9—23　　精梳棉纱的技术要求

线密度（tex）	等别	单纱断裂强力变异系数（%）不大于	百米重量变异系数（%）不大于	单纱断裂强度（cN/tex）	百米重量偏差（%）不大于	条干均匀度变异系数（%）不大于	1g内棉结粒数（粒/g）不多于	1g内棉结杂质总粒数（粒/g）不多于	实际捻系数		十万米纱疵（个/10^5 m）不多于
									经纱	纬纱	
4~4.5	优	12.0	2.0	17.6	±2.0	16.5	20	25	340~430	310~360	5
	一	14.5	3.0	15.6	±2.5	19.0	45	55			20
	二	17.5	4.0	12.6	±3.5	22.0	70	85			—
5~5.5	优	11.5	2.0	17.6	±2.0	16.5	20	25			5
	一	14.0	3.0	15.6	±2.5	19.0	45	55			20
	二	17.0	4.0	12.6	±3.5	22.0	70	85			—

续表

线密度（tex）	等别	单纱断裂强力变异系数（%）不大于	百米重量变异系数（%）不大于	单纱断裂强度（cN/tex）	百米重量偏差（%）不大于	条干均匀度变异系数（%）不大于	1g内棉结粒数（粒/g）不多于	1g内棉结杂质总粒数（粒/g）不多于	实际捻系数		十万米纱疵（个/10^5 m）不多于
									经纱	纬纱	
6~6.5	优	11.0	2.0	17.8	±2.0	15.5	20	25			5
	一	13.5	3.0	15.8	±2.5	18.0	45	55			20
	二	16.5	4.0	12.8	±3.5	21.0	70	85			—
7~7.5	优	10.5	2.0	17.8	±2.0	15.0	20	25			5
	一	13.0	3.0	15.8	±2.5	17.5	45	55			20
	二	16.0	4.0	12.8	±3.5	20.5	70	85			—
8~10	优	9.5	2.0	18.0	±2.0	14.5	20	25			5
	一	12.5	3.0	16.0	±2.5	17.0	45	55	330~400	300~350	20
	二	15.5	4.0	13.0	±3.5	19.5	70	85			—
11~13	优	8.5	2.0	18.0	±2.0	14.0	15	20			5
	一	11.5	3.0	16.0	±2.5	16.0	35	45			20
	二	14.5	4.0	13.0	±3.5	18.5	55	75			—
14~15	优	8.0	2.0	15.8	±2.0	13.5	15	20			5
	一	11.0	3.0	14.4	±2.5	15.5	35	45			20
	二	14.0	4.0	12.4	±3.5	18.0	55	75			—
16~20	优	7.5	2.0	15.8	±2.0	13.0	15	20			5
	一	10.5	3.0	14.4	±2.5	15.0	35	45			20
	二	13.5	4.0	12.4	±3.5	17.5	55	75			—
21~30	优	7.0	2.0	16.0	±2.0	12.5	15	20			5
	一	10.0	3.0	14.6	±2.5	14.5	35	45	320~390	290~340	20
	二	13.0	4.0	12.6	±3.5	17.0	55	75			—
32~36	优	6.5	2.0	16.0	±2.0	12.0	15	20			5
	一	9.5	3.0	14.6	±2.5	14.0	35	45			20
	二	12.5	4.0	12.6	±3.5	16.5	55	75			—

3. 梳棉股线的技术要求（见表1—9—24）

表1—9—24　　梳棉股线的技术要求

线密度（tex）	等别	单纱断裂强力变异系数（%）不大于	百米重量变异系数（%）不大于	单纱断裂强度（cN/tex）	百米重量偏差（%）不大于	条干均匀度变异系数（%）不大于	1g内棉结粒数（粒/g）不多于	1g内棉结杂质总粒数（粒/g）不多于	
								经纱	纬纱
8×2～10×2	优	8.0	1.5	17.8	±2.0	20	30	400～530	360～470
	一	11.0	2.5	15.6	±2.5	40	70		
	二	14.0	3.5	12.2	±3.5	65	95		
11×2～20×2	优	7.5	1.5	18.2	±2.0	20	40		
	一	10.5	2.5	15.8	±2.5	40	75		
	二	13.5	3.5	12.4	±3.5	70	105		
21×2～30×2	优	7.0	1.5	18.8	±2.0	20	40		
	一	10.0	2.5	16.6	±2.5	40	75		
	二	13.0	3.5	13.2	±3.5	70	105		
32×2～60×2	优	6.5	1.5	18.6	±2.0	20	40		
	一	9.5	2.5	16.4	±2.5	40	75		
	二	12.5	3.5	13.0	±3.5	70	105		
64×2～80×2	优	6.0	1.5	18.2	±2.0	20	40		
	一	9.0	2.5	15.8	±2.5	40	75		
	二	12.0	3.5	12.4	±3.5	70	105		
8×3～10×3	优	5.5	1.5	20.2	±2.0	12	30		
	一	8.5	2.5	16.0	±2.5	30	65		
	二	11.5	3.5	13.8	±3.5	55	90		
11×3～20×3	优	5.0	1.5	20.6	±2.0	15	35		
	一	8.0	2.5	17.8	±2.5	35	70		
	二	11.0	3.5	14.0	±3.5	65	100		
21×3～30×3	优	4.5	1.5	21.4	±2.0	15	35		
	一	7.5	2.5	18.8	±2.5	35	70		
	二	11.0	3.5	16.8	±3.5	65	100		

4. 精梳棉股线的技术要求（见表 1—9—25）

表 1—9—25　　精梳棉股线的技术要求

线密度（tex）	等别	单纱断裂强力变异系数（%）不大于	百米重量变异系数（%）不大于	单纱断裂强度（cN/tex）	百米重量偏差（%）不大于	条干均匀度变异系数（%）不大于	1g 内棉结粒数（粒/g）不多于	1g 内棉结杂质总粒数（粒/g）不多于	
								经纱	纬纱
4×2～4.5×2	优	9.0	1.5	21.0	±2.0	15	20	360～480	320～440
	一	11.5	2.5	18.6	±2.5	30	35		
	二	14.0	3.5	15.0	±3.5	50	55		
5×2～5.5×2	优	8.5	1.5	21.0	±2.0	15	20		
	一	11.0	2.5	18.6	±2.5	30	35		
	二	13.5	3.5	15.0	±3.5	50	55		
6×2～7.5×2	优	8.0	1.5	21.4	±2.0	15	20	380～500	340～460
	一	10.5	2.5	19.0	±2.5	30	35		
	二	13.0	3.5	15.4	±3.5	50	55		
8×2～10×2	优	7.5	1.5	21.6	±2.0	15	20		
	一	10.0	2.5	19.2	±2.5	30	35		
	二	12.5	3.5	15.6	±3.5	50	55		
11×2～20×2	优	7.0	1.5	18.2	±2.0	12	15		
	一	9.5	2.5	16.6	±2.5	22	30		
	二	12.0	3.5	14.2	±3.5	40	50		
21×2～24×2	优	6.5	1.5	18.4	±2.0	12	15		
	一	9.0	2.5	16.8	±2.5	22	30		
	二	11.5	3.5	14.4	±3.5	40	50		
4×3～5.5×3	优	6.5	1.5	22.8	±2.0	10	13	360～480	310～430
	一	9.0	2.5	20.2	±2.5	25	30		
	二	11.5	3.5	16.4	±3.5	40	50		
6×3～7.5×3	优	6.0	1.5	23.0	±2.0	10	13	380～500	320～440
	一	8.5	2.5	20.4	±2.5	25	30		
	二	11.0	3.5	16.6	±3.5	40	50		
8×3～10×3	优	5.5	1.5	23.4	±2.0	10	13		
	一	8.0	2.5	20.8	±2.5	25	30		
	二	10.5	3.5	16.8	±3.5	40	50		
11×3～20×3	优	5.0	1.5	22.0	±2.0	6	8		
	一	7.5	2.5	19.8	±2.5	20	25		
	二	10.0	3.5	16.4	±3.5	30	40		
21×3～24×3	优	4.5	1.5	20.8	±2.0	6	8		
	一	7.0	2.5	19.0	±2.5	20	25		
	二	9.5	3.5	16.4	±3.5	30	40		

任务10　络并捻工艺设计

学习目标

1. 能进行络并捻工艺参数的选择与计算。
2. 掌握工艺参数对筒纱质量的影响。

任务引入

在细纱工艺设计的基础上，进行络并捻工艺设计，其主要设计内容见表1—10—1。

表1—10—1　络并捻工艺

络筒工艺								
机型	络筒速度（m/min）	张力（cN）	卷绕长度（m）	电子清纱器				
				形式	棉结	短粗节	长粗节	长细节
AUTOCONER338								

并纱工艺			
机型	并合根数	卷绕线速度（m/min）	张力圈质量（g）
FA703			

倍捻工艺							
机型	线密度（tex）	捻度（捻回/10 cm）	捻系数	捻向	锭速（r/min）	卷绕线速度（m/min）	超喂率（%）
EJP834－165							

齿数						
z_A	z_B	z_C	z_D	z_E	z_F	z_G

任务分析

根据表1—10—1，络并捻工艺设计分为络筒工艺设计、并纱工艺设计、倍捻工艺设计。络筒工艺设计主要包括络筒速度、张力、卷绕长度及清纱设定值设计，并纱工艺设计主要包括卷绕线速度、张力圈质量设计，倍捻工艺设计主要包括捻度、锭速、卷绕线速度设计。

任务实施

一、络筒机的工艺设计

1. 络筒机的机构

（1）络纱的任务

1）制成适当的卷装　络筒就是把细纱管连接起来，卷绕成大容量筒子，以满足后道工序的要求。筒子卷绕结构应满足高速退绕的要求，筒子表面纱线分布应均匀，在适当的卷绕张力下，具有一定的密度，并尽可能增加筒子容量，表面和端面要平整，没有脱圈、滑边、重叠等现象。

2）减少疵点提高品质　细纱上还存在疵点、粗节、弱环，它们在织造时会引起断头，影响织物外观。络筒机设有清纱装置用于除去单纱上的绒毛、尘屑、粗细节等疵点。络筒过程中应尽量不损伤纱线原有的物理机械性能。

（2）AUTOCONER338 自动络筒机

AUTOCONER338 自动络筒机如图 1—10—1 所示，纱线从纱管到筒子所经的路线称之为纱路。如图 1—10—2 所示，纱线从管纱上退绕下来，先经过下部单元的气圈控制器，然后经过前置清纱器、纱线张力装置、后置电子清纱器、上蜡装置，最后到达卷绕单元经槽筒沟槽有规律地卷绕在筒管上，形成筒纱。

图 1—10—1　AUTOCONER338 自动络筒机

AUTOCONER338 自动络筒机采用模块化设计，每个络纱锭包括下部、中间和卷绕三个单元。

下部单元包括防脱圈装置、气圈破裂器、圆形纱库，下部单元保证管纱供给，并优化了纱线的退绕。

中间单元包括下纱头传感器、纱线剪刀、夹纱器、具有拍纱片的夹纱臂、张力器和预清纱器、捻接器、电子清纱器、纱线张力传感器、上蜡装置、捕纱器、大吸嘴和上纱头传感器。中间单元包含所有用于上下纱头捕捉、纱线监测与纱线捻接和张力控制的元件。在达到最大生产率的前提下可获得最佳的纱线与卷装质量。工艺参数的电脑集中设定和电动机的单独控制极大地方便了操作。

卷绕单元包括络纱锭控制系统、操作开关和信号灯、绕槽筒监测装置、ATT（扭矩自动传送）槽筒、具有补偿压力调节功能的筒子架。卷绕单元还控制着整个络纱锭的运行及操作信息的采集。槽筒直接驱动方式改善了对卷绕过程的控制，同时提高了能量利用率，磨损减少，维护方便。

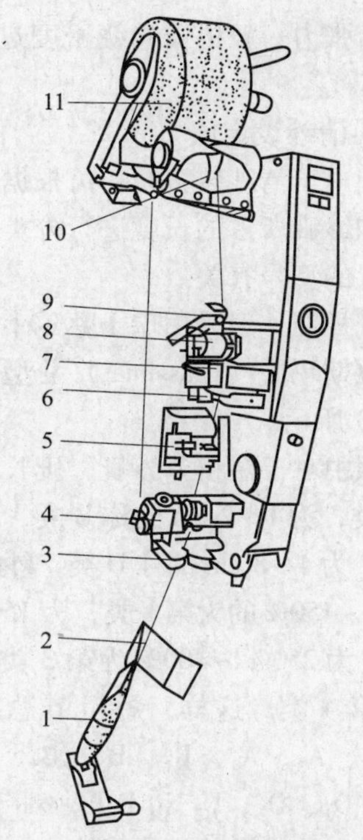

图 1—10—2　AUTOCONER338 自动络筒机工艺流程

1—管纱　2—气圈控制器　3—前置清纱器　4—纱线张力装置　5—捻接器　6—后置电子清纱器　7—切断夹持器　8—上蜡装置　9—捕纱器　10—槽筒　11—筒纱

2. 络筒工艺设计

在进行络筒工艺设计时，要合理地设置张力，防止过大的张力损伤纱条质量；尽可能地去除杂质（尤其是大杂）；合理选择络筒速度，尽可能地减少对纱条的摩擦，降低条干和毛羽质量的恶化。

（1）络筒速度

络筒速度直接影响到络筒机的产量。在其他条件相同时，络筒速度高，时间效率一般要下降，使得络筒机的实际产量反而不高。

络筒机卷绕线速度主要取决于以下因素：

1）纱线线密度　纱线线密度大时，卷绕速度可快；纱线线密度小时，卷绕速度则要降低。

2）纱线强力　纱线强力较低或纱线条干不匀时，络筒速度要低些。

3）纱线原料　卷绕线速度与纱线原料有关，例如加工原棉时速度可以快些。

4）管纱卷装的成形特征　对卷绕密度高的及成形锥度大的管纱，络筒速度应低些；卷绕密度较低的及卷绕螺距较大的管纱，络筒速度可提高。

5）纱线的喂入形式　对绞纱、筒纱（筒倒筒）和管纱三种喂入形式，络筒速度相应由低到高。

6）络筒机的机型　自动络筒机材质好、设计合理、制造精度高，它所适应的络筒速度一般达 1 000 m/min 以上，而 1332MD 型络筒机所能达到的络筒速度一般只有 600 m/min。

（2）络筒张力

纱线张力与络筒机张力装置对纱线所施加的压力有关，而该压力主要取决于下列因素：纱线线密度、卷绕速度、纱线强力、纱线原料，见表 1—10—2。

表 1—10—2　　有关参数与络筒张力的关系

参数	线密度		卷绕速度		纱线强力		纱线原料		导纱距离	
	大	小	高	低	高	低	原棉	化纤	长	短
络筒张力	较大	较小	较小	较大	较大	较小	较大	较小	较小	较大

络筒张力一般根据卷绕密度进行调节，同时应保持筒子成形良好，通常为单纱强力的8%～12%。

（3）清纱设定值

采用电子清纱装置时，可根据后道工序和织物外观质量要求，将各类纱疵的形态按截面变化率和纱疵所占的长度进行分类，清纱限度是通过数字拨盘设定的，具体设定方法与电子清纱装置的型号有关。

纱疵样照一般采用瑞士蔡尔韦格－乌斯特（Zellweger－Uster）纱疵分级样照。该公司生产的克拉斯玛脱（Classimat）Ⅱ型（简称 CMT－Ⅱ）纱疵样照把各类纱疵分成 23 级，如图1—10—3 所示。

样照中对于短粗节纱疵，疵长为 0.1～1 cm 的称 A 类，为 1～2 cm 的称 B 类，为 2～4 cm 的称 C 类，为 4～8 cm 的称 D 类。纱疵横截面增量为 100%～150% 的为第 1 类，为 150%～250% 为第 2 类，为 250%～400% 为第 3 类，为 400% 以上的为第 4 类。这样，短粗节总共分成 16 级（A_1、A_2、A_3、A_4、B_1、B_2、B_3、B_4、C_1、C_2、C_3、C_4、D_1、D_2、D_3 和 D_4），对于长粗节，共分成 3 级。纱疵横截面增量在 100% 以上，而疵长大于 8 cm 的称双纱，归入 E 级；纱疵横截面增量为 45%～100%，疵长为 8～32 cm 的称长粗节，归入 F 级；纱疵横截面增量为 45%～100%，疵长大于 32 cm 的也称长粗节，归入 G 类。对于长细节，共分成 4 级。纱疵横截面的增量为 －30%～－45%，疵长为 8～32 cm 的定为 H_1 级；增量与 H_1 级相同而疵长大于 32 cm 的定为 I_1 级；纱疵横截面增量为 －45%～－75%，疵长为 8～32 cm 的定为 H_2 级；增量与 H_2 级相同，而疵长大于 32 cm 的定为 I_2 级。

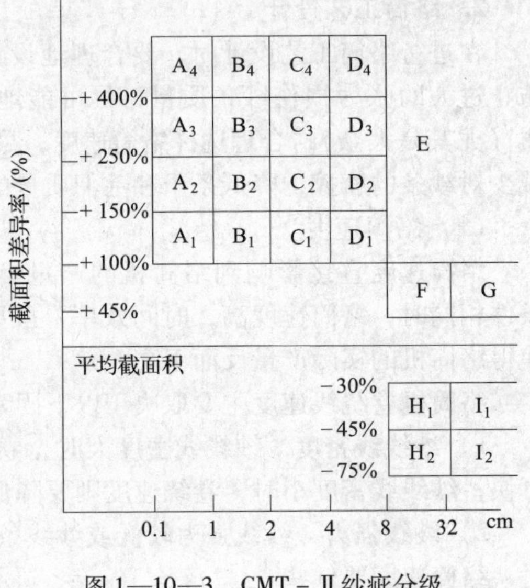

图 1—10—3　CMT－Ⅱ纱疵分级

（4）筒子卷绕密度

筒子卷绕密度应按筒子的后道用途、所络筒纱的种类确定。染色用筒子的卷绕密度较小，为 0.35 g/cm^3 左右，其他用途筒子的卷绕密度较大，为 0.42 g/cm^3 左右。适宜的卷绕密度有利于筒子成形良好，且不损伤纱线的弹性。

络筒张力对筒子卷绕密度有直接影响，张力越大，筒子卷绕密度越大，因此实际生产中通过调整络筒张力来改变筒子卷绕密度。

（5）卷绕长度

有些情形下，要求筒子上卷绕的纱线长度一定。例如在整经工序中，集体换筒的机型要求筒纱长度与整经长度相匹配，筒纱长度可通过工艺计算得到。在络筒机上，则要根据工艺规定绕纱长度定长。

自动络筒机上采用电子定长装置，对定长值的设定极为简便，且定长精度较高。在实际生产中，随纱的线密度、筒子锥角与防叠参数不同，实际长度与设定长度也不完全相同，需根据实际情况确定一个修正系数，经修正后的络筒长度与设定长度的差异应较小，一般不超过2%。

3. AUTOCONER338 自动络筒机工艺设计

（1）络筒速度设计

综合考虑络纯棉 JC9.8 tex 纱的影响因素，选择络筒速度为 900 m/min。

（2）络筒张力设计

考虑纱线线密度、卷绕速度、纱线强力、纱线原料等与络筒张力的关系，另外，由于 AUTOCONER338 自动络筒机带有张力自调装置，纱线张力是通过电脑输入来设定的。参考表 1—10—2，络筒张力设计为 23 cN（纯棉 JC9.8 tex 纱的单纱强力为 225.4 cN）。

（3）清纱设定值设计

根据客户的要求及织物外观质量的要求，电子清纱设定为：

形式：USTER。

棉结：横截面 +250%。

短粗节：横截面 +160%，长度 3 cm。

长细节：横截面 -30%，长度 20 cm。

长粗节：横截面 +35%，长度 30 cm。

（4）卷绕长度设计

根据客户的要求及捻线筒子的卷绕情况，设定绕纱长度为 204 000 m。

二、并纱机的工艺设计

1. 并纱机的机构

（1）并纱的任务

将两根或两根以上的单纱并合成各根张力均匀的多股纱并卷绕成筒子，供捻线机使用，以提高捻线机效率。

（2）FA703 型并纱机

FA703 型并纱机如图 1—10—4 所示，其工艺流程是单纱筒子插在纱筒插杆上，几根单纱分别自单纱筒子上退绕出来，经过导纱钩、张力装置、断纱自停落针、导纱罗拉、导纱辊后，由槽筒的沟槽引导卷绕到筒子表面上，如图 1—10—5 所示。并纱机的主要机构有张力装置及断头自停装置。

2. 并纱工艺设计

在进行并纱工艺设计时，要保证各根纱的张力均匀并统一。若一次并合不能完成根数的要求，可以采用多次并合，最终达到要求的根数。

（1）卷绕线速度

并纱机卷绕线速度与并纱的线密度、纱线强力、纺纱原料、单纱筒子的卷绕质量、并纱股数等因素有关，见表 1—10—3。一般并纱机的卷绕线速度为 200～800 m/min。

图 1—10—4　FA703 型并纱机

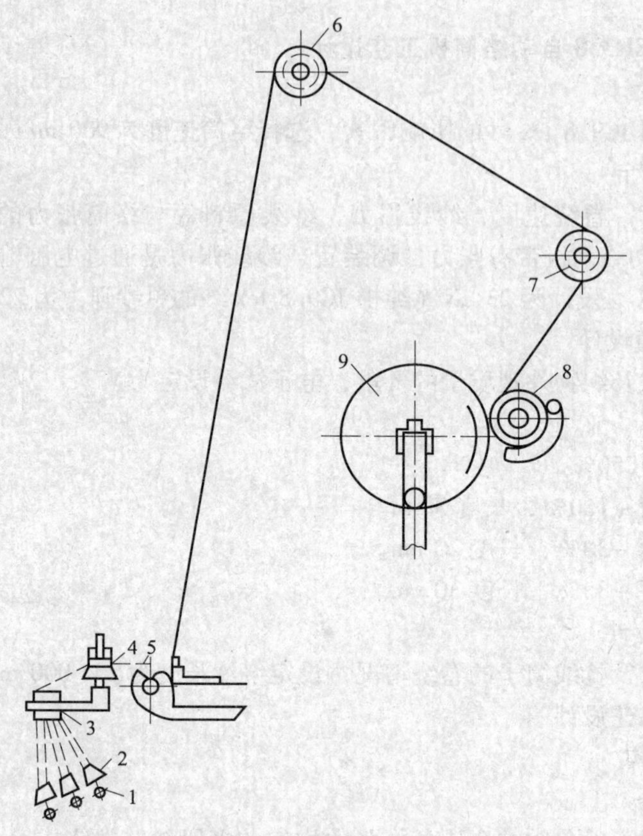

图 1—10—5　FA703 型并纱机的工艺过程

1—插杆　2—筒子　3—导纱钩　4—张力装置　5—落针　6—导纱罗拉　7—导纱辊　8—槽筒　9—筒子

表 1—10—3　　有关参数与并纱卷绕线速度的关系

参数	线密度		纱线强力		纱线原料		单纱筒子卷绕质量		并纱股数	
	大	小	高	低	原棉	化纤	优	差	多	少
卷绕线速度	较大	较小	较大	较小	较小	较大	较大	较小	较小	较大

（2）张力

并纱时应保证各股单纱之间张力均匀一致，并纱筒子成形良好，达到一定的紧密度，并使生产过程顺利。并纱张力与卷绕线速度、纱线强力、纱线原料等因素有关，一般掌握在单纱强力的 10% 左右。并纱张力可通过张力装置来调节，张力装置常采用圆盘式，它是通过张力片的质量来调节的，见表 1—10—4、表 1—10—5。

表 1—10—4　　不同粗细单纱选用张力圈质量参考值

线密度（tex）	12 以下	14 ~ 16	18 ~ 22	24 ~ 32	36 ~ 60
张力圈质量（g）	7 ~ 10	12 ~ 18	15 ~ 25	20 ~ 30	25 ~ 40

表 1—10—5　　有关参数与张力圈质量的关系

参数	线密度		卷绕速度		纱线强力		纱线原料		导纱距离	
	大	小	高	低	高	低	原棉	化纤	长	短
张力圈质量	较大	较小	较小	较大	较大	较小	较大	较小	较小	较大

（3）并合根数

并合根数通常是根据客户对股线的要求确定的，目前，并纱机一般最多是 3 根并合，若客户需要 5 根并合，就需要第一次有 3 根并合的筒纱和 2 根并合的筒纱，然后两只筒子再次并纱成为 5 根并合的筒纱。

3. FA703 型并纱机工艺设计

（1）卷绕线速度设计

图 1—10—6 所示为 FA703 型并纱机的传动图，参考表 1—10—3，设计卷绕线速度如下：

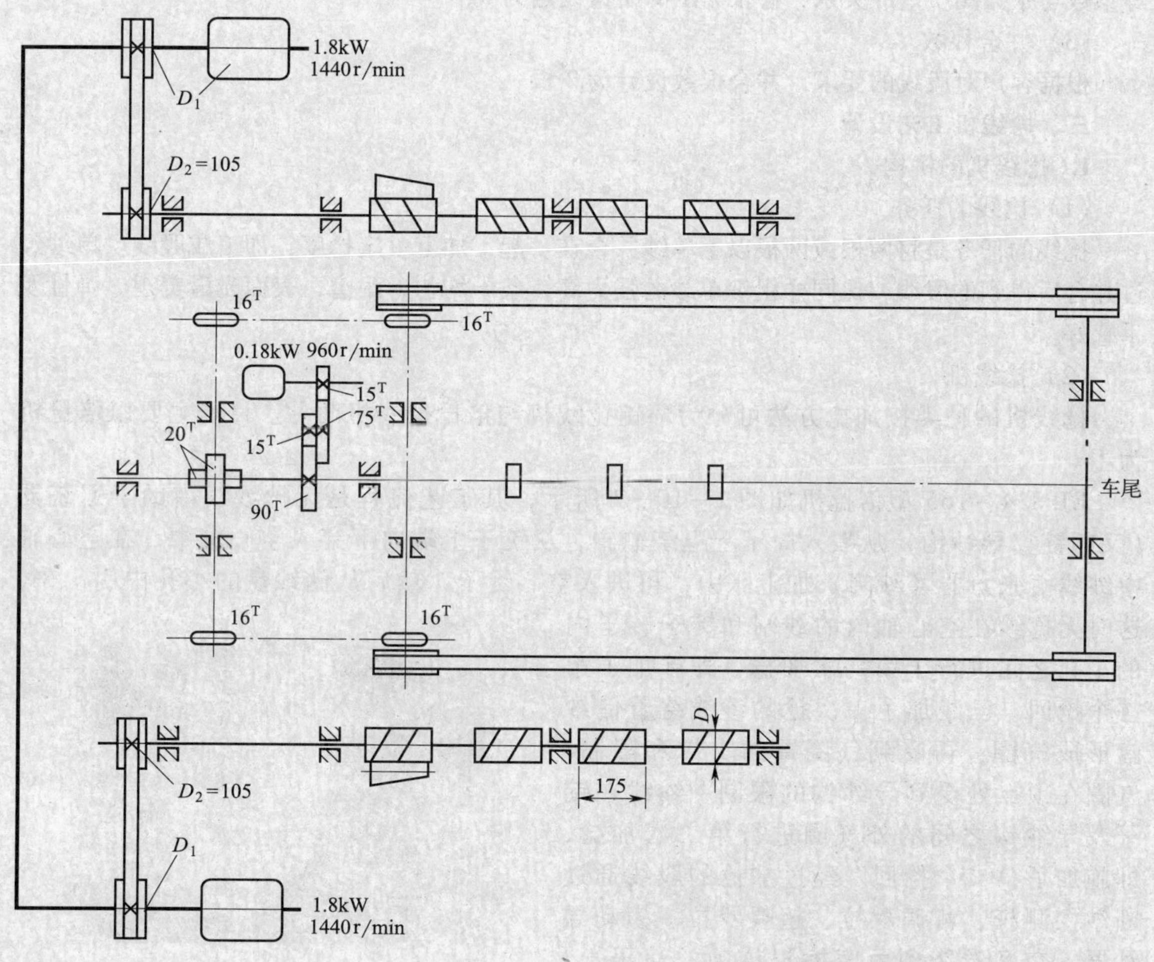

图 1—10—6　FA703 型并纱机的传动图

$$v = 1\,440 \times \frac{D_1}{D_2} \times 98\% \times \frac{\sqrt{(\pi D\eta)^2 + S^2}}{1\,000}$$

$$= 1\,440 \times \frac{135}{105} \times 98\% \times \frac{\sqrt{(3.14 \times 79.4 \times 0.96)^2 + 62^2}}{1\,000}$$

$$= 448.60 \text{ m/min}$$

式中 D_1——电动机胶带轮直径，mm，118 mm、135 mm、155 mm、170 mm、190 mm，取 135 mm；

D_2——槽筒胶带轮直径，mm，105 mm；

D——槽筒直径，mm，79.4 mm；

S——槽筒平均螺距，mm，槽筒直径为 79.4 mm 时，平均螺距为 62 mm；

η——滑溜系数，一般为 0.94 ~ 0.99，取 0.96。

(2) 张力设计

根据表 1—10—4，并参考表 1—10—5 中纱线线密度、卷绕速度、纱线强力、纱线原料等参数与张力圈质量的关系，将张力圈的质量设定为 8g。

(3) 并合根数

根据客户对股线的要求，并合根数设计为 2 根。

三、捻线机工艺设计

1. 捻线机的机构

(1) 捻线的任务

捻线的任务是将两根或两根以上单纱并合在一起，加上一定捻度，加工成股线。单纱经过并合后得到的股线，比同样粗细单纱的强力高，条干均匀、耐磨，表面光滑美观，弹性及手感好。

(2) 捻线机

捻线机的种类按加捻方法可分为环锭捻线机与倍捻捻线机两种。目前主要以倍捻机为主。

EJP834 - 165 型倍捻机如图 1—10—7 所示，其工艺流程是无捻纱线借助于退绕器（又叫锭翼导纱钩）从喂入筒子上退绕输出，从锭子上端向下穿入空心轴中，在空心轴中纱线由张力器（纱闸）加上张力，再进入空心锭子，然后从储纱盘的小孔中引出来，这时无捻纱在空心轴内的纱闸和锭子转子内的小孔之间进行了第一次加捻，即施加了第一个捻回。已经加了一次捻的纱线绕着储纱盘形成气圈，再受到气圈罩的支撑和限制，气圈在顶点处受到导纱钩的限制。纱线在锭子及导纱钩之间的外气圈进行第二次加捻，即施加了第二个捻回。经过加捻的股线通过断纱探测杆、可调罗拉、超喂罗拉、横动导纱器，交叉卷绕到由摩擦辊传动的筒子上，筒子夹在无锭纱架上两个中心对准的圆盘之

图 1—10—7　EJP834 - 165 型倍捻机

间，如图 1—10—8 所示。

2. 倍捻机工艺设计

在进行捻线工艺设计时，要注意以下几点：纱线捻度及其捻比直接关系到股线强力、光泽、手感等物理性能，应按股线的用途不同合理选择；股线加工时，除特殊需要外，一般用干捻法，干捻法可减少飞花附着油疵纱，油、水、电等用量都显著减少，但湿捻法股线质量较干捻法好；股线管纱成形一般都采用短动程成形，股线在筒管上呈圆锥形卷绕。

（1）锭子转速

锭子的转速和纱线品种有关，加捻棉纱线密度与锭速的关系参见表 1—10—6。

（2）捻向、捻系数

1）捻向　采用 Z 捻，股线采用 S 捻。其他特殊品种捻向见表 1—10—7。

2）纱线捻比　纱线捻比为股线捻系数与单纱捻系数的比值，纱线捻比影响股线的光泽、手感、强度及捻缩（伸）率，不同用途股线与单纱的捻比值见表 1—10—8。

股线要获得最大的强力，其捻比理论值为：

双股线：$\alpha_1 = 1.414\alpha_0$

二股线：$\alpha_1 = 1.732\alpha_0$

式中　α_1 ——股线捻系数；

α_0 ——单纱捻系数。

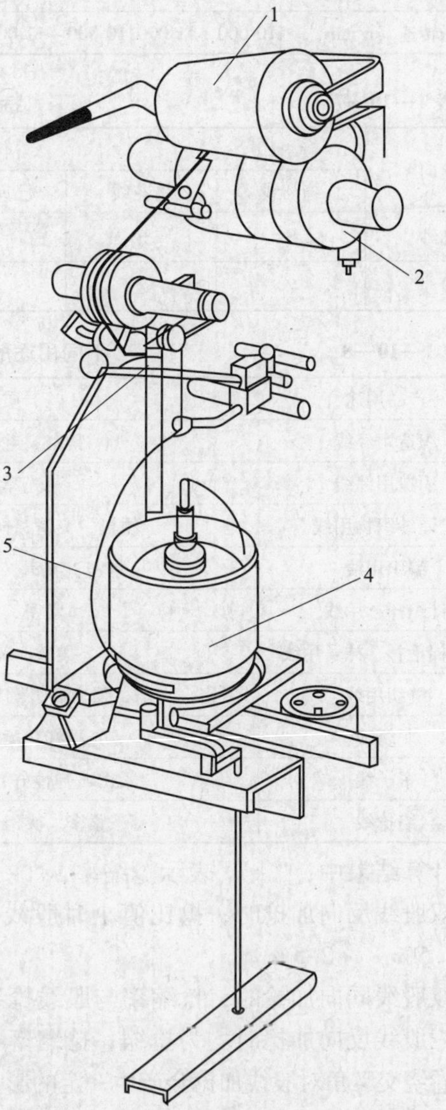

实际生产中考虑到织物服用性能和捻线机的产量，一般采用小于上述理论值的捻比值，当单纱捻系数较高时，捻比值更应低于理论值；只有当采用较低捻度单纱时，股线捻系数才接近或略大于上述理论值。

1
2
3
5
4

图 1—10—8　EJP834－165 型倍捻机结构示意图

1—卷取筒子　2—摩擦辊　3—断纱探测杆
4—倍捻装置　5—纱线

3）捻缩（伸）率　捻缩（伸率）计算公式如下：

$$\text{捻缩(伸)率} = \frac{\text{输出股线计算长度} - \text{输出股线实际长度}}{\text{输出股线计算长度}} \times 100\%$$

表 1—10—6　加捻棉纱线密度与锭速的关系

加捻棉纱线密度（tex）	7.5×2	9.7×2	12×2	14.5×2	19.5×2	29.5×2
锭子转速（r/min）	10 000～11 000	10 000～11 000	8 000～10 000	8 000～10 000	7 000～9 000	7 000～9 000

表 1—10—7　特殊品种捻向

捻向	纱线品种				
	缝纫线	绣花线	巴厘纱织物用线	隐条、隐格呢的隐条经线	帘子线
细纱	S	S	S	S	Z
股线	Z	Z	S	Z	ZS 或 SZ

表 1—10—8　不同用途股线与单纱的捻比值

产品用途	质量要求	捻比值
织造用经线	紧密，毛羽少，强力高	1.2～1.4
织造用纬线	光泽好，柔软	1.0～1.2
巴厘纱织物用线	硬挺，爽滑，同向加捻，经热定型	1.3～1.5
编织用线	紧密，爽滑，圆度好，捻向 ZSZ	初捻 1.7～2.4，复捻 0.7～0.9
针织汗衫用线	紧密，爽滑，光洁	1.3～1.4
针织棉毛衫、袜子用线	柔软，光洁，结头少	0.8～1.1
缝纫用线	紧密，光洁，强力高，圆度好，捻向 SZ，结头及纱疵少	双股 1.2～1.4，三股 1.5～1.7
刺绣线	光泽好，柔软，结头小而少	0.8～1.0
帘子线	紧密，弹性好，强力高，捻向 ZZS	初捻 2.4～2.8，复捻 0.85 左右
绉捻线	紧密，爽滑，伸长大，强捻	2.0～3.0

计算结果中，“+”表示捻缩率，“-”表示捻伸率。

双股线反向加捻时，捻比值小时股线伸长，捻比值大时股线缩短，捻缩（伸）率一般为 -1.5%～+2.5%。

双股线同向加捻时，捻缩率与股线捻系数成正比，一般为 4% 左右。

三股线反向加捻时均为捻缩，捻缩率与股线捻系数成正比，捻缩率为 1%～4%。

卷绕交叉角对股线加捻会产生一定的影响，因此在设定捻度时，需要对所需捻度进行修正。

$$T = T_1 + T_1 \times \left(\frac{1}{\cos\theta} - 1\right) \times \frac{1}{2}$$

式中　T——实际需要捻度，捻回/10 cm；

T_1——机器设定捻度，捻回/10 cm；

θ——卷绕交叉角。

在确定加捻方向后，可以通过变换 S 捻或 Z 捻的捻向座和电动机的旋转方向来获得所需的捻向。

（3）卷绕交叉角

卷绕交叉角与筒子成形有很大关系。常用的卷绕交叉角为 12°14′、14°32′、18°08′、21°24′，一般 12°14′交叉角用于高密度卷绕的高捻线，18°08′交叉角用于标准卷装，21°24′

交叉角用于低密度卷绕的低捻线，理论上交叉角由往复频率确定。

从机械角度看，最大往复频率为 60 次/min，根据经验，纱速宜设定在 70 m/min 以下，断头率较低。选择参数前，应当计算或从图 1—10—9 中查得往复频率，如果大于极限值 60 次/min，应调整锭速或交叉角参数。

（4）超喂率

变换超喂率可以改变卷绕张力，从而调节卷绕筒子的密度。一般超喂率大，筒子的卷绕密度小。但是，纱线在超喂罗拉上打滑时，即使超喂率设定得再大，卷绕张力仍不能有效地下降。因此，还可以通过改变纱线在超喂罗拉上的包角，有效地利用纱线与超喂罗拉的滑溜率来控制卷绕张力。

（5）气圈高度

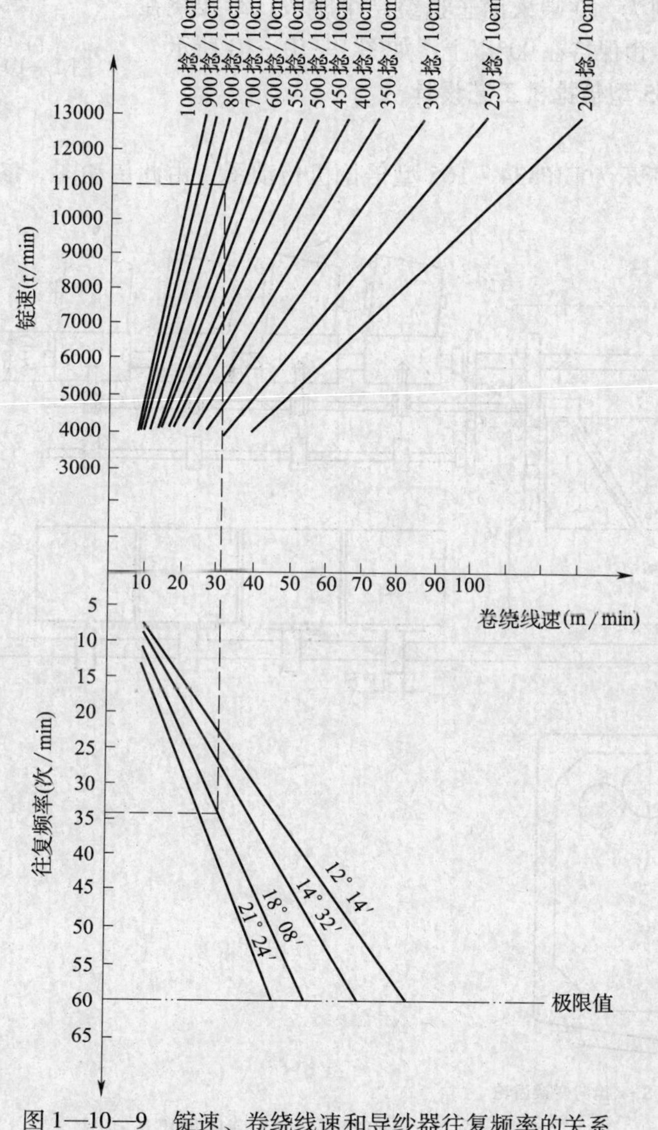

图 1—10—9　锭速、卷绕线速和导纱器往复频率的关系

气圈高度是指从锭子加捻盘到导纱杆的高度。气圈高度减小，气圈张力减小，反之增大。最小高度以气圈不碰储纱罐为限，最大高度以纱线不断头为限，因为如果气圈碰击锭子的储纱罐，就会造成纱线断头；而气圈高度大则会使气圈张力增大，也就可能导致纱线断头率上升，影响生产效率及纱线质量。所以气圈高度必须根据纱线品种进行调整，确保高度适当。

（6）张力

一般短纤维倍捻机的张力器为胶囊式，通过改变张力器内的弹簧可以调节纱线张力，不同品种的纱线加捻，需要不同的张力。适宜的纱线张力可以改善成品的捻度不匀率和强力不匀率，降低断头率。

张力调整的原则为：在喂入筒子退绕结束阶段，纱线绕在锭子贮纱盘上的贮纱角保持在90°以上，如图 1—10—10 所示。

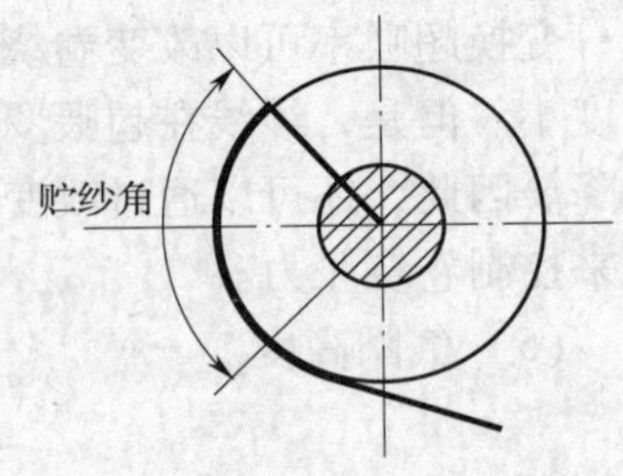

图 1—10—10　锭子贮纱角示意图

3. EJP834－165 型倍捻机工艺设计

（1）锭速设计

图 1—10—11 所示为 EJP834－165 型倍捻机传动图，由此传动图，参考表 1—10—6，对锭速设计如下：

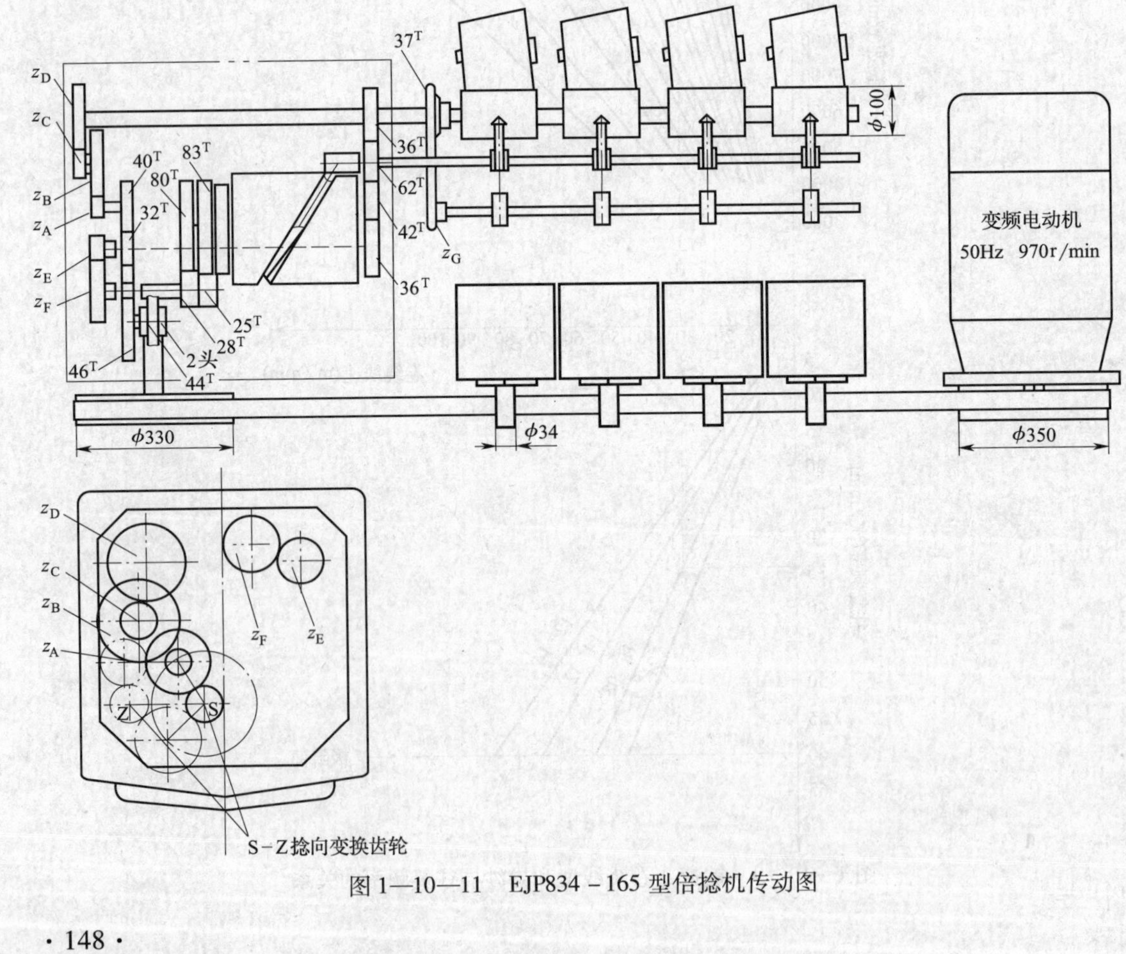

图 1—10—11　EJP834－165 型倍捻机传动图

$$n_{锭子} = \frac{970}{50} \times f \times \frac{D}{d} \times 98\% = \frac{970}{50} \times 55 \times \frac{350}{34} \times 98\% = 10\ 764\ \text{r/min}$$

式中　D——电动机胶带轮直径，mm，350 mm；

d——锭盘直径，mm，34 mm；

f——电动机变频值，Hz，35 Hz、40 Hz、45 Hz、50 Hz、55 Hz、60 Hz，取 55 Hz。

（2）捻向、捻系数的设计

1）捻向　股线选用 S 捻。

2）捻度的设计。

第一步：选取纱线捻比值

由于所纺股线用于机织，并对产品的质量有较高的要求，参考表 1—10—8，纱线捻比值选择 1.4。

即
$$\alpha_{1估} = 1.4\alpha_0 = 1.4 \times 351.12 = 491.57$$

式中　$\alpha_{1估}$——股线选取的捻系数；

α_0——单纱捻系数，351.12。

第二步：计算捻度

$$T_{tex估} = \frac{\alpha_{1估}}{\sqrt{T_t}} = \frac{491.57}{\sqrt{9.8 \times 2}} = 111.03\ 捻回/10\ \text{cm}$$

根据图 1—10—11，股线的捻度为：

$$T_{tex} = 2 \times \frac{z_D \times z_B \times 40 \times 44 \times 330 \times 1\ 000}{z_C \times z_A \times 46 \times 2 \times 34 \times \pi \times 100 \times 10} = 118.27 \times \frac{z_D \times z_B}{z_C \times z_A}$$

$$= 118.27 \times \frac{22 \times 53}{54 \times 23} = 111.03\ 捻回/10\ \text{cm}$$

式中，z_A、z_B、z_C、z_D 为捻度变换齿轮齿数，$z_A + z_B = 76$，$z_C + z_D = 76$。

z_A 取 23，z_B 取 53，z_C 取 54，z_D 取 22。

第二步：计算股线的捻系数

$$\alpha_1 = T_{tex} \times \sqrt{T_t} = 111.03 \times \sqrt{9.8 \times 2} = 491.55$$

（3）平均卷绕线速度

$$v_{卷绕} = \frac{2 \times n_{锭子}}{T_{tex} \times 10} \times \eta = \frac{2 \times 10\ 764}{111.03 \times 10} \times 0.96 = 18.61\ \text{m/min}$$

式中　η——滑溜系数，一般为 0.94 ~ 0.99，取 0.96。

（4）卷绕交叉角

卷绕交叉角选用 18°08′，根据图 1—10—11，卷绕交叉角为：

$$\tan\theta = \frac{导纱器速度}{摩擦辊线速度} = \frac{导纱器往复频率 \times 2 \times 往复动程}{摩擦辊线速度}$$

$$= \frac{2 \times 152 \times 25 \times z_E}{3.14 \times 100 \times 83 \times z_F} = 0.291\ 6 \times \frac{z_E}{z_F} = 0.291\ 6 \times \frac{36}{32} = 0.328\ 1$$

式中　θ——卷绕交叉角；

z_E/z_F——交叉角变换齿轮齿数，29/39、32/36、36/32、39/29，取 36/32。

（5）超喂率

根据图 1—10—11，超喂率为：

$$超喂率=\frac{超喂罗拉出纱速度}{摩擦辊线速度}\times 100\%$$

$$=\frac{37\times 58.5}{z_G\times 100}\times 100\%=\frac{37\times 58.5}{14\times 100}\times 100\%=154.61\%$$

式中　z_G——超喂率变换链轮齿数，为 12～17，取 14。

超喂罗拉直径为 58.5 mm。

四、络并捻工艺设计表

络并捻工艺设计见表 1—10—9。

表 1—10—9　　络并捻工艺设计表

络筒工艺								
机型	络筒速度（m/min）	张力（cN）	卷绕长度（m）	电子清纱器				
				形式	棉结	短粗节	长粗节	长细节
AUTOCONER338	900	23	204 000	USTER	+250%	+160% ×3 cm	+35% ×30 cm	-30% ×20 cm

并纱工艺			
机型	并合根数	卷绕线速度（m/min）	张力圈质量（g）
FA703	2	448. 60	8

倍捻工艺							
机型	线密度（tex）	捻度（捻回/10 cm）	捻系数	捻向	锭速（r/min）	卷绕线速度（m/min）	超喂率（%）
EJP834-165	9.8×2	111.03	491.55	S	10 764	18.61	154.61

齿数						
z_A	z_B	z_C	z_D	z_E	z_F	z_G
23	53	54	22	36	32	14

考核评价

考核评分见表 1—10—10。

表 1—10—10　　考核评分表

项目	分值			得分	
络筒工艺设计	50（按照要求进行设计，少一项扣 5 分）				
并纱工艺设计	20（按照要求进行设计，少一项扣 5 分）				
捻线工艺设计	30（按照要求进行设计，少一项扣 5 分）				
书写、打印规范	书写有错误一次倒扣 4 分，格式错误倒扣 5 分，最多不超过 20 分				
姓名		班级	学号	总得分	

思考与练习

1. 设计高档贡缎用 JC7.5×2 tex 精梳股线的络并捻工艺。
2. 设计高级府绸用 JC4.9×3 tex 精梳股线的络并捻工艺。

任务 11　纺纱设备配备计算

学习目标

1. 能计算理论生产量、定额生产量及各工序总产量。
2. 能计算设备配备的数量。

任务引入

2 天后交付 2 000 kg JC9.8×2 tex 纯棉精梳股线，需要对设备的配备进行计算，见表 1—11—1。

表 1—11—1　　设备配备表

<table>
<tr><th rowspan="2">工序</th><th rowspan="2">每台（锭、眼）理论产量（kg/h）</th><th rowspan="2">时间效率（%）</th><th rowspan="2">每台（锭、眼）定额产量（kg/h）</th><th rowspan="2">消耗率（%）</th><th rowspan="2">总生产量（kg/h）</th><th rowspan="2">定额设备台（眼、锭）数</th><th rowspan="2">计划停台率（%）</th><th rowspan="2">计算设备台（眼、锭）数</th><th colspan="3">配备数量</th></tr>
<tr><th>设备台数</th><th>规格</th><th>台（锭、头、眼）总数</th></tr>
<tr><td>丌清棉</td><td></td><td></td><td></td><td></td><td></td><td></td><td></td><td></td><td></td><td></td><td></td></tr>
<tr><td>梳棉</td><td></td><td></td><td></td><td></td><td></td><td></td><td></td><td></td><td></td><td></td><td></td></tr>
<tr><td>预并条</td><td></td><td></td><td></td><td></td><td></td><td></td><td></td><td></td><td></td><td></td><td></td></tr>
<tr><td>条并卷</td><td></td><td></td><td></td><td></td><td></td><td></td><td></td><td></td><td></td><td></td><td></td></tr>
<tr><td>精梳</td><td></td><td></td><td></td><td></td><td></td><td></td><td></td><td></td><td></td><td></td><td></td></tr>
<tr><td>并条</td><td></td><td></td><td></td><td></td><td></td><td></td><td></td><td></td><td></td><td></td><td></td></tr>
<tr><td>粗纱</td><td></td><td></td><td></td><td></td><td></td><td></td><td></td><td></td><td></td><td></td><td></td></tr>
<tr><td>细纱</td><td></td><td></td><td></td><td></td><td></td><td></td><td></td><td></td><td></td><td></td><td></td></tr>
<tr><td>络筒</td><td></td><td></td><td></td><td></td><td></td><td></td><td></td><td></td><td></td><td></td><td></td></tr>
<tr><td>并纱</td><td></td><td></td><td></td><td></td><td></td><td></td><td></td><td></td><td></td><td></td><td></td></tr>
<tr><td>倍捻</td><td></td><td></td><td></td><td></td><td></td><td></td><td></td><td></td><td></td><td></td><td></td></tr>
</table>

任务分析

客户需要 2 000 kg 的 JC9. 8 ×2 tex 纯棉精梳股线，并且要在 2 天后交货。因此需要对理论产量、定额产量、总生产量、设备配备进行计算，通常对以上的参量依次进行计算。

任务实施

一、理论生产量

理论生产量是指单位时间内机器的连续生产量。

理论生产量计算见表 1—11—2。

表 1—11—2　　理论生产量的计算表

序号	工序	计算公式	任务实施
1	开清棉	$G_{L清棉}=\frac{60\times\pi\times d_{棉卷罗拉}\times n_{棉卷罗拉}\times T_{t棉卷}}{1\,000\times1\,000\times1\,000}$(kg/台·h) 式中 $T_{t棉卷}$——棉卷线密度，tex $d_{棉卷罗拉}$——棉卷罗拉直径，mm $n_{棉卷罗拉}$——棉卷罗拉转速，r/min	$T_{t棉卷}$：392 770 tex $d_{棉卷罗拉}$：230 mm $n_{棉卷罗拉}$：12. 312 r/min $G_{L清棉}=\frac{60\times3.14\times230\times12.312\times392\,770}{1\,000\times1\,000\times1\,000}$ = 209. 54 kg/台·h
2	梳棉	$G_{L梳棉}=\frac{60\times\pi\times d_{道夫}\times n_{道夫}\times e_{小压辊\sim道夫}\times T_{t梳棉}}{1\,000\times1\,000\times1\,000}$(kg/台·h) 式中 $T_{t梳棉}$——梳棉条线密度，tex $d_{道夫}$——道夫直径，mm $n_{道夫}$——道夫转速，r/min $e_{小压辊\sim道夫}$——道夫与小压辊之间的牵伸倍数	$T_{t梳棉}$：4 088. 28 tex $d_{道夫}$：706 mm $n_{道夫}$：29. 3 r/min $e_{小压辊\sim道夫}$：1. 54 $G_{L梳棉}=\frac{60\times3.14\times706\times29.3\times1.54\times4\,088.28}{1\,000\times1\,000\times1\,000}$ = 24. 54 kg/台·h
3	预并条	$G_{L预并条}=\frac{60\times v_{前罗拉}\times e_{紧压罗拉\sim前罗拉}\times T_{t预并条}}{1\,000\times1\,000}$(kg/眼·h) 式中 $T_{t预并条}$——并条线密度，tex $v_{前罗拉}$——前罗拉速度，m/min $e_{紧压罗拉\sim前罗拉}$——紧压罗拉与前罗拉之间的牵伸倍数，一般不予计算	$T_{t预并条}$：4 021. 01 tex $v_{前罗拉}$：350 m/min $e_{紧压罗拉\sim前罗拉}$：1. 017 5 $G_{L预并条}=\frac{60\times350\times1.017\,5\times4\,021.01}{1\,000\times1\,000}$ = 85. 92 kg/眼·h
4	条并卷	$G_{L条并卷}=\frac{60\times v_{成卷罗拉}\times T_{t条并卷}}{1\,000\times1\,000}$(kg/台·h) 式中 $T_{t条并卷}$——条并卷线密度，tex $v_{成卷罗拉}$——成卷罗拉线速度，m/min	$T_{t条并卷}$：67 584. 65 tex $v_{成卷罗拉}$：90 m/min $G_{L条并卷}=\frac{60\times90\times67\,584.65}{1\,000\times1\,000}$=364. 96 kg/台·h

续表

序号	工序	计算公式	任务实施
5	精梳	$G_{L精梳}=\frac{60\times v_{圈条压辊}\times T_{t精梳}}{1\ 000\times 1\ 000}$(kg/台·h) 式中　$v_{圈条压辊}$——圈条压辊线速度，m/min $T_{t精梳}$——精梳条线密度，tex	$v_{圈条压辊}$：154.92 m/min $T_{t精梳}$：4 326.98 tex $G_{L精梳}=\frac{60\times 154.92\times 4\ 326.98}{1\ 000\times 1\ 000}=40.22$ kg/台·h
6	并条	$G_{L并条}=\frac{60\times v_{紧压罗拉}\times T_{t并条}}{1\ 000\times 1\ 000}$(kg/眼·h) 式中　$T_{t并条}$——并条线密度，tex $v_{紧压罗拉}$——紧压罗拉转速，r/min	$T_{t并条}$：3 248.49 tex $v_{紧压罗拉}$：384 m/min $G_{L并条}=\frac{60\times 384\times 3\ 248.49}{1\ 000\times 1\ 000}=74.85$ kg/眼·h
7	粗纱	$G_{L粗纱}=\frac{60\times \pi\times d_{前罗拉}\times n_{前罗拉}\times T_{t粗纱}}{1\ 000\times 1\ 000\times 1\ 000}$(kg/锭·h) 式中　$T_{t粗纱}$——粗纱线密度，tex $d_{前罗拉}$——前罗拉直径，mm $n_{前罗拉}$——前罗拉转速，r/min	$T_{t粗纱}$：377.58 tex $d_{前罗拉}$：28 mm $n_{前罗拉}$：232.64 r/min $G_{L粗纱}=\frac{60\times 3.14\times 28\times 232.64\times 377.58}{1\ 000\times 1\ 000\times 1\ 000}$ $=0.46$ kg/锭·h
8	细纱	$G_{L细纱}=\frac{60\times \pi\times d_{前罗拉}\times n_{前罗拉}\times (1\pm s)\times T_{t细纱}}{1\ 000\times 1\ 000\times 1\ 000}$(kg/锭·h) 式中　$T_{t细纱}$——细纱线密度，tex $d_{前罗拉}$——前罗拉直径，mm $n_{前罗拉}$——前罗拉转速，r/min s——捻缩率或捻伸率，%。捻缩率用（$1+s$），捻伸率用（$1-s$）	$T_{t细纱}$：9.8 tex $d_{前罗拉}$：25 mm $n_{前罗拉}$：160.77 r/min s：2.26% $G_{L细纱}=\frac{60\times 3.14\times 25\times 160.77\times (1+2.26\%)\times 9.8}{1\ 000\times 1\ 000\times 1\ 000}$ $=0.007\ 6$ kg/锭·h
9	络筒	$G_{L络筒}=\frac{60\times v_{络筒}\times T_{t络筒}}{1\ 000\times 1\ 000}$(kg/锭·h) 式中　$v_{络筒}$——络筒机线速度，m/min $T_{t络筒}$——络筒纱（或线）的线密度，tex	$v_{络筒}$：900 m/min $T_{t络筒}$：9.8tex $G_{L络筒}=\frac{60\times 900\times 9.8}{1\ 000\times 1\ 000}=0.529\ 2$ kg/锭·h

续表

序号	工序	计算公式	任务实施
10	并纱	$G_{L并纱}=\dfrac{60\times v_{并纱}\times c\times T_{t单纱}}{1\,000\times 1\,000}$(kg/锭·h) 式中　$v_{并纱}$——并纱机的线速度，m/min $T_{t单纱}$——单纱线密度，tex c——并合根数	$v_{并纱}$：448.60 m/min $T_{t单纱}$：9.8tex c：2 根 $G_{L并纱}=\dfrac{60\times 448.60\times 2\times 9.8}{1\,000\times 1\,000}$ $=0.527\,6$ kg/锭·h
11	倍捻	$G_{L倍捻}=\dfrac{60\times 2\times n_{0锭子}\times T_{t倍捻}}{10\times T_{tex}\times 1\,000\times 1\,000}$(kg/锭·h) 式中　$n_{0锭子}$——锭子转速，r/min $T_{t倍捻}$——倍捻捻线的线密度，tex T_{tex}——捻度，捻回/10 cm	$n_{0锭子}$：10 764 r/min $T_{t倍捻}$：19.6tex T_{tex}：111.03 捻回/10 cm $G_{L倍捻}=\dfrac{60\times 2\times 10\,764\times 19.6}{10\times 111.03\times 1\,000\times 1\,000}$ $=0.022\,8$ kg/锭·h

二、定额生产量

1. 时间效率

设备在运转过程中，由于需要落纱、接头、布置工作场地及工人自然需要等，会造成停车，使实际运转时间少于理论运转时间，因此实际产量少于理论产量。

时间效率是指在一定的生产时间内，设备的定额生产量 q 与理论生产量 G_L 的比值的百分率，即：

$$K=\frac{q}{G_L}\times 100\%$$

时间效率 K 也是指在一定的生产时间内，设备的实际运转时间 t_e 与理论运转时间 t_L 比值的百分率。

$$K=\frac{t_e}{t_L}\times 100\%$$

影响时间效率的因素有卷装容量、自动化程度、工人操作熟练程度、劳动组织的完善程度等。一般，时间效率可通过测定或实际生产资料统计而获得。

2. 计划停台率

计划停台率是指在一个大平车周期内，由于各种保全保养所造成的停机时间与大平车周期内理论运转时间的比值百分率。

$$\eta=\frac{\sum_{i=1}^{n}c_i n_i}{t}\times 100\%$$

式中　c_i——某项保全保养工作一次所需要的时间（停车时间），包括大平车、小平车、检修、揩车、换皮辊等；

n_i——大平车周期内该项保全保养工作的次数；

t——大平车周期内理论运转时间。

纺纱各工序设备的时间效率和计划停台率可参考表1—11—3。

表1—11—3　各工序设备的时间效率和计划停台率

设备名称	时间效率 K（%）	时间效率取值 K（%）	计划停台率 η（%）	计划停台率取值 η（%）
开清棉	82~87	85	10~12	10
梳棉	85~90	87	5~7	6
预并条	75~82	80	4~6	5
条并卷	70~80	78	3~5	4
精梳	85~90	88	5~7	5
并条	75~82	80	4~6	5
粗纱	70~80	75	4~6	4
细纱	经纱：91~98；纬纱：90~97	96	3~4	3
络筒	65~70	70	4~6	5
并纱	85~95	95	4~6	5
倍捻	92~98	98	3~4	3

3. 定额生产量

设备的定额生产量 q 是指考虑了设备的时间效率 K 后，在一定的理论运转时间内的产量。因此，定额生产量必小于理论生产量 G_L，它们之间的关系式是：

$$q = G_L \times K$$

各工序的定额生产量如下。

（1）开清棉

$$q_{清棉} = G_{L清棉} \times K_{清棉} = 209.54 \times 85\% = 178.11\ \text{kg/台·h}$$

（2）梳棉

$$q_{梳棉} = G_{L梳棉} \times K_{梳棉} = 24.54 \times 87\% = 21.35\ \text{kg/台·h}$$

（3）预并条

$$q_{预并条} = G_{L预并条} \times K_{预并条} = 85.92 \times 80\% = 68.74\ \text{kg/眼·h}$$

（4）条并卷

$$q_{条并卷} = G_{L条并卷} \times K_{条并卷} = 364.96 \times 78\% = 284.67\ \text{kg/台·h}$$

（5）精梳

$$q_{精梳} = G_{L精梳} \times K_{精梳} = 40.22 \times 88\% = 35.39\ \text{kg/台·h}$$

（6）并条

$$q_{并条} = G_{L并条} \times K_{并条} = 74.85 \times 80\% = 59.88\ \text{kg/眼·h}$$

（7）粗纱

$$q_{粗纱} = G_{L粗纱} \times K_{粗纱} = 0.46 \times 75\% = 0.345\ \text{kg/锭·h}$$

(8) 细纱

$$q_{细纱}=G_{L细纱}\times K_{细纱}=0.0076\times 96\%=0.0073\ \text{kg/锭·h}$$

(9) 络筒

$$q_{络筒}=G_{L络筒}\times K_{络筒}=0.5292\times 70\%=0.3704\ \text{kg/锭·h}$$

(10) 并纱

$$q_{并纱}=G_{L并纱}\times K_{并纱}=0.5276\times 95\%=0.5012\ \text{kg/锭·h}$$

(11) 倍捻

$$q_{倍捻}=G_{L倍捻}\times K_{倍捻}=0.0228\times 98\%=0.0223\ \text{kg/锭·h}$$

三、各工序总产量

1. 消耗率

生产过程中必然会产生回花、落棉、回丝、风耗等落物，形成一定量的消耗，使后一工序的产量小于前一工序的产量，通常用消耗率表示各工序消耗量的多少。

某工序的消耗率是该工序的制成量与细纱生产量比值的百分率，即：

$$本工序消耗率(S_i)=\frac{本工序半制品产量}{细纱产量}\times 100\%$$

或

$$本工序消耗率(S_i)=\frac{Z_i}{Z_x}\times 100\%$$

式中 Z_i——本工序累计制成率；

Z_x——细纱累计制成率。

各类纱线的消耗率见表1—11—4。

表1—11—4　各类纱线的消耗率

工序	普梳棉纱（%）	精梳棉纱（%）	JC9.8×2 tex纯棉精梳股线的取值（%）
开清棉	110	128～137	130
梳棉	103	123～130	125
预并条		122～129	124
条并卷		120～128	123
精梳		103～104	104
头并	102	102～103	103
二并	102		
粗纱	101.5	101.5～102	102
细纱	100	100	100
络筒	99.9	99.9	99.9
并纱	99.85	99.8	99.8
倍捻	99.8	99.7	99.7

2. 各工序总生产量

纯纺纱各工序半制品总产量（即需要量）G_i：

$$G_i = Q_i \times S_i$$

式中　Q_i——细纱总生产量，kg/h；

S_i——某工序消耗率。

纺制 2 000 kg 的 JC9.8×2 tex 纯棉精梳股线，客户要求 2 天后交货，换算各工序半制品总产量（即需要量）G_i 为：

（1）倍捻总产量

$$G_{i倍捻} = \frac{2\ 000}{24 \times 2} = 41.67\ \text{kg/h}$$

（2）细纱总产量

$$Q_{i细纱} = \frac{G_{i倍捻}}{S_{i倍捻}} = \frac{41.67}{99.7\%} = 41.80\ \text{kg/h}$$

（3）并纱总产量

$$G_{i并纱} = Q_{i细纱} \times S_{i并纱} = 41.80 \times 99.8\% = 41.72\ \text{kg/h}$$

（4）络筒总产量

$$G_{i络筒} = Q_{i细纱} \times S_{i络筒} = 41.80 \times 99.9\% = 41.76\ \text{kg/h}$$

（5）粗纱总产量

$$G_{i粗纱} = Q_{i细纱} \times S_{i粗纱} = 41.80 \times 102\% = 42.64\ \text{kg/h}$$

（6）并条总产量

$$G_{i并条} = Q_{i细纱} \times S_{i并条} = 41.80 \times 103\% = 43.05\ \text{kg/h}$$

（7）精梳总产量

$$G_{i精梳} = Q_{i细纱} \times S_{i精梳} = 41.80 \times 104\% = 43.47\ \text{kg/h}$$

（8）条并卷总产量

$$G_{i条并卷} = Q_{i细纱} \times S_{i条并卷} = 41.80 \times 123\% = 51.41\ \text{kg/h}$$

（9）预并条总产量

$$G_{i预并条} = Q_{i细纱} \times S_{i预并条} = 41.80 \times 124\% = 51.83\ \text{kg/h}$$

（10）梳棉总产量

$$G_{i梳棉} = Q_{i细纱} \times S_{i梳棉} = 41.80 \times 125\% = 52.25\ \text{kg/h}$$

（11）开清棉总产量

$$G_{i清棉} = Q_{i细纱} \times S_{i清棉} = 41.80 \times 130\% = 54.34\ \text{kg/h}$$

四、设备配备

定额设备数量 M_d，单位可为台、眼、锭、头。

$$M_d = \frac{G_i}{q}$$

式中　G_i——某工序半制品总生产量，kg/h，若计算细纱机的定额设备数量 M_d，应以细纱总生产量 Q_i 值代替上式中的 G_i 值；

q——某工序定额产量，kg/台、kg/眼、kg/锭、kg/头。

1. 纺纱各工序定额设备数量计算

（1）开清棉定额设备台数

$$M_{d清棉}=\frac{G_{i清棉}}{q_{清棉}}=\frac{54.34}{178.11}=0.31\text{ 台}$$

（2）梳棉定额设备台数

$$M_{d梳棉}=\frac{G_{i梳棉}}{q_{梳棉}}=\frac{52.25}{21.35}=2.45\text{ 台}$$

（3）预并条定额设备眼数

$$M_{d预并条}=\frac{G_{i预并条}}{q_{预并条}}=\frac{51.83}{68.74}=0.75\text{ 眼}$$

（4）条并卷定额设备台数

$$M_{d条并卷}=\frac{G_{i条并卷}}{q_{条并卷}}=\frac{51.41}{284.67}=0.18\text{ 台}$$

（5）精梳定额设备台数

$$M_{d精梳}=\frac{G_{i精梳}}{q_{精梳}}=\frac{43.47}{35.39}=1.23\text{ 台}$$

（6）并条定额设备眼数

$$M_{d并条}=\frac{G_{i并条}}{q_{并条}}=\frac{43.05}{59.88}=0.72\text{ 眼}$$

（7）粗纱定额设备锭数

$$M_{d粗纱}=\frac{G_{i粗纱}}{q_{粗纱}}=\frac{42.64}{0.345}=123.59\text{ 锭}$$

（8）细纱定额设备锭数

$$M_{d细纱}=\frac{G_{i细纱}}{q_{细纱}}=\frac{41.80}{0.0073}=5\ 726.03\text{ 锭}$$

（9）络筒定额设备锭数

$$M_{d络筒}=\frac{G_{i络筒}}{q_{络筒}}=\frac{41.76}{0.3704}=112.74\text{ 锭}$$

（10）并纱定额设备锭数

$$M_{d并纱}=\frac{G_{i并纱}}{q_{并纱}}=\frac{41.72}{0.5012}=83.24\text{ 锭}$$

（11）倍捻定额设备锭数

$$M_{d倍捻}=\frac{G_{i倍捻}}{q_{倍捻}}=\frac{41.67}{0.0223}=1\ 868.61\text{ 锭}$$

2. 纺纱设备数量的计算

计算机台数 M_i，单位可为台、眼、锭、头。

$$M_i=\frac{M_d}{1-\eta}$$

式中 η——设备计划停台率。

配备设备数量（M）是将计算设备的数量化成整数机台数，配备设备数量通常较计算设备数量略多一些。

生产 JC9.8×2 tex 纯棉精梳股线的设备计划停台率取值见表 1—11—3。

（1）开清棉设备数量

$$M_{i清棉}=\frac{M_{d清棉}}{1-\eta_{清棉}}=\frac{0.31}{1-10\%}=0.34\text{ 台，取 }0.5\text{ 台。}$$

（2）梳棉设备数量

$$M_{i梳棉}=\frac{M_{d梳棉}}{1-\eta_{梳棉}}=\frac{2.45}{1-6\%}=2.61\text{ 台，取 }3\text{ 台。}$$

（3）预并条设备数量

$$M_{i预并条}=\frac{M_{d预并条}}{1-\eta_{预并条}}=\frac{0.75}{1-5\%}=0.79\text{ 眼，取 }2\text{ 眼 /1 台。}$$

（4）条并卷设备数量

$$M_{i条并卷}=\frac{M_{d条并卷}}{1-\eta_{条并卷}}=\frac{0.18}{1-4\%}=0.19\text{ 台，取 }1\text{ 台。}$$

（5）精梳设备数量

$$M_{i精梳}=\frac{M_{d精梳}}{1-\eta_{精梳}}=\frac{1.23}{1-5\%}=1.29\text{ 台，取 }2\text{ 台。}$$

（6）并条设备数量

$$M_{i并条}=\frac{M_{d并条}}{1-\eta_{并条}}=\frac{0.72}{1-5\%}=0.76\text{ 眼，取 }2\text{ 眼 /1 台。}$$

（7）粗纱设备数量

$$M_{i粗纱}=\frac{M_{d粗纱}}{1-\eta_{粗纱}}=\frac{123.59}{1-4\%}=128.74\text{ 锭，取 }2\text{ 台（120 锭 / 台）。}$$

（8）细纱设备数量

$$M_{i细纱}=\frac{M_{d细纱}}{1-\eta_{细纱}}=\frac{5\,726.03}{1-3\%}=5\,903.12\text{ 锭，取 }15\text{ 台（420 锭 / 台）。}$$

（9）络筒设备数量

$$M_{i络筒}=\frac{M_{d络筒}}{1-\eta_{络筒}}=\frac{112.74}{1-5\%}=118.67\text{ 锭，取 }2\text{ 台（80 锭 / 台）。}$$

（10）并纱设备数量

$$M_{i并纱}=\frac{M_{d并纱}}{1-\eta_{并纱}}=\frac{83.24}{1-5\%}=87.62\text{ 锭，取 }1\text{ 台（100 锭 / 台）。}$$

（11）倍捻设备数量

$$M_{i倍捻}=\frac{M_{d倍捻}}{1-\eta_{倍捻}}=\frac{1\,868.61}{1-3\%}=1\,926.40\text{ 锭，取 }15.5\text{ 台（128 锭 / 台）。}$$

五、JC9.8×2 tex 纯棉精梳股线的机器配备表

JC9.8×2 tex 纯棉精梳股线的机器配备见表 1—11—5。

表 1—11—5　　JC9.8×2 tex 纯棉精梳股线的机器配备表

工序	每台（锭、眼）理论产量（kg/h）	时间效率（%）	每台（锭、眼）定额产量（kg/h）	消耗率（%）	总生产量（kg/h）	定额设备台（眼、锭）数	计划停台率（%）	计算设备台（眼、锭）数	配备数量		
									设备台数	规格	台（锭、头、眼）总数
开清棉	209.54	85	178.11	130	54.34	0.31	10	0.34	0.5	1	0.5
梳棉	24.54	87	21.35	125	52.25	2.45	6	2.61	3	1	3
预并条	85.92	80	68.74	124	51.83	0.75	5	0.79	1	2	2
条并卷	364.96	78	284.67	123	51.41	0.18	4	0.19	1	1	1
精梳	40.22	88	35.39	104	43.47	1.23	5	1.29	2	1	2
并条	74.85	80	59.88	103	43.05	0.72	5	0.76	1	2	2
粗纱	0.46	75	0.345	102	42.64	123.59	4	128.74	2	120	240
细纱	0.007 6	96	0.007 3	100	41.80	5 726.03	3	5 903.12	15	420	6 300
络筒	0.529 2	70	0.370 4	99.9	41.76	112.74	5	118.67	2	80	160
并纱	0.527 6	95	0.501 2	99.8	41.72	83.24	5	87.62	1	100	100
倍捻	0.022 8	98	0.022 3	99.7	41.67	1 868.61	3	1 926.40	15.5	128	1 984

考核评价

考核评分见表 1—11—6。

表 1—11—6　　考核评分表

项目	分值				得分	
理论生产量的计算	40（按照要求进行设计，少一项扣 2 分）					
定额生产量的计算	20（按照要求进行设计，少一项扣 2 分）					
总产量的计算	20（按照要求进行设计，少一项扣 2 分）					
设备配备的计算	20（按照要求进行设计，少一项扣 2 分）					
书写、打印规范	书写有错误一次倒扣 4 分，格式错误倒扣 5 分，最多不超过 20 分					
姓名		班级		学号	总得分	

思考与练习

1. 计算 JC14.5 tex 纱，3 000 kg，4 天交货的纺纱设备配备。
2. 计算 JC7.5×2 tex 精梳股线，1 000 kg，2 天交货的纺纱设备配备。
3. 计算 JC4.9×3 tex 精梳股线，5 000 kg，10 天交货的纺纱设备配备。

模块二

化纤纱的工艺设计

任务 1 原料的选配

学习目标

1. 能根据纱线要求选配化纤。
2. 能计算化纤平均性能指标。
3. 能绘制排包图。

任务引入

客户需要纯涤纶 9.8 ×3 tex 缝纫线，要求强力高、伸长小、纱条光洁、结头少，如图 2—1—1 所示。请确定选料，并绘制排包图。

图 2—1—1 涤纶缝纫线

任务分析

客户需要的是纯涤纶缝纫线 9.8 ×3 tex 股线，并且对纱线的强力、伸长、光洁度、结头都有具体要求，因此，在选择原料时，应该按照客户的具体要求选择相应的化纤，并对化纤进行分类排队，计算混合棉的性能，最后绘制化纤包的排包图。

相关知识

一、化学纤维的种类

化学纤维是指以天然或人工合成的高分子物质为原料制成的纤维。化学纤维可根据原料来源的不同，分为再生纤维和合成纤维等，见表 2—1—1。

表 2—1—1　　化学纤维的种类及用途

化纤种类	化纤名称		用途
再生纤维	再生纤维素纤维	粘胶纤维（普通粘胶纤维、富强纤维）	服装、家庭装饰，产业用纺织品
		醋酯纤维	衬衣、领带、睡衣、高级女士服装、裙子
		Tencel 纤维	牛仔布、套装、休闲服、色织布、衬衫、内衣
		竹浆纤维	夏季服装、运动服、贴身衣物
	再生蛋白质纤维	大豆纤维	高档衬衫、内衣
		牛奶纤维	儿童服饰、女士内衣
合成纤维	涤纶（普通涤纶、高强涤纶、改性涤纶）		衣着、装饰
	腈纶		绒线、毛毯、人造毛皮、絮制品
	锦纶（锦纶 6、锦纶 66）		袜子、围巾、衣料
	丙纶		服装面料、地毯、土工布、过滤布、人造草坪
	氯纶		针织内衣、绒线、毯子、絮制品、防燃装饰用布
	维纶		低档的民用织物
	氨纶（又名：莱卡）		紧身衣、袜子

二、化学纤维的选配和使用

1. 几种常见化学纤维的选配和使用

（1）粘胶短纤维的选配和使用（见表 2—1—2）

表 2—1—2　　粘胶短纤维的选配和使用

项目	内　容
纤维性质	①光泽良好；吸湿性强（仅次于羊毛），浆料吸附性强，染色性能好；强度中等（富纤较高）；抗微生物，但不耐霉 ②湿强度特低（干强的 60%），加热至 100℃以上时强度显著下降；湿伸长率高，塑性变形大；耐碱性比棉低，耐酸性差
原料选用	1）纤维类型 ①粘纤断裂强度低，断裂伸长率大，细特纱 21.2 mN/dtex 以上，中粗特纱 19.4 mN/dtex 以上 ②富纤接近原棉；断裂强度高，湿强度比粘纤好，断裂伸长率低，一般与涤纶混纺或纯纺 2）纤维规格 中细特纱为 1.7 dtex、36 ~ 40 mm；粗特纱（毛型）为 2.2 ~ 2.8 dtex、35 ~ 38 mm 3）纤维含油量 ①夏季为 0.15% ~ 0.22%，当低于 0.1% 时，筵棉成块状，棉条实心，粗细纱紧硬，圈条成形不良，易产生三绕 ②春秋冬季为 0.18% ~ 0.25%，当高于 0.3% 时，成卷蓬松，外层碎落，粗纱松烂，也易三绕 4）疵点含量 ①倍长纤维中，细特纱为 10 mg/100 g，粗特纱为 20 mg/100 g 以下；富纤略高 ②疵点一般在 15 mg/100 g 以下，过多时成纱不匀，断头增加；织造开口不清，产生三跳疵布；针织时跳针造成破洞。富纤由于制造原因略高

续表

项目	内　容
原料选用	③残硫量在15 mg/100 g以下，过多时色泽黄、硫味大、纤维易老化，打击时易成粉末 5）回潮率 ①夏季为10%～12%，当低于9%时，静电现象严重，半制品松烂、条干恶化、毛羽和纱疵增多 ②春秋冬季为11%～13%，当高于14%时，纤维易结块，通道易堵塞，刀片易损坏，粘卷、堕棉网，绕锡林、龙头、罗拉、皮辊 6）色泽 色泽有漂白、原色，无光、半无光、有光之分，选料时应注意色差、浆粕对色泽有直接影响，棉粕除比木粕白亮外，强度也高
纯纺用途	粘纤：中平、细平布做床上用品，室内装饰，膏药底布，食用包装 富纤：细平、府绸做夏服衬衣、哔叽、华达呢、针织品
产品特征	①细洁、光滑、平整、白净、柔软，具有丝绸感；透气性好，不沾身；染色性好，花色鲜艳美观。富纤产品比粘纤产品挺括、易洗、耐碱 ②湿强低，耐磨性差，水洗不宜多，不宜直接浸泡和用力多搓，水中厚硬，缩水率大；弹性差，抗皱能力低，尺寸不稳定；抗酸能力差

（2）涤纶短纤维的选配和使用（见表2—1—3）

表2—1—3　　涤纶短纤维的选配和使用

项目	内　容
纤维性质	①强度高，干、湿强度一致，弹性模量大，耐磨性好（次于锦纶），耐冲击；弱酸沸煮时、强酸低温时、氧化剂高温时和普通有机溶剂常温时性能稳定；不霉蛀，耐腐蚀，光泽良好，耐热性优于锦纶，绝缘性好 ②吸湿性差，导电性差；滑移性大，与橡胶黏附力较差；浓碱沸煮时失重，高热蒸汽长期作用下水解
原料选用	1）纤维类型 ①普通型纤维断裂伸长大，撕破强力高，织物耐磨，服用性能好 ②高强低伸型纤维断裂强度高，成纱强力好，细纱、布机速度高，断头率低 2）纤维规格 ①特细纱选用0.5～1.2 dtex、38～42 mm规格；中、细特纱选用1.3～1.7 dtex、35～38 mm规格；粗特纱选用1.7～2.0 dtex、32～38 mm规格 ②$\frac{\text{纤维长度（25.4 mm）}}{\text{纤维线密度（1.1 dtex）}}>1$，纤维易受损伤；$\frac{\text{纤维长度（25.4 mm）}}{\text{纤维线密度（1.1 dtex）}}<1$可纺性较差 3）纤维含油量 ①夏季为0.10%～0.15%，含油量太多，手感发黏，梳棉易绕锡林 ②春秋冬季为0.15%～0.20%，含油量太少，粗糙发涩，棉网静电现象严重，粘卷、不易成条 4）纤维疵点含量 ①倍长纤维：特细、细特纱为3 mg/100 g，中特纱在6 mg/100 g以下。倍长纤维过多易绕角钉、绕刺辊、绕锡林，出硬头纱、抽筋纱、橡皮筋纱等 ②疵点（包括异状纤维、硬并丝）：特细、细特纱为3 mg/100 g，中特纱在8 mg/100 g以下。疵点过多时，细纱、布机断头率高，纱疵、织疵率高

续表

项目	内容
原料选用	5）热收缩率 纤维干热或沸水收缩率的差异过大，在蒸纱定捻、印染加工等受热处理时产生不同收缩率，会造成布幅宽狭不一的不规则条形皱痕。在多种型号、多唛混纺时要求纤维干热或沸水收缩率的差异更小
纯纺用途	缝线、外衣、过滤布、工业用品等
产品特征	①坚韧、耐磨、耐穿、结实，挺括、耐皱、光洁、滑爽，易洗、快干、免熨，不缩水、不泛黄、不易老化、不易变形，耐冲击、耐霉蛀 ②吸水性小、透气性差，静电效应大、容易沾污，容易起毛球、容易熔孔，印染花色一般

（3）腈纶短纤维的选配和使用（见表 2—1—4）

表 2—1—4　　腈纶短纤维的选配和使用

项目	内容
纤维性质	①耐气候变化、耐日光晒、耐热；弹性好、密度小、保暖性好；染色性能好；耐霉蛀、耐腐蚀、耐酸、耐氧化剂、耐一般有机溶剂；具有膨体性能 ②强度较低；在稀碱、氨水中变黄，强度下降，浓碱时纤维破坏；易燃
原料选用	1）棉型、中长型短纤 2）选用 1.7 dtex、2 dtex 纺 15～20 tex；选用 3.3 dtex、6.7 dtex、10 dtex 纺 18～98 tex 3）倍长纤维含量：棉型宜在 15 mg/100 g 以下，毛型宜在 30 mg/100 g 以下。超长纤维超过 2% 时生产比较困难 4）疵点含量：棉型宜在 15 mg/100 g 以下 5）纤维含油量：一般为 0.2%～0.4% 6）原料选用注意事项 ①混合唛头最多不超过三个，如有条件应采用单唛纯纺 ②腈纶各种唛头吸色速率有差异，采用同浴试验制成样卡对比，尽量选择差异较小的批号使用 ③国产腈纶上色率差异不超过 4%，逐批抽调后混合纤维的上色率不超过 1% ④逐批抽调的量不得超过 8%，并分两次进行，如超过应并筒脚翻改 ⑤对最后的成品应严格做到每周分批，仓库按批号推桩，按批号次序发货，针织厂应按批号次序使用
纯纺用途	针织品、毛线、绒线、毛毯、绒毯、绒布、膨体纱、室内装饰、室外用品
产品特征	①松软、丰满，外观手感酷似羊毛，比毛轻、保暖性好；色泽鲜艳，蜡状感触少；高度耐晒；不易起毛结球，易洗快干，保形性较好；缩水率低 ②耐磨性差，弹性不如羊毛，回弹性较差；强度一般

(4) 维纶短纤维的选配和使用（见表2—1—5）

表2—1—5　维纶短纤维的选配和使用

项目	内　容
纤维性质	①强度高、耐磨性好、密度小（低于棉花），吸湿性好（优于常用合纤），耐霉蛀、耐腐蚀、耐氧化剂，耐酸性比棉强，弱酸时性能稳定、浓酸时纤维会溶解 ②回弹性低、易皱褶，不耐高速摩擦，表面光滑，耐碱性比棉差，纤维易泛黄；耐热水性差（湿态下110℃时软化），切口发热，容易造成粘连纤维，皮芯结构，染色困难
原料选用	①纺14～40 tex纱选用1.6～1.7 dtex、35～38 mm规格，纺14 tex以下纱（一般做股线）选用1.3～1.6 dtex、38 mm规格 ②倍长纤维含量：中、粗特纱宜为10 mg/100 g以下，细特纱宜在8 mg/100 g以下，针织品要求更少 ③含油量：宜为0.25%～0.35%，质量比电阻宜为10^6～10^7 Ω·g/cm^2 ④疵点含量：中粗特纱宜在15 mg/100 g以下，细特纱宜在12 mg/100 g以下，针织品要求更少 ⑤卷曲数为4.5个/25 mm，卷曲数过低，纤维抱合力差，成纱强力低 ⑥回潮率为4%～6%，回潮率过低，易粘卷、棉网破边；回潮率过高，管道易堵塞、坠网，易绕锡林
纯纺用途	用于加工生产帆布、绳索、渔网、过滤布、水龙带、传送带、包装材料等
产品特征	①耐磨、耐穿、耐晒、耐霉蛀，吸水、吸汗性较好，保暖性好，价廉 ②弹性差，易皱，易沾污，色彩不艳，耐热水性差，忌湿烫，不宜在沸水中煮

(5) 丙纶短纤维的选配和使用（见表2—1—6）

表2—1—6　丙纶短纤维的选配和使用

项目	内　容
纤维性质	①强度高，耐磨性好，密度小，蓬松性好，耐酸、耐碱、耐化学药品 ②疏水、吸湿接近零，静电现象严重，热缩性低，耐日光性差，染色性差（可用原液染色）
原料选用	①倍长纤维含量宜在8 mg/100 g以下 ②疵点含量宜在15 mg/100g以下 ③含油量宜在0.6%左右
纯纺用途	用牵切纺制条，用做过滤布、绳索、渔网、纱布（不粘连伤口）
产品特征	①耐磨（仅次于锦纶），回弹性好，保暖性、蓬松性较好，缩水率低，快干，耐腐蚀、耐霉蛀，价廉 ②透气性差，染色单调，表面茸毛多，亲油性强，受热易拉长，纱直径较大（丙纶19 tex时近似棉30 tex纱），疏水性好

(6) 氯纶短纤维的选配和使用(见表2—1—7)

表2—1—7　　氯纶短纤维的选配和使用

项目	内　容
纤维性质	①耐强酸、耐强碱、不霉蛀、化学稳定性好,耐晒、耐磨,弹性尚好,难燃 ②疏水、吸湿性接近零,静电作用大,染色性能差,强度较低,耐热性很差(有的纤维70℃开始软化收缩)
原料选用	①棉型产品选用1.7 dtex、38 mm ②毛型产品选用2.2~3.3 dtex、50 mm以上 ③倍长纤维含量棉型宜在15 mg/100 g以下 ④异状纤维含量棉型宜在30 mg/100 g以下 ⑤卷曲数一般为13~18个/25 mm ⑥含油量2.5%,低于1.7%时补充给油
纯纺用途	针织内衣、毛毯、绒线、室内用品、医药用布、绝缘布、耐酸碱的滤布和工作服、难燃的安全帐幕和帆布
产品特征	①易洗、快干、耐腐、保暖性好 ②沸水收缩率大,不能沸煮或熨烫

2. 化纤原料单唛使用和混唛使用的比较(见表2—1—8)

表2—1—8　　化纤原料单唛使用和混唛使用的比较

使用方法	特征	特点	缺点和要求
单唛	使用单一品牌型号原料纺纱	①原料品牌型号一致,性能相同,纺纱质量稳定,产品染色均匀,不易产生色差、色花、裙皱等疵点 ②便于合理配置工艺,产品条干均匀,强力稳定,风格一致	①单一原料必须质量稳定,可纺性好,产品质量符合用户要求 ②单一原料需具有足够的储备量,供应渠道要畅通 ③更换原料时必须了机翻改
混唛	使用多种品牌型号原料混合纺纱	常以一种或两种可纺性较好、质量稳定的原料型号为主体,其他作为变动接替成分,较少的原料储备能使主体原料保持基本稳定,减少翻改,但总的使用型号一般不宜超过四种	①原料接替变动率不能太大,性能要力求一致,否则易产生色花、色档、色差、裙皱等疵点 ②对原料的混合要求较高 ③有光及半无光原料等不能混用 ④原料变化较大时要做染色对比试验

任务实施

一、原料选择

根据客户订单,纺制纯涤纶9.8×3 tex缝纫线,要求强力高、伸长小、纱条光洁、结头少。

涤纶原料选用高强低伸型涤纶，线密度选用 1.33 dtex、1.44 dtex，长度 38 mm。

二、原料选配

在山东某纺纱厂纺制纯涤纶 9.8×3 tex 缝纫线采用的涤纶纤维来自于台湾新光涤纶及金山涤纶，比例是 50/50。原料性能见表 2—1—9。

表 2—1—9 纺制纯涤纶 9.8×3 tex 缝纫线所用原料

规格	台湾新光涤纶	金山涤纶
使用比例（%）	50	50
线密度（dtex）	1.44	1.33
长度（mm）	38.24	37.88
断裂强度（cN/dtex）	5.28	5.24
断裂强度 *CV*（%）	6.18	6.44
断裂伸长率（%）	14.37	14.59
断裂伸长 *CV*（%）	13.65	14.50
卷曲数（个/25 mm）	16.24	15.49
电阻率（Ω·cm）	3.4×10^{7}	3.6×10^{7}
倍长纤维（mg/100 g）	0.31	0.36
超长纤维率（%）	0.04	0.06
疵点含量（mg/100 g）	0.12	0.17

三、涤纶混合原料的性能指标

线密度 = 1.44 dtex × 50% + 1.33 dtex × 50% = 1.385 dtex

长度 = 38.24 mm × 50% + 37.88 mm × 50% = 38.06 mm

断裂强度 = 5.28 cN/dtex × 50% + 5.24 cN/dtex × 50% = 5.26 cN/dtex

断裂强度 *CV* = 6.18% × 50% + 6.44% × 50% = 6.31%

断裂伸长率 = 14.37% × 50% + 14.59% × 50% = 14.48%

断裂伸长 *CV* = 13.65% × 50% + 14.50% × 50% = 14.075%

卷曲数 = 16.24 个/25 mm × 50% + 15.49 个/25 mm × 50% = 15.865 个/25 mm

电阻率 = (3.4×10^{7}) Ω·cm × 50% + (3.6×10^{7}) Ω·cm × 50% = 3.5×10^{7} Ω·cm

倍长纤维 = 0.31 mg/100 g × 50% + 0.36 mg/100 g × 50% = 0.335 mg/100 g

超长纤维率 = 0.04% × 50% + 0.06% × 50% = 0.05%

疵点含量 = 0.12 mg/100 g × 50% + 0.17 mg/100 g × 50% = 0.145 mg/100 g

四、纤维包排包图上机设计

在圆盘式抓包机上，纤维包在内、外墙板间排列成内、外两环。按照混合原料的混合比例，1 队排 10 包、2 队排 10 包，共计 20 包，具体排列如图 2—1—2 所示。

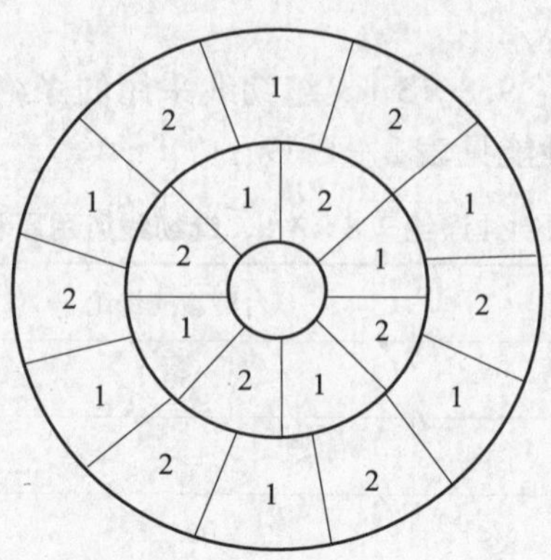

图 2—1—2　纤维包上机排包图

考核评价

考核评分见表 2—1—10。

表 2—1—10　　**考核评分表**

项目	分值					得分	
原料的选择	20（按照要求选择，少一项扣 2 分）						
原料选配	20（按照规范列出表格，少一项扣 2 分）						
混合棉指标计算	30（按照公式进行计算，错一项扣 5 分）						
纤维包排包图	30（按照混合原理排列纤维包，排错一包扣 2 分）						
书写、打印规范	书写有错误一次倒扣 4 分，格式错误倒扣 5 分，最多不超过 20 分						
姓名		班级		学号		总得分	

思考与练习

1. 选配针织用纯涤纶纱 19.5 tex 的原料。
2. 选配机织用 Tencel 纤维 14.5 tex 纯纺纱的原料。

知识拓展

近年来，随着科学技术的不断发展，新型纺织纤维不断涌现，如新型再生纤维素纤维、差别化纤维以及各种高性能纤维、功能性纤维等。这些纤维不同于一般传统的天然纤维或合成纤维，它们具有更优良的服用功能和物理功能。

一、新型再生纤维素纤维（见表2—1—11）

表2—1—11 新型再生纤维素纤维

名称	特性	用途
Lyocell纤维（商品名Tencel，天丝纤维）	它将纤维素直接溶解于有机溶剂甲基吗啉氯化物后，经纺丝工艺制成。工艺流程短，溶剂可回收，不污染环境，其物理、力学性能超越一般粘胶纤维，具有棉和涤纶纤维的长处 该纤维受机械摩擦外层纤维易造成微纤化，产生1～4 μm的毛茸，导致品质差异、色相差异及棉结等，因此纺纱时要减少摩擦和纤维损伤，保持通道光洁，防止产生毛羽和棉结	可纯纺或与其他纤维混纺制成吸湿性好、穿着舒适、缩水率小，具有丝质感的面料，适用于制作内衣、时装、休闲服等 G-100型天丝纤维易产生微纤化，但可由此制成桃皮绒风格的纺织品
莫代尔（Modal）纤维	属改良型高湿模量再生纤维素纤维，具有比棉高的吸湿量和模量，且比一般纤维手感柔软、光泽亮丽、光滑鲜艳、吸色性好、上色率高	是传统粘纤升级产品，可生产较高档的纺织品
竹浆纤维	天然竹纤维含有竹蜜和果胶，采用蒸煮等物理方法制成竹浆粕后制丝，不含化学添加剂，横截面布满圆形的空隙，具有柔软、光泽、吸湿、快干、凉爽等特点，产品染色性好，悬垂感优良。实测断裂强度为2.1～2.5 cN/dtex，断裂伸长率为9.5%～13%	适宜制作夏季服装，有竹/丝、竹/棉、竹/毛等混纺交织产品
大豆蛋白改性纤维	属再生植物蛋白质纤维，生产原料是豆粕羟基和氰基高聚合物，是一种易生物降解的绿色纤维。纤维密度较小，手感柔软，富有光泽，吸湿性优良，悬垂性、抗皱性强，表面光滑、蓬松性好，但抱合力差，易产生静电。断裂强度为3.5～4.5 cN/dtex，断裂伸长率为16%～18%	能纯纺或与棉等纤维混纺，适宜制作舒适、保暖、柔软、色泽柔和的高档针织品
乳酪纤维	即酪素纤维，又称牛奶蛋白纤维，由牛奶中提取的蛋白质酪素制成，含有多种氨基酸。通过保湿因子作用，能保持皮肤柔软光洁，具有一定抑菌功能；纤维轻盈、柔软、透气、导湿，强度比棉、丝略高，有良好的光泽	适合制作夏季内衣、T恤衬衫以及春秋服装

二、改性纤维

改性纤维是指对一般常用纤维通过改性处理使其性能改变，且使用性能和效果均改善的纤维。目前，改性纤维主要有易染纤维、阻燃纤维、有色纤维、高吸湿纤维、抗静电纤维、抗起球纤维、高收缩纤维等。

1. 易染纤维品种、特性和用途（见表2—1—12）

表2—1—12　　易染纤维品种、特性和用途

品种	特性	用途
阳离子染料可染涤纶	可用色谱较广、色彩鲜艳的阳离子染料染色，且纤维的初始模量比普通涤纶低10%～30%，因此手感柔软、丰满，抗起球性好，织物仿毛感改善	开发仿毛产品效果较好，已得到广泛应用
常压阳离子可染涤纶	可在常压下不用载体而用阳离子染料染色	开发仿毛产品效果较好，已得到广泛应用
常温、常压无载体可染涤纶	可不用载体在低于100℃的染色温度下用分散染料染色	增加涤纶纤维对分散染料的可染性，并改善染色性能
酸性染料可染涤纶	可用色谱齐全的酸性染料染成鲜艳色彩且能和羊毛混纺进行同浴染色	开发毛纺产品，完善涤毛混纺产品
酸性染料可染腈纶	可用色谱齐全的酸性染料染成鲜艳色彩且能和羊毛混纺进行同浴染色	将它与普通腈纶混纺，用阳离子、酸性染料染色，可产生特殊的混色效果
可染深色涤纶	与天然纤维和其他纤维相比，改进涤纶有染深色发色性差、色彩不鲜艳的弱点	使染色纤维与羊毛、真丝、醋酯纤维类同，制成织物挺括、柔软
易染丙纶	改善丙纶纤维染色困难的性能，提高其染色性	改善丙纶纤维织物染色效果

2. 阻燃纤维品种、特性和用途（见表2—1—13）

表2—1—13　　阻燃纤维品种、特性和用途

品种	特性	用途
阻燃粘胶纤维	通常采用高湿模量工艺改性，以弥补降低的强力，改性后极限氧指数可达27%～30%，且具有良好的手感和耐洗涤性能，回潮率为10%～12%，比一般纤维略低	制作阻燃织物
阻燃腈纶（腈氯纶、偏氯腈纶）	改性后共聚单体氯乙烯的含量达到40%～60%、丙烯腈的含量为60%～40%，称腈氯纶 改性后共聚单体偏氯乙烯的含量达到60%～20%、丙烯腈含量为35%～80%，称偏氯腈纶 两种纤维的极限氧指数可达28%以上	制作阻燃地毯、帷幕、窗帘、化工过滤布及童装等
阻燃涤纶	阻燃效果持久，物理指标与普通涤纶相同，染色性更好	制作阻燃家具布、帷幔、窗帘、地毯、床上用品、汽车沙发布、睡衣等
阻燃丙纶	极限氧指数达26%以上，物理性能基本不变	制作室内阻燃装饰织物、地毯、过滤布、滤油毡、缆绳等
阻燃维纶（维氯纶）	极限氧指数达28%～35%，断裂强度在普通维纶与氯纶之间，打结强度稍低。有很好的染色性，良好的弹性和卷曲性能	用于有阻燃要求的篷盖布、防火帆布及劳保用品，也可用于装饰织物

3. 高吸湿和高吸水纤维主要品种、特性和用途（见表2—1—14）

表2—1—14　　高吸湿和高吸水纤维主要品种、特性和用途

品种	特性	用途
多孔性腈纶	一般腈纶吸湿性、吸水性差，易产生静电。该纤维有很高的吸湿性和透水性，且无黏湿感，有较好的透气性和保湿性，强伸度与普通腈纶相当，表观密度低1/4	用于内衣、运动服、儿童服装、睡衣、毛巾、浴巾、尿布及床上用品
多孔性涤纶	纤维表面和中孔部分有直径为0.01～0.03 μm的微孔，使吸湿和扩散速度比棉快，穿着由它制成的纺织品，能使皮肤保持干燥又无冷感	用于内衣、运动服、儿童服装、睡衣、毛巾、浴巾、尿布及床上用品
耦茎形纤维	是以锦纶为海组，另一种聚合物为岛组的海岛型复合纤维，表面有微孔孔道和沟槽，具有良好的柔软性和吸湿性	用于内衣、运动服、儿童服装、睡衣、毛巾、浴巾、尿布及床上用品
“HYGRA”复合化纤	是用有特殊网络结构的吸水聚合物包覆锦纶的芯鞘型复合化纤，兼有吸水性和疏水性，吸放湿能力和速度优于天然纤维，其吸水能力为自重的3.5倍	可与其他纤维混纺，用于内衣、妇女衣料、运动衣及工业用织物
相分离裂隙纤维	由两种不相容的高聚物熔融混合纺丝，因结晶性和收缩性方面的差别，形成界面处许多不等裂隙，使纤维具有较高的强度和吸湿性，且手感柔软	可与其他纤维混纺，用于内衣、妇女衣料、运动衣及工业用织物

4. 抗静电纤维品种、特性和用途

大部分合成纤维吸湿性差，纤维间摩擦因数较高，易产生静电并积聚电荷，使纤维间排斥或吸附在机件上，造成纺纱困难。根本解决办法是提高其抗静电性能，主要途径是提高纤维的吸湿能力或添加抗静电剂。

抗静电纤维品种、特性和用途见表2—1—15。

表2—1—15　　抗静电纤维品种、特性和用途

品种	特性	用途
抗静电丙纶	与普通丙纶相比电阻率降低5～6数量级，回潮率提高到5.9%～7.1%，绝对强度降低25%，但仍比粘纤高数倍	改善纤维可纺性
抗静电涤纶	比电阻率达7.24×10^{-8} Ω·cm，强度和断裂伸长率分别为3.2 cN/tex和29.0%，略低于普通纤维	可供冶金行业制成抗静电除尘布袋等
抗静电复合纤维	以聚酯和混有聚乙二醇的聚酰胺组成涤锦复合纤维，及以炭黑和聚酰胺组成的复合纤维均有较好的抗静电性能，且手感、吸湿性、弹力、抱合力等均较好	可供冶金行业制成抗静电除尘布袋等

5. 抗起球纤维品种、特性和用途（见表2—1—16）

表2—1—16　抗起球纤维品种、特性和用途

品种	特性	用途
抗起球腈纶	降低断裂强度、钩结强度、延伸度和可弯曲性，或采用三叶形异形截面，使起球性改善	可用于纯纺或与棉、细羊毛混纺，产品蓬松柔软，起球性改善
抗起球涤纶	降低纤维分子量，得到低强、中伸、中模量、断裂功小的抗起球纤维。具有良好的卷曲性质和压缩弹性，染色性能也比常规涤纶好	用于开发中厚型毛涤、薄型棉毛混纺产品

6. 高收缩纤维品种、特性和用途

通常把沸水收缩率为20%左右的纤维称收缩纤维，沸水收缩率为35%～45%的称高收缩纤维。高收缩纤维品种、特性和用途见表2—1—17。

表2—1—17　高收缩纤维品种、特性和用途

品种	特性	用途
高收缩腈纶	腈纶的沸水收缩率为2%～4%，而高收缩腈纶收缩率高达15%～45%。产品质轻、蓬松、柔软、滑糯，保暖性好	与普通腈纶混纺后加工成腈纶膨体纱，用做膨体绒线、针织绒线和花色纱线等
高收缩涤纶	改性后沸水收缩率达15%～50%，断裂伸长率达60%，具有较高的强力	可与常规涤纶、羊毛、棉等混纺交织生产泡泡纱、条纹凹凸型风格的织物

7. 水溶性纤维、低熔点纤维的特性和用途（见表2—1—18）

表2—1—18　水溶性纤维、低熔点纤维的特性和用途

品种	特性	用途
水溶性纤维	能在水中溶解，溶解温度为70～92℃	可作为纺制高支纱、无捻纱、绣底布的载体纤维，可用于造纸、非织造布、特种工作服、育秧、海上布雷、降落伞等特种用途
低熔点（涤纶、丙纶、乙纶复合）纤维	具有熔点低、热收缩率低、熔融范围小等特点，产品手感柔软，富于弹性	可不用任何化学黏合剂使纤维低温黏合，大量用于尿布、卫生巾、医疗器材、过滤材料、绝缘材料、包覆材料等，也可用于纱线间粘固，增加牢度

8. 有色纤维分类、特性和用途

凡在化学纤维生产过程中加入染料、颜料、荧光剂等进行着色的纤维，都称为有色纤维。有色纤维可解决某些纤维染色困难的问题，且可以省去以后的染整加工，节省后加工成本，减少染色污染。

有色纤维分为有色切片纺制型、常规切片与母粒着色型和湿丝束染色型三类。

有色纤维常用于较难染色的涤纶、丙纶、芳纶和常用的粘纤、腈纶，目前主要色泽有黑、红、黄、绿和棕色。有色纤维色牢度高，成本也高。

有色纤维常互相混纺或与其他纤维混纺成花色纱线，较多用于针织品；单色产品用于装饰织物、地毯、缝纫线、渔网、绳带、防水衣、篷布等。

三、功能性纤维

功能性纤维是指具有一般纤维没有的物理性、化学性以及纺织品保暖性、舒适性、医疗性、保健性、安全性等特殊功能的纤维。某些长丝类功能性纤维（如光导纤维）以及常以纤维形态直接使用的离子交换纤维等，不属于棉纺范畴，这里不作叙述。

1. 高弹性功能纤维

（1）氨纶弹性纤维

弹性纤维是指具有高断裂伸长率（400%以上）、低模量和高弹性回复率的纤维。主要品种是聚氨基甲酸酯弹性纤维，简称氨纶。氨纶可以加工包芯纱、交捻纱、包缠纱，做牛仔服、灯芯绒服装、紧身内衣、滑雪衣和运动服装。氨纶长丝也可直接制成袜、裤、内衣以及弹力绷带、人造皮肤等。

（2）PBT、PTT 弹性纤维

属聚酯纤维中的新品种，具有弹性好、上染率高、色牢度好以及洗可穿、挺括、尺寸稳定性好等优良性能。与普通涤纶相比，强力较低、断裂伸长较大、初始模量明显偏低，但有突出的弹性和优良的染色性，手感也较柔软。PTT 纤维是 PBT 纤维的升级品种。

短纤可与其他纤维混纺，长丝可用于包芯纱的芯纱；可加工弹性类织物，如内衣、弹力运动服、弹力牛仔服等。

2. 保暖性功能纤维

这类纤维纺制技术发展很快，纤维品种繁多。表 2—1—19 为部分代表性品种的特性和用途。

表 2—1—19　　部分保暖性功能纤维的特性和用途

品种	特性	用途
远红外纤维	在涤纶或丙纶中混入远红外发射率高的陶瓷微粒的远红外纤维，通过吸收人体发出的远红外线和人体辐射的远红外线，可使纺织品的保暖率提高 10% ~15%	制作远红外衬衫、内衣，具有良好的保暖性和一定的保健作用
阳光吸收放热纤维	以碳化锆类化合物微粒的聚合物和涤纶或锦纶组成的皮芯型复合纤维，具有吸收可见光和近红外线的功能，加工的服装可比普通服装高 2 ~8℃	可开发滑雪服、运动衫、紧身衣，并可扩大到农业、建筑领域使用
异形中空纤维	异形中空纤维有较大的纤维表面积，能迅速将湿气排出、蒸发，保持身体温暖；且能隔离空气，保持体温；中空纤维质轻柔软，透湿快干，比全棉快 50%，保暖率提高 30%	制作保健内衣、运动服、登山服等
导电保暖纤维	采用导电性碳纤维或聚乙烯和炭黑粉混合制成导电保暖纤维，通电后可发热保温	制作电热床单、垫毯、医疗保健毯及特殊用途服装

3. 抗菌、防臭纤维

(1) 甲壳素纤维

甲壳素纤维是以甲壳类动物的壳质为原料（如虾壳、蟹甲壳等），经特殊工艺制成，是唯一带阳离子的高分子碱性多醣聚合物，具有良好的理化性能和生物活性功能，是应用较广的抗菌、防臭纤维。甲壳素纤维的特性：

甲壳素的衍生物壳聚醣有良好的吸附螯合性能，可除去重金属和吸附有毒物质，对某些细菌有抑制作用并能促进上皮细胞生长，有利于创面愈合。壳聚醣按一定比例分散在纤维中，可使织物抗菌、防臭。

甲壳素纤维呈白色，柔软、有光泽、无异味，平衡回潮率约15.3%，断裂强度≥1.65 g/dtex，具有很强的吸湿功能。甲壳素纤维具有生物相容性和可降解性。

甲壳素纤维的用途：

制作各种抗菌、防臭、保湿袜子，睡衣，婴儿装及运动衣；制作人造皮肤、手术缝合线、医用敷料等；用做净化水质过滤材料和其他吸附有害物质的材料。

(2) 抗菌活性纤维

抗菌活性纤维的抗菌作用源自于纤维素矩阵中的内在和永久组成部分，在穿着、洗涤或干洗过程中不受影响，能抗大多数种类的细菌，其性能和用途如下：

以Lyocell纤维的加工工艺为基础，在纺丝液中加入磨细的海藻，使其具有惊人的吸附能力。在活化过程中，银、锌、铜等灭菌金属被吸收在纤维矩阵中，使其具有抗菌和阻燃功能，并且有Lyocell纤维的各种特点。

用于加工抗菌工作服（包括手套）、运动服、内衣及家用纺织品。

(3) 抗菌Modal纤维

抗菌Modal纤维是在纺丝液中加入抗菌添加剂，具有抗菌热稳定性和持久性，能抑制皮肤上常见的细菌，其特性和用途如下：

能抗多种致病性葡萄球菌，在水、碱和酸中的溶解性非常低，耐热、耐洗并具有Modal纤维的各种特点。

用于加工抗菌服装、运动服、内衣、T恤衫、睡衣等。

(4) 抗菌、除臭丙纶

在丙纶母粒中加入10%含氧化锌、二氧化硅、银沸石、载银硅硼酸等抗菌、防臭复合粉体，与丙纶切片共混纺丝，制成的纤维具有广谱抗菌作用。适于加工抗菌、防臭服装、内衣、鞋袜等。

4. 吸湿透气功能性纤维

吸湿透气功能性纤维的特性和用途如下：

纤维表面有多条微细沟槽，产生毛细管效应，使肌肤表层的湿气与汗水能迅速排出体外，扩湿气能力和干燥效率比棉高10%～50%，生产的织物穿着舒适、温暖，快干、不缩水并防皱。

适宜制作内衣、袜子、高品质运动衣及军服。

5. 芳香纤维

芳香纤维是一种能持久地散发天然芳香，产生森林或花园气息，以达到芳香除臭、杀菌和使人愉悦效果的纤维。芳香纤维的性能和用途如下：

纤维加香的方法有微胶囊法、共混纺丝和皮芯复合法。前两种方法生产的织物不耐洗，香味持久性差；后一种将香料放入复合纤维的芯层，由于皮层透气性差，可有效地缓慢释放，达到留香、持久和耐洗的要求。

可用做床上用品和装饰品的填充材料，可开发芳香型机织和针织服装及家饰用品、地毯、睡衣等。

6. 导电纤维

导电纤维是指在标准状态（20℃、相对湿度 65%）下，质量比电阻在 10^8 Ω · g/cm² 以下的纤维。导电纤维与抗静电纤维相比，其消除和防止静电的性能高得多。

（1）导电纤维的品种

1）按导电成分在纤维中的分布分有均匀型、被覆型、复合型。

均匀型：均匀分布在纤维内。

被覆型：通过涂镀等被覆于纤维表面。

复合型：混溶于纺丝液中或复合纺丝。

2）按纤维材料来分，主要品种有金属纤维、碳纤维和有机导电纤维。

（2）导电纤维的特性

1）有良好的导电性，可将产生的静电很快泄漏掉，避免积聚。

2）具有电晕放电能力，能向大气放电。

3）有良好的耐久性和稳定的物理与化学性质。

4）与一般纤维抱合性好，容易混纺或交织，不影响织物的柔软性和外观。

（3）导电纤维的用途

1）制作石化、煤炭、油轮等行业防爆型工作服。

2）制作精密机械、电子仪表、医疗等行业防尘工作服。

3）制作一般抗静电服装和抗静电毛毯等。

（4）混用率

导电纤维的混用率为 0.5% ~2.5%。

7. 防辐射纤维

各种高能射线如微波、X 射线、紫外线、中子射线等对人体有相当大的危害，为此，近年来开发了不少防辐射纤维及纺织品。防辐射纤维的主要品种、特性和用途见表 2—1—20。

表 2—1—20　　防辐射纤维的主要品种、特性和用途

品种	特性	用途
防紫外线纤维	具有较高的遮挡紫外线性能，遮挡率可达 95% 以上，还具有耐洗涤性和良好的手感	制作防紫外线服饰，特别适用于制作夏季服装和高原服装以及窗帘、遮阳伞、泳装等
防 X 射线纤维	具有较好的 X 射线屏蔽效果，可减少它对人体性腺、乳腺和骨髓等的伤害，减少白血病、骨髓瘤的发生	制作 X 射线防护服

续表

品种	特性	用途
防微波辐射纤维	具有良好的防辐射性能，且质轻、柔软性好、强度高，对电磁波和红外线也有反射性能	可做微波防护服、微波屏蔽材料，加工的纺织品可用于原子反应堆的屏蔽，也可用于医院放射治疗的防护
防中子辐射纤维	纤维中的锂或硼化合物，具有较好的中子辐射防护效果，防护屏蔽率达44%以上	

任务2　纱线性能的预测

学习目标

能根据所选的原料性能预测出所纺纱线的主要性能。

任务引入

在任务1中所选用的纱线性能指标见表2—2—1，试预测所纺纱线的性能。

表2—2—1　化纤性能指标

指标	线密度(dtex)	长度(mm)	断裂强度(cN/dtex)	断裂强度 *CV*(%)	断裂伸长率(%)	断裂伸长 *CV*(%)
数值	1.385	38.06	5.26	6.31	14.48	14.075
指标	卷曲数(个/25 mm)	电阻率(Ω·cm)	倍长纤维(mg/100 g)	超长纤维率(%)	疵点含量(mg/100g)	
数值	15.865	3.5×10^{7}	0.335	0.05	0.145	

任务分析

为合理利用化纤，节约成本，提高纱线质量，并纺制出客户满意的纱线，需要在纺纱前预测纱线的性能。通常情况下，我们需要预测纱线的最小线密度、细纱相对强度、强力不匀率和条干均匀度。

任务实施

一、原料能纺制细纱的最小线密度

经验公式：

$$T_{min} = \left(\frac{0.0838\sqrt{T_B} - \frac{0.5}{R_f s k \eta}}{1 - 0.0375H_0 - \frac{a}{R_f s k \eta}} \right)^2 \times 10^3$$

其中，$T_B = 0.1385$ tex，$R_f = 5.26$ cN/dtex，$s = 1 - \frac{5}{38.06} = 0.8686$，$k = 1$，$\eta = 1.1$，$a = 21.6$，$H_0 = 5.0$。

$$T_{min} = \left(\frac{0.0838\sqrt{0.1385} - \frac{0.5}{52.6 \times 0.8686 \times 1 \times 1.1}}{1 - 0.0375 \times 5.0 - \frac{21.6}{52.6 \times 0.8686 \times 1 \times 1.1}} \right)^2 \times 10^3 = 3.08 \text{ tex}$$

因此，可以纺制 9.8 tex 涤纶纱。

二、细纱相对强度的预测

按索洛维耶夫公式估算细纱相对强度

$$S_2 = \frac{P}{T_B}(1 - 0.0375H_0 - 2.65/\sqrt{T/T_B})\left(1 - \frac{5}{L_{mT}}\right)K\eta\lambda$$

其中，$P/T_B = 52.6$ cN/tex，$H_0 = 5.0$，$T = 9.8$ tex，$L_{mT} = 38.06$ mm，$T_B = 0.1385$ tex $K = 1.0$，$\eta = 1.1$，$\lambda = 1.15$。

则 $S_2 = 52.6 \times (1 - 0.0375 \times 5.0 - 2.65/\sqrt{9.8/0.1385})(1 - \frac{5}{38.06}) \times 1.0 \times 1.1 \times 1.15$
$= 28.75$ cN/tex

三、细纱强力不匀率的预测

$$S_P = \left(H + \frac{70.2}{\sqrt{T/T_B}}\right) \times \varepsilon$$

其中，$H = 5.0$，$T = 9.8$ tex，$T_B = 0.1385$ tex，$\varepsilon = 0.80$。

则
$$S_P = \left(5.0 + \frac{70.2}{\sqrt{9.8/0.1385}}\right) \times 0.80 = 10.68$$

四、细纱条干均匀度的预测

$$Cr = \frac{K}{\sqrt{T/T_B}} \times 100\%$$

其中：$T = 9.8$ tex，$T_B = 0.1385$ tex，$K = 1.16$。

则
$$Cr = \frac{1.16}{\sqrt{9.8/0.1385}} \times 100\% = 13.79\%$$

通过纱线性能的预测，目前使用的纤维能够达到客户所要纺纱的质量要求，可以使用此纤维进行纺纱。

考核评价

考核评分见表 2—2—2。

表 2—2—2　考核评分表

项目	分值					得分	
最小线密度的计算	20（按照公式进行计算，错一处扣 5 分）						
相对强度的预测	30（按照公式进行计算，错一处扣 5 分）						
强力不匀率预测	20（按照公式进行计算，错一处扣 5 分）						
条干均匀度预测	30（按照公式进行计算，错一处扣 5 分）						
书写、打印规范	书写有错误一次倒扣 4 分，格式错误倒扣 5 分，最多不超过 20 分						
姓名		班级		学号		总得分	

思考与练习

1. 预测针织用纯涤纶纱 19.5 tex 的性能。
2. 预测机织用 Tencel 纤维 14.5 tex 纯纺纱的性能。

知识拓展

化学纤维的线密度、长度、强度和疵点等各项指标与成纱质量关系甚为密切。从某种程度来讲，化纤的特点和性能，是决定和选择合理工艺的主要依据，是决定和影响成纱质量的重要因素。

一、化学纤维的长度和线密度对纱线质量的影响

根据化纤长度和线密度的不同，有棉型和中长型等规格。棉型化纤用于纺制细特纱，织造质地较为紧密的薄型织物。中长型化纤用于纺制中、粗号纱，织造具有毛型风格的织物。

纤维线密度对纱线质量影响较大，线密度小的纤维在纱截面内的根数相对增多，可使成纱强力提高。线密度也影响织物风格，纤维细，织造的织物一般刚度差，弹性低，在纺纱加工中易受损伤或产生纤维扭结。

一定线密度的纤维，其长度长，成纱强力高，条干均匀光洁，毛羽少。但长度继续增加时，强力的增高不太明显；相反，如化纤长度过长，还会给工艺加工带来困难，纤维易扭结，增加棉结，影响产品质量。

纤维长度和线密度应根据成纱质量要求和加工工艺条件合理选择。化学短纤维的长度和线密度有一定的关系，一般纤维长，其线密度可大一些，以增加长度来弥补纤维加粗后成纱强力的损失。纤维加粗能改善成品风格，如仿毛感强，耐磨性强等。

二、化学纤维的强度对纱线质量的影响

在其他条件相同时，纤维强度越高，成纱的强度越高，反之亦然。但当化学纤维强力增高到一定限度时，由于纤维特数增加，成纱强力不再显著上升。

三、化学纤维的疵点对纱线质量的影响

化学纤维中存在倍长纤维、超长纤维、疵点等。倍长纤维、超长纤维过多易产生绕角钉、绕刺辊、绕锡林，出硬头纱、抽筋纱、橡皮筋纱等缺陷；疵点包括异状纤维、硬并丝，疵点过多时，细纱、布机断头率高，纱疵、织疵率高。

任务3　纺纱工艺设备的确定

学习目标

1. 能根据纺纱品种合理确定纺纱工艺流程。
2. 能合理选择化纤纺纱的设备。

任务引入

原料确定后，根据纺纱工艺流程选择合适的设备。表2—3—1列出了部分化纤纺纱设备的型号。

表2—3—1　部分化纤纺纱设备型号

设备类型		设备型号
开清棉	抓棉机	FA1001型圆盘抓棉机、FA002型圆盘抓棉机、FA009型往复式抓棉机、FA006型往复式抓棉机
	混棉机	FA1113型多仓混棉机、FA029型多仓混棉机、FA022-6型多仓混棉机、FA022-8型多仓混棉机、FA017型自动混棉机、FA016A型自动混棉机
	开棉机	FA105A1型单轴流开棉机、FA1112型精开棉机、FA106A型梳针滚筒开棉机、FA032A型纤维开松机、FA111A型粗针滚筒清棉机
	给棉机	FA1131型振动式给棉机、FA046A型振动式给棉机
	成卷机	FA1141型成卷机、FA141型单打手成卷机
清梳联		青岛纺织机械股份有限公司清梳联、郑州纺织机械股份有限公司清梳联 德国特吕茨勒清梳联、Crosrol清梳联
梳棉		DK903型梳棉机、FA224型梳棉机
并条		RSB-D 40型自调匀整并条机、D0/2型并条机、FA322型并条机、FA326A型并条机

续表

设备类型		设备型号
粗纱		FA458A 型悬锭粗纱机、F1/1a 型粗纱机、FA421A 型粗纱机、TJFA458A 型粗纱机
细纱		G35 型环锭细纱机、G5/1 型细纱机、EJM128K 型细纱机、FA506 型细纱机
络筒		萨维奥 XCL 自动络筒机、AUTOCONER338 自动络筒机、ORION 自动络筒机、ESPERO－M/L 型自动络筒机
并纱		TSB36 型并纱机、村田 NO. 23 型并纱机、FA703 型并纱机
捻线	捻线机	FA721－75A 型环锭捻线机
	倍捻机	YF1702 型电锭棉纺倍捻机、村田 NO363－Ⅱ型倍捻机、EJP834－165 型倍捻机

任务分析

由于纺纱的设备类型比较多，企业需根据自己设备情况选择化纤纺纱工艺流程及机型。化纤纺纱工艺流程有以下两种：

（1）开清棉→梳棉→并条→粗纱→细纱→络筒→并纱→捻线。

（2）清梳联→并条→粗纱→细纱→络筒→并纱→捻线。

相关知识

一、纯化纤纱开清棉流程选择要求

选择开清棉流程，要考虑化纤纤维的性能和特点，如纤维长度、线密度、弹性、疵点多少、包装松紧、混棉均匀等因素。选定的开清棉流程的灵活性和适应性要广，要能够加工不同品质的化纤，做到一机多用，应变性强。

开清点是指对原料进行开松、除杂作用的主要打击部件。由于化学纤维较蓬松，不含杂质，含疵点较少，开清点数量设置较少，一般为 1～2 个，多采用轴流、梳针打手。

采用清梳联纺化纤开清棉流程采用“一抓、一混、一梳”3 台主机，具有流程短、抓棉精细、混合均匀、开松分工合理等优点。

在传统成卷开清棉流程中，要合理调整光电检测，保持供应稳定、运转平稳、给棉均匀以及发挥天平调节机构或自调匀整装置作用，使棉卷重量不匀率达到质量指标要求。

根据化纤品质情况以及整个流程前后衔接的需要，配置适当数量的凝棉器和除微尘机，以充分排除短绒和尘屑，有利于改善棉卷和成纱质量，并可减少车间空气含尘量。

加工化纤开清棉工艺流程比较多，实际生产中，应根据企业实际情况进行工艺流程及设备的设计工作。

二、传统开清棉流程

1. 加工化纤的开清棉联合机工艺流程一（青岛纺织机械股份有限公司）（见图 2—3—1）

FA1001 型圆盘抓棉机 ×2→FT245F 型输棉风机→AMP－2000 型火星金属探除器→

FT213A 型三通摇板阀→FT215B 型微尘分流器→FT214A 型桥式磁铁→FA125 型重物分离器→FT240F 型输棉风机→FA105A1 型单轴流开棉机→FT245F 型输棉风机→FA1113 型多仓混棉机→FT214A 型桥式磁铁→FT201B 型输棉风机→FA055 型立式纤维分离器→FA1112 型精开棉机→FT221B 型两路分配器→（FT201B 型输棉风机 + FA055 型立式纤维分离器 + FA1131 型振动式给棉机 + FA1141 型成卷机）×2。

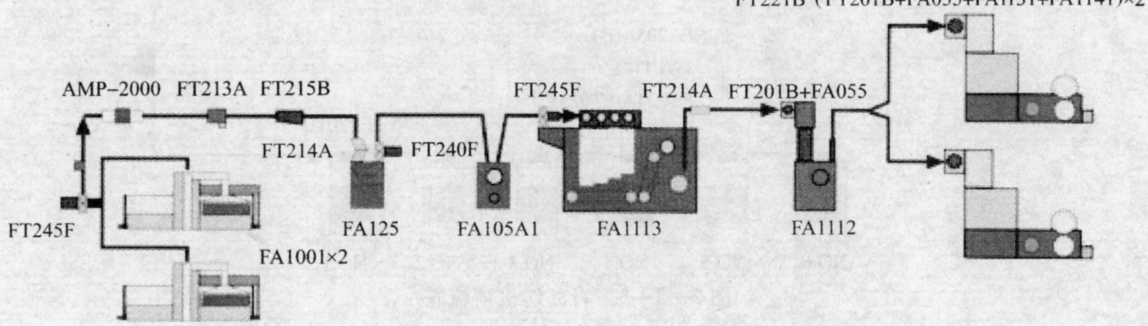

图 2—3—1　加工化纤的开清棉联合机工艺流程一

2. 加工化纤的开清棉联合机工艺流程二（郑州纺织机械股份有限公司）（见图 2—3—2）

FA002 型圆盘抓棉机 ×2→FA121 型除金属杂质装置→FA016A 型自动混棉机 + A045B - 5. 5 型凝棉器→FA022 - 8 型多仓混棉机 + TF 磁铁装置→FA106A 型梳针滚筒开棉机 + A045B - 5. 5 型凝棉器→FA133 型气动两路配棉器→FA046A 型振动式给棉机 + A045B 型凝棉器→FA141 型单打手成卷机。

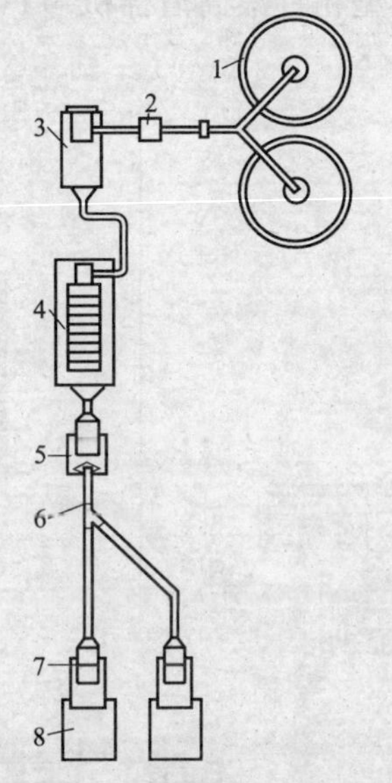

图 2—3—2　加工化纤的开清棉联合机工艺流程二

1—FA002 型圆盘抓棉机　2—FA121 型除金属杂质装置
3—FA016A 型自动混棉机及 A045B - 5. 5 型凝棉器
4—FA022 - 8 型多仓混棉机及 TF 磁铁装置
5—FA106A 型梳针滚筒开棉机及 A045B - 5. 5 型凝棉器
6—FA133 型气动两路配棉器
7—FA046A 型振动式给棉机及 A045B 型凝棉器
8—FA141 型单打手成卷机

三、清梳联合机工艺流程

1. 青岛纺机清梳联（见图 2—3—3）

FA009 型往复式抓棉机→FT245FB 型输棉风机→AMP - 2000 型火星金属探除器→FT213A 型三通摇板阀→FT214A 型桥式磁铁→FA125 型重物分离器→FT222F 型输棉风机→FA029 型多仓混棉机→FT224 型弧型磁铁→FT240F 型输棉风机→FA053 型无动力凝棉器 + FA032A 型纤维开松机→FT201B 型输棉风机→119A Ⅱ 型火星探除器→FT301B 型连续喂棉装置→［JWF1171 型喂棉箱 + FA203A（B）型梳棉机 + FT024A 型自调匀整器］×6。

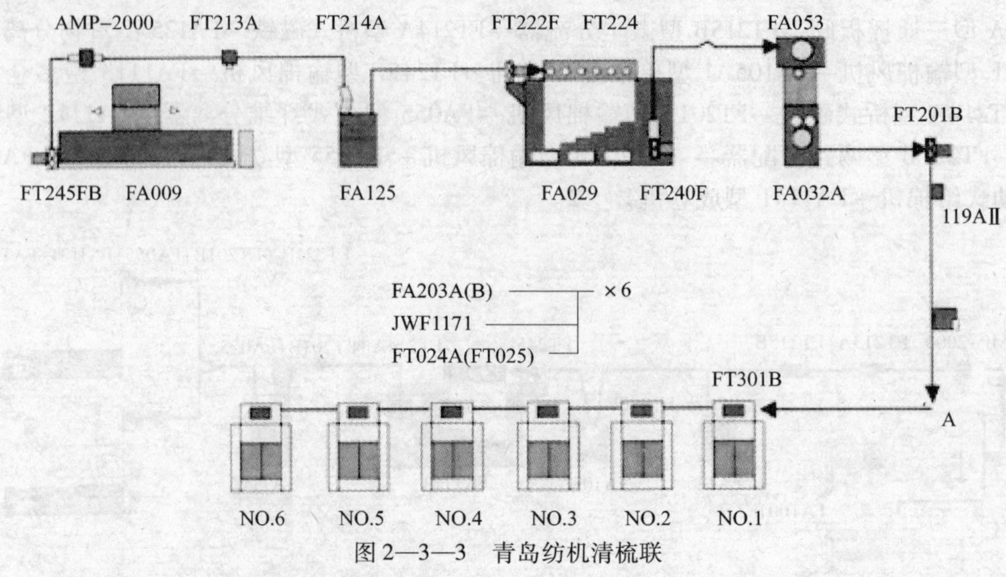

图 2—3—3 青岛纺机清梳联

2. 郑州纺机清梳联（见图 2—3—4）

FA006 型往复式抓棉机→TF30 重物分离器 + ZFA053 型气纤分离器→FA028 型六仓混棉机→FA111A 型粗针滚筒清棉机→TV425 型输棉风机→FA177A 型清梳联喂棉箱 + FA221B 型高产梳棉机 ×8。

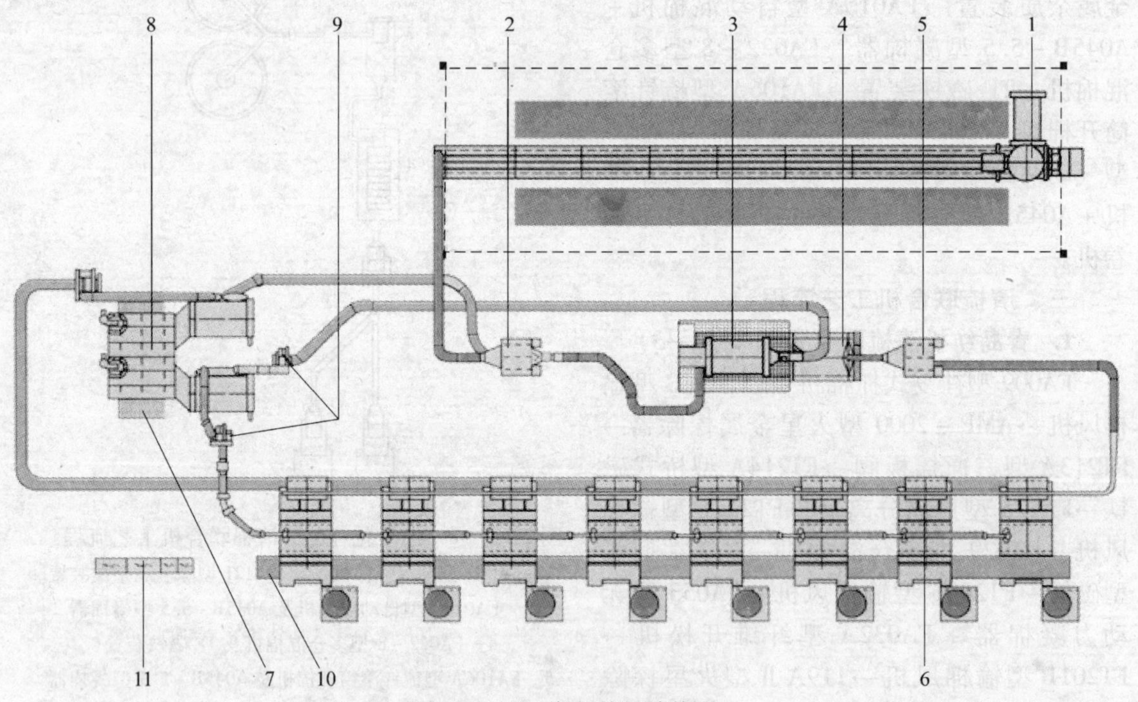

图 2—3—4 郑州纺机清梳联

1—FA006 型往复式抓棉机 2—TF30 重物分离器和 ZFA053 型气纤分离器 3—FA028 型六仓混棉机 4—FA111A 型粗针滚筒清棉机 5—TV425 型输棉风机 6—FA177A 型清梳联喂棉箱和 FA221B 型高产梳棉机 7—TVK650 型排杂风机 8—滤尘设备 9—TV500 型排尘风机 10—接至空调系统的梳棉机回风 11—电器集中控制柜

3. Crosrol 清梳联（见图 2—3—5）

自动抓包机（ABOW/MB）（多品种）→多仓混棉机（4CB）→针刺式精细开清棉机（POC）→喂棉风机→（CF 清梳联喂棉箱 + MK6 高产梳棉机）×8。

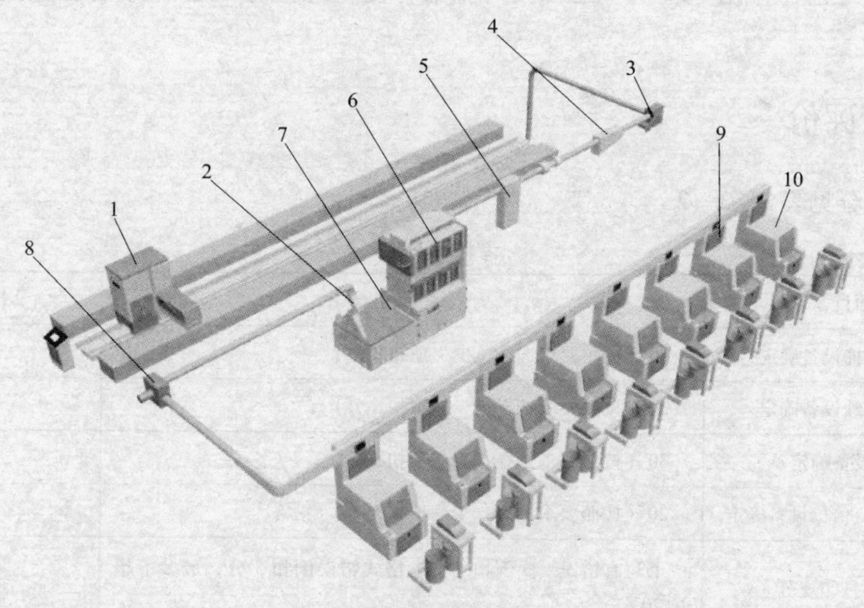

图 2—3—5　Crosrol 清梳联

1—自动抓包机　2—桥式磁铁　3—抓包机风机　4—微除尘装置　5—金属探除及灭火器　6—多仓混棉机　7—精细开清棉机（针刺式）　8—喂棉风机　9—清梳联喂棉箱　10—高产梳棉机（MK6/MK7）

4. Rieter 清梳联

A11 型往复式抓棉机→［B7/3 型六仓混棉机→A77 型存储除尘喂给机→C50 型化纤梳棉机 ×6］×2。

5. Trutzschler 清梳联

BDT018 型自动抓棉机→DM2 型三仓混棉机→VF01200 型清棉机→FBK529 型棉箱→DK715 型梳棉机。

其他工序的设备可参见模块一中的任务 3。

任务实施

某厂根据实际情况采用了以下纺纱工艺流程：

FA002 型圆盘抓棉机 ×2→FA022 - 6 型多仓混棉机→FA106A 型梳针滚筒开棉机（A045B 型凝棉器）→A062 - Ⅱ型电气配棉器→［FA046A 型振动式给棉机（A045B 型凝棉器）+ FA141 型单打手成卷机］×2→FA201 型梳棉机→FA306 型并条机→FA326A 型并条机→TJFA458A 型粗纱机→FA506 型细纱机→ESPERO - M/L 型自动络筒机→FA716 型并纱机→EJP834 - 165 型倍捻机。

开清梳工艺宜采用清梳联，在使用化纤时，清梳联能避免粘卷等弊病，同时又能免除化纤卷的搬运、储存等劳动消耗，对于运转管理和提高产品质量都有帮助。清梳应采用多松、轻打的工艺，减少落量，节约用料。采用青岛宏大国产成套清梳联设备，配置“一抓、一开、一混”工艺，并用 SLT－N 型自调匀整器，使化纤充分混合、开松后直接均匀供应梳棉。

考核评价

考核评分见表 2—3—2

表 2—3—2 考核评分表

<table>
<tr><td colspan="2">项目</td><td colspan="3">分值</td><td colspan="3">得分</td></tr>
<tr><td colspan="2">开清、梳棉设备确定</td><td colspan="3">20（按照要求选择，少一项扣 2 分）</td><td colspan="3"></td></tr>
<tr><td colspan="2">并条、粗纱设备确定</td><td colspan="3">30（按照要求选择，少一项扣 5 分）</td><td colspan="3"></td></tr>
<tr><td colspan="2">细纱设备确定</td><td colspan="3">30（按照要求选择，少一项扣 5 分）</td><td colspan="3"></td></tr>
<tr><td colspan="2">络筒、并纱、倍捻设备确定</td><td colspan="3">20（按照要求选择，少一项扣 5 分）</td><td colspan="3"></td></tr>
<tr><td colspan="2">书写、打印规范</td><td colspan="3">书写有错误一次倒扣 4 分，格式错误倒扣 5 分，最多不超过 20 分</td><td colspan="3"></td></tr>
<tr><td>姓名</td><td></td><td>班级</td><td></td><td>学号</td><td></td><td>总得分</td><td></td></tr>
</table>

思考与练习

1. 设计针织用纯涤纶纱 19.5 tex 的工艺过程。
2. 设计机织用 Tencel 纤维 14.5 tex 纯纺纱的工艺过程。

任务 4　开清棉工艺设计

学习目标

1. 能进行开清棉工艺参数的选择与计算。
2. 掌握工艺参数对化纤卷质量的影响。

任务引入

根据模块二任务 3 中选择的设备，对开清棉工艺进行设计，主要工艺设计内容见表 2—4—1。

表 2—4—1　　开清棉工艺设计

开清棉工艺流程	FA002 型圆盘抓棉机→FA022－6 型多仓混棉机→FA106A 型梳针滚筒开棉机→A062－Ⅱ型电气配棉器→FA046A 型振动式给棉机→FA141 型单打手成卷机
机械名称	工艺参数

FA002 型圆盘抓棉机	抓棉打手的转速（r/min）	抓棉小车的运行速度（r/min）	打手刀片伸出肋条的距离（mm）	抓棉打手间歇下降动程（mm）

FA022－6 型多仓混棉机	开棉打手转速（r/min）	给棉罗拉转速（r/min）	输棉风机转速（r/min）	换仓压力（Pa）

FA106A 型梳针滚筒开棉机	打手速度（r/min）	给棉罗拉转速（r/min）	打手与给棉罗拉间的隔距（mm）	打手与尘棒间的隔距（mm）	尘棒之间的隔距（mm）	打手与剥棉刀间的隔距（mm）

FA046A 型振动式给棉机	角钉帘与均棉罗拉间的隔距（mm）

FA141 型单打手成卷机	棉卷定量（g/m）		实际回潮率（%）	棉卷长度（m）		棉卷伸长率（%）	棉卷净重（kg）		线密度（tex）	机械牵伸倍数
	湿定量	干定量		计算	实际		干重	湿重		

FA141 型单打手成卷机	打手速度（r/min）	打手与天平曲杆工作面间的隔距（mm）	打手与尘棒间的隔距（mm）	尘棒与尘棒间的隔距（mm）

任务分析

根据表 2—4—1，开清棉工艺设计分为棉卷参数的设计、各设备转速的设计及隔距的设计。由于开清棉设备比较多，因此多采用各单机分别进行工艺设计。

相关知识

化纤原料有再生纤维和合成纤维两种。

一、再生纤维

1. 品质特征和处理原则

粘纤、富纤、醋纤等化纤单纤维强力低（湿强力更低），纤维的回弹性差，回潮率较高。清棉处理应采取多松、轻打、多梳少落的原则，一般使用两只棉箱两个开清点，紧包原料可用三只棉箱两个开清点的工艺。粘纤的回潮率必须控制在 10%～13%，回潮率超过 14% 时应预先烘晒去湿，回潮率低于 9% 时应事前松包吸湿，这样才能保持质量稳定。

2. 开清棉工艺处理措施

(1) 以“多松少打、少落多梳、充分混合”为原则。

(2) 棉箱机械工艺：缩小均棉罗拉与斜帘间的隔距，调整水平帘与角钉帘的速比，提高开松度。棉箱储棉量保持1/3，防止过多翻滚造成束丝。

(3) 打手形式和速度：根据纤维的线密度、单强和包装松紧程度配置打手速度，一般比纯棉纺纱时减慢15%～30%。打手形式应采用梳针式、单辊锯齿式。清棉机采用梳针或综合式打手，以求轻打多梳。粘纤的回潮率偏高输棉不畅，应加快风扇转速20%～30%（一般为1 200～1 400 r/min）。

(4) 定量：加工成卷时，棉卷定量不宜低于400 g/m，过轻容易产生破洞，使重量不匀率上升。

(5) 隔距、加压：粘纤含杂很少，只要排除少量并丝、胶块，尘棒间隔距可以减小，后半部尘棒可以反装。如有阻塞气流影响尘笼集棉的情况，可以考虑补风方法。给棉罗拉加压应比纯棉纺纱时加重20%～40%。

二、合成纤维

1. 品质特征和处理原则

涤纶、腈纶、锦纶、维纶等合成纤维单纤维强力高，纤维回弹性好，回潮率低。开清棉处理时应采取多松、多梳、少落的原则，一般使用两只棉箱两个开清点或三只棉箱两个开清点。

合成纤维弹性好、表面光滑、抱合力差，棉卷退绕时容易粘卷、分层不清，影响产品质量，必须采取防粘措施，减少粘卷现象。

2. 开清棉工艺处理措施

(1) 以“多松少打、以分割代替打击、不落少落、充分开松”为原则。

(2) 棉箱机械工艺：针对合成纤维表面比较光滑，不易被角钉抓取，在棉箱内翻滚增多的特点，必须降低棉箱储棉高度，不超过1/2，结合加快清除罗拉、剥棉打手转速，提高剥棉效率，减少原料翻滚次数，为出棉均匀创造条件。

(3) 输棉管道：输棉管道尽可能缩短，减少合成纤维与管道内壁摩擦造成的棉团。管道内壁涂以7109聚氨酯油漆，保持内壁光滑。内壁黏附的合成纤维的油脂，应定期清除，减少阻力保持输棉畅通。

(4) 打手形式：合成纤维主要打手应采用三翼梳针、五翼梳针、全梳针滚筒或锯齿滚筒形式，充分发挥松解纤维束的作用。打手速度应视原料的开松情况而定，一般与加工正常原棉相仿。过分开松将会使棉层蓬松、分层不清，造成粘卷；开松不足也会造成粘卷。一般梳针滚筒速度为500～600 r/min，三翼梳针打手转速为750～900 r/min。合成纤维中腈纶、氯纶等单纤维强力较低，打手速度应稍减慢。

任务实施

一、FA002型圆盘抓棉机工艺设计

根据“多松少打”的原则，尽量使抓棉打手刀片每齿的抓棉量小，提高抓棉机的开松

作用，为此，在考虑机械状态的情况下采用以下工艺设计，见表2—4—2。

二、FA022－6型多仓混棉机工艺设计

根据充分混合的原则，尽量增大多仓混棉机的容量，增加延时时间，以达到较好的混合效果，为此，在考虑机械状态的情况下采用以下工艺设计，见表2—4—3。

表2—4—2 FA002型圆盘抓棉机工艺设计

工艺参数	参数设计
打手刀片伸出肋条的距离	2.5 mm
抓棉打手间歇下降动程	2 mm
抓棉打手的转速	900 r/min
抓棉小车的运行速度	1.20 r/min

表2—4—3 FA022－6型多仓混棉机工艺设计

工艺参数	参数设计
换仓压力	196 Pa
开棉打手转速	330 r/min
给棉罗拉转速	0.2 r/min
输棉风机转速	1 700 r/min

三、FA106A型梳针滚筒开棉机工艺设计

根据“多松少打、以分割代替打击、不落少落、充分开松”的原则，利用梳针对化纤进行梳理，减少对纤维的打击，由于化纤中仅含有少量的疵点，因此尽量少落。为此，在考虑机械状态的情况下采用以下工艺设计，见表2—4—4。

表2—4—4 FA106A型梳针滚筒开棉机工艺设计

工艺参数	参数设计
打手速度	480 r/min
给棉罗拉转速	45 r/min
打手与给棉罗拉间的隔距	11 mm
打手与尘棒间的隔距	进口14 mm，出口18.5 mm
尘棒之间的隔距	进口11 mm，中间反装，出口反装
打手与剥棉刀间的隔距	1.6 mm

四、FA046A型振动式给棉机工艺设计

角钉帘与均棉罗拉间的隔距设计为35 mm。

五、FA141型单打手成卷机工艺设计

成卷机的主要工作是均匀成卷，并有开松、除杂、均匀作用，为此，既要考虑最终的成卷情况，又要考虑设备开松、除杂情况。在考虑机械状态的情况下采用以下工艺设计，见表2—4—5。

表2—4—5 FA141型单打手成卷机工艺设计

项目	工艺参数	项目	工艺参数
打手速度	921.6 r/min	棉卷湿定量	371.48 g/m
打手与天平曲杆工作面间的隔距	10.5 mm	棉卷长度	28.93 m
打手与尘棒间的隔距	进口10 mm，出口18 mm	棉卷的伸长率	2.5%
尘棒与尘棒间的隔距	5 mm	棉卷实际长度	29.65 m

续表

项目	工艺参数	项目	工艺参数
机械牵伸倍数	3.124	棉卷干净重	10.97 kg
棉卷干定量	370 g/m	棉卷湿净重	11.01 kg

1. 计算速度

（1）综合打手转速 n_1（r/min）：

$$n_1 = n \times \frac{D}{D_1} = 1\,440 \times \frac{160}{D_1} = \frac{230\,400}{D_1} = \frac{230\,400}{250} = 921.6 \text{ r/min}$$

式中 n——电动机（5.5 kW）的转速，r/min，1 440 r/min；

D——电动机带轮直径，mm，160 mm；

D_1——打手皮带直径，mm，250 mm。

（2）棉卷罗拉转速 n_3（r/min）：

$$n_3 = n' \times \frac{D_3 \times 17 \times 14 \times 18}{330 \times 67 \times 73 \times 37} = 0.102\,6 \times D_3 = 0.102\,6 \times 120 = 12.312 \text{ r/min}$$

式中 n'——电动机（2.2 kW）的转速，r/min，1 430 r/min；

D_3——电动机带轮直径，mm，120 mm。

2. 计算牵伸倍数

$$E = 3.216\,2 \times \frac{z_4 \times z_2}{z_3 \times z_1} = 3.216\,2 \times \frac{30 \times 17}{21 \times 25} = 3.124$$

式中 z_1/z_2——25/17；

z_3/z_4——21/30。

3. 计算棉卷长度

（1）棉卷计算长度 L（m）：

$$L = \frac{n_4 \times \pi \times d \times E_1 \times E_0}{1\,000} = \frac{110 \times 3.14 \times 80 \times 1.022\,6 \times 24.571}{1\,000 \times 24} = 28.93 \text{ m}$$

式中，n_4 取 110 r/min，d 为 80 mm，E_1 为 1.022 6，$E_0 = 24.571/z_6$（z_6选 24 齿）。

（2）棉卷实际长度 L_1（m）（棉卷的伸长率 ε 为 2.5%）：

$$L_1 = (1+\varepsilon) \times L = (1+0.025) \times 28.93 = 29.65 \text{ m}$$

4. 计算棉卷质量

棉卷干净重 = 370 × 29.65/1 000 = 10.97 kg

棉卷干定量为 370 g/m。

涤纶卷的实际回潮率为 0.4%，则棉卷湿净重为：

棉卷湿定量 = 棉卷干定量 ×（1 + 0.4%）= 370 ×（1 + 0.4%）= 371.48 g/m

棉卷湿净重 = 棉卷湿定量 × L_1/1 000 = 371.48 × 29.65/1 000 = 11.01 kg

5. 计算棉卷的线密度：

$$T_{t成卷} = 370 \times (1+0.4\%) \times 1\,000 = 371\,480 \text{ tex}$$

六、开清棉工艺设计表

开清棉工艺设计见表 2—4—6。

表 2—4—6 **开清棉工艺设计表**

<table>
<tr><td>开清棉工艺流程</td><td colspan="11">FA002 型圆盘抓棉机→FA022－6 型多仓混棉机→FA106A 型梳针滚筒开棉机→A062－Ⅱ型电气配棉器→FA046A 型振动式给棉机→FA141 型单打手成卷机</td></tr>
<tr><td>机械名称</td><td colspan="11">工艺参数</td></tr>
<tr><td rowspan="2">FA002 型
圆盘抓棉机</td><td colspan="3">抓棉打手的转速（r/min）</td><td colspan="3">抓棉小车的运行速度（r/min）</td><td colspan="3">打手刀片伸出肋条的距离（mm）</td><td colspan="2">抓棉打手间歇下降动程（mm）</td></tr>
<tr><td colspan="3">900</td><td colspan="3">1.20</td><td colspan="3">2.5</td><td colspan="2">2</td></tr>
<tr><td rowspan="2">FA022－6 型
多仓混棉机</td><td colspan="3">开棉打手转速（r/min）</td><td colspan="3">给棉罗拉转速（r/min）</td><td colspan="3">输棉风机转速（r/min）</td><td colspan="2">换仓压力（Pa）</td></tr>
<tr><td colspan="3">330</td><td colspan="3">0.2</td><td colspan="3">1 700</td><td colspan="2">196</td></tr>
<tr><td rowspan="2">FA106A 型
梳针滚筒开棉机</td><td colspan="2">打手速度（r/min）</td><td colspan="2">给棉罗拉转速（r/min）</td><td colspan="2">打手与给棉罗拉间的隔距（mm）</td><td colspan="2">打手与尘棒间的隔距（mm）</td><td colspan="2">尘棒之间的隔距（mm）</td><td>打手与剥棉刀间的隔距（mm）</td></tr>
<tr><td colspan="2">480</td><td colspan="2">45</td><td colspan="2">11</td><td colspan="2">14/18.5</td><td colspan="2">11/反/反</td><td>1.6</td></tr>
<tr><td rowspan="2">FA046A 型
振动式给棉机</td><td colspan="11">角钉帘与均棉罗拉间的隔距（mm）</td></tr>
<tr><td colspan="11">35</td></tr>
<tr><td rowspan="5">FA141 型
单打手成卷机</td><td colspan="2">棉卷定量（g/m）</td><td rowspan="2">实际回潮率（%）</td><td colspan="2">棉卷长度（m）</td><td rowspan="2">棉卷伸长率（%）</td><td colspan="2">棉卷净重（kg）</td><td rowspan="2">线密度（tex）</td><td rowspan="2">机械牵伸倍数</td></tr>
<tr><td>湿定量</td><td>干定量</td><td>计算</td><td>实际</td><td>干重</td><td>湿重</td></tr>
<tr><td>371.48</td><td>370</td><td>0.4</td><td>28.93</td><td>29.65</td><td>2.5</td><td>10.97</td><td>11.01</td><td>371 480</td><td>3.124</td></tr>
<tr><td colspan="3">打手速度（r/min）</td><td colspan="3">打手与天平曲杆工作面间的隔距（mm）</td><td colspan="2">打手与尘棒间的隔距（mm）</td><td colspan="2">尘棒与尘棒间的隔距（mm）</td></tr>
<tr><td colspan="3">921.6</td><td colspan="3">10.5</td><td colspan="2">10/18</td><td colspan="2">5</td></tr>
</table>

考核评价

考核评分见表 2—4—7。

表 2—4—7 **考核评分表**

<table>
<tr><td>项目</td><td colspan="4">分值</td><td colspan="2">得分</td></tr>
<tr><td>开清棉联合机选择</td><td colspan="4">20（按照要求选择，少一项扣 2 分）</td><td colspan="2"></td></tr>
<tr><td>抓棉机工艺设计</td><td colspan="4">20（按照要求进行设计，少一项扣 3 分）</td><td colspan="2"></td></tr>
<tr><td>混棉机工艺设计</td><td colspan="4">20（按照要求进行设计，少一项扣 3 分）</td><td colspan="2"></td></tr>
<tr><td>开棉机工艺设计</td><td colspan="4">20（按照要求进行设计，少一项扣 3 分）</td><td colspan="2"></td></tr>
<tr><td>成卷机工艺设计</td><td colspan="4">20（按照要求进行设计，少一项扣 3 分）</td><td colspan="2"></td></tr>
<tr><td>书写、打印规范</td><td colspan="4">书写有错误一次倒扣 4 分，格式错误倒扣 5 分，最多不超过 20 分</td><td colspan="2"></td></tr>
<tr><td>姓名</td><td></td><td>班级</td><td></td><td>学号</td><td>总得分</td><td></td></tr>
</table>

思考与练习

1. 设计针织用纯涤纶纱 19.5 tex 的开清棉工艺。
2. 设计机织用 Tencel 纤维 14.5 tex 纯纺纱的开清棉工艺。

知识拓展

化纤卷的质量控制

控制化纤卷质量的重点是提高原料的均匀混合程度，增进化纤卷的纵横向均匀度以及防止粘卷。

一、提高原料的混合均匀程度

由于化学纤维的染色性能不同，以及原料色泽白度存在差异，所以，在进行化学纤维的混纺或纯纺时，要特别注意各种纤维的均匀混合，使纤维混合后达到预期的要求，否则纺成纱后会出现色差，织成织物后会产生横档残疵布，染色后布面各处色泽深浅不一致，影响产品质量。在加工浅色织物时更应予以重视。因此，应采取一些有力措施，例如调整抓包机的工艺，做到勤抓少抓，使抓取的纤维块小而松，再如对松紧包不一致的原料要进行预处理，提高其开松度，减少纤维包装密度上的差异。因为混合是以必要的开松为前提的，故应提高开清棉的开松效果。另外还可采用多仓混棉机加强混合。

二、提高化纤卷的均匀度

提高化纤卷的均匀度，除采用与纺棉时一样的措施外，还应注意以下几点：

1. 通道要光洁

为了防止或减少纺纱时的静电作用，化学纤维一般都经过加油给乳处理，但是，这样给加工过程也带来了一些不利因素。因化纤与金属间的摩擦因数大，机械运转一段时间后，会在通道内凝聚一层油垢，增加通道阻力，因此须定期清除，否则会影响输入纤维流顺利通行，对化纤卷的均匀度不利。如在输棉管道内壁涂以 7109 聚氨酯油漆，可增强通道光滑程度，改善粘花现象。

2. 棉箱中的储纤量要适当

适当增加自动混棉机棉箱的存纤量，对原料混合及均匀输送均有利，但双棉箱给棉机的中间储棉箱高度应比纺棉时为小。如太高，纤维束或纤维块在棉箱内翻动困难，或在翻动中越翻越紧，致使角钉帘抓取困难，有时甚至出现少抓或空抓现象，从而使化纤卷产生薄段或破洞，严重影响化纤卷的均匀度。

3. 防止化纤卷厚边

单打手成卷机的尘笼吸风，一般为两端大中间小。加工化学纤维时，由于纤维比较蓬松，更易产生尘笼两端凝聚较厚，中间凝聚较薄的现象，致使成卷厚边。梳棉工序若用此卷进行生产，锡林两边易发生绕花现象，且墙板花增多。为此，应调整风扇速度和改窄通道，以防止厚边产生，如在打手至尘笼的通道左右两侧，各装光滑的弧形导板，既起改窄通道的作用，又可引导部分纤维向尘笼中部凝聚，对改窄化纤卷宽度和解决两侧厚边的问题都有一定的效果。

三、防止粘卷

粘卷是化纤纺纱中的一个突出问题，危害性极大，不仅直接影响生条重量不匀率，而且还因绕锡林而损坏针布，因此必须积极设法防止。化纤卷容易产生粘卷的主要原因是：化学纤维没有天然卷曲，而其在制造过程中的一些卷曲，也在开清过程中逐渐消失，因此，纤维与纤维间的抱合力较小，同时纤维层的密度较小，也减弱了纤维间的抱合力，但其回弹性较大；此外，合纤的吸湿性能差，与金属的摩擦因数大，容易产生静电，使纤维互相排斥，所以，纤维层内的纤维容易离散分开，在退卷时，容易产生分层不清，即粘卷。防止粘卷的措施，目前主要有以下几种：

1. 增大上、下尘笼的凝棉比

上、下尘笼的凝棉比例应较纺棉时为大，使大部分纤维凝聚在上尘笼表面，这对防止粘卷有显著的效果。因为成卷时，上尘笼表面的纤维层卷在里层，由于里层厚，纤维间的抱合力大，因此，在梳棉机上退绕时，里层纤维不易黏附在未退绕的外层纤维上，因而能防止粘卷产生。如使用单尘笼前侧吸风，则可进一步防止粘卷。

2. 增大紧压罗拉的压力

增大压力使纤维层内的纤维更加集聚紧密。一般压力比纺棉时大30%左右。

3. 在第二、三紧压罗拉内安装电热丝

通过电热丝加热，使紧压罗拉的表面温度升高到95～105℃，纤维层在通过第二、三紧压罗拉时，可获得暂时的热定型，从而达到防止粘卷的目的。但该措施在关车时间较长时，必须将纤维层走空，以防止熔结并块。此外，需注意安全、防止静电和夏季防热降温。

4. 采用重定量短定长的工艺措施

采用重定量短定长的工艺措施不仅可防止粘卷，还可降低化纤卷的不匀率。适当增加成卷定量有利于改善纤维层的结构，增强纤维间的抱合力，从而减少粘卷。一般成卷干定量掌握在310～372 g/m。适当缩短成卷长度，容易控制成卷直径，包卷方便，通常成卷长度控制在27～32 m。

5. 在化纤卷间夹粗纱（或生条）

将5～7根粗纱或生条头夹入化纤卷内，将纤维层分隔开，可作为防止粘卷的一个辅助性措施。

粘卷情况和纤维性质有很大关系，上述防粘措施应根据优质低耗的原则结合各厂具体情况部分采用，但要彻底解决此问题，需使用清梳联合机，使纤维流直接送至梳棉机，不再成卷。

任务5　梳棉工艺设计

学习目标

1. 能进行梳棉工艺参数的选择与计算。
2. 掌握工艺参数对生条质量的影响。

任务引入

在开清棉工艺设计的基础，进行梳棉工艺设计，其主要设计内容见表2—5—1。

表2—5—1　　梳棉工艺

机型	生条定量（g/5 m）		回潮率（%）	线密度（tex）	总牵伸倍数		棉网张力牵伸倍数	刺辊转速（r/min）	锡林转速（r/min）	盖板速度（mm/min）	道夫转速（r/min）
	干定量	湿定量			机械	实际					
FA201											

刺辊与周围机件的隔距（mm）

给棉板	第一除尘刀	第二除尘刀	第一分梳板	第二分梳板	锡林

锡林与周围机件的隔距（mm）

活动盖板	后固定盖板	前固定盖板	大漏底	后罩板	前上罩板	前下罩板	道夫

齿轮的齿数

z_1	z_2	z_3	z_4	z_5

任务分析

根据表2—5—1，梳棉工艺设计分为生条定量及牵伸倍数设计、速度设计、隔距设计三部分。通常依次进行生条定量与牵伸倍数设计、速度与隔距设计。

相关知识

一、化纤特性对梳棉的要求

由于化学纤维的工艺特性与棉纤维不相同，在梳棉机上加工化纤时必须采用相应的工艺措施进行加工，才能达到高产、优质、低耗的目的。棉型和中长型化纤在梳棉机上加工时的工艺措施如下：

1．化纤的长度较长，在棉纺设备上加工时必须采用相应的工艺参数，以使纤维顺利转出，减少纤维损伤。

2．化纤基本上不含杂质，仅含极少量粗硬丝和饼块等杂质，必须采用少落棉的工艺配置，以达到低耗的要求。

3. 合纤的回潮率比棉小得多，与金属机件间的摩擦因数大，在加工过程中易产生静电，易产生绕花和生条发毛现象，因而在速度和隔距配置上应针对这一特性采取相应措施。

4. 化纤的抱合力不如棉，特别是合纤，因为纤维之间的摩擦因数较小，故易产生棉网下坠和破边现象。

5. 合纤的弹性远较棉好，回弹力强，条子蓬松，通过喇叭口和圈条斜管时，易造成通道堵塞。

6. 由于化纤在梳理过程中所产生的静电不易消失，且含有油脂，故易黏附在分梳元件上，不能顺利转移，从而易引起绕锡林、盖板、道夫针齿和刺辊锯齿以及刺辊返花现象，造成棉结增多，故需采用适用于纺化纤的针布。

二、针布的选用

梳棉机是依靠针布对纤维进行梳理的，选择纺化纤用的分梳元件非常重要。加工粘胶纤维时可采用金属针布或弹性针布；加工合成纤维时，必须选用化纤专用型或棉与化纤通用型针布，否则纤维易充塞针齿间和缠绕针面。在选择加工合成纤维用的金属针布时，应以锡林不缠绕纤维、生条结杂少、棉网清晰度好为主要依据。

1. 锡林针布的选用

合成纤维与金属针布针齿间的摩擦因数较大，纤维进入齿间后不易上浮，所以选用的针布除必须具有良好的握持和穿刺能力以及针齿锋利、耐磨、表面光洁等外，还应有良好的转移能力。纺化纤用的锡林针布，针齿工作角要适当增大，齿高要小，齿要稀、齿形为弧背负角。这种金属针布可以增强对纤维的释放和转移能力，并能有效地防止纤维缠绕锡林或轧伤针布，有利于纤维向道夫凝聚转移。

2. 道夫针布的选用

加工化纤时，道夫用金属针布必须与锡林针布配套，应适当提高道夫的凝聚能力，以降低锡林针面负荷，减少棉结。所以道夫针布的针齿工作角更小，其与锡林针齿工作角的差值比纺棉时为大，并减小齿密、增大齿高，齿形选用直齿形，以增大针齿容量，提高道夫凝聚纤维的能力。

3. 盖板针布的选用

盖板针布一般应选用齿密较稀、钢针较粗、针高较低的无弯膝双列盖板针布，如 702 型。702 型双列盖板针布梳针的抗弯能力强，能适应高产量、强分梳的要求。针布中间少植八列针，不易充塞纤维，盖板花较少。

4. 刺辊齿条的选用

刺辊齿条宜选用针齿工作角较大、薄型、稀齿的齿条。特别是齿尖厚度为 0.15 ~ 0.20 mm 的薄型齿条，对棉层的穿刺和分梳能力较强。

5. 针布配套示例

化纤纱针布配套示例见表 2—5—2。

三、梳棉生条定量设计

生条定量与成条质量直接有关，生条定量过轻，易使棉网飘浮，造成剥网困难，影响成条；生条定量过重，由于合成纤维的弹性好，条子粗而蓬松，容易堵塞喇叭口和圈条斜管。因此，除了加重大压辊的压力外，一般将合成纤维的生条定量控制在 19 ~ 25 g/5 m 为宜。

表 2—5—2　　化纤纱针布配套示例

产量	名称	化纤		
		<1.0 dtex	1.0~3.0 dtex	>3 dtex
<15 kg/h	锡林针布	AC2515×01660 AC2520×01660	AC2815×01865 AC2520×01660	AC2515×01670 AC2810×01865
	道夫针布	AD4530×02080	AD4030×01890	AD4030×01890
	刺辊齿条	AT5605×05011	AT5605×05011	AT5600×05011
	盖板针布	MCC29 MCZ18 MCZ24	MCZ18 MCZ30 MCZ24	MCZ18 MCZ24
15~25 kg/h	锡林针布	AC2520×01660	AC2520×01660 AC4030×01880	AC2515×01680
	道夫针布	AD4530×02080	AD4530×02080	AD4030×01880
	刺辊齿条	AT5605×05011	AT5605×05611	AT5600×05611
	盖板针布	MCH32 MCZ18 MCZ24	MCZ29 MCZ18 MCZ24	MCZ18 MCZ24
>25 kg/h	锡林针布		AC2520×01660 AC4530×02080	AC2515×01680 AC4030×01880
	道夫针布		AD6030×02190	AD5030×02190
	刺辊齿条		AT5605×05611 AT5005×05632V	AT5600×05611 AT5005×05632V
	盖板针布		MCH32 MCZ29 MCZ24	MCZ18 MCZ24 MCZ29 MCH32

四、梳棉速度设计

1. 锡林速度

锡林速度高可以减轻针面负荷，增强分梳，由于锡林、刺辊间速比较纺棉时大，锡林速度的提高，可使刺辊转速不致过低而影响刺辊分梳。

2. 刺辊速度

刺辊速度必须与锡林速度相适应，见表 2—5—3，刺辊速度高，有利于开松除杂，但过高会造成纤维损伤。刺辊速度与锡林速度不相适应时，纤维不能顺利转移，易造成返花，棉结增多。

表 2—5—3　　梳棉机上常用的锡林和刺辊速度

加工原料	锡林转速（r/min）	刺辊转速（r/min）	表面线速比（锡林/刺辊）
一般棉型和中长化纤	280~330	600~850	2~2.5

3. 盖板速度

盖板速度影响除杂效率和盖板花量。由于化纤中仅含少量的束状纤维疵点（并丝、粘连丝和硬丝），并且短纤维容易在盖板花中排除，因此可采用较低的盖板线速度，一般采用72～129.1 mm/min 的线速度。

4. 道夫速度

道夫速度低，多次盖板工作区梳理的纤维数量多，有利于改善棉网质量，但道夫速度过低会影响产量。对成纱质量要求较高的品种，道夫速度可低些，一般控制在22～28 r/min。

5. 大压辊与轧辊间的线速比

大压辊与轧辊之间的线速比取决于两者之间的张力牵伸，其大小影响生条条干的质量。加工涤纶等合成纤维时，因纤维间的抱合力较小，生条条干质量随张力牵伸倍数的增大而恶化。为此，在棉网不松坠的前提下，张力牵伸倍数以偏小掌握为宜。

五、梳棉隔距设计

根据棉型化纤和中长化纤的长度特点，各梳理机件之间的隔距原则上较纺棉时为大，但对各部分隔距，均需按其具体要求而定。

1. 刺辊与给棉板间

刺辊与给棉板间的隔距应视棉层厚度和纤维长度而定，一般棉型化纤比纺棉时的大，纺中长化纤时更大。

2. 锡林与盖板间

要求在减少充塞的前提下充分梳理，锡林与盖板间的隔距应比纺棉时略大。

3. 锡林与道夫间

锡林与道夫间的隔距以偏小掌握为宜。

4. 前上罩板上口与锡林间

加工化纤时，若隔距偏小，会不出盖板花，故该处隔距一般比纺棉时略大，使其能正常出盖板花，最好做到盖板花薄而均匀。

任务实施

一、设计梳棉生条定量及牵伸倍数

纺制涤纶 9.8×3 tex 缝纫线，梳棉生条定量选择范围是 19～25 g/5 m。结合并条机、粗纱机、细纱机的牵伸能力，初步设计化纤条的定量为 19.5 g/5 m。

化纤不含杂质，仅含有少量的纤维疵点，而且化纤整齐度较好，短绒率极少，因此，梳棉机上要采用减少落棉的措施，以节约用棉、降低成本。所以控制梳棉的总落棉率为 1%，实际回潮率为 0.4%。

第一步：计算实际牵伸倍数

$$E_{实际估} = \frac{化纤卷定量 \times 5}{G_{生条估}} = \frac{370 \times 5}{19.5} = 94.87$$

第二步：计算机械牵伸倍数

$$E_{机械估} = \frac{E_{实际}}{1 + 落棉率} = \frac{94.87}{1 + 0.01} = 93.93$$

梳棉机的总牵伸倍数是指小压辊与棉卷罗拉之间的牵伸倍数。由 FA201 型梳棉机的传动图 1—5—3，求得其总牵伸倍数 E。

$$E = \frac{48}{21} \times \frac{120}{z_1} \times \frac{34}{42} \times \frac{190}{z_2} \times \frac{38}{30} \times \frac{30}{21} \times \frac{60}{152} = \frac{30\ 134.1}{z_2 \times z_1}$$

式中，z_1 取值范围是 13～21，z_2 取值范围是 19～21。

从表 1—5—9 中，可以查到与计算的牵伸倍数 93.93 最接近的牵伸倍数是 94.2，相应的 z_1 值是 16，z_2 值是 20，即 $E_{机械} = 94.2$。

第三步：计算修正后的梳棉实际牵伸倍数、生条定量及生条线密度

$$E_{实际} = E_{机械} \times (1 + 落棉率) = 94.2 \times (1 + 1\%) = 95.1$$

$$G_{生条} = \frac{化纤卷定量 \times 5}{E_{实际}} = \frac{370 \times 5}{95.1} = 19.45\ \text{g/5 m}$$

$$G_{生条湿} = G_{生条} \times (1 + 0.4\%) = 19.45 \times (1 + 0.4\%) = 19.53\ \text{g/5 m}$$

$$T_{t梳棉} = G_{生条} \times (1 + 0.4\%) \times 200 = 19.45 \times (1 + 0.4\%) \times 200 = 3\ 905.56\ \text{tex}$$

第四步：计算其他牵伸倍数

（1）棉网张力牵伸倍数

根据图 1—5—3，棉网张力牵伸倍数即是大压辊与下轧辊之间的牵伸倍数，由此得出棉网张力牵伸倍数是：

$$e_{棉网张力} = \frac{45}{55} \times \frac{32}{z_2} \times \frac{38}{28} \times \frac{76}{110} = \frac{24.55}{z_2} = \frac{24.55}{20} = 1.23$$

（2）小压辊与道夫间的牵伸倍数

$$e_{小压辊\sim道夫} = \frac{190 \times 38 \times 30 \times 60}{z_2 \times 30 \times 21 \times 706} = \frac{190 \times 38 \times 30 \times 60}{20 \times 30 \times 21 \times 706} = 1.46$$

二、设计梳棉速度

根据图 1—5—3，V 带和平带的传动效率均取 98%。

1. 锡林速度（r/min）

$$n_{锡林} = 1\ 460 \times \frac{125}{542} \times 0.98 = 330\ \text{r/min}$$

2. 刺辊速度（r/min）

$$n_{刺辊} = 1\ 460 \times \frac{125}{224} \times 0.98 = 798\ \text{r/min}$$

3. 盖板速度（mm/min）

盖板由星形导盘传动，星形导盘有 14 齿，周节为 36.5 mm，与相邻两块盖板间的距离相等。

$$v_{盖板} = 1\ 460 \times \frac{136}{542} \times 0.98 \times \frac{100}{240} \times \frac{z_4}{z_5} \times \frac{1}{17} \times \frac{1}{24} \times 14 \times 36.5 \times 0.98$$

$$= 183.609 \times \frac{z_4}{z_5}$$

式中，z_4 值是 18、21、26、30、34、39，z_5 相对应的值是 42、39、34、30、26、21。

盖板速度与变换齿轮齿数之间的关系见表 1—5—10。

选择 $v_{盖板}$ 值是 78.69 mm/min，对应的 z_4 值是 18，z_5 值是 42。

4. 道夫速度（r/min）

$$n_{道夫} = 1\ 460 \times \frac{88}{253} \times \frac{20}{50} \times \frac{z_3}{190} \times 0.98 = 1.048 \times z_3$$

式中，z_3 值是 18 ~ 34。

道夫速度与变换齿轮齿数之间的关系见表 1—5—11。

考虑到梳棉机的产量及分梳的质量等情况，选择 $n_{道夫}$ 为 24.1 r/min，对应的 z_3 值是 23 齿。

5. 小压辊成条速度（m/min）

$$v_{出条} = 60 \times 3.14 \times 1\ 460 \times \frac{88}{253} \times \frac{20}{50} \times \frac{z_3}{z_2} \times \frac{38}{30} \times \frac{30}{21} \times \frac{1}{1\ 000} \times 0.98$$

$$= 67.9 \times \frac{z_3}{z_2} = 67.9 \times \frac{23}{20} = 78.09\ \text{m/min}$$

三、设计梳棉机隔距

FA201 型梳棉机隔距的设计及依据见表 2—5—4。

表 2—5—4　　FA201 型梳棉机隔距的设计及依据

机件部位		隔距（mm）		隔距设计的依据
给棉、刺辊部分	给棉罗拉~给棉板	入口	0.32	①给棉罗拉空转时不接触 ②进口大、出口小，喂入化纤层后，基本相同
		出口	0.12	
	刺辊~给棉板	0.25		刺辊对化纤层的梳理作用较好，化纤层较厚、纤维较长
	刺辊~除尘刀	第一除尘刀	0.3	较大的隔距，能减少落纤量
		第二除尘刀	0.3	
	刺辊~分梳板	第一分梳板	0.5	刺辊与分梳板的隔距一般不改变
		第二分梳板	0.5	
	刺辊~锡林	0.15		有利于纤维向锡林针面转移
锡林、盖板、道夫部分	锡林~活动盖板	进口	0.23	有 5 个隔距点，近刺辊侧为锡林从刺辊上转移来的纤维，首先进入盖板工作区（4 ~6 块）分梳，纤维量较多，隔距宜偏大，出口时隔距也宜大一点；中间几档可略小一些，以利分梳
		第二点	0.20	
		第三点	0.18	
		第四点	0.18	
		出口	0.20	
	锡林~后固定盖板	下	0.45	锡林从刺辊上转移来的纤维束首先抛向固定盖板，作用比较剧烈，隔距宜由大到小
		中	0.40	
		上	0.30	
	锡林~前固定盖板	上	0.20	有利于纤维伸直
		第二	0.20	
		第三	0.20	
		下	0.20	

续表

机件部位		隔距（mm）		隔距设计的依据
锡林、盖板、道夫部分	锡林～大漏底	入口	6.4	①入口保证不积花 ②出口不影响小漏底气压 ③隔距自入口起由大到小，保持大漏底的曲率半径
		中间	1.58	
		出口	0.78	
	锡林～后罩板	上口	0.48	上口较下口略小，下口隔距与大漏底出口相匹配，使气流畅通
		下口	0.56	
	锡林～前上罩板	上口	0.79	上口与盖板出口相适应，隔距与盖板花量适应
		下口	1.08	
	锡林～前下罩板	上口	0.79	下口放大，有利于锡林上纤维向道夫转移
		下口	0.60	
	锡林～道夫	0.1		有利于纤维顺利转移
剥棉成条、圈条部分	盖板～斩刀	0.84		能较好剥下盖板花
	道夫～剥棉罗拉	0.3		能较好剥下棉网
	剥棉罗拉～上轧辊	0.5		能较好剥下剥棉罗拉棉网
	上轧辊～下轧辊	0.13		在不加压时，上下轧辊最好表面不接触

四、梳棉工艺设计表

梳棉工艺设计见表2—5—5。

表2—5—5　　梳棉工艺设计表

机型	生条定量（g/5m）		回潮率（%）	线密度（tex）	总牵伸倍数		棉网张力牵伸倍数	刺辊转速（r/min）	锡林转速（r/min）	盖板速度（mm/min）	道夫转速（r/min）
	干定量	湿定量			机械	实际					
FA201	19.45	19.53	0.4	3 905.56	94.2	95.1	1.23	798	330	78.69	24.1

刺辊与周围机件的隔距（mm）

给棉板	第一除尘刀	第二除尘刀	第一分梳板	第二分梳板	锡林
0.25	0.3	0.3	0.5	0.5	0.15

锡林与周围机件的隔距（mm）

活动盖板	后固定盖板	前固定盖板	大漏底	后罩板	前上罩板	前下罩板	道夫
0.23/0.20/0.18/0.18/0.20	0.45/0.40/0.30	0.2/0.2/0.2/0.2	6.4/1.58/0.78	0.48/0.56	0.79/1.08	0.79/0.60	0.1

齿轮的齿数

z_1	z_2	z_3	z_4	z_5
16	20	23	18	42

考核评价

考核评分见表2—5—6。

表2—5—6　　考核评分表

<table>
<tr><th>项目</th><th colspan="5">分值</th><th colspan="2">得分</th></tr>
<tr><td>梳棉生条定量设计</td><td colspan="5">40（按照要求进行设计，少一项扣5分）</td><td colspan="2"></td></tr>
<tr><td>梳棉速度设计</td><td colspan="5">30（按照要求进行设计，少一项扣4分）</td><td colspan="2"></td></tr>
<tr><td>梳棉隔距设计</td><td colspan="5">30（按照要求进行设计，少一项扣1分）</td><td colspan="2"></td></tr>
<tr><td>书写、打印规范</td><td colspan="5">书写有错误一次倒扣4分，格式错误倒扣5分，最多不超过20分</td><td colspan="2"></td></tr>
<tr><td>姓名</td><td></td><td>班级</td><td></td><td>学号</td><td></td><td>总得分</td><td></td></tr>
</table>

思考与练习

1. 设计针织用纯涤纶纱19.5 tex的梳棉工艺。
2. 设计机织用Tencel纤维14.5 tex纯纺纱的梳棉工艺。

任务6　并条工艺设计

学习目标

1. 能进行并条工艺参数的选择与计算。
2. 掌握工艺参数对熟条质量的影响。

任务引入

在梳棉工艺设计的基础上，进行并条工艺设计，其主要设计内容见表2—6—1。

表2—6—1　　并条工艺

<table>
<tr><th colspan="13">一并工艺</th></tr>
<tr><th rowspan="2">机型</th><th colspan="2">一并条定量（g/5 m）</th><th rowspan="2">回潮率（%）</th><th colspan="2">总牵伸倍数</th><th rowspan="2">线密度（tex）</th><th rowspan="2">并合数</th><th colspan="4">牵伸倍数分配</th><th rowspan="2">前罗拉速度（m/min）</th></tr>
<tr><th>干重</th><th>湿重</th><th>机械</th><th>实际</th><th>紧压罗拉～前罗拉</th><th>前罗拉～中罗拉</th><th>中罗拉～后罗拉</th><th>后罗拉～导条罗拉</th></tr>
<tr><td>FA306</td><td></td><td></td><td></td><td></td><td></td><td></td><td></td><td></td><td></td><td></td><td></td><td></td></tr>
</table>

续表

一并工艺

罗拉握持距（mm）		罗拉加压（N）	罗拉直径（mm）	喇叭头孔径（mm）	压力棒调节环直径（mm）
前～中	中～后	导条×前×中×后×压力棒	前×中×后		

齿轮的齿数

z_1	z_2	z_3	z_4	z_5	z_6	z_8

二并工艺

机型	二并条定量（g/5 m）		回潮率（%）	总牵伸倍数		线密度（tex）	并合数	牵伸倍数分配				紧压罗拉速度（m/min）
	干重	湿重		机械	实际			紧压罗拉～前罗拉	前罗拉～后罗拉	后罗拉～检测罗拉	检测罗拉～导条罗拉	
FA326A												

罗拉握持距（mm）		罗拉加压（N）	罗拉直径（mm）	喇叭头孔径（mm）	压力棒调节环直径（mm）
前～中	中～后	导条×前×中×后×压力棒	前×中×后		

齿轮的齿数

z_1	z_2	z_3	z_4	z_5	z_6	z_7	z_8	z_9

任务分析

根据表2—6—1，并条工艺设计分为化纤条定量及牵伸倍数设计、速度设计、罗拉握持距设计及其他工艺参数设计。通常先进行化纤条定量与牵伸倍数设计，然后进行速度、罗拉握持距及其他工艺参数设计。

相关知识

由于化学纤维长度较长，整齐度较好，纤维与金属之间摩擦因数较大，所以在牵伸过程中牵伸力大，因此，加工化纤时并条机工艺需采用“重加压、大隔距、通道光洁、防缠防堵”等措施。将罗拉加压加重，罗拉隔距加大，以保证牵伸的稳定，否则会产生牵伸效率低，条干不匀率大，重量不匀率增高，甚至牵伸不开，出硬头等不良后果。

一、化纤条定量

化纤条定量的配置应根据纺纱线密度、纺纱品种、配置设备数量、产品质量要求和加工原料的特性等因素综合考虑确定，一般为10～30 g/5 m。纺化纤纱时，对产品质量要求较高，定量应偏轻掌握，一般控制在12～21 g/5 m。在罗拉加压充分、后工序设备牵伸能力较大的条件下，可适当加重定量。在头、二道的定量选配上一般逐道减轻。

二、工艺道数

选择合理的工艺道数和并合数，对于改善纤维伸直、平行和提高混合均匀度十分重要。并条工艺道数还受纤维弯钩方向的制约，一般梳棉纱工艺应符合奇数配置。化纤纯纺或化纤与化纤混纺一般采用棉块混合的方式，即在开清棉工序开始混合，混合比较充分，一般采用二道并条工艺，并合数通常为48或64。增加并合数对于改善重量不匀率、提高纤维混合均匀度非常有效，但过多的并合数和过大的牵伸倍数会使纤维疲劳、条子熟烂而影响条干均匀和纱疵。使用有预牵伸和自调匀整功能的梳棉机可以减少并合数。

三、张力牵伸倍数

1. 前张力牵伸倍数

前张力牵伸倍数与加工的纤维类别、品种（普梳、精梳）、出条速度、集束器、喇叭头口径和形式、温湿度等有关，一般为0.99～1.03。化纤的回弹性大，可取1或略小于1；当喇叭头口径偏小或采用压缩喇叭头形式时，前张力牵伸倍数应略为放大。前张力牵伸倍数的大小应以棉网能顺利集束下引，不起皱、不涌头为准。较小的前张力牵伸倍数对条干均匀有利。FA系列并条机都采用喇叭口加集束器的成条技术，可采用较小的前张力牵伸倍数。

2. 后张力牵伸倍数

后张力牵伸（导条张力牵伸）倍数应根据纤维品种、纤维原料的不同和前工序圈条成形的优劣作调整，且与化纤条喂入形式有关。目前FA系列并条机绝大多数采用悬臂导条辊高架顺向导入式（分有上压辊或无上压辊）。导条喂入装置主要应使条子不起毛，避免意外伸长，使化纤条能平列（不重叠）顺利进入牵伸区。纺化纤时，后张力牵伸倍数一般配置为0.98～1.01（带上压辊）、1.00～1.03（不带上压辊）。

四、罗拉握持距

正确配置罗拉握持距对提高化纤条质量至关重要，纤维长度、性状及整齐度是决定罗拉握持距的主要因素。确定罗拉握持距的主要因素为纤维长度及其整齐度。化纤条纤维长度长、纤维整齐度高、牵伸力大，应适当放大罗拉握持距。

罗拉握持距 S 可根据下式确定：

$$S = L_P + P$$

式中　S——罗拉握持距，mm；

L_P——化纤主体长度，mm；

P——根据牵伸力的差异及罗拉钳口扩展长度而确定的长度，mm。

化纤纯纺时罗拉握持距的配置范围见表2—6—2。

表2—6—2　化纤纯纺时罗拉握持距的配置范围

牵伸形式	罗拉握持距（mm）		
	前区	中区	后区
三上四下曲线牵伸	L_P +（4～9）	L_P	L_P +（12～20）
五上三下曲线牵伸	L_P +（3～8）		L_P +（10～18）
三上三下压力棒曲线牵伸	L_P +（6～12）		L_P +（10～15）

五、罗拉加压

重加压是实现对纤维运动有效控制的主要手段，它对摩擦力界的影响最大，重加压也是实现并条机优质高产的重要手段。并条机各罗拉加压的配置应根据牵伸形式、前罗拉速度、化纤条定量和原料性能等综合考虑，一般在罗拉速度快、化纤条定量重及加工棉型化纤时，罗拉加压应适当加重。牵伸形式、出条速度与罗拉加压的关系见表2—6—3。

表2—6—3　　牵伸形式、出条速度与罗拉加压的关系

牵伸形式	出条速度（m/min）	罗拉加压（N）					
		导向辊	前上罗拉	二上罗拉	三上罗拉	后上罗拉	压力棒
三上四下曲线牵伸	150以下		150~200	250~300		200~250	
三上四下曲线牵伸	150~250		200~250	300~350		200~250	
五上三下曲线牵伸	200~500	140	260	450		400	
三上三下压力棒曲线牵伸	200~600	150~200	300~350	350~400		350~400	50~100

六、压力棒工艺

通常，加工化纤从直径为15 mm（绿）、16 mm（白）的压力棒调节环中选取。

七、喇叭头孔径

喇叭头孔径的大小主要根据化纤条定量而定，合理地选择喇叭头孔径，可使化纤条抱合紧密、表面光洁，减少纱疵。

在下列情况，孔径应偏大掌握：并条机速度较高，张力牵伸倍数较小，相对湿度较高，喇叭头出口至紧压罗拉挟持点距离较大；化纤条定量与喇叭头口径的关系见表2—6—4。

表2—6—4　　化纤条定量与喇叭头口径的关系

化纤条定量（g/5m）	压缩喇叭孔径（mm）	普通喇叭孔径（mm）
<12	2.0~2.2	2.8~3.0
12	2.1~2.3	2.9~3.1
14	2.2~2.4	3.2~3.4
16	2.4~2.6	3.4~3.6
18	2.6~2.8	3.6~3.8
20	2.7~2.9	3.8~4.0
22	2.8~3.0	4.0~4.2
24	3.0~3.2	4.2~4.4
>24	3.2~3.4	4.4~4.6

任务实施

一、一并的工艺设计

1. 设计一并化纤条定量及牵伸倍数

初步设计一并化纤条的定量为 17 g/5 m。设 FA306 型并条机的牵伸效率为 98%（实际生产中，工厂可以根据实际牵伸倍数与机械牵伸倍数计算获得，多数情况为 96% ~99%），并合数选择为 6 根，实际回潮率为 0.4%。

第一步：计算实际牵伸倍数

$$E_{实际估} = \frac{G_{生条} \times 6}{G_{一并估}} = \frac{19.45 \times 6}{17} = 6.86$$

第二步：计算机械牵伸倍数

$$E_{机械估} = \frac{E_{实际估}}{牵伸效率} = \frac{6.86}{0.98} = 7.0$$

并条机的总牵伸倍数是指导条罗拉与紧压罗拉之间的牵伸倍数。由 FA306 型并条机的传动图 1—6—9，求得其总牵伸倍数 E。

$$E_{机械} = \frac{18 \times 36 \times z_8 \times 63 \times 70 \times z_2 \times 66 \times 61 \times 76 \times 60}{18 \times 36 \times 32 \times z_4 \times 51 \times z_1 \times z_3 \times 43 \times 38 \times 60}$$

$$= 506 \times \frac{z_8 \times z_2}{z_4 \times z_1 \times z_3} = 506 \times \frac{50 \times 46}{123 \times 52 \times 26} = 6.998\,4$$

式中，z_2/z_1 为 62/36、60/38、58/40、56/42、54/44、52/46、50/48、48/50、46/52、44/54、42/56、40/58、38/60、36/62，取 46/52；

z_3 为 25、26、27，取 26；

z_4 为 121、122、123、124、125，取 123；

z_8 为 49、50、51，取 50。

第三步：计算修正后的实际牵伸倍数、化纤条定量及线密度

$$E_{实际} = E_{机械} \times 牵伸效率 = 6.998\,4 \times 0.98 = 6.858\,4$$

$$G_{一并} = \frac{G_{生条} \times 6}{E_{实际}} = \frac{19.45 \times 6}{6.858\,4} = 17.02\ \text{g/5 m}$$

$$G_{一并湿} = G_{一并} \times (1 + 0.4\%) = 17.02 \times (1 + 0.4\%) = 17.09\ \text{g/5 m}$$

$$T_{t一并} = G_{一并} \times (1 + 0.4\%) \times 200 = 17.02 \times (1 + 0.4\%) \times 200 = 3\,417.62\ \text{tex}$$

第四步：计算部分牵伸倍数

①前罗拉与中罗拉间的牵伸倍数：

$$e_{前罗拉\sim中罗拉} = \frac{z_6 \times 76 \times 38 \times 45}{z_5 \times 27 \times 29 \times 35} = 4.742 \times \frac{z_6}{z_5} = 4.742 \times \frac{53}{65} = 3.87$$

式中，z_5 为 47、51、65、71，取 65；

z_6 为 53、63、74，取 53。

②中罗拉与后罗拉间的牵伸倍数：

$$e_{\text{中罗拉～后罗拉}} = \frac{21 \times 63 \times 70 \times z_2 \times 66 \times 61 \times 76 \times 27 \times z_5 \times 35}{24 \times z_4 \times 51 \times z_1 \times z_3 \times 43 \times 38 \times 76 \times z_6 \times 35}$$

$$= 5\ 033.4 \times \frac{z_2 \times z_5}{z_4 \times z_1 \times z_3 \times z_6} = 5\ 033.4 \times \frac{46 \times 65}{123 \times 52 \times 26 \times 53} = 1.71$$

③紧压罗拉与前罗拉间的牵伸倍数：

$$e_{\text{紧压罗拉～前罗拉}} = \frac{29 \times 60}{38 \times 45} = 1.017\ 5$$

④后罗拉与导条罗拉间的牵伸倍数：

$$e_{\text{后罗拉～导条罗拉}} = \frac{35 \times 24 \times z_8}{60 \times 21 \times 32} = 0.020\ 83 \times z_8 = 0.020\ 83 \times 50 = 1.04$$

2. 设计速度

由图 1—6—9 可得：

$$v_{\text{前罗拉}} = 1\ 470 \times \frac{D_m}{D_1} \times \frac{38}{29} \times \pi \times d = 1\ 470 \times \frac{140}{180} \times \frac{38}{29} \times 3.14 \times \frac{45}{1\ 000} = 212\ \text{m/min}$$

式中 D_m——电动机带轮直径，mm，200 mm、190 mm、180 mm、170 mm、160 mm、150 mm、140 mm、130 mm、120 mm，取 140 mm；

D_1——电动机从动轮直径，mm，120 mm、130 mm、140 mm、150 mm、160 mm、170 mm、180 mm、190 mm、200 mm，取 180 mm；

d——前罗拉直径，45 mm。

3. 设计罗拉握持距

FA306 型并条机采用的是三上三下压力棒曲线牵伸，根据化纤的主体长度 38.06 mm，可将前区握持距设计为：38.06 + 10≈48 mm，后区握持距设计为：38.06 + 14≈52 mm。

4. 设计其他工艺参数

（1）压力棒工艺

选用直径为 15 mm（绿）的压力棒调节环。

（2）罗拉加压（N）

导条罗拉 × 前罗拉 × 中罗拉 × 后罗拉 × 压力棒：118 × 362 × 392 × 362 × 58.8。

（3）喇叭头孔径

使用压缩喇叭头时，C 取 0.62。

喇叭头孔径（mm）$= C \times \sqrt{G_{\text{一并}}} = 0.62 \times \sqrt{17.02} = 2.56$ mm，采用 2.6 mm。

二、二并的工艺设计

1. 设计二并化纤条定量及牵伸倍数

初步设计二并化纤条的定量为 13.5 g/5 m。设 FA326A 型并条机的牵伸效率为 98%（实际生产中，工厂可以根据实际牵伸倍数与机械牵伸倍数计算获得，多数情况为 96% ~ 99%），并合数选择为 8，实际回潮率为 0.4%。

第一步：计算实际牵伸倍数

$$E_{\text{实际估}} = \frac{G_{\text{一并}} \times 8}{G_{\text{二并估}}} = \frac{17.02 \times 8}{13.5} = 10.08$$

第二步：计算机械牵伸倍数

$$E_{机械估} = \frac{E_{实际估}}{牵伸效率} = \frac{10.08}{0.98} = 10.29$$

并条机的总牵伸倍数是指导条罗拉与紧压罗拉之间的牵伸倍数。由 FA326A 型并条机的传动图 1—7—3，求得其总牵伸倍数 E。

$$E_{机械} = \frac{20 \times z_5 \times z_7 \times z_4 \times 42 \times 59.8}{20 \times z_6 \times 27 \times z_3 \times (1 - 0.25) \times 24 \times 60}$$

$$= 0.08613 \times \frac{z_5 \times z_7 \times z_4}{z_6 \times z_3} = 0.08613 \times \frac{76 \times 77 \times 88}{72 \times 60} = 10.27$$

式中，z_3 为 60～73，取 60；

z_4 为 63～73、80～90，取 88；

z_5 为 74、75、76，取 76；

z_6 为 72、74，取 72；

z_7 为 76、77、78，取 77。

第三步：计算修正后的实际牵伸倍数、化纤条定量及线密度

$$E_{实际} = E_{机械} \times 牵伸效率 = 10.27 \times 0.98 = 10.06$$

$$G_{二并} = \frac{G_{一并} \times 8}{E_{实际}} = \frac{17.02 \times 8}{10.06} = 13.53 \text{ g/5 m}$$

$$G_{二并湿} = G_{二并} \times (1 + 0.4\%) = 13.53 \times (1 + 0.4\%) = 13.58 \text{ g/5 m}$$

$$T_{t二并} = G_{二并} \times (1 + 0.4\%) \times 200 = 13.53 \times (1 + 0.4\%) \times 200 = 2716.82 \text{ tex}$$

第四步：计算部分牵伸倍数

①前罗拉与后罗拉间的牵伸倍数：

$$e_{前罗拉\sim后罗拉} = \frac{33 \times z_4 \times 42 \times 41 \times z_9 \times 45}{20 \times z_3 \times (1 - 0.25) \times 24 \times 53 \times 29 \times 35}$$

$$= 0.132 \times \frac{z_4 \times z_9}{z_3} = 0.132 \times \frac{88 \times 49}{60} = 9.49$$

式中，z_9 为 47～50，取 49。

②紧压罗拉与前罗拉间的牵伸倍数：

$$e_{紧压罗拉\sim前罗拉} = \frac{29 \times 53 \times 59.8}{z_9 \times 41 \times 45} = \frac{49.817}{z_9} = \frac{49.817}{49} = 1.0167$$

③中罗拉与后罗拉间的牵伸倍数：

$$e_{中罗拉\sim后罗拉} = \frac{z_8}{20} = \frac{36}{20} = 1.8$$

式中，z_8 为 22、24、25、26、28、30、32、34、36、38，取 36。

④后罗拉与检测罗拉间的牵伸倍数：

$$e_{后罗拉\sim检测罗拉} = \frac{33 \times z_7 \times 20 \times 22 \times 35}{22 \times 27 \times 33 \times 22 \times 90} = 0.0131 \times z_7 = 0.0131 \times 77 = 1.0087$$

⑤检测罗拉与导条罗拉间的牵伸倍数：

$$e_{检测罗拉\sim导条罗拉} = \frac{90 \times 22 \times z_5}{60 \times 33 \times z_6} = \frac{z_5}{z_6} = \frac{76}{72} = 1.06$$

2. 设计速度

由 FA326A 型并条机的传动图 1—7—3，可得：

$$v_{紧压罗拉} = 58 \times f \times \frac{z_1 \times \pi \times d}{z_2 \times 1\ 000} = 58 \times 40 \times \frac{24 \times 3.14 \times 59.8}{44 \times 1\ 000} = 238\ \text{m/min}$$

式中 f——变频电动机频率，Hz，24 Hz、30 Hz、35 Hz、40 Hz、45 Hz、50 Hz、55 Hz、60 Hz、65 Hz，取 40 Hz；

z_1/z_2——24/44、30/34，取 24/44；

d——紧压罗拉直径，mm，59. 8 mm。

3. 设计罗拉握持距

FA326A 型并条机采用的是三上三下压力棒曲线牵伸，根据化纤的主体长度 38. 06 mm，可将前区握持距设计为：38. 06 + 10 ≈ 48 mm，后区握持距设计为：38. 06 + 14 ≈ 52 mm。

4. 设计其他工艺参数

（1）压力棒工艺

选用直径为 15 mm（绿）的压力棒调节环。

（2）罗拉加压（N）

导条罗拉 × 前罗拉 × 中罗拉 × 后罗拉 × 压力棒：118 × 353 × 392 × 353 × 58. 8。

（3）喇叭头孔径

使用压缩喇叭头时，C 取 0. 6。

喇叭头孔径（mm）$= C \times \sqrt{G_{二并}} = 0.6 \times \sqrt{13.53} = 2.2$ mm，采用 2. 2 mm。

三、并条工艺设计表

并条工艺设计见表 2—6—5。

表 2—6—5　　并条工艺设计表

一并工艺

机型	一并条定量（g/5 m）		回潮率（%）	总牵伸倍数		线密度（tex）	并合数	牵伸倍数分配				前罗拉速度（m/min）
	干重	湿重		机械	实际			紧压罗拉～前罗拉	前罗拉～中罗拉	中罗拉～后罗拉	后罗拉～导条罗拉	
FA306	17. 02	17. 09	0. 4	6. 998 4	6. 858 4	3 417. 62	6	1. 017 5	3. 87	1. 71	1. 04	212

罗拉握持距（mm）		罗拉加压（N）	罗拉直径（mm）	喇叭头孔径（mm）	压力棒调节环直径（mm）
前～中	中～后	导条 × 前 × 中 × 后 × 压力棒	前 × 中 × 后		
48	52	118 × 362 × 392 × 362 × 58. 8	45 × 35 × 35	2. 6	15

齿轮的齿数

z_1	z_2	z_3	z_4	z_5	z_6	z_8
52	46	26	123	65	53	50

续表

<table>
<tr><th colspan="13">二并工艺</th></tr>
<tr><td rowspan="2">机型</td><td colspan="2">二并条定量（g/5m）</td><td rowspan="2">回潮率（%）</td><td colspan="2">总牵伸倍数</td><td rowspan="2">线密度（tex）</td><td rowspan="2">并合数</td><td colspan="4">牵伸倍数分配</td><td rowspan="2">紧压罗拉速度（m/min）</td></tr>
<tr><td>干重</td><td>湿重</td><td>机械</td><td>实际</td><td>紧压罗拉～前罗拉</td><td>前罗拉～后罗拉</td><td>后罗拉～检测罗拉</td><td>检测罗拉～导条罗拉</td></tr>
<tr><td>FA326A</td><td>13.53</td><td>13.58</td><td>0.4</td><td>10.27</td><td>10.06</td><td>2 716.82</td><td>8</td><td>1.016 7</td><td>9.49</td><td>1.008 7</td><td>1.06</td><td>238</td></tr>
<tr><td colspan="2">罗拉握持距（mm）</td><td colspan="7">罗拉加压（N）</td><td colspan="2">罗拉直径（mm）</td><td rowspan="2">喇叭头孔径（mm）</td><td rowspan="2">压力棒调节环直径（mm）</td></tr>
<tr><td>前～中</td><td>中～后</td><td colspan="7">导条×前×中×后×压力棒</td><td colspan="2">前×中×后</td></tr>
<tr><td>48</td><td>52</td><td colspan="7">118×353×392×353×58.8</td><td colspan="2">45×35×35</td><td>2.2</td><td>15</td></tr>
</table>

齿轮的齿数								
z_1	z_2	z_3	z_4	z_5	z_6	z_7	z_8	z_9
24	44	60	88	76	72	77	36	49

考核评价

考核评分见表2—6—6。

表2—6—6　考核评分表

<table>
<tr><th>项目</th><th colspan="4">分值</th><th>得分</th></tr>
<tr><td>并条化纤条定量及牵伸倍数设计</td><td colspan="4">60（按照要求进行设计，少一项扣5分）</td><td></td></tr>
<tr><td>速度设计</td><td colspan="4">10（按照要求进行设计，少一项扣5分）</td><td></td></tr>
<tr><td>隔距设计</td><td colspan="4">10（按照要求进行设计，少一项扣5分）</td><td></td></tr>
<tr><td>其他工艺参数设计</td><td colspan="4">20（按照要求进行设计，少一项扣5分）</td><td></td></tr>
<tr><td>书写、打印规范</td><td colspan="4">书写有错误一次倒扣4分，格式错误倒扣5分，最多不超过20分</td><td></td></tr>
<tr><td>姓名</td><td></td><td>班级</td><td></td><td>学号</td><td>总得分</td></tr>
</table>

思考与练习

1. 设计针织用纯涤纶纱19.5 tex的并条工艺。
2. 设计机织用Tencel纤维14.5 tex纯纺纱的并条工艺。

任务7　粗纱工艺设计

学习目标

1. 能进行粗纱工艺参数的选择与计算。
2. 掌握工艺参数对粗纱质量的影响。

任务引入

在并条工艺设计的基础上，进行粗纱工艺设计，其主要设计内容见表2—7—1。

表2—7—1　　粗 纱 工 艺

机型	粗纱定量(g/10 m)		回潮率（%）	总牵伸倍数		后区牵伸倍数	线密度（tex）	捻度（捻回/10 cm）	捻系数	罗拉握持距（mm）		
	干重	湿重		机械	实际					前～二	二～三	三～后
TJFA458A												

罗拉加压（daN/双锭）	罗拉直径（mm）	轴向卷绕密度（圈/10 cm）	径向卷绕密度（层/10 cm）	转速（r/min）	
前×二×三×后	前×二×三×后			前罗拉	锭子

集合器口径（宽×高）（mm）			钳口隔距（mm）	齿轮的齿数												
前区	后区	喂入		z_1	z_2	z_3	z_4	z_5	z_6	z_7	z_8	z_9	z_{10}	z_{11}	z_{12}	z_{14}

任务分析

根据表2—7—1，粗纱工艺设计分为粗纱定量及牵伸倍数设计、捻度设计、速度设计、罗拉握持距设计、粗纱卷绕密度设计及其他工艺参数设计。通常先进行粗纱定量及牵伸倍数设计，然后进行捻度设计，再进行速度、罗拉握持距、粗纱卷绕密度及其他工艺参数设计。

相关知识

一、工艺原则

由于化学纤维长度长、长度整齐度好、摩擦因数大、回弹性好、易产生静电以及对温湿度敏感，故粗纱工艺原则为“大隔距、重加压、小张力，小捻系数”。

二、粗纱定量

由于纺化纤时，纤维长度长、长度整齐度好和摩擦因数大，使得双胶圈牵伸区的牵伸力较纯棉纺时大，故粗纱定量应适当减小，一般粗纱定量为2～5 g/10 m，纺特细特纱时，粗纱定量以2～2.5 g/10 m为宜。粗纱定量选用范围见表2—7—2。

表2—7—2　　粗纱定量选用参考范围

纺纱线密度（tex）	>32	20～30	9～19	<9
粗纱干定量（g/10m）	5.5～10	4.1～6.5	2.5～5.5	1.6～4.0

三、牵伸

1. 总牵伸倍数

纺化纤时，由于牵伸力较大而需要减小总牵伸倍数，以保证产品的质量。双胶圈牵伸装置粗纱机的牵伸倍数常采用5～10。

2. 牵伸分配

粗纱机的牵伸分配主要根据粗纱机的牵伸形式和总牵伸倍数确定，同时参照熟条定量、粗纱定量和所纺品种等合理配置，见表2　7　3。

表2—7—3　　部分牵伸分配

部分牵伸	三罗拉双胶圈牵伸	四罗拉双胶圈牵伸
前区	主牵伸区	1.05
中区		主牵伸区
后区	1.15～1.4	1.2～1.4

一般化纤纯纺、混纺时，后区的牵伸配置与纯棉纱相同，如后区隔距较小，后区牵伸配置可略大于纯棉纱。

四、捻系数

化纤由于长度长，纤维之间的联系力大，须条的强力比纺纯棉时大，故纺化纤的粗纱捻系数一般较纺纯棉时小一些。纺棉型化纤时为纺纯棉的50%～60%，纺中长化纤时约为纺纯棉的40%～50%。具体数据应视原料种类和定量而定。粗纱捻系数由实践得出，表2—7—4为粗纱捻系数的参考范围。

表2—7—4　　纯化纤粗纱捻系数的参考范围

粗纱线密度（tex）	200～325	325～400	400～770	770～1 000
粗纱捻系数	60～75	55～70	50～65	45～60

五、锭速

锭速主要与纤维特性、粗纱定量、捻系数、粗纱卷装和粗纱机设备性能等有关。对化纤纯纺、混纺，由于粗纱捻系数较小，锭速比纺纯棉纱时小，见表2—7—5。

表2—7—5　　化纤粗纱锭速选用范围

纺纱特数	粗特纱	中特、细特纱	特细特纱
锭速范围（r/min）	560～800	600～900	700～1 000

六、罗拉握持距

依据“大隔距、重加压”的工艺设计原则，化纤纯纺或混纺时，由于化纤的长度长，纺纱过程中的牵伸力大，因此，采用较大的罗拉握持距。粗纱机的罗拉握持距一般以主体成分的纤维长度为基础，并适当考虑混合纤维的加权平均长度。不同牵伸形式罗拉握持距的参考范围见表 2—7—6。

表 2—7—6　　不同牵伸形式罗拉握持距的参考范围

牵伸形式	罗拉握持距（mm）		
	前罗拉～二罗拉	二罗拉～三罗拉	三罗拉～后罗拉
三罗拉双胶圈牵伸	胶圈架长度＋（16～22）	L_m＋（18～22）	—
四罗拉双胶圈牵伸	37～42	胶圈架长度＋（24～28）	L_m＋（18～22）

注：胶圈架长度有 35.2 mm 和 43.5 mm 两种。

七、粗纱卷绕密度

粗纱卷绕密度影响粗纱卷绕张力和粗纱容量，决定粗纱卷绕密度的主要因素是粗纱定量和密度，而后者主要与纺纱原料有关。表 2—7—7 为化纤粗纱卷绕密度的推荐值。

表 2—7—7　　化纤粗纱卷绕密度的推荐值

纺纱原料	γ（g/cm³）	W（g/10 m）	3.0	3.5	4.0	4.5	5.0	5.5	6.0	6.5	7.0	7.5	8.0
涤纶	0.65	H（圈/10 cm）	58.3	54.0	50.5	47.6	45.1	43.0	41.2	39.6	38.2	36.8	35.7
腈纶	0.45		48.5	45.0	42.0	39.6	37.6	35.8	34.3	32.9	32.9	30.7	29.8
涤纶	0.65	R（层/10 cm）	291	270	253	238	226	215	206	198	191	184	179
腈纶	0.45		243	225	210	198	188	279	171	165	159	153	149

根据粗纱定量 W 求得轴向卷绕密度 H 和径向卷绕密度 R，在有锥轮粗纱机上，按其传动计算就可正确设定粗纱机升降、卷绕和成形变换齿轮的齿数，在无锥轮粗纱机上则据此设定卷绕参数。

八、罗拉加压

在保证握持力大于牵伸力的前提下，粗纱机的罗拉加压主要根据牵伸形式、罗拉速度、罗拉握持距、须条定量及胶辊的状况而定。由于化纤的长度长，纺纱过程中的牵伸力大，罗拉加压比纺棉时大 20%～25%。粗纱机罗拉加压量见表 2—7—8。

表 2—7—8　　粗纱机罗拉加压量

牵伸形式	罗拉加压（daN/双锭）			
	前罗拉	二罗拉	三罗拉	后罗拉
三罗拉双胶圈牵伸	25～30	15～20	—	20～25
四罗拉双胶圈牵伸	12～15	20～25	15～20	15～20

九、胶圈原始钳口隔距

胶圈原始钳口隔距随纱条定量、纤维性质、罗拉中心距等诸因素进行调整，见表2—7—9，常用双胶圈钳口隔距配置见表2—7—10。

表2—7—9　影响胶圈原始钳口隔距的因素

胶圈钳口选择	影响因素						
	喂入棉条定量	牵伸倍数	粗纱定量	罗拉加压	主牵伸区罗拉隔距	纤维长度	纤维品种
偏小掌握	轻	大	小	重	大	短	纯棉
偏大掌握	重	小	大	轻	小	长	化纤

表2—7—10　胶圈原始钳口隔距与粗纱定量

粗纱干定量（g/10 m）	2.0~4.0	4.0~5.0	5.0~6.0	6.0~8.0	8.0~10.0
胶圈原始钳口隔距（mm）	3.0~4.0	4.0~5.0	5.0~6.0	6.0~7.0	7.0~8.0

十、上销弹簧起始压力

上销弹簧起始压力一般选择为7~10 N。

十一、集合器

集合器规格参考表2—7—11、表2—7—12。由于化学纤维摩擦因数大，易产生静电以及对温湿度敏感，集合器选择时偏大掌握。

表2—7—11　前区集合器规格

粗纱干定量（g/10 m）	2.0~4.0	4.0~5.0	5.0~6.0	6.0~8.0	8.0~10.0
前区集合器口径（mm）：宽×高	(5~6)×(3~4)	(6~7)×(3~4)	(7~8)×(4~5)	(8~9)×(4~5)	(9~10)×(4~5)

表2—7—12　后区集合器、喂入集合器规格

喂入干定量（g/5 m）	14~16	15~19	18~21	20~23	22~25
后区集合器口径（mm）：宽×高	5×3	6×3.5	7×4	8×4.5	9×5
喂入集合器口径（mm）：宽×高	(5~7)×(4~5)	(6~8)×(4~5)	(7~9)×(5~6)	(8~10)×(5~6)	(9~10)×(5~6)

任务实施

一、设计粗纱定量及牵伸倍数

根据表2—7—2中粗纱定量的选用范围，考虑到TJFA458A型粗纱机的牵伸形式，结合

细纱机的牵伸能力，初步设计粗纱的定量为3.5 g/10 m。实际回潮率为0.4%。

设TJFA458A型粗纱机的牵伸效率为98%（实际生产中，工厂可以根据实际牵伸倍数与机械牵伸倍数计算获得，多数情况在96%~99%）。

第一步：计算实际牵伸倍数

$$E_{实际估}=\frac{G_{二并}\times 10}{G_{粗纱估}\times 5}=\frac{13.53\times 10}{3.5\times 5}=7.73$$

第二步：计算机械牵伸倍数

$$E_{机械估}=\frac{E_{实际估}}{牵伸效率}=\frac{7.73}{0.98}=7.89$$

粗纱机的总牵伸倍数是指导条辊与前罗拉之间的牵伸倍数。由TJFA458A型粗纱机的传动图（见图1—8—4），求得其总牵伸倍数E。

$$E_{机械}=\frac{z_{14}\times 77\times 70\times z_6\times 96\times 28}{24\times 63\times 31\times z_7\times 25\times 63.5}$$

$$=0.19471\times\frac{z_{14}\times z_6}{z_7}=0.19471\times\frac{20\times 69}{34}=7.90$$

式中，z_{14}为19、20、21、22，取20；

z_6为69、79，取69；

z_7为25~64，取34。

第三步：计算修正后的实际牵伸倍数、粗纱定量及线密度

$$E_{实际}=E_{机械}\times 牵伸效率=7.90\times 0.98=7.74$$

$$G_{粗纱}=\frac{G_{二并}\times 10}{E_{实际}\times 5}=\frac{13.53\times 10}{7.74\times 5}=3.496\ \text{g/10 m}$$

$$G_{粗纱湿}=G_{粗纱}\times(1+0.4\%)=3.496\times(1+0.4\%)=3.51\ \text{g/10 m}$$

$$T_{t粗纱}=G_{粗纱}\times(1+0.4\%)\times 100=3.496\times(1+0.4\%)\times 100=351.00\ \text{tex}$$

第四步：计算部分牵伸倍数

①前罗拉与后罗拉间的牵伸倍数：

$$e_{前罗拉\sim后罗拉}=\frac{z_6\times 96\times 28}{z_7\times 25\times 28}=3.84\times\frac{z_6}{z_7}=3.84\times\frac{69}{34}=7.79$$

②第三罗拉与后罗拉间的牵伸倍数：

$$e_{第三罗拉\sim后罗拉}=\frac{31\times 47\times\pi\times(25+2\times 1.1)}{z_8\times 29\times\pi\times 28}=\frac{48.8059}{z_8}=\frac{48.8059}{36}=1.356$$

式中，z_8为22、24、25、26、28、30、32、34、36、38，取36。

③导条辊与后罗拉间的牵伸倍数：

$$e_{导条辊\sim后罗拉}=\frac{z_{14}\times 77\times 70\times 28}{24\times 63\times 31\times 63.5}=0.0507\times z_{14}=0.0507\times 20=1.014$$

二、设计捻度

第一步：初步选取捻系数

根据表2—7—4中粗纱捻系数的参考选用范围，初步设计粗纱的捻系数为60。

第二步：计算捻度

（1）计算粗纱的捻度：

$$T_{\text{tex估}} = \frac{\alpha_{\text{t估}}}{\sqrt{T_{\text{t}}}} = \frac{60}{\sqrt{351.00}} = 3.20\ \text{捻回}/10\ \text{cm}$$

（2）计算修正后的粗纱捻度：根据图1—8—4，粗纱的捻度应该由下式求出：

$$T_{\text{tex}} = \frac{91 \times 91 \times z_2 \times 48 \times 40 \times 100}{z_3 \times 72 \times z_1 \times 53 \times 29 \times \pi \times 28} = 163.414 \times \frac{z_2}{z_3 \times z_1}$$

$$= 163.414 \times \frac{91}{57 \times 82} = 3.1816\ \text{捻回}/10\ \text{cm}$$

式中，z_2/z_1 为70/103、91/82、103/70，取91/82；

z_3 为30～60，取57。

第三步：计算粗纱的捻系数

$$\alpha_{\text{t}} = T_{\text{tex}} \times \sqrt{T_{\text{t}}} = 3.1816 \times \sqrt{351.00} = 59.61$$

三、设计速度

1. 锭子速度

参考表2—7—5中锭速的选用范围，锭速设计为：

$$n_{\text{锭子}} = 960 \times \frac{D_{\text{m}}}{D} \times 98\% \times \frac{48 \times 40}{53 \times 29} = 1\,175.2349 \times \frac{D_{\text{m}}}{D}$$

$$= 1\,175.2349 \times \frac{120}{210} = 671.56\ \text{r/min}$$

式中　D_{m}——电动机带盘节径，mm，120 mm、145 mm、169 mm、194 mm，取120 mm；

D——主轴带盘节径，mm，190 mm、200 mm、210 mm、230 mm，取210 mm。

2. 前罗拉速度

$$n_{\text{前罗拉}} = 960 \times \frac{D_{\text{m}}}{D} \times 98\% \times \frac{z_1 \times 72 \times z_3}{z_2 \times 91 \times 91} = 8.1799 \times \frac{D_{\text{m}} \times z_1 \times z_3}{D \times z_2}$$

$$= 8.1799 \times \frac{120 \times 82 \times 59}{210 \times 91} = 248.50\ \text{r/min}$$

四、设计罗拉握持距

TJFA458A型粗纱机采用的是四罗拉双胶圈牵伸，根据表2—7—6，已知纤维的主体长度为38.06 mm，胶圈架长度采用35.2 mm，则：

前罗拉与二罗拉之间为整理区，其握持距可略大于或等于纤维的品质长度，因此设计为39 mm；第二罗拉与三罗拉之间为主牵伸区，其握持距一般等于胶圈架长度加自由区长度，由于牵伸倍数较大，因此握持距设计为：35.2＋26≈61 mm；第三罗拉与后罗拉之间为简单罗拉牵伸，通常采用重加压、大隔距的工艺，其握持距设计为：38.06＋22≈60 mm。

五、设计粗纱卷绕密度

粗纱的密度为 $\gamma = 0.65\ \text{g/cm}^3$，粗纱的定量为3.496 g/10 m，根据表2—7—7的推荐值，选取粗纱轴向卷绕密度 H 为54.0圈/10 cm，粗纱径向卷绕密度 R 为270层/10 cm。

根据图1—8—4，粗纱轴向卷绕密度 H 应该由下式求出：

$$H = \frac{\text{被动铁炮一转时筒管的卷绕圈数}}{\text{被动铁炮一转时升降龙筋的升降高度}}$$

$$= \frac{\dfrac{25 \times 38 \times z_{12} \times 493 \times 61 \times 40}{51 \times 50 \times 55 \times 1\,485 \times 45 \times 29}}{\dfrac{25 \times z_9 \times 39 \times z_{11} \times 42 \times 1 \times 38}{51 \times z_{10} \times 51 \times 56 \times 47 \times 50 \times 51} \times \dfrac{1}{2} \times \pi \times 110 \times \dfrac{800}{485} \times \dfrac{1}{10}}$$

$$= 1.655\,8 \times \frac{z_{12} \times z_{10}}{z_9 \times z_{11}} = 1.655\,8 \times \frac{38 \times 45}{22 \times 24}$$

$$= 5.36 \text{ 圈}/\text{cm} = 53.6 \text{ 圈}/10\text{cm}$$

式中　z_{12}——卷绕变换齿轮齿数，36、37、38，取 38；

z_{10}/z_9——升降阶段变换齿轮齿数，39/28、45/22，取 45/22；

z_{11}——升降变换齿轮齿数，21 ~ 30，取 24。

粗纱径向卷绕密度 R 应该由下式求出：

$$R = \frac{\text{铁炮皮带移动范围} \times 100}{\text{铁炮皮带每次移动量} \times \dfrac{(\text{满管直径} - \text{筒管直径})}{2}}$$

$$= \frac{700 \times 100}{\dfrac{1 \times 1 \times 36 \times z_4 \times 30}{2 \times 25 \times 62 \times z_5 \times 57} \times \pi \times (270 + 2.5) \times \dfrac{(152 - 45)}{2}}$$

$$= 250.18 \times \frac{z_5}{z_4} = 250.18 \times \frac{27}{25} = 270.19 \text{ 层}/10 \text{ cm}$$

式中　z_4——成形变换齿轮 1 的齿数，19 ~ 41，取 25；

z_5——成形变换齿轮 2 的齿数，19 ~ 46，取 27。

六、设计其他工艺参数

1. 罗拉加压（daN/双锭）

根据设计的罗拉速度、握持距、定量，选择罗拉的加压为：

前罗拉 × 二罗拉 × 三罗拉 × 后罗拉：14 × 24 × 20 × 20。

2. 胶圈原始钳口隔距

由于粗纱的定量为 3.496 g/10 m，根据表 2—7—9、表 2—7—10，选择胶圈原始钳口隔距为 4.0 mm。

3. 上销弹簧起始压力

上销弹簧起始压力选择 9 N。

4. 集合器

由于粗纱的定量为 3.496 g/10 m，熟条的定量为 13.53 g/5 m，参考表 2—7—11、表 2—7—12，粗纱机的前区集合器口径（宽 × 高）选择 6 mm × 4 mm，后区集合器口径（宽 × 高）选择 5 mm × 3 mm，喂入集合器口径（宽 × 高）选择 5 mm × 4 mm。

七、粗纱工艺设计表

粗纱工艺设计见表 2—7—13。

表 2—7—13　　　　粗纱工艺设计表

机型	粗纱定量(g/10 m)		回潮率（%）	总牵伸倍数		后区牵伸倍数	线密度（tex）	捻度（捻回/10 cm）	捻系数	罗拉握持距（mm）		
	干重	湿重		机械	实际					前～二	二～三	三～后
TJFA458A	3.496	3.51	0.4	7.90	7.74	1.356	351.00	3.181 6	59.61	39	61	60

罗拉加压（daN/双锭）	罗拉直径（mm）	轴向卷绕密度（圈/10cm）	径向卷绕密度（层/10cm）	转速（r/min）	
前×二×三×后	前×二×三×后			前罗拉	锭子
14×24×20×20	28×28×25×28	53.6	270.19	248.50	671.56

集合器口径（宽×高）（mm）			钳口隔距（mm）	齿轮的齿数													
前区	后区	喂入		z_1	z_2	z_3	z_4	z_5	z_6	z_7	z_8	z_9	z_{10}	z_{11}	z_{12}	z_{13}	z_{14}
6×4	5×3	5×4	4.0	82	91	57	25	27	69	34	36	22	45	24	38	20	

考核评价

考核评分见表 2—7—14。

表 2—7—14　　　　考核评分表

项目	分值				得分	
粗纱定量及牵伸倍数设计	30（按照要求进行设计，少一项扣 5 分）					
捻度设计	20（按照要求进行设计，少一项扣 5 分）					
速度设计	10（按照要求进行设计，少一项扣 5 分）					
隔距设计	10（按照要求进行设计，少一项扣 5 分）					
卷绕密度设计	20（按照要求进行设计，少一项扣 5 分）					
其他工艺参数设计	10（按照要求进行设计，少一项扣 5 分）					
书写、打印规范	书写有错误一次倒扣 4 分，格式错误倒扣 5 分，最多不超过 20 分					
姓名		班级		学号		总得分

思考与练习

1. 设计针织用纯涤纶纱 19.5 tex 的粗纱工艺。
2. 设计机织用 Tencel 纤维 14.5 tex 纯纺纱的粗纱工艺。

任务 8　细纱工艺设计

学习目标

1. 能进行细纱工艺参数的选择与计算。
2. 掌握工艺参数对细纱质量的影响。

任务引入

在粗纱工艺设计的基础上，进行细纱工艺设计，其主要设计内容见表 2—8—1。

表 2—8—1　　**细 纱 工 艺**

机型	细纱定量（g/100 m）		实际回潮率（%）	公定回潮率（%）	总牵伸倍数		后区牵伸倍数	线密度（tex）	捻度（捻回/10 cm）	捻系数	捻缩率（%）	捻向
	干重	湿重			机械	实际						
FA506												

罗拉中心距（mm）		罗拉加压（daN/双锭）	罗拉直径（mm）	钢领		钢丝圈型号	转速（r/min）	
前区	后区	前×中×后	前×中×后	型号	直径（mm）		前罗拉	锭子

前区集合器口径（mm）	钳口隔距（mm）	卷绕圈距（mm）	钢领板级升距（mm）	齿轮的齿数													
				z_A	z_B	z_C	z_D	z_E	z_F	z_G	z_H	z_J	z_K	z_M	z_N	z_n	n

任务分析

根据表 2—8—1，细纱工艺设计分为细纱定量及牵伸倍数设计、捻度设计、速度设计、卷绕圈距设计、钢领板级升距设计、钢领与钢丝圈设计、罗拉中心距设计及其他工艺参数设计。通常先进行细纱定量及牵伸倍数设计，然后进行捻度设计，再进行速度、卷绕圈距、钢领板级升距、钢领与钢丝圈、罗拉中心距及其他工艺参数设计。

相关知识

一、工艺原则

由于化学纤维长度长、长度整齐度好、摩擦因数大、回弹性好、易产生静电以及受温湿度的影响大，故细纱工艺原则为“大隔距、重加压、小附加摩擦力界”。

二、细纱定量

根据所纺细纱的线密度 T_t，细纱定量为：

$$G_{细纱} = \frac{T_t}{(1+0.4\%) \times 10}$$

三、牵伸工艺设计

1. 总牵伸倍数

涤纶纯纺、涤棉混纺时，细纱机的总牵伸倍数可比纺棉时稍大，一般为 30～50 倍。纺中长纤维时，因纤维长度整齐度好，总牵伸倍数为 27～45，成纱质量差异不大。纺中特纱时，总牵伸倍数为 30～35 较适宜。

细纱机总牵伸倍数的参考范围见表 2—8—2，纺化纤时，牵伸倍数偏上限选用。

2. 后牵伸区工艺

根据化纤在牵伸过程中牵伸力大的特点，后牵伸区工艺除增大后罗拉加压外，中后罗拉隔距应适当放大，粗纱捻系数应适当减小。后牵伸区的牵伸倍数一般为 1.14～1.5，但常用 1.35 甚至更小。后牵伸区工艺参数见表 2—8—3。

表 2—8—2　细纱机总牵伸倍数参考范围

线密度（tex）	<9	9～19	20～30	>32
双短胶圈牵伸	30～50	22～40	15～30	10～20
长短胶圈牵伸	30～60	22～45	15～35	12～25

表 2—8—3　后牵伸区工艺参数

工艺类型	化纤纯纺及混纺	
	棉型化纤	中长化纤
后牵伸倍数	1.14～1.50	1.20～1.60
粗纱捻系数（线密度制）	56～86	48～68

四、捻系数

细纱捻系数的选择主要取决于产品的用途，其大小与产品的手感和弹性有着密切的关系。涤棉混纺织物应具有滑、挺、爽的特点，且要求耐磨性好，因而细纱捻系数一般较棉纱为高，否则织物的风格不够突出，且在穿着过程中容易摩擦起球和产生毛茸。一般细纱捻系数掌握在 360～390，当要求织物的手感较柔软时可适当降低捻系数。此外，涤棉混纺时，细纱实际捻度与计算捻度差异较大，有的厂试验捻度损失率平均达 10% 左右，这是由于涤纶纤维初始模量较大、抗扭刚度较大、加捻效率较低造成的。

其他化纤品种纯纺或混纺时的细纱捻系数，应根据其用途进行选择。维棉混纺时，细纱捻系数一般比纯棉低 5%～10%，这是由于维纶易发脆，若捻系数偏大，则强力将降低。

中长纤维的细纱捻系数一般为 263～310。股线与单纱捻系数的比值选择合适，可获得较好的产品风格和内在质量，一般股线与单纱捻系数的比值为 1.4～1.7。纺化纤时细纱捻系数的选取需经过试验对比来确定。

常用化纤及混纺细纱品种捻系数参考范围见表 2—8—4。

表 2—8—4 化纤及混纺细纱品种捻系数参考范围

化纤纯纺、混纺纱	线密度（tex）	捻系数
腈纶纯纺纱	12 ~ 15	260 ~ 320
	16 ~ 30	250 ~ 310
	32 ~ 60	240 ~ 300
棉/腈 40/60 混纺针织纱	14 ~ 15	300 ~ 350
	16 ~ 30	280 ~ 330
	32 ~ 60	260 ~ 310
涤纶纯纺纱	7.4 ~ 14.8	330 ~ 380
	15 ~ 30	320 ~ 370
涤/棉低比例混纺纱	7.4 ~ 14.8	经纱不低于 340，纬纱不低于 320
	15 ~ 30	经纱不低于 330，纬纱不低于 310
粘胶纤维纯纺纱	12 ~ 15	270 ~ 320
	16 ~ 30	260 ~ 310
	32 ~ 60	250 ~ 300
涤/粘 65/35 混纺纱	12 ~ 15	300 ~ 350
	16 ~ 30	290 ~ 340
	32 ~ 60	280 ~ 330
涤/粘 中长 65/35 混纺纱	14 ~ 19.7	270 ~ 330
	20 ~ 37	260 ~ 320
维纶纯纺纱	11 ~ 20	280 ~ 330
	21 ~ 34	270 ~ 320
维/棉 50/50 混纺纱	11 ~ 20	290 ~ 360
	21 ~ 34	280 ~ 350
莫代尔纯纺纱	12 ~ 15	270 ~ 320
	16 ~ 30	260 ~ 310
	32 ~ 60	250 ~ 300
富纤纯纺纱	8.4 ~ 32.5	270 ~ 320
棉/涤长丝包芯纱	14.8 ~ 19.7	不低于 310

五、锭速

细纱机锭速的选择与纺纱线密度、纤维特性、钢领直径、钢领板升降动程、捻系数等有关。纺涤纶纯纺纱及涤棉混纺纱时，因捻系数较高，断头率比纯棉纱低，故锭速可比线密度相同的纯棉纱高些；中长化纤因纤维较长，其锭速可低于纯棉或涤棉混纺纱的锭速。

不同纺纱特数的锭速参考范围见表 2—8—5。

表 2—8—5　　不同纺纱特数的锭速参考范围

纺纱特数	粗特纱	中特纱	细特纱、特细特纱	中长化纤纱
锭速（r/min）	10 000 ~ 14 000	14 000 ~ 16 000	14 300 ~ 16 500	10 000 ~ 13 000

六、钢领与钢丝圈

化纤的纯纺与混纺，在钢丝圈的选用上应考虑以下几个方面：

化纤弹性好、易伸长，与钢丝圈的摩擦因数大，在同样条件下气圈凸形大，张力小，钢丝圈应偏重选择。纺棉型化纤时钢丝圈号数一般比纺棉时大 2 ~ 3 号，纺中长化纤时一般比纺棉时大 6 ~ 8 号。

大多数化纤属于低熔点纤维，它们在高温下的熔结物，不仅影响纱线质量，而且会阻碍钢丝圈的正常运动而产生突变张力，增加细纱断头。因此，在钢丝圈的圈形、截面设计及材料选用方面，必须保证钢丝圈在高速运行时具有良好的散热条件。

钢丝圈上的纱线通道要求光滑，且一定要避免钢丝圈的磨损缺口与纱线通道交叉，否则会引起纱线发毛，破坏纱线强力和在钢领旁出现落白粉现象，染色后会出现规律性色差。

实践表明，BU 型、FU 型钢丝圈能适应涤棉混纺的高速运转。第一，钢丝圈采用了宽薄的瓦楞型截面，纱线通道光滑，有利于钢丝圈散热；因钢领与钢丝圈的内表面呈弧形，钢丝圈磨损缺口能保证与纱线通道错开不交叉。第二，钢丝圈圈形设计合理，重心低，与钢领接触位置高，散热好；接触弧段曲率半径大，走熟期短，抗楔性能较好。

1. 平面钢领与钢丝圈型号的选配

不同型号钢领和钢丝圈的配套与适纺纱线密度的关系见表 2—8—6。

表 2—8—6　　平面钢领与钢丝圈的选配

钢领		钢丝圈		适纺纱线密度（tex）
型号	边宽（mm）	型号	线速度（m/s）	
PG1/2	2. 6	RSS、BR	38	9. 7 ~ 19. 4 涤/棉纱
		W261、WSS、7196、7506	38	9. 7 ~ 19. 4 涤/棉纱
		2. 6Elf	40	15 以下涤/棉纱
PG1	3. 2	6802U	38	13 ~ 32. 4 涤/棉纱、混纺纱
		B6802	38	13 ~ 29 混纺纱
		BFO	37	13 ~ 29 混纺纱
		FU、W321	38	13 ~ 29 混纺纱
		BK	32	腈纶纱
		3. 2Elgc	42	13 ~ 29 涤/棉纱、腈纶纱
NY - 4521		52	40 ~ 44	13 ~ 29 棉纱

2. 锥面钢领与钢丝圈型号的选配

锥面钢领与钢丝圈的选配见表 2—8—7。

表 2—8—7　　锥面钢领与钢丝圈的选配

钢领		钢丝圈		适纺纱线密度（tex）
型号	边宽（mm）	型号	线速度（m/s）	
ZM-6	2.6	ZB-1	40~44	13~14.6 涤/棉纱
		924	40~44	13~19.6 涤/棉纱

3. 钢丝圈号数的选择

化纤纱和混纺纱用钢丝圈与纯棉纱相比，当纺粗细相同的细纱时，应遵循以下规律：

（1）涤纶纯纺纱钢丝圈号数应大 4~8 号，涤/棉混纺纱钢丝圈号数应大 2~3 号，涤/粘混纺纱钢丝圈号数应大 3~4 号。

（2）维纶纯纺纱和维/棉混纺纱钢丝圈号数应大 1 号左右。

（3）腈纶纯纺纱钢丝圈号数应大 2 号左右。

（4）锦纶纯纺和锦/棉混纺纱钢丝圈号数应大 2 号左右。

（5）氯纶纯纺、混纺时，钢领易生锈，宜在表面涂一层薄清漆，钢丝圈号数应减小 2 号。

（6）丙纶纯纺纱宜采用大通道钢丝圈。

（7）粘纤纯纺纱钢丝圈号数应大 1~3 号，粘/棉混纺纱钢丝圈号数应大 1~2 号，粘/腈混纺纱钢丝圈号数可参照粗细相同的粘纤纯纺纱选用，粘纤与强力醋酯纤维混纺时，钢丝圈号数应比粗细相同的粘纤纱大 2~3 号，锦/粘混纺纱钢丝圈号数应比粗细相同的粘纤纱大 1~2号，涤、粘、强力醋酯纤维混纺纱钢丝圈号数应比粗细相同的粘纤纱大 2~3 号。

（8）中长化纤纱钢丝圈号数应比粗细相同的棉型化纤纱大 2~3 号，比纯棉纱大 6~8 号。

七、罗拉中心距

罗拉中心距应与所纺化纤长度相适应。化纤因长度长、整齐度好，所以隔距应偏大选取。

1. 前区罗拉中心距

长短胶圈前区罗拉中心距与浮游区长度的关系见表 2—8—8。

表 2—8—8　　前区罗拉中心距与浮游区长度　　mm

牵伸形式	纤维及长度	上销（胶圈架）长度	前区罗拉中心距	浮游区长度
长短胶圈	棉型化纤，38	33	43~47	11~14
	中长化纤，51	40	52~56	12~16
	中长化纤，65	56	70~74	14~18
	中长化纤，76	69	83~89	14~20

2. 后区罗拉中心距

后区为简单罗拉牵伸，故采用重加压、大隔距的工艺方法。后区罗拉中心距的参考范围见表 2—8—9。

表 2—8—9 后区罗拉中心距的参考范围

项目	棉型化纤	中长化纤
后区罗拉中心距（mm）	50～65	60～86

八、胶圈钳口隔距

化纤因长度长、整齐度好，有利于牵伸过程中对纤维运动的控制，且化纤的牵伸力较大，太强的摩擦力界布置会使加压要求过高。因此，纺化纤时牵伸区中胶圈钳口的隔距比纺棉时略大，纺中长纤维时，下胶圈销的弧形可略平缓。

九、罗拉加压

化纤除了牵伸力较大，需有足够的握持力加强对纤维运动的控制外，加工化纤的胶辊还要比一般纺棉的胶辊更为光滑，以防止缠胶辊，保证正常纺纱，因此，胶辊需要较重的加压以保持足够的握持力。一般胶辊的加压比纺棉时重20%～30%。

罗拉加压参考范围见表 2—8—10。

表 2—8—10 罗拉加压参考范围

牵伸形式	原料	前罗拉加压（daN/双锭）	中罗拉加压（daN/双锭）	后罗拉加压（daN/双锭）
长短胶圈牵伸	棉型化纤	14～18	10～14	14～18
	中长化纤	14～22	10～18	14～20

十、前区集合器

前区集合器开口尺寸可参考表 2—8—11。

表 2—8—11 前区集合器开口尺寸

纺纱线密度（tex）	9 以下	9～19	20～30	32 以上
前区集合器开口（mm）	1.2～1.8	1.6～2.5	2.0～3.0	2.5～3.5

任务实施

一、设计细纱定量及牵伸倍数

根据所纺细纱的线密度 9.8 tex，公定回潮率为 0.4%，实际回潮率为 0.4%，细纱定量为：

$$G_{细纱} = \frac{T_t}{(1+0.4\%)\times 10} = \frac{9.8}{(1+0.4\%)\times 10} = 0.976 \text{ g/100 m}$$

$$G_{细纱湿} = G_{细纱} \times (1+0.4\%) = 0.976 \times (1+0.4\%) = 0.98 \text{ g/100 m}$$

设 FA506 型细纱机的牵伸效率为 92%（实际生产中，工厂可以根据实际牵伸倍数与机械牵伸倍数计算获得，多数情况为 90%～96%）。

第一步：计算实际牵伸倍数

$$E_{实际}=\frac{G_{粗纱}\times 10}{G_{细纱}}=\frac{3.496\times 10}{0.976}=35.82$$

第二步：计算机械牵伸倍数

$$E_{机械估}=\frac{E_{实际}}{牵伸效率}=\frac{35.82}{0.92}=38.93$$

细纱机的总牵伸倍数是指前罗拉与后罗拉之间的牵伸倍数。由 FA506 型细纱机的传动图（见图 1—9—4），求其总牵伸倍数 E。

$$E_{机械}=\frac{35\times z_K\times 59\times z_M\times 104\times 27\times d_1}{23\times z_J\times 28\times z_N\times 37\times 27\times d_3}$$

$$=9.0129\times\frac{z_K\times z_M}{z_J\times z_N}=9.0129\times\frac{84\times 69}{48\times 28}$$

$$=38.87$$

式中 z_K——39、43、48、53、59、66、73、81～89，取 84；

z_J——39、43、48、53、59、66、73、81～89，取 48；

z_M——69、51，取 69；

z_N——28、46，取 28；

d_1——前罗拉直径，mm，25 mm；

d_3——后罗拉直径，mm，25 mm。

第三步：计算部分牵伸倍数

中罗拉与后罗拉间的牵伸倍数（结合表 2—8—3）：

$$e_{中罗拉\sim后罗拉}=\frac{35\times 36\times d_2}{23\times z_H\times d_3}=\frac{35\times 36\times 25}{23\times z_H\times 25}=\frac{54.7826}{z_H}=\frac{54.7826}{42}=1.30$$

式中 z_H——36、38、40、42、44、46、48、50，取 42；

d_2——中罗拉直径，mm，25 mm。

二、设计捻度

第一步：初步选取捻系数

根据表 2—8—4，初步设计细纱的捻系数为 340。

第二步：计算捻度

（1）计算细纱的捻度

$$T_{tex估}=\frac{\alpha_{t估}}{\sqrt{T_t}}$$

式中，捻系数 $\alpha_{t估}=340$；

细纱线密度 $T_t=9.8$ tex。

则
$$T_{tex估}=\frac{\alpha_{t估}}{\sqrt{T_t}}=\frac{340}{\sqrt{9.8}}=108.61\ 捻回/10\ cm$$

（2）根据图 1—9—4，细纱的捻度应该由下式求出：

$$T_{tex}=\frac{(D_3+\delta)\times 71\times 59\times z_B\times z_D\times 37\times 100}{(d+\delta)\times 28\times 32\times z_A\times z_C\times z_E\times\pi\times 25}$$

$$= \frac{(250 + 0.8) \times 71 \times 59 \times z_B \times z_D \times 37 \times 100}{(22 + 0.8) \times 28 \times 32 \times z_A \times z_C \times z_E \times \pi \times 25}$$

$$= 2\,422.74 \times \frac{z_B \times z_D}{z_A \times z_C \times z_E} = 2\,422.74 \times \frac{75 \times 77}{45 \times 80 \times 36}$$

$$= 107.96 \text{ 捻回}/10\text{ cm}$$

式中　D_3——滚盘直径，250 mm；

d——锭盘直径，24、22、20.5 mm，取 22 mm；

δ——锭带厚度，0.8 mm；

z_A/z_B——38/82、45/75、52/68、60/60、68/52、75/45、82/38，取 45/75；

z_C——80、85、87，取 80；

z_D——77、80、85，取 77；

z_E——捻度变换齿轮齿数（与锭盘直径有关），33（ϕ24 mm）、36（ϕ22 mm）、39（ϕ20.5 mm），取 36。

第三步：计算细纱的捻系数

$$\alpha_t = T_{tex} \times \sqrt{T_t} = 107.96 \times \sqrt{9.8} = 337.97$$

根据表 1—9—7，确定捻缩率为 2.12%，为方便操作，捻向设计为 Z 向。

三、设计速度

1. 前罗拉速度

$$n_{前罗拉} = 1\,460 \times \frac{D_1 \times 28 \times 32 \times z_A \times z_C \times z_E \times 27}{D_2 \times 71 \times 59 \times z_B \times z_D \times 37 \times 27} \times 98\%$$

$$= 8.27 \times \frac{D_1 \times z_A \times z_C \times z_E}{D_2 \times z_B \times z_D} = 8.27 \times \frac{200 \times 45 \times 80 \times 36}{200 \times 75 \times 77}$$

$$= 185.59 \text{ r/min}$$

式中　D_1——电动机带盘节径，mm，170 mm、180 mm、190 mm、200 mm、210 mm，取 200 mm；

D_2——主轴带盘节径，mm，180 mm、190 mm、200 mm、210 mm、220 mm、230 mm、240 mm，取 200 mm。

2. 锭子速度

$$n_{锭子} = 1\,460 \times \frac{(D_3 + \delta) \times D_1}{(d + \delta) \times D_2} \times 98\%$$

$$= 1\,460 \times \frac{(250 + 0.8) \times 200}{(22 + 0.8) \times 200} \times 98\% = 15\,739 \text{ r/min}$$

四、设计卷绕圈距

第一步：预测卷绕圈距

$$\Delta_{估} = 0.16 \times \sqrt{T_t} = 0.16 \times \sqrt{9.8} = 0.500\,9 \text{ mm}$$

第二步：计算卷绕圈距

如图 1—9—4 所示，钢领板每升降一次，前罗拉输出长度等于同一时间内管纱绕纱长度。

$$\frac{\pi \times d_1 \times 35 \times 25 \times z_G \times 20 \times 104 \times 27}{1 \times 25 \times z_F \times 20 \times 37 \times 27} = \frac{d_m + d_0}{2} \times \pi \times \frac{A}{\Delta} \times \frac{4}{3} = \frac{\pi \times (d_m^2 - d_0^2)}{3 \times \Delta \times \sin\frac{\gamma}{2}}$$

$$7\,726.62 \times \frac{z_G}{z_F} = \frac{\pi \times (d_m^2 - d_0^2)}{3 \times \Delta \times \sin\frac{\gamma}{2}}$$

$$\frac{z_G}{z_F} = \frac{0.000\,135\,5 \times (d_m^2 - d_0^2)}{\Delta \times \sin\frac{\gamma}{2}}$$

$$\frac{z_G}{z_F} = \frac{0.000\,135\,5 \times (35^2 - 18^2)}{0.500\,9 \times \sin 10.47°}$$

式中，有关参数从表1—9—9中选取。

d_m——管纱直径，mm，35 mm；

d_0——筒管直径，mm，18 mm；

$\frac{\gamma}{2}$——成形半锥角，10.47°。

$$z_G + z_F = 122$$

所以 $z_G = 70$，$z_F = 52$。

则：$\Delta = \frac{0.000\,135\,5 \times (d_m^2 - d_0^2) \times z_F}{\sin\frac{\gamma}{2} \times z_G} = \frac{0.000\,135\,5 \times (35^2 - 18^2) \times 52}{\sin 10.47° \times 70} = 0.50\text{ mm}$

五、设计钢领板级升距

第一步：预测钢领板级升距

$$m_{2估} = \frac{\sqrt{T_t}}{120\rho\sin(\gamma/2)} = \frac{\sqrt{9.8}}{120 \times 0.55 \times \sin 10.47°} = 0.261\,0\text{ mm}$$

式中 ρ——管纱绕纱密度，在一般卷绕张力条件下为0.55 g/cm³。

第二步：计算钢领板级升距

由FA506型细纱机的传动图1—9—4可知，钢领板每升降一次，级升距变换棘轮 z_n 撑过 n 齿，从而获得级升距 m_2。

$$m_2 = \frac{n \times 1 \times D_6}{z_n \times 40 \times D_4} \times \pi \times D_5 = \frac{n \times 1 \times 140}{z_n \times 40 \times 130} \times \pi \times 130$$

$$= 10.995\,6 \times \frac{n}{z_n} = 10.995\,6 \times \frac{1}{43} = 0.255\,7\text{ mm}$$

式中 D_4——上分配轴左端轮直径，130 mm；

D_5——钢领板牵吊轮直径，130 mm；

D_6——卷绕轮直径，140 mm；

n——1~3，取1；

z_n——43、45、48、50、55、60、65、70、72、75、80，取43。

六、选取钢领与钢丝圈

参考表2—8—6、表2—8—7，选择钢领、钢丝圈如下：

钢领：PG1/2，直径 38 mm。

钢丝圈型号：2. 6Elf。

钢丝圈号数：12/0。

七、设计中心距

根据 FA506 型细纱机的牵伸形式（长短胶圈牵伸）及纤维、粗纱及所纺纱的情况，设计罗拉中心距如下：

前区罗拉中心距：46 mm。

后区罗拉中心距：63 mm。

八、设计其他工艺参数

1. 罗拉加压（daN/双锭）

根据设计的罗拉速度、中心距、定量，选择罗拉的加压为：

前罗拉 × 中罗拉 × 后罗拉：16 × 12 × 16。

2. 胶圈原始钳口隔距

根据细纱的线密度选择胶圈原始钳口隔距为 2. 6 mm。

3. 前区集合器

由于细纱的线密度为 9. 8 tex，根据表 2—8—11，选择细纱机的前区集合器开口尺寸为 1. 8 mm。

九、细纱工艺设计表

细纱工艺设计见表 2—8—12。

表 2—8—12　　细纱工艺设计表

<table>
<tr><td rowspan="2">机型</td><td colspan="2">细纱定量（g/100 m）</td><td rowspan="2">实际回潮率（%）</td><td rowspan="2">公定回潮率（%）</td><td colspan="2">总牵伸倍数</td><td rowspan="2">后区牵伸倍数</td><td rowspan="2">线密度（tex）</td><td rowspan="2">捻度（捻回/10 cm）</td><td rowspan="2">捻系数</td><td rowspan="2">捻缩率（%）</td><td rowspan="2">捻向</td></tr>
<tr><td>干重</td><td>湿重</td><td>机械</td><td>实际</td></tr>
<tr><td>FA506</td><td>0. 976</td><td>0. 98</td><td>0. 4</td><td>0. 4</td><td>38. 87</td><td>35. 82</td><td>1. 30</td><td>9. 8</td><td>107. 96</td><td>337. 97</td><td>2. 12</td><td>Z</td></tr>
</table>

<table>
<tr><td colspan="2">罗拉中心距（mm）</td><td>罗拉加压（daN/双锭）</td><td>罗拉直径（mm）</td><td colspan="2">钢领</td><td rowspan="2">钢丝圈型号</td><td colspan="2">转速（r/min）</td></tr>
<tr><td>前区</td><td>后区</td><td>前 × 中 × 后</td><td>前 × 中 × 后</td><td>型号</td><td>直径（mm）</td><td>前罗拉</td><td>锭子</td></tr>
<tr><td>46</td><td>63</td><td>16 × 12 × 16</td><td>25 × 25 × 25</td><td>PG1/2</td><td>38</td><td>2. 6Elf 12/0</td><td>185. 59</td><td>15 739</td></tr>
</table>

<table>
<tr><td rowspan="2">前区集合器口径（mm）</td><td rowspan="2">钳口隔距（mm）</td><td rowspan="2">卷绕圈距（mm）</td><td rowspan="2">钢领板级升距（mm）</td><td colspan="14">齿轮的齿数</td></tr>
<tr><td>z_A</td><td>z_B</td><td>z_C</td><td>z_D</td><td>z_E</td><td>z_F</td><td>z_G</td><td>z_H</td><td>z_J</td><td>z_K</td><td>z_M</td><td>z_N</td><td>z_n</td><td>n</td></tr>
<tr><td>1. 8</td><td>2. 6</td><td>0. 50</td><td>0. 255 7</td><td>45</td><td>75</td><td>80</td><td>77</td><td>36</td><td>52</td><td>70</td><td>42</td><td>48</td><td>84</td><td>69</td><td>28</td><td>43</td><td>1</td></tr>
</table>

考核评价

考核评分见表 2—8—13。

表 2—8—13　　考核评分表

项目	分值					得分
细纱定量及牵伸倍数设计	20（按照要求进行设计，少一项扣5分）					
捻度设计	20（按照要求进行设计，少一项扣5分）					
速度设计	10（按照要求进行设计，少一项扣5分）					
卷绕圈距设计	10（按照要求进行设计，少一项扣5分）					
钢领板级升距设计	10（按照要求进行设计，少一项扣5分）					
钢领、钢丝圈选取	10（按照要求进行设计，少一项扣5分）					
中心距设计	10（按照要求进行设计，少一项扣5分）					
其他工艺参数设计	10（按照要求进行设计，少一项扣5分）					
书写、打印规范	书写有错误一次倒扣4分，格式错误倒扣5分，最多不超过20分					
姓名		班级		学号		总得分

思考与练习

1. 设计针织用纯涤纶纱 19.5 tex 的细纱工艺。
2. 设计机织用 Tencel 纤维 14.5 tex 纯纺纱的细纱工艺。

任务 9　络并捻工艺设计

学习目标

1. 能进行络并捻工艺参数的选择与计算。
2. 掌握工艺参数对筒纱质量的影响。

任务引入

在细纱工艺设计的基础上，进行络并捻工艺设计，其主要设计内容见表 2—9—1。

表 2—9—1 络并捻工艺

络筒工艺

机型	络筒速度（m/min）	张力（cN）	卷绕长度（m）	电子清纱器				
				形式	棉结	短粗节	长粗节	长细节
AUTOCONER338								

并纱工艺

机型	并合根数	卷绕线速度（m/min）	张力圈质量（g）
FA703			

倍捻工艺

机型	线密度（tex）	捻度（捻回/10 cm）	捻系数	捻向	锭速（r/min）	卷绕线速度（m/min）	超喂率（%）
EJP834－165							

变换齿轮齿数

z_A	z_B	z_C	z_D	z_E	z_F	z_G

任务分析

根据表 2—9—1，络并捻工艺设计分为络筒工艺设计、并纱工艺设计、倍捻工艺设计。络筒工艺主要进行速度、张力、卷绕长度及清纱设定值的设计，并纱工艺主要进行速度、张力圈质量设计，倍捻工艺主要进行捻度、锭速、线速度的设计。

任务实施

一、AUTOCONER338 自动络筒机的工艺设计

1. 络筒速度的设计

由于化学纤维摩擦因数大、回弹性好、易产生静电而导致纱线毛羽增加，因此，线密度相同的化纤纯纺纱的络筒速度应较纯棉纱低些。

综合考虑络涤纶 9.8 tex 纱的影响因素，选择络筒速度为 800 m/min。

2. 络筒张力的设计

考虑纱线粗细、卷绕速度、纱线强力、纱线原料等与络筒张力的关系，且 AUTOCONER338 自动络筒机带有张力自调装置，纱线张力是通过电脑输入来设定的，故将络筒张力设计为 22.5 cN（涤纶 9.8 tex 纱的单纱强力为 281.75 cN）。

3. 清纱设定值的设计

根据客户的要求及织物外观质量的要求，电子清纱设定为：

形式：USTER。

棉结：横截面+250%。

短粗节：横截面+160%，长度3 cm。

长细节：横截面-50%，长度35 cm。

长粗节：横截面+50%，长度35 cm。

4. 卷绕长度的设计

根据客户的要求及捻线筒子的卷绕情况，股线筒子的质量大约是2.5 kg，股线长度大约为85 000 m，络筒卷绕的长度应为股线长度的倍数，所以设定绕纱长度为255 100 m。

二、FA703型并纱机的工艺设计

1. 卷绕线速度的设计

根据FA703型并纱机的传动图（见图1—10—6），参考表1—10—3中卷绕线速度与并纱的线密度、纱线强力、纺纱原料、单纱筒子的卷绕质量、并纱股数等因素的关系，设计卷绕线速度如下：

$$
\begin{aligned}
v &= 1\,440 \times \frac{D_1}{D_2} \times 98\% \times \frac{\sqrt{(\pi D\eta)^2 + S^2}}{1\,000} \\
&= 1\,440 \times \frac{155}{105} \times 98\% \times \frac{\sqrt{(3.14 \times 79.4 \times 0.96)^2 + 62^2}}{1\,000} \\
&= 515.06\ \text{m/min}
\end{aligned}
$$

式中 D_1——电动机胶带轮直径，mm，118 mm、135 mm、155 mm、170 mm、190mm，取155 mm；

D_2——槽筒胶带轮直径，mm，105 mm；

D——槽筒直径，mm，79.4 mm；

S——槽筒平均螺距，mm，槽筒直径为79.4 mm时，平均螺距为62 mm；

η——滑溜系数，一般为0.94~0.99，取0.96。

2. 张力的设计

根据表1—10—4，并参考表1—10—5中纱线线密度、卷绕速度、纱线强力、纱线原料等参数与张力圈质量的关系，将张力圈的质量设定为7 g。

3. 并合根数

根据客户对股线的要求，并合根数设计为3根。

三、EJP834-165型倍捻机的工艺设计

1. 锭子转速的设计

纺涤纶纯纺线时，因捻系数较高，断头率比纯棉线低，故锭速可比线密度相同的纯棉线高些。

根据EJP834-165型倍捻机传动图（见图1—10—11），对锭子转速设计如下：

$$
n_{锭子} = \frac{970}{50} \times f \times \frac{D}{d} = \frac{970}{50} \times 55 \times \frac{350}{34} \times 98\% = 10\,764\ \text{r/min}
$$

式中 D——电动机胶带轮直径，mm，350 mm；

d——锭盘直径，mm，34 mm；

f——电动机变频值，Hz，35 Hz、40 Hz、45 Hz、50 Hz、55 Hz、60 Hz，取55 Hz。

2. 捻向、捻系数的设计

(1) 捻向

股线选用 Z 捻。

(2) 捻度

第一步：选取纱线捻比值

由于所纺股线为缝纫线，并对产品的质量有较高的要求，紧密，光洁，强力高，圆度好。参考表 1—10—8，纱线捻比值选择 1.5。

即：

$$\alpha_{1估} = 1.5\alpha_0 = 1.5 \times 337.97 = 506.96$$

式中　$\alpha_{1估}$——股线选取的捻系数；

α_0——单纱捻系数，337.97。

第二步：计算捻度

$$T_{tex估} = \frac{\alpha_{1估}}{\sqrt{T_t}} = \frac{506.96}{\sqrt{9.8 \times 3}} = 93.50\ 捻回/10\ cm$$

根据图 1—10—11，股线的捻度为：

$$T_{tex} = 2 \times \frac{z_D \times z_B \times 40 \times 44 \times 330 \times 1\,000}{z_C \times z_A \times 46 \times 2 \times 34 \times \pi \times 100 \times 10}$$

$$= 118.27 \times \frac{z_D \times z_B}{z_C \times z_A} = 118.27 \times \frac{23 \times 49}{53 \times 27} = 93.14\ 捻回/10\ cm$$

式中，z_A、z_B、z_C、z_D 为捻度变换齿轮齿数，$z_A + z_B = 76$，$z_C + z_D = 76$。

z_A 取 27，z_B 取 49，z_C 取 53，z_D 取 23。

第三步：计算股线的捻系数

$$\alpha_1 = T_{tex} \times \sqrt{T_t} = 93.14 \times \sqrt{9.8 \times 3} = 505.02$$

3. 平均卷绕线速度

$$v_{卷绕} = \frac{2 \times n_{锭子}}{T_{tex} \times 10} \times \eta = \frac{2 \times 10\,764}{93.14 \times 10} \times 0.96 = 22.19\ m/min$$

式中　η——滑溜系数，一般为 0.94～0.99，取 0.96。

4. 卷绕交叉角

卷绕交叉角选用 18°08′，则根据图 1—10—11，卷绕交叉角为：

$$\tan\theta = \frac{导纱器速度}{摩擦辊线速度} = \frac{导纱器往复频率 \times 2 \times 往复动程}{摩擦辊线速度}$$

$$= \frac{152 \times 2 \times 25 \times z_E}{3.14 \times 100 \times 83 \times z_F} = 0.291\,6 \times \frac{z_E}{z_F} = 0.291\,6 \times \frac{36}{32} = 0.328\,1$$

式中　θ——卷绕交叉角；

z_E/z_F——交叉角变换齿轮齿数，29/39、32/36、36/32、39/29，选取 36/32。

5. 超喂率

根据图 1—10—11，超喂率为：

$$超喂率 = \frac{超喂罗拉出纱速度}{摩擦辊线速度} \times 100\%$$

$$= \frac{37 \times 58.5}{z_G \times 100} \times 100\% = \frac{37 \times 58.5}{15 \times 100} \times 100\% = 144.3\%$$

式中　z_G——超喂率变换链轮齿数，12～17，取15。

超喂罗拉直径为58.5 mm。

四、络并捻工艺设计表

络并捻工艺设计见表2—9—2。

表2—9—2　络并捻工艺设计表

络筒工艺								
机型	络筒速度（m/min）	张力（cN）	卷绕长度（m）	电子清纱器				
				形式	棉结	短粗节	长粗节	长细节
AUTOCONER338	800	22.5	255 100	USTER	+250%	+160%×3 cm	+50%×35 cm	-50%×35 cm

并纱工艺			
机型	并合根数	卷绕线速度（m/min）	张力圈质量（g）
FA703	3	515.06	7

倍捻工艺							
机型	线密度（tex）	捻度（捻回/10cm）	捻系数	捻向	锭速（r/min）	卷绕线速度（m/min）	超喂率（%）
EJP834-165	9.8×3	93.14	505.02	Z	10 764	22.19	144.3

变换齿轮齿数						
z_A	z_B	z_C	z_D	z_E	z_F	z_G
27	49	53	23	36	32	15

考核评价

考核评分见表2—9—3。

表2—9—3　考核评分表

项目	分值				得分
络筒工艺设计	50（按照要求进行设计，少一项扣5分）				
并纱工艺设计	20（按照要求进行设计，少一项扣5分）				
捻线工艺设计	30（按照要求进行设计，少一项扣5分）				
书写、打印规范	书写有错误一次倒扣4分，格式错误倒扣5分，最多不超过20分				
姓名		班级		学号	总得分

思考与练习

1. 设计针织用纯涤纶纱 19.5 tex 的络筒工艺。
2. 设计机织用 Tencel 纤维 14.5 tex 纯纺纱的络筒工艺。

任务 10　纺纱设备配备计算

学习目标

1. 能计算理论生产量、定额生产量及各工序总产量。
2. 能计算纺纱设备配备数量。

任务引入

5 天后交付 3 000 kg 纯涤纶 9.8 ×3 tex 缝纫线，需要对纺纱设备的配备进行计算，见表 2—10—1。

表 2—10—1　　设备配备表

工序	每台（锭、眼）理论产量（kg/h）	时间效率（%）	每台（锭、眼）定额产量（kg/h）	消耗率（%）	总生产量（kg/h）	定额设备台（眼、锭）数	计划停台率（%）	计算设备台（眼、锭）数	配备数量		
									设备台数	规格	台（锭、头、眼）总数
开清棉											
梳棉											
一并											
二并											
粗纱											
细纱											
络筒											
并纱											
倍捻											

任务分析

客户需要 3 000 kg 纯涤纶 9.8 ×3 tex 缝纫线，并且是在 5 天后交付。需要对理论产量、定额产量、总生产量、设备配备进行计算，通常对以上的参量依次进行计算。

任务实施

一、理论生产量的计算

理论生产量是指单位时间内机器的连续生产量。

1. 开清棉

$$G_{L清棉} = \frac{60 \times \pi \times d_{棉卷罗拉} \times n_{棉卷罗拉} \times T_{t成卷}}{1\,000 \times 1\,000 \times 1\,000}$$

$$= \frac{60 \times 3.14 \times 230 \times 12.312 \times 371\,480}{1\,000 \times 1\,000 \times 1\,000} = 198.19 \text{ kg/台·h}$$

式中 $T_{t成卷}$——棉卷线密度，371 480 tex；

$d_{棉卷罗拉}$——棉卷罗拉直径，230 mm；

$n_{棉卷罗拉}$——棉卷罗拉转速，12.312 r/min。

2. 梳棉

$$G_{L梳棉} = \frac{60 \times \pi \times d_{道夫} \times n_{道夫} \times e_{小压辊\sim道夫} \times T_{t梳棉}}{1\,000 \times 1\,000 \times 1\,000}$$

$$= \frac{60 \times 3.14 \times 706 \times 24.1 \times 1.46 \times 3\,905.56}{1\,000 \times 1\,000 \times 1\,000} = 18.28 \text{ kg/台·h}$$

式中 $T_{t梳棉}$——梳棉条线密度，3 905.56 tex；

$d_{道夫}$——道夫直径，706 mm；

$n_{道夫}$——道夫转速，24.1 r/min；

$e_{小压辊\sim道夫}$——道夫与小压辊之间的牵伸倍数，1.46。

3. 一并

$$G_{L预并条} = \frac{60 \times v_{前罗拉} \times e_{紧压罗拉\sim前罗拉} \times T_{t一并}}{1\,000 \times 1\,000}$$

$$= \frac{60 \times 212 \times 1.017\,5 \times 3\,417.62}{1\,000 \times 1\,000} = 44.23 \text{ kg/眼·h}$$

式中 $T_{t一并}$——并条线密度，3 417.62 tex；

$v_{前罗拉}$——前罗拉转速，212 m/min；

$e_{紧压罗拉\sim前罗拉}$——紧压罗拉与前罗拉之间的牵伸倍数，1.017 5。

4. 二并

$$G_{L并条} = \frac{60 \times v_{紧压罗拉} \times T_{t二并}}{1\,000 \times 1\,000}$$

$$= \frac{60 \times 238 \times 2\,716.82}{1\,000 \times 1\,000} = 38.80 \text{ kg/眼·h}$$

式中 $T_{t二并}$——并条线密度，2 716.82 tex；

$v_{紧压罗拉}$——紧压罗拉线速度，238 m/min。

5. 粗纱

$$G_{L粗纱} = \frac{60 \times \pi \times d_{前罗拉} \times n_{前罗拉} \times \varepsilon \times T_{t粗纱}}{1\,000 \times 1\,000 \times 1\,000}$$
$$= \frac{60 \times 3.14 \times 28 \times 248.50 \times 1.01 \times 351.00}{1\,000 \times 1\,000 \times 1\,000}$$
$$= 0.46\ \text{kg/锭·h}$$

式中　$T_{t粗纱}$——粗纱线密度，351.00 tex；

$d_{前罗拉}$——前罗拉直径，28 mm；

$n_{前罗拉}$——前罗拉转速，248.50 r/min；

ε——粗纱伸长率，1.01%。

6. 细纱

$$G_{L细纱} = \frac{60 \times \pi \times d_{前罗拉} \times n_{前罗拉} \times (1 \pm s) \times T_{t细纱}}{1\,000 \times 1\,000 \times 1\,000}$$
$$= \frac{60 \times 3.14 \times 25 \times 185.59 \times (1 - 2.12\%) \times 9.8}{1\,000 \times 1\,000 \times 1\,000}$$
$$= 0.008\,4\ \text{kg/锭·h}$$

式中　$T_{t细纱}$——细纱线密度，9.8 tex；

$d_{前罗拉}$——前罗拉直径，25 mm；

$n_{前罗拉}$——前罗拉转速，185.59 r/min；

s——捻缩率，2.12%。

7. 络筒

$$G_{L络筒} = \frac{60 \times v_{络筒} \times T_{t络筒}}{1\,000 \times 1\,000} = \frac{60 \times 800 \times 9.8}{1\,000 \times 1\,000}$$
$$= 0.470\,4\ \text{kg/锭·h}$$

式中　$v_{络筒}$——络筒机线速度，800 m/min；

$T_{t络筒}$——络筒纱（或线）的线密度，9.8 tex。

8. 并纱

$$G_{L并纱} = \frac{60 \times v_{并纱} \times c \times T_{t单纱}}{1\,000 \times 1\,000} = \frac{60 \times 515.06 \times 3 \times 9.8}{1\,000 \times 1\,000}$$
$$= 0.908\,6\ \text{kg/锭·h}$$

式中　$v_{并纱}$——并纱机的线速度，515.06 m/min；

$T_{t单纱}$——单纱线密度，9.8 tex；

c——并合根数，3 根。

9. 倍捻

$$G_{L倍捻} = \frac{60 \times 2 \times n_{锭子} \times T_{t倍捻}}{10 \times T_{tex} \times 1\,000 \times 1\,000}$$
$$= \frac{60 \times 2 \times 10\,764 \times 29.4}{10 \times 93.14 \times 1\,000 \times 1\,000}$$
$$= 0.040\,8\ \text{kg/锭·h}$$

式中 $n_{锭子}$——锭子转速，10 764 r/min；

$T_{t倍捻}$——倍捻捻线的线密度，29.4 tex；

T_{tex}——捻度，93.14 捻回/10 cm。

二、定额生产量计算

1. 时间效率

纺纱各工序设备的时间效率（在实际生产中可以测定具体数值）见表 2—10—2。

表 2—10—2　　各工序设备的时间效率取值

设备名称	时间效率 K（%）	时间效率取值（%）
开清棉	82～87	85
梳棉	85～90	87
一并	75～82	80
二并	75～82	80
粗纱	70～80	75
细纱	经纱：91～98，纬纱：90～97	96
络筒	65～70	70
并纱	85～95	95
倍捻	92～98	98

2. 定额生产量

各工序的定额生产量为：

（1）开清棉

$$q_{清棉} = G_{L清棉} \times K_{清棉} = 198.19 \times 85\% = 168.46\ \text{kg/台} \cdot \text{h}$$

（2）梳棉

$$q_{梳棉} = G_{L梳棉} \times K_{梳棉} = 18.28 \times 87\% = 15.90\ \text{kg/台} \cdot \text{h}$$

（3）一并

$$q_{一并} = G_{L一并} \times K_{一并} = 44.23 \times 80\% = 35.38\ \text{kg/眼} \cdot \text{h}$$

（4）二并

$$q_{二并} = G_{L二并} \times K_{二并} = 38.80 \times 80\% = 31.04\ \text{kg/眼} \cdot \text{h}$$

（5）粗纱

$$q_{粗纱} = G_{L粗纱} \times K_{粗纱} = 0.46 \times 75\% = 0.345\ \text{kg/锭} \cdot \text{h}$$

（6）细纱

$$q_{细纱} = G_{L细纱} \times K_{细纱} = 0.0084 \times 96\% = 0.0081\ \text{kg/锭} \cdot \text{h}$$

（7）络筒

$$q_{络筒} = G_{L络筒} \times K_{络筒} = 0.4704 \times 70\% = 0.3293\ \text{kg/锭} \cdot \text{h}$$

（8）并纱

$$q_{并纱} = G_{L并纱} \times K_{并纱} = 0.9086 \times 95\% = 0.8632\ \text{kg/锭} \cdot \text{h}$$

（9）倍捻

$$q_{倍捻} = G_{L倍捻} \times K_{倍捻} = 0.0408 \times 98\% = 0.04 \text{ kg/锭} \cdot \text{h}$$

三、各工序总产量计算

涤纶纱线的消耗率见表2—10—3。

表2—10—3　　涤纶纱线的消耗率

工序	涤纶纱（%）	工序	涤纶纱（%）
开清棉	108.9	细纱	100
梳棉	104.5	络筒	99.9
一并	103.8	并纱	99.8
二并	102.4	倍捻	99.7
粗纱	101.9		

纺制3 000 kg纯涤纶9.8×3 tex缝纫线，且5天后交货，换算各工序半制品总产量（即需要量）G_i为：

1. 倍捻总产量

$$G_{i倍捻} = \frac{3\,000}{24 \times 5} = 25 \text{ kg/h}$$

2. 细纱总产量

$$G_{i细纱} = \frac{G_{i倍捻}}{S_{i倍捻}} = \frac{25}{99.7\%} = 25.08 \text{ kg/h}$$

3. 并纱总产量

$$G_{i并纱} = Q_{i细纱} \times S_{i并纱} = 25.08 \times 99.8\% = 25.03 \text{ kg/h}$$

4. 络筒总产量

$$G_{i络筒} = Q_{i细纱} \times S_{i络筒} = 25.08 \times 99.9\% = 25.05 \text{ kg/h}$$

5. 粗纱总产量

$$G_{i粗纱} = Q_{i细纱} \times S_{i粗纱} = 25.08 \times 101.9\% = 25.56 \text{ kg/h}$$

6. 二并总产量

$$G_{i二并} = Q_{i细纱} \times S_{i二并} = 25.08 \times 102.4\% = 25.68 \text{ kg/h}$$

7. 一并总产量

$$G_{i一并} = Q_{i细纱} \times S_{i一并} = 25.08 \times 103.8\% = 26.03 \text{ kg/h}$$

8. 梳棉总产量

$$G_{i梳棉} = Q_{i细纱} \times S_{i梳棉} = 25.08 \times 104.5\% = 26.21 \text{ kg/h}$$

9. 清棉总产量

$$G_{i清棉} = Q_{i细纱} \times S_{i清棉} = 25.08 \times 108.9\% = 27.31 \text{ kg/h}$$

四、设备配备计算

1. 计算各工序定额设备数量

（1）开清棉定额设备台数

$$M_{d清棉} = \frac{G_{i清棉}}{q_{清棉}} = \frac{27.31}{168.46} = 0.16 \text{ 台}$$

（2）梳棉定额设备台数

$$M_{d梳棉} = \frac{G_{i梳棉}}{q_{梳棉}} = \frac{26.21}{15.90} = 1.65 \text{ 台}$$

（3）一并定额设备眼数

$$M_{d一并} = \frac{G_{i一并}}{q_{一并}} = \frac{26.03}{35.38} = 0.74 \text{ 眼}$$

（4）二并定额设备眼数

$$M_{d二并} = \frac{G_{i二并}}{q_{二并}} = \frac{25.68}{31.04} = 0.83 \text{ 眼}$$

（5）粗纱定额设备锭数

$$M_{d粗纱} = \frac{G_{i粗纱}}{q_{粗纱}} = \frac{25.56}{0.345} = 74.09 \text{ 锭}$$

（6）细纱定额设备锭数

$$M_{d细纱} = \frac{G_{i细纱}}{q_{细纱}} = \frac{25.08}{0.0081} = 3\,096.30 \text{ 锭}$$

（7）络筒定额设备锭数

$$M_{d络筒} = \frac{G_{i络筒}}{q_{络筒}} = \frac{25.05}{0.3293} = 76.07 \text{ 锭}$$

（8）并纱定额设备锭数

$$M_{d并纱} = \frac{G_{i并纱}}{q_{并纱}} = \frac{25.03}{0.8632} = 29.00 \text{ 锭}$$

（9）倍捻定额设备锭数

$$M_{d倍捻} = \frac{G_{i倍捻}}{q_{倍捻}} = \frac{25}{0.04} = 625 \text{ 锭}$$

2. 计算设备数量

生产纯涤纶 9.8×3 tex 缝纫线的计划停台率取值见表 2—10—4。

表 2—10—4　　生产纯涤纶 9.8×3 tex 缝纫线的计划停台率

工序	计划停台率范围 η（%）	生产纯涤纶 9.8×3 tex 缝纫线的计划停台率 η（%）
开清棉	10～12	10
梳棉	5～7	6
一并	4～6	5
二并	4～6	5
粗纱	4～6	4
细纱	3～4	3
络筒	4～6	5
并纱	4～6	5
倍捻	3～4	3

（1）开清棉设备数量

$$M_{i清棉}=\frac{M_{d清棉}}{1-\eta_{清棉}}=\frac{0.16}{1-10\%}=0.18\text{ 台，取 }0.5\text{ 台。}$$

（2）梳棉设备数量

$$M_{i梳棉}=\frac{M_{d梳棉}}{1-\eta_{梳棉}}=\frac{1.65}{1-6\%}=1.76\text{ 台，取 }2\text{ 台。}$$

（3）一并设备数量

$$M_{i一并}=\frac{M_{d一并}}{1-\eta_{一并}}=\frac{0.74}{1-5\%}=0.78\text{ 眼，取 }1\text{ 台（}2\text{ 眼/台）。}$$

（4）二并设备数量

$$M_{i二并}=\frac{M_{d二并}}{1-\eta_{二并}}=\frac{0.83}{1-5\%}=0.87\text{ 眼，取 }1\text{ 台（}2\text{ 眼/台）。}$$

（5）粗纱设备数量

$$M_{i粗纱}=\frac{M_{d粗纱}}{1-\eta_{粗纱}}=\frac{74.09}{1-4\%}=77.18\text{ 锭，取 }1\text{ 台（}120\text{ 锭/台）。}$$

（6）细纱设备数量

$$M_{i细纱}=\frac{M_{d细纱}}{1-\eta_{细纱}}=\frac{3\,096.30}{1-3\%}=3192.06\text{ 锭，取 }8\text{ 台（}420\text{ 锭/台）。}$$

（7）络筒设备数量

$$M_{i络筒}=\frac{M_{d络筒}}{1-\eta_{络筒}}=\frac{76.07}{1-5\%}=80.07\text{ 锭，取 }1\text{ 台（}80\text{ 锭/台）。}$$

（8）并纱设备数量

$$M_{i并纱}=\frac{M_{d并纱}}{1-\eta_{并纱}}=\frac{29}{1-5\%}=30.53\text{ 锭，取 }1\text{ 台（}100\text{ 锭/台）。}$$

（9）倍捻设备数量

$$M_{i倍捻}=\frac{M_{d倍捻}}{1-\eta_{倍捻}}=\frac{625}{1-3\%}=644.33\text{ 锭，取 }6\text{ 台（}128\text{ 锭/台）。}$$

五、纯涤纶 9.8×3 tex 缝纫线的设备配备表

纯涤纶 9.8×3 tex 缝纫线的设备配备见表 2—10—5。

表 2—10—5　　纯涤纶 9.8×3 tex 缝纫线的设备配备表

工序	每台（锭、眼）理论产量（kg/h）	时间效率（%）	每台（锭、眼）定额产量（kg/h）	消耗率（%）	总生产量（kg/h）	定额设备台（眼、锭）数	计划停台率（%）	计算设备台（眼、锭）数	配备数量		
									设备台数	规格、（锭、头眼/台）	台（锭、头、眼）总数
开清棉	198.19	85	168.46	108.9	27.31	0.16	10	0.18	0.5	1	0.5
梳棉	18.28	87	15.90	104.5	26.21	1.65	6	1.76	2	1	2
一并	44.23	80	35.38	103.8	26.03	0.74	5	0.78	1	2	2
二并	38.80	80	31.04	102.4	25.68	0.83	5	0.87	1	2	2

续表

工序	每台（锭、眼）理论产量（kg/h）	时间效率（%）	每台（锭、眼）定额产量（kg/h）	消耗率（%）	总生产量（kg/h）	定额设备台（眼、锭）数	计划停台率（%）	计算设备台（眼、锭）数	配备数量		
									设备台数	规格、（锭、头眼/台）	台（锭、头、眼）总数
粗纱	0.46	75	0.345	101.9	25.56	74.09	4	77.18	1	120	120
细纱	0.008 4	96	0.008 1	100	25.08	3 096.30	3	3 192.06	8	420	3 360
络筒	0.470 4	70	0.329 3	99.9	25.05	76.07	5	80.07	1	80	80
并纱	0.908 6	95	0.863 2	99.8	25.03	29.00	5	30.53	1	100	100
倍捻	0.040 8	98	0.04	99.7	25	625	3	644.33	6	128	768

考核评价

考核评分见表 2—10—6。

表 2—10—6 考核评分表

项目	分值				得分	
理论生产量的计算	40（按照要求进行设计，少一项扣 2 分）					
定额生产量的计算	20（按照要求进行设计，少一项扣 2 分）					
总产量的计算	20（按照要求进行设计，少一项扣 2 分）					
设备配备的计算	20（按照要求进行设计，少一项扣 2 分）					
书写、打印规范	书写有错误一次倒扣 4 分，格式错误倒扣 5 分，最多不超过 20 分					
姓名		班级		学号	总得分	

思考与练习

1. 计算针织用纯涤纶纱 19.5 tex，6 000 kg，10 天交货的纺纱设备配备。
2. 计算机织用 Tencel 纤维 14.5 tex 纯纺纱，5 000 kg，9 天交货的纺纱设备配备。

模块三

混纺纱的工艺设计

任务1 原料的选配

学习目标

1. 能根据纱线要求选配原棉、化纤。
2. 能计算原棉、化纤的平均性能指标。
3. 能分别绘制排包图。

任务引入

客户需要竹浆纤维/棉 60/40 J14.5 tex 混纺纱，如图 3—1—1 所示。请确定配料方案，并绘制排包图。

任务分析

客户需要的是竹浆纤维/棉 60/40 J14.5 tex 混纺纱，竹浆纤维和棉纤维性能差异比较大，但具有互补性。在选择原料时，应该按照客户的具体要求进行，并对原棉进行分类排队，计算混合棉的性能，最后绘制棉包的排包图。

图 3—1—1　竹棉混纺纱

任务实施

一、原料选择

化纤与棉混纺，产品不但具有化纤的特性，也有棉的性质，应用较广泛，如涤棉、腈棉、维棉、粘棉混纺。

1. 涤棉混纺

涤纶短纤维长度为 36 ~ 38 mm，整齐度较好，单纤维强力较高，约为 0.044 ~

0.052 8 N/dtex（5 ~6 g/旦）。因此选用的原棉要长度长、品级高、成熟度好且线密度适中。特细号纱涤棉产品常选用长绒棉，细号纱涤棉产品可选用细绒棉与涤纶混纺。为了提高涤棉产品的质量，保证正确的混纺比，一般涤棉混合回花不在本号纱内回用。

2. 腈棉、维棉、丙棉混纺

一般多纺制中号纱，原棉都不经过精梳。由于腈纶、维纶、丙纶的纤维长度为 36 ~ 38 mm，单纤维强力比棉纤维高，因此要选用长度较长、品级较高、成熟度好、线密度适中、强力一般的细绒棉与它混纺。

3. 粘棉混纺

粘棉混纺多用于针织用中号纱，原棉成分可按针织棉纱对原棉的质量要求选用。

根据客户订单，纺制竹浆纤维/棉 60/40 J14.5 tex 混纺纱，原料选择色泽洁白，品级较高，纤维较细，长度长，长度整齐度较好，短纤维含量少，强度较高，成熟度正常，棉结、籽屑较少，回潮率正常的原棉；另外，竹浆纤维线密度定为 1.51 dtex，长度为 38 mm。

二、原料选配

1. 原棉选配

原棉选配见表 3—1—1。

表 3—1—1　　原棉选配表

对别	产地/唛头	等级	成分（%）	主体长度（mm）	右半部长度（mm）	线密度（dtex）	成熟度	强力（cN）	短绒（%）	含杂（%）
1	山东/229	2	70	28.7	31.6	1.46	1.79	4.78	10.8	1.5
2	新疆/229	2	20	29.2	32.1	1.41	1.75	4.93	10.4	1.6
3	湖北/329	3	10	28.4	30.7	1.54	1.69	4.81	12.1	1.9
混合棉		2.1	100	28.77	31.61	1.458	1.772	4.813	10.85	1.56

2. 竹浆纤维选配

竹浆纤维的主要质量指标见表 3—1—2。

表 3—1—2　　竹浆纤维的主要质量指标

指标	参数	指标	参数
干断裂强度（cN/dtex）	2.56	线密度（dtex）	1.51
干强变异系数 *CV*（%）	11.07	长度（mm）	37.6
干断裂伸长率（%）	22.3	白度（%）	68.5
湿断裂强度（cN/dtex）	1.29	回潮率（%）	11.1
长度偏差率（%）	3.1	含油率（%）	0.28
超长纤维（%）	0.23	残硫量（mg/100 g）	8.2
倍长纤维（mg/100 g）	0.1	疵点（mg/100 g）	8.5

由于竹浆纤维的回潮率比较高，并具有很强的吸放湿能力，在纺纱过程中会产生大量的静电，引起绕罗拉和皮辊，影响生产进度和质量，因此，在生产之前需进行预处理。根据竹浆纤维的回潮率以及含油率的大小，按一定比例在投料前 6 ~ 8 h 对竹浆纤维喷洒水，使纤维在以后的各工序中处于放湿状态。

三、混合棉的性能指标

品级 = 2 × 70% + 2 × 20% + 3 × 10% = 2.1

主体长度 = 28.7 mm × 70% + 29.2 mm × 20% + 28.4 mm × 10% = 28.77 mm

右半部长度 = 31.6 mm × 70% + 32.1 mm × 20% + 30.7 mm × 10% = 31.61 mm

线密度 = 1.46 dtex × 70% + 1.41 dtex × 20% + 1.54 dtex × 10% = 1.458 dtex

成熟度 = 1.79 × 70% + 1.75 × 20% + 1.69 × 10% = 1.772

强力 = 4.78 cN × 70% + 4.93 cN × 20% + 4.81 cN × 10% = 4.813 cN

短绒 = 10.8% × 70% + 10.4% × 20% + 12.1% × 10% = 10.85%

含杂 = 1.5% × 70% + 1.6% × 20% + 1.9% × 10% = 1.56%

四、纤维包排包图上机设计

1. 棉纤维包的排包图

在圆盘式抓包机上，棉纤维包在内、外墙板间排列成内、外两环。按照混合原料的混合比例，1 队排 14 包、2 队排 4 包、3 队排 2 包，共计 20 包，具体排列如图 3—1—2 所示。

2. 竹浆纤维包的排包图

在圆盘式抓包机上，竹浆纤维包为单一唛头，可以在内、外墙板间排列成内、外两环。

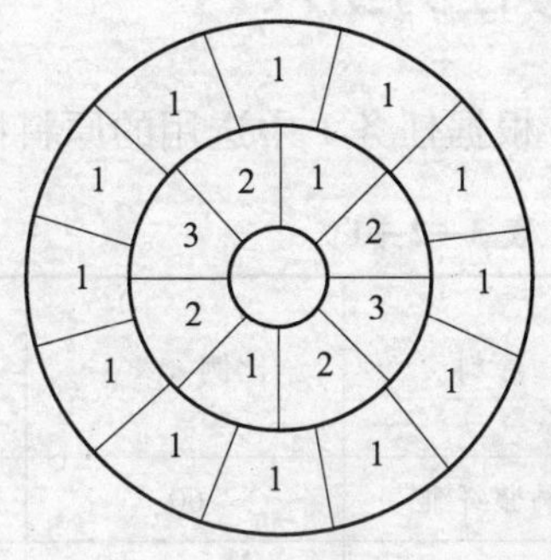

图 3—1—2　纤维包上机排包图

考核评价

考核评分见表 3—1—3。

表 3—1—3　考核评分表

项目	分值				得分	
原料的选择	20（按照要求选择，少一项扣 2 分）					
原料选配	20（按照规范列出表格，少一项扣 2 分）					
混合棉指标计算	30（按照公式进行计算，错一项扣 5 分）					
纤维包排包图	30（按照混合原理排列纤维包，排错一包扣 2 分）					
书写、打印规范	书写有错误一次倒扣 4 分，格式错误倒扣 5 分，最多不超过 20 分					
姓名		班级		学号	总得分	

思考与练习

1. 选配针织用 C/T 50/50 14.5 tex 混纺纱的原料。
2. 选配针织用 Modal/C 60/40 J18.5 tex 混纺纱的原料。

任务 2 纱线性能的预测

学习目标

能根据所选的两种或多种原料的性能预测出所纺纱线的主要性能。

任务引入

根据任务 1 中选用的原料性能指标（见表 3—2—1），预测所纺纱线的性能。

表 3—2—1　　原料性能指标

原料	比例（%）	主体长度（mm）	品质长度（mm）	线密度（dtex）	断裂强度（cN/dtex）
竹浆纤维	60	37.6	37.6	1.51	2.56
原棉	40	28.77	31.61	1.458	3.301 1
混合原料	100	34.068	35.204	1.489 2	2.856 4

任务分析

为合理利用原料，节约成本，提高纱线质量，并纺制出客户满意的纱线，需要在纺纱前预测纱线的性能。通常情况下，需要预测纱线的最小线密度、细纱相对强度、强力不匀率和条干均匀度。

任务实施

一、原料能纺制细纱的最小线密度

根据经验公式：

$$T_{min} = \left(\frac{0.083\,8\sqrt{T_B} - \frac{0.5}{R_f sk\eta}}{1 - 0.037\,5H_0 - \frac{a}{R_f sk\eta}} \right)^2 \times 10^3$$

其中：$T_B = 1.51 \times 60\% + 1.458 \times 40\% = 1.489\,2$ dtex

$$P = 2.56 \times 1.51 \times 60\% + 4.813 \times 40\% = 4.244\,56 \text{ cN}$$

$$R_f = \frac{P}{T_B} = \frac{4.244\,56}{0.148\,92} = 28.502\,3 \text{ cN/tex}$$

$$L_{mT} = 37.6 \times 60\% + 31.61 \times 40\% = 35.204 \text{ mm}$$

$$s = 1 - \frac{5}{35.204} = 0.858\,0,\ k = 1,\ \eta = 1.1,\ a = 19.5,\ H_0 = 3.5。$$

则

$$T_{min} = \left(\frac{0.083\,8\sqrt{0.148\,92} - \frac{0.5}{28.502\,3 \times 0.858\,0 \times 1 \times 1.1}}{1 - 0.037\,5 \times 3.5 - \frac{19.5}{28.502\,3 \times 0.858\,0 \times 1 \times 1.1}} \right)^2 \times 10^3 = 9.14 \text{ tex}$$

因此，可以纺制竹浆纤维/棉 60/40 J14.5 tex 混纺纱。

二、细纱相对强度的预测

按索洛维耶夫公式估算细纱相对强度

$$S_2 = \frac{P}{T_B}\left(1 - 0.037\,5H_0 - 2.65/\sqrt{T/T_B}\right)\left(1 - \frac{5}{L_{mT}}\right) \times K\eta\lambda$$

其中：$P/T_B = 28.502\,3$ cN/tex，$H_0 = 3.5$，$T = 14.5$ tex，$L_{mT} = 35.204$ mm，$T_B = 0.148\,92$ tex，$K = 1.0$，$\eta = 1.1$，$\lambda = 1.15$。

则

$$S_2 = 28.502\,3 \times \left(1 - 0.037\,5 \times 3.5 - 2.65/\sqrt{14.5/0.148\,92}\right)\left(1 - \frac{5}{35.204}\right) \times 1.0 \times 1.1 \times 1.15$$

$$= 18.57 \text{ cN/tex}$$

三、细纱强力不匀率的预测

$$S_P = \left(H + \frac{70.2}{\sqrt{T/T_B}}\right) \times \varepsilon$$

其中：$H = 3.5$，$T = 14.5$ tex，$T_B = 0.148\,92$ tex，$\varepsilon = 0.80$。

则

$$S_P = \left(3.5 + \frac{70.2}{\sqrt{14.5/0.148\,92}}\right) \times 0.80 = 8.49$$

四、细纱条干均匀度的预测

$$Cr = \frac{K}{\sqrt{T/T_B}} \times 100\%$$

其中：$T = 14.5$ tex，$T_B = 0.148\,92$ tex，$K = 1.16$。

则

$$Cr = \frac{1.16}{\sqrt{14.5/0.148\,92}} \times 100\% = 11.76\%$$

通过对纱线性能的预测，目前使用的纤维能够满足客户所需要的混纺纱的质量要求，可以进行纺纱。

 考核评价

考核评分见表3—2—2。

表3—2—2　　　　　　　　　　　考核评分表

<table>
<tr><th>项目</th><th colspan="5">分值</th><th colspan="2">得分</th></tr>
<tr><td>最小线密度的计算</td><td colspan="5">20（按照公式进行计算，错一处扣5分）</td><td colspan="2"></td></tr>
<tr><td>相对强度的预测</td><td colspan="5">30（按照公式进行计算，错一处扣5分）</td><td colspan="2"></td></tr>
<tr><td>强力不匀率预测</td><td colspan="5">20（按照公式进行计算，错一处扣5分）</td><td colspan="2"></td></tr>
<tr><td>条干均匀度预测</td><td colspan="5">30（按照公式进行计算，错一处扣5分）</td><td colspan="2"></td></tr>
<tr><td>书写、打印规范</td><td colspan="5">书写有错误一次倒扣4分，格式错误倒扣5分，最多不超过20分</td><td colspan="2"></td></tr>
<tr><td>姓名</td><td></td><td>班级</td><td></td><td>学号</td><td></td><td>总得分</td><td></td></tr>
</table>

思考与练习

1. 预测针织用C/T 50/50 14.5 tex混纺纱的性能。
2. 预测针织用Modal/C 60/40 J18.5 tex混纺纱的性能。

任务3　纺纱工艺设备的确定

学习目标

1. 能确定纺纱工艺流程。
2. 能选择纺纱的设备。

任务引入

原料确定后，从表1—3—1和表2—3—1中选择合适的纺纱设备。

任务分析

棉型化纤与棉混纺时，由于原棉含有杂质和短绒，化纤只含有少量疵点而且长度整齐，为了排除原棉中的杂质和短绒，一般采用原棉与化纤分别经过清、梳、精工序单独处理后，再在并条机上按规定比例进行条子混合。所以需要分别为棉纤维和竹浆纤维的成条确定工艺流程和设备，然后再确定混纺的工艺和设备。

任务实施

采用单独处理后混纺的方法，其优点是混合比例容易掌握，竹浆纤维、原棉分别进行处理，这有利于节约原料，减少纤维损伤。但由于混合不易均匀，管理较麻烦，为了提高混合均匀程度可采用增加并合道数的方法。

纺制竹浆纤维/棉 60/40 J14.5 tex 混纺纱可以采用的纺纱工艺流程如下。

竹浆纤维：

FA002 型圆盘抓棉机→FA022－6 型多仓混棉机→FA106A 型梳针滚筒开棉机→A062－Ⅱ型电气配棉器→FA046A 型振动式给棉机→FA141 型单打手成卷机→FA201 型梳棉机→FA306 型并条机。

棉纤维：

FA002 型圆盘抓棉机→FA103A 型双轴流开棉机→FA022－6 型多仓混棉机→FA106B 型锯片打手开棉机→A062－Ⅱ型电气配棉器→FA046A 型振动式给棉机→FA141 型单打手成卷机→FA201 型梳棉机→FA306 型并条机→FA356A 型条并卷联合机→FA266 型精梳机。

竹浆纤维＋棉纤维：

FA306 型并条机→FA306 型并条机→FA326A 型并条机→TJFA458A 型粗纱机→FA506 型细纱机→ESPERO－M/L 型自动络筒机。

考核评价

考核评分见表 3—3—1

表 3—3—1　　考核评分表

项目	分值					得分	
竹浆纤维开清梳棉工艺	35（按照要求选择，少一项扣 5 分）						
棉纤维开清梳棉精梳工艺	35（按照要求选择，少一项扣 5 分）						
并粗细络工艺	30（按照要求选择，少一项扣 5 分）						
书写、打印规范	书写有错误一次倒扣 4 分，格式错误倒扣 5 分，最多不超过 20 分						
姓名		班级		学号		总得分	

思考与练习

1. 确定针织用 C/T 50/50 14.5 tex 混纺纱的工艺流程。
2. 确定针织用 Modal/C 60/40 J18.5tex 混纺纱的工艺流程。

任务4　开清棉工艺设计

学习目标

1. 能进行开清棉工艺参数的选择与计算。
2. 掌握工艺参数对棉卷质量的影响。

任务引入

根据任务2中选择的设备，对开清棉工艺进行设计，主要设计内容见表3—4—1。

表3—4—1　　开清棉工艺

<table>
<tr><td colspan="12">竹浆纤维</td></tr>
<tr><td>开清棉工艺流程</td><td colspan="11">FA002型圆盘抓棉机→FA022－6型多仓混棉机→FA106A型梳针滚筒开棉机→A062－Ⅱ型电气配棉器→FA046A型振动式给棉机→FA141型单打手成卷机</td></tr>
<tr><td>机械名称</td><td colspan="11">工艺参数</td></tr>
<tr><td rowspan="2">FA002型
圆盘抓棉机</td><td colspan="3">抓棉打手的转速（r/min）</td><td colspan="3">抓棉小车的运行速度（r/min）</td><td colspan="2">打手刀片伸出肋条的距离（mm）</td><td colspan="3">抓棉打手间歇下降动程（mm）</td></tr>
<tr><td colspan="3"></td><td colspan="3"></td><td colspan="2"></td><td colspan="3"></td></tr>
<tr><td rowspan="2">FA022－6型
多仓混棉机</td><td colspan="3">开棉打手转速（r/min）</td><td colspan="3">给棉罗拉转速（r/min）</td><td colspan="2">输棉风机转速（r/min）</td><td colspan="3">换仓压力（Pa）</td></tr>
<tr><td colspan="3"></td><td colspan="3"></td><td colspan="2"></td><td colspan="3"></td></tr>
<tr><td rowspan="2">FA106A型
梳针滚筒开棉机</td><td>打手速度（r/min）</td><td colspan="2">给棉罗拉转速（r/min）</td><td colspan="2">打手与给棉罗拉间的隔距（mm）</td><td colspan="2">打手与尘棒间的隔距（mm）</td><td colspan="2">尘棒之间的隔距（mm）</td><td colspan="2">打手与剥棉刀间的隔距（mm）</td></tr>
<tr><td></td><td colspan="2"></td><td colspan="2"></td><td colspan="2"></td><td colspan="2"></td><td colspan="2"></td></tr>
<tr><td rowspan="2">FA046A型
振动式给棉机</td><td colspan="11">角钉帘与均棉罗拉间的隔距（mm）</td></tr>
<tr><td colspan="11"></td></tr>
<tr><td rowspan="5">FA141型
单打手成卷机</td><td colspan="2">纤维卷定量（g/m）</td><td rowspan="2">实际回潮率（%）</td><td colspan="2">纤维卷长度（m）</td><td rowspan="2">纤维卷伸长率（%）</td><td colspan="2">纤维卷净重（kg）</td><td rowspan="2">线密度（tex）</td><td rowspan="2">机械牵伸倍数</td></tr>
<tr><td>湿定量</td><td>干定量</td><td>计算</td><td>实际</td><td>干重</td><td>湿重</td></tr>
<tr><td></td><td></td><td></td><td></td><td></td><td></td><td></td><td></td><td></td><td></td><td></td></tr>
<tr><td colspan="3">打手速度（r/min）</td><td colspan="3">打手与天平曲杆工作面间的隔距（mm）</td><td colspan="3">打手与尘棒间的隔距（mm）</td><td colspan="2">尘棒与尘棒间的隔距（mm）</td></tr>
<tr><td colspan="3"></td><td colspan="3"></td><td colspan="3"></td><td colspan="2"></td></tr>
</table>

续表

棉纤维	
开清棉工艺流程	FA002 型圆盘抓棉机→FA103A 型双轴流开棉机→FA022－6 型多仓混棉机→FA106B 型锯片打手开棉机→A062－Ⅱ型电气配棉器→FA046A 型振动式给棉机→FA141 型单打手成卷机

机械名称	工艺参数			
FA002 型圆盘抓棉机	抓棉打手的转速（r/min）	抓棉小车的运行速度（r/min）	打手刀片伸出肋条的距离（mm）	抓棉打手间歇下降动程（mm）
FA103A 型双轴流开棉机	打手速度（r/min）	打手与尘棒间的隔距（mm）	尘棒与尘棒间的隔距（mm）	进、出棉口压力（Pa）
FA022－6 型多仓混棉机	开棉打手转速（r/min）	给棉罗拉转速（r/min）	输棉风机转速（r/min）	换仓压力（Pa）

机械名称	工艺参数					
FA106B 型锯片打手开棉机	打手速度（r/min）	给棉罗拉转速（r/min）	打手与给棉罗拉间的隔距（mm）	打手与尘棒间的隔距（mm）	尘棒之间的隔距（mm）	打手与剥棉刀间的隔距（mm）
FA046A 型振动式给棉机	角钉帘与均棉罗拉间的隔距（mm）					

机械名称	棉卷定量（g/m）		实际回潮率（%）	棉卷长度（m）		棉卷伸长率（%）	棉卷净重（kg）		线密度（tex）	机械牵伸倍数
FA141 型单打手成卷机	湿定量	干定量		计算	实际		干重	湿重		
	打手速度（r/min）		打手与天平曲杆工作面间的隔距（mm）		打手与尘棒间的隔距（mm）		尘棒与尘棒间的隔距（mm）			

任务分析

根据表 3—4—1，开清棉工艺设计分为竹浆纤维开清棉工艺设计、棉纤维开清棉工艺设计，每种纤维都要进行纤维卷参数设计、各设备转速设计及隔距设计。由于开清棉设备比较多，因此多采用各单机分别进行工艺设计。

任务实施

一、竹浆纤维开清棉工艺设计

竹浆纤维长度整齐度好，短绒杂质少，但纤维强力低，过多打击容易损伤纤维，并容易扭结，形成丝束、棉结，因此采用“多松少打，薄层快喂”的工艺。

竹浆纤维在打包时挤压比较紧，在抓棉时容易造成抓棉不匀，影响开松效果和使棉卷重量不匀，因此首先采用人工撕扯开松进行预处理，投料前加3%抗静电剂，减少静电，增加纤维之间的抱合力。竹纤维卷用布包裹，停放12 h后正常使用，使纤维能够充分吸湿。

1. FA002型圆盘抓棉机工艺设计

根据“多松少打”的原则，尽量使抓棉打手刀片每齿的抓棉量小，以保证抓棉机的开松效果，为此，在考虑机械状态的情况下，采用以下工艺设计，见表3—4—2。

2. FA022－6型多仓混棉机工艺设计

根据“充分混合”的原则，尽量增大多仓混棉机的容量，增加延时时间，使其达到较好的混合效果，为此，在考虑机械状态的情况下，采用以下工艺设计，见表3—4—3。

表3—4—2　FA002型圆盘抓棉机工艺设计

工艺参数	参数设计
打手刀片伸出肋条的距离	2.5 mm
抓棉打手间歇下降动程	2 mm
抓棉打手的转速	900 r/min
抓棉小车的运行速度	1.20 r/min

表3—4—3　FA022－6多仓混棉机工艺设计

工艺参数	参数设计
换仓压力	196 Pa
开棉打手转速	330 r/min
给棉罗拉转速	0.2 r/min
输棉风机转速	1 700 r/min

3. FA106A型梳针滚筒开棉机工艺设计

减小尘棒间的隔距，不落或少落，给棉罗拉与打手间的隔距适当加大，减少打击次数，以“少打击多回收”为原则。为此，在考虑机械状态的情况下，采用以下工艺设计，见表3—4—4。

表3—4—4　FA106A型梳针滚筒开棉机工艺设计

工艺参数	参数设计
打手速度	480 r/min
给棉罗拉转速	45 r/min
打手与给棉罗拉间的隔距	11 mm
打手与尘棒间的隔距	进口14 mm，出口18.5 mm
尘棒之间的隔距	进口11 mm，中间反装，出口反装
打手与剥棉刀间的隔距	1.6 mm

4. FA046A型振动式给棉机工艺设计

角钉帘与均棉罗拉间的隔距设计为35 mm。

5. FA141型单打手成卷机工艺设计

成卷机的主要工作是均匀成卷，并有开松、除杂、均匀作用，为此，在考虑机械状态的情况下，采用以下工艺设计，见表3—4—5。

（1）计算速度

1）综合打手转速 n_1：

$$n_1 = n \times \frac{D}{D_1} = 1\ 440 \times \frac{160}{D_1} = \frac{230\ 400}{D_1} = \frac{230\ 400}{250} = 921.6\ \text{r/min}$$

式中　n——电动机（5.5 kW）的转速，r/min，1 440 r/min；

D——电动机带轮直径，mm，160 mm；

D_1——打手皮带直径，mm，250 mm。

2）棉卷罗拉转速 n_3：

$$n_3 = n' \times \frac{D_3 \times 17 \times 14 \times 18}{330 \times 67 \times 73 \times 37} = 0.102\ 6 \times D_3 = 0.102\ 6 \times 120 = 12.312\ \text{r/min}$$

式中　n'——电动机（2.2kW）的转速，r/min，1 430 r/min；

D_3——电动机带轮直径，mm，120 mm。

（2）计算牵伸倍数

$$E - 3.216\ 7 \times \frac{z_4 \times z_2}{z_3 \times z_1} - 3.216\ 2 \times \frac{30 \times 17}{21 \times 25} = 3.124$$

式中，z_1/z_2 为 25/17；

z_3/z_4 为 21/30。

（3）计算纤维卷长度

1）纤维卷长度 L 为：

$$L = \frac{n_4 \times \pi \times d \times E_1 \times E_0}{1\ 000} = \frac{115 \times 3.14 \times 80 \times 1.022\ 6 \times 24.571}{1\ 000 \times 24} = 30.24\ \text{m}$$

式中，n_4 取 115 r/min，d 为 80 mm，E_1 为 1.022 6，$E_0 = 24.571/z_6$（z_6 取 24）。

2）纤维卷实际长度 L_1（纤维卷伸长率 ε 为 2.8%）为：

$$L_1 = (1 + \varepsilon) \times L = (1 + 0.028) \times 30.24 = 31.09\ \text{m}$$

（4）计算纤维卷质量

根据表 1—4—16，纤维卷的干定量选取 370 g/m。

纤维卷干净重 = 370 × 31.09/1 000 = 11.50 kg

开清纤维车间的回潮率为 11.0%，则纤维卷湿净重为：

纤维卷湿定量 = 纤维卷干定量 ×（1 + 11.0%）= 370 ×（1 + 11.0%）= 410.7 g/m

纤维卷湿净重 = 纤维卷湿定量 × 31.09/1 000 = 410.7 × 31.09/1 000 = 12.77 kg

（5）计算纤维卷的线密度：

$$T_{t成卷} = 370 \times (1 + 13\%) \times 1\ 000 = 418\ 100\ \text{tex}$$

FA141 型单打手成卷机工艺设计见表 3—4—5。

表 3—4—5　　FA141 型单打手成卷机工艺设计

工艺参数	参数设计
打手转速	921.6 r/min
打手与天平曲杆工作面间的隔距	10.5 mm
打手与尘棒间的隔距	进口：10 mm，出口：18 mm
尘棒与尘棒间的隔距	5 mm

续表

工艺参数	参数设计
机械牵伸倍数	3.124
纤维卷干定量	370 g/m
纤维卷湿定量	410.7 g/m
纤维卷长度	30.24 m
纤维卷伸长率	2.8%
纤维卷实际长度	31.09 m
纤维卷干净重	11.50 kg
纤维卷湿净重	12.77 kg

二、棉纤维的开清棉工艺设计

棉纤维的开清棉应采用“合理配棉、多包取用、精细抓棉、早落少碎、加强混合、减少翻滚、以梳代打”的工艺原则。

1. FA002 型圆盘抓棉机工艺设计（见表 3—4—6）

2. FA022－6 型多仓混棉机工艺设计（见表 3—4—7）

表 3—4—6　FA002 型圆盘抓棉机工艺设计

工 艺 参 数	参 数 设 计
打手刀片伸出肋条的距离	2.5 mm
抓棉打手间歇下降动程	2 mm
抓棉打手的转速	900 r/min
抓棉小车的运行速度	0.80 r/min

表 3—4—7　FA022－6 型多仓混棉机工艺设计

工艺参数	参数设计
换仓压力	230 Pa
开棉打手转速	330 r/min
给棉罗拉转速	0.2 r/min
输棉风机转速	1 400 r/min

3. FA103A 型双轴流开棉机及 FA106B 型锯片打手开棉机工艺设计（见表 3—4—8）

表 3—4—8　FA103A 型双轴流开棉机及 FA106B 型锯片打手开棉机工艺设计

机型	工艺参数	参数设计
FA103A 型双轴流开棉机	打手速度	打手一 412 r/min 打手二 424 r/min
	打手与尘棒间的隔距	20 mm
	尘棒与尘棒间的隔距	9 mm
	进、出棉口压力	进棉管静压：50 Pa 出棉管静压：－150 Pa
FA106B 型锯片打手开棉机	打手速度	600 r/min
	给棉罗拉转速	35 r/min
	打手与给棉罗拉间的隔距	6 mm
	打手与尘棒间的隔距	进口 10 mm 出口 18.5 mm

续表

机型	工艺参数	参数设计
FA106B 型锯片打手开棉机	尘棒之间的隔距	进口 15 mm 中间 10 mm 出口 7 mm
	打手与剥棉刀间的隔距	1.5 mm

4. FA046A 型振动式给棉机工艺设计

角钉帘与均棉罗拉间的隔距设计为 30 mm。

5. FA141 型单打手成卷机工艺设计

（1）计算速度

1）综合打手转速 n_1：

$$n_1 = n \times \frac{D}{D_1} = 1\ 440 \times \frac{160}{D_1} = \frac{230\ 400}{D_1} = \frac{230\ 400}{230} = 1\ 001.7\ \text{r/min}$$

式中 n——电动机（5.5 kW）的转速，1 440 r/min；

D——电动机带轮直径，160 mm；

D_1——打手皮带直径，230 mm。

2）棉卷罗拉转速 n_3：

$$n_3 = n' \times \frac{D_3 \times 17 \times 14 \times 18}{330 \times 67 \times 73 \times 37} = 0.102\ 6 \times D_3 = 0.102\ 6 \times 120 = 12.312\ \text{r/min}$$

式中 n'——电动机（2.2kW）的转速，r/min，1 430 r/min；

D_3——电动机带轮直径，mm，120 mm。

（2）计算牵伸倍数

$$E = 3.216\ 2 \times \frac{z_4 \times z_2}{z_3 \times z_1} = 3.216\ 2 \times \frac{30 \times 17}{21 \times 25} = 3.124$$

式中，z_1/z_2 为 25/17；

z_3/z_4 为 21/30。

（3）计算棉卷长度

1）棉卷长度 L 为：

$$L = \frac{n_4 \times \pi \times d \times E_1 \times E_0}{1\ 000} = \frac{170 \times 3.14 \times 80 \times 1.022\ 6 \times 24.571}{1\ 000 \times 24} = 44.71\ \text{m}$$

式中，n_4 为 170 r/min，d 为 80 mm，E_1 为 1.022 6，$E_0 = 24.571/z_6$（z_6 取 24）。

2）棉卷实际长度 L_1（棉卷的伸长率 ε 为 2.8%）为：

$$L_1 = (1+\varepsilon) \times L = (1+0.028) \times 44.71 = 45.96\ \text{m}$$

（4）计算棉卷质量

根据表 1—4—16，棉卷干定量选取 380 g/m。

棉卷干净重 = 380 × 45.96/1 000 = 17.46 kg

开清棉车间的回潮率为 8.0%（通常控制范围为 7.5% ~8.5%），则棉卷湿净重为：

棉卷湿定量 = 棉卷干定量 ×（1 +8.0%） =380 ×（1 +8.0%） =410.4 g/m

棉卷湿净重 = 棉卷湿定量 ×45.96/1 000 = 410.4 ×45.96/1 000 = 18.86 kg

（5）计算棉卷的线密度：

$$T_{t成卷} = 380 \times (1 + 8.5\%) \times 1\,000 = 412\,300 \text{ tex}$$

FA141 型单打手成卷机工艺设计见表 3—4—9。

表 3—4—9　FA141 型单打手成卷机工艺设计

工艺参数	参数设计
打手速度	1 001.7 r/min
打手与天平曲杆工作面间的隔距	8.5 mm
打手与尘棒间的隔距	进口：8 mm，出口：18 mm
尘棒与尘棒间的隔距	8 mm
机械牵伸倍数	3.124
棉卷干定量	380 g/m
棉卷湿定量	410.4 g/m
棉卷长度	44.71 m
棉卷的伸长率	2.8%
棉卷实际长度	45.96 m
棉卷干净重	17.46 kg
棉卷湿净重	18.86 kg

三、开清棉工艺设计表

开清棉工艺设计见表 3—4—10。

表 3—4—10　开清棉工艺设计表

<table>
<tr><td colspan="7">竹浆纤维</td></tr>
<tr><td>开清棉工艺流程</td><td colspan="6">FA002 型圆盘抓棉机→FA022－6 型多仓混棉机→FA106A 型梳针滚筒开棉机→A062－Ⅱ型电气配棉器→FA046A 型振动式给棉机→FA141 型单打手成卷机</td></tr>
<tr><td>机械名称</td><td colspan="6">工艺参数</td></tr>
<tr><td rowspan="2">FA002 型圆盘抓棉机</td><td>抓棉打手的转速（r/min）</td><td colspan="2">抓棉小车的运行速度（r/min）</td><td colspan="2">打手刀片伸出肋条的距离（mm）</td><td>抓棉打手间歇下降动程（mm）</td></tr>
<tr><td>900</td><td colspan="2">1.20</td><td colspan="2">2.5</td><td>2</td></tr>
<tr><td rowspan="2">FA022－6 型多仓混棉机</td><td>开棉打手转速（r/min）</td><td colspan="2">给棉罗拉转速（r/min）</td><td colspan="2">输棉风机转速（r/min）</td><td>换仓压力（Pa）</td></tr>
<tr><td>330</td><td colspan="2">0.2</td><td colspan="2">1 700</td><td>196</td></tr>
<tr><td rowspan="2">FA106A 型梳针滚筒开棉机</td><td>打手速度（r/min）</td><td>给棉罗拉转速（r/min）</td><td>打手与给棉罗拉间的隔距（mm）</td><td>打手与尘棒间的隔距（mm）</td><td>尘棒之间的隔距（mm）</td><td>打手与剥棉刀间的隔距（mm）</td></tr>
<tr><td>480</td><td>45</td><td>11</td><td>14/18.5</td><td>11/反装/反装</td><td>1.6</td></tr>
</table>

续表

FA046A 型振动式给棉机	角钉帘与均棉罗拉间的隔距（mm）
	35

<table>
<tr><td rowspan="5">FA141 型
单打手成卷机</td><td colspan="2">纤维卷定量（g/m）</td><td rowspan="2">实际回潮率（%）</td><td colspan="2">纤维卷长度（m）</td><td rowspan="2">纤维卷伸长率（%）</td><td colspan="2">纤维卷净重（kg）</td><td rowspan="2">线密度（tex）</td><td rowspan="2">机械牵伸倍数</td></tr>
<tr><td>湿定量</td><td>干定量</td><td>计算</td><td>实际</td><td>干重</td><td>湿重</td></tr>
<tr><td>410.7</td><td>370</td><td>11</td><td>30.24</td><td>31.09</td><td>2.8</td><td>11.50</td><td>12.77</td><td>418 100</td><td>3.124</td></tr>
<tr><td colspan="3">打手速度（r/min）</td><td colspan="3">打手与天平曲杆工作面间的隔距（mm）</td><td colspan="2">打手与尘棒间的隔距（mm）</td><td colspan="2">尘棒与尘棒间的隔距（mm）</td></tr>
<tr><td colspan="3">921.6</td><td colspan="3">10.5</td><td colspan="2">10/18</td><td colspan="2">5</td></tr>
</table>

棉纤维

开清棉工艺流程	FA002 型圆盘抓棉机→FA103A 型双轴流开棉机→FA022－6 型多仓混棉机→FA106B 型锯片打手开棉机→A062－Ⅱ型电气配棉器→FA046A 型振动式给棉机→FA141 型单打手成卷机

<table>
<tr><td>机械名称</td><td colspan="6">工艺参数</td></tr>
<tr><td rowspan="2">FA002 型
圆盘抓棉机</td><td colspan="2">抓棉打手的转速（r/min）</td><td>抓棉小车的运行速度（r/min）</td><td>打手刀片伸出肋条的距离（mm）</td><td colspan="2">抓棉打手间歇下降动程（mm）</td></tr>
<tr><td colspan="2">900</td><td>0.80</td><td>2.5</td><td colspan="2">2</td></tr>
<tr><td rowspan="2">FA103A 型
双轴流开棉机</td><td colspan="2">打手速度（r/min）</td><td>打手与尘棒间的隔距（mm）</td><td>尘棒与尘棒间的隔距（mm）</td><td colspan="2">进、出棉口压力（Pa）</td></tr>
<tr><td colspan="2">打手一：412
打手二：424</td><td>20</td><td>9</td><td colspan="2">进棉管静压：50
出棉管静压：－150</td></tr>
<tr><td rowspan="2">FA022－6 型
多仓混棉机</td><td colspan="2">开棉打手转速（r/min）</td><td>给棉罗拉转速（r/min）</td><td>输棉风机转速（r/min）</td><td colspan="2">换仓压力（Pa）</td></tr>
<tr><td colspan="2">330</td><td>0.2</td><td>1 400</td><td colspan="2">230</td></tr>
<tr><td rowspan="2">FA106B 型
锯片打手开棉机</td><td>打手速度（r/min）</td><td>给棉罗拉转速（r/min）</td><td>打手与给棉罗拉间的隔距（mm）</td><td>打手与尘棒间的隔距（mm）</td><td>尘棒之间的隔距（mm）</td><td>打手与剥棉刀间的隔距（mm）</td></tr>
<tr><td>600</td><td>35</td><td>6</td><td>10/18.5</td><td>15/10/7</td><td>1.5</td></tr>
<tr><td rowspan="2">FA046A 型
振动式给棉机</td><td colspan="6">角钉帘与均棉罗拉间的隔距（mm）</td></tr>
<tr><td colspan="6">30</td></tr>
</table>

<table>
<tr><td rowspan="5">FA141 型
单打手成卷机</td><td colspan="2">棉卷定量（g/m）</td><td rowspan="2">实际回潮率（%）</td><td colspan="2">棉卷长度（m）</td><td rowspan="2">棉卷伸长率（%）</td><td colspan="2">棉卷净重（kg）</td><td rowspan="2">线密度（tex）</td><td rowspan="2">机械牵伸倍数</td></tr>
<tr><td>湿定量</td><td>干定量</td><td>计算</td><td>实际</td><td>干重</td><td>湿重</td></tr>
<tr><td>410.4</td><td>380</td><td>8.0</td><td>44.71</td><td>45.96</td><td>2.8</td><td>17.46</td><td>18.86</td><td>412 300</td><td>3.124</td></tr>
<tr><td colspan="3">打手速度（r/min）</td><td colspan="3">打手与天平曲杆工作面间的隔距（mm）</td><td colspan="2">打手与尘棒间的隔距（mm）</td><td colspan="2">尘棒与尘棒间的隔距（mm）</td></tr>
<tr><td colspan="3">1 001.7</td><td colspan="3">8.5</td><td colspan="2">8/18</td><td colspan="2">5</td></tr>
</table>

考核评价

考核评分见表3—4—11。

表3—4—11　　考核评分表

项目	分值					得分	
开清棉联合机选择	20（按照要求选择，少一项扣2分）						
竹浆纤维开清棉工艺设计	40（按照要求进行设计，少一项扣5分）						
棉纤维开清棉工艺设计	40（按照要求进行设计，少一项扣5分）						
书写、打印规范	书写有错误一次倒扣4分，格式错误倒扣5分，最多不超过20分						
姓名		班级		学号		总得分	

思考与练习

1. 设计针织用C/T 50/50 14.5tex混纺纱的开清棉工艺。
2. 设计针织用Modal/C 60/40 J18.5tex混纺纱的开清棉工艺。

任务5　梳棉工艺设计

学习目标

1. 能进行梳棉工艺参数的选择与计算。
2. 掌握工艺参数对生条质量的影响。

任务引入

在任务4中已经对开清棉工艺进行了设计，下一步是设计梳棉工艺，其主要设计内容见表3—5—1。

表3—5—1　　梳棉工艺

纤维	机型	生条定量（g/5 m）		回潮率（%）	线密度（tex）	总牵伸倍数		棉网张力牵伸倍数	刺辊转速（r/min）	锡林转速（r/min）	盖板速度（mm/min）	道夫转速（r/min）
		干定量	湿定量			机械	实际					
竹	FA201											
棉	FA201											

续表

刺辊与周围机件间的隔距（mm）

	给棉板	第一除尘刀	第二除尘刀	第一分梳板	第二分梳板	锡林
竹						
棉						

锡林与周围机件间的隔距（mm）

	活动盖板	后固定盖板	前固定盖板	大漏底	后罩板	前上罩板	前下罩板	道夫
竹								
棉								

齿轮的齿数

	z_1	z_2	z_3	z_4	z_5
竹					
棉					

任务分析

根据表3—5—1，梳棉工艺设计分为生条定量及牵伸倍数设计、速度设计、隔距设计三部分。通常对竹浆纤维、棉纤维的梳棉工艺分别进行设计，依次进行生条定量及牵伸倍数设计、速度及隔距设计。

任务实施

一、竹浆纤维梳棉工艺设计

竹浆纤维强力低、易脆断，因此，梳棉采用放大隔距、降低转速的工艺原则，降低对纤维的损伤。

1. 设计梳棉生条定量及牵伸倍数

结合并条机、粗纱机、细纱机的牵伸能力，初步设计棉条的定量为17.8 g/5 m。

化纤不含杂质，仅含有少量的纤维疵点，且化纤整齐度较好，短绒率极少，因此，梳棉机上要采用减少落棉的措施，以节约用棉、降低成本。控制梳棉的总落棉率为1%。实际回潮率为10.5%。

第一步：计算实际牵伸倍数

$$E_{实际估}=\frac{化纤卷干定量\times 5}{G_{生条估}}=\frac{370\times 5}{17.8}=103.93$$

第二步：计算机械牵伸倍数

$$E_{机械估}=\frac{E_{实际估}}{1+落棉率}=\frac{103.93}{1+0.01}=102.90$$

梳棉机的总牵伸倍数是指小压辊与棉卷罗拉之间的牵伸倍数。由FA201型梳棉机的传动图（见图1—5—3），求得其总牵伸倍数 E。

$$E_{机械}=\frac{48}{21}\times\frac{120}{z_1}\times\frac{34}{42}\times\frac{190}{z_2}\times\frac{38}{30}\times\frac{30}{21}\times\frac{60}{152}=\frac{30\ 134.1}{z_2\times z_1}$$

式中，z_1 取值范围是13～21，z_2 取值范围是19～21。

从表1—5—9中，可以查到与102.90最接近的牵伸倍数是102.5，相应的 z_1 是14；z_2 是21，即 $E_{机械}=102.5$。

第三步：计算出修正后的实际牵伸倍数、生条定量及生条线密度

$$E_{实际}=E_{机械}\times（1+落棉率）=102.5\times（1+1\%）=103.5$$

$$G_{生条}=\frac{化纤卷干定量\times 5}{E_{实际}}=\frac{370\times 5}{103.5}=17.87\ \text{g/5 m}$$

$$G_{生条湿}=G_{生条}\times（1+10.5\%）=17.87\times（1+10.5\%）=19.75\ \text{g/5 m}$$

$$T_{t梳棉}=G_{生条}\times（1+13\%）\times 200=17.87\times（1+13\%）\times 200=4\ 038.62\ \text{tex}$$

第四步：计算其他牵伸倍数

（1）棉网张力牵伸倍数

根据图1—5—3，棉网张力牵伸倍数即是大压辊与下轧辊之间的牵伸倍数，即：

$$e_{棉网张力}=\frac{24.55}{z_2}=\frac{24.55}{21}=1.17$$

（2）小压辊与道夫间的牵伸倍数

$$e_{小压辊\sim道夫}=\frac{190\times 38\times 30\times 60}{z_2\times 30\times 21\times 706}=\frac{190\times 38\times 30\times 60}{21\times 30\times 21\times 706}=1.39$$

2. 设计梳棉速度

根据图1—5—3，V带和平带的传动效率均取98%。

（1）锡林速度

$$n_{锡林}=1\ 460\times\frac{125}{542}\times 0.98=330\ \text{r/min}$$

（2）刺辊速度

$$n_{刺辊}=1\ 460\times\frac{125}{224}\times 0.98=798\ \text{r/min}$$

（3）盖板速度

盖板由星形导盘传动，星形导盘有14齿，周节为36.5 mm，与相邻两块盖板间的距离相等。

$$v_{盖板}=1\ 460\times\frac{136}{542}\times 0.98\times\frac{100}{240}\times\frac{z_4}{z_5}\times\frac{1}{17}\times\frac{1}{24}\times 14\times 36.5\times 0.98=183.609\times\frac{z_4}{z_5}$$

式中，z_4 为18、21、26、30、34、39，相对应的 z_5 为42、39、34、30、26、21。

根据表1—5—10，选择 $v_{盖板}$ 值是78.69 mm/min，对应的 z_4 值是18，z_5 值是42。

（4）道夫速度

$$n_{道夫}=1\ 460\times\frac{88}{253}\times\frac{20}{50}\times\frac{z_3}{190}\times 0.98=1.048\times z_3$$

式中，z_3 取值范围是18～34。

道夫速度与变换齿轮齿数之间的关系见表 1—5—11。考虑到梳棉机的产量及分梳的质量等情况，最终选择 $n_{道夫}$ 是 19.9 r/min，对应的 z_3 值是 19。

（5）小压辊成条速度（m/min）

$$v_{出条}=60\times 3.14\times 1\,460\times\frac{88}{253}\times\frac{20}{50}\times\frac{z_3}{z_2}\times\frac{38}{30}\times\frac{30}{21}\times\frac{1}{1\,000}\times 0.98$$

$$=67.9\times\frac{z_3}{z_2}=67.9\times\frac{19}{21}=61.43\ \text{m/min}$$

3. 设计梳棉隔距（见表 3—5—2）

表 3—5—2　　FA201 型梳棉机隔距的设计及依据

机件部位		隔距的设计（mm）		隔距设计的依据
给棉、刺辊部分	给棉罗拉～给棉板	入口	0.32	①给棉罗拉空转时不接触 ②进口小、出口大，喂入化纤层后，基本相同
		出口	0.12	
	刺辊～给棉板	0.25		刺辊对化纤层的梳理作用较好，化纤层较厚、纤维较长
	刺辊～除尘刀	第一除尘刀	0.3	较大的隔距能减少落纤量
		第二除尘刀	0.3	
	刺辊～分梳板	第一分梳板	0.5	刺辊与分梳板的隔距一般不改变
		第二分梳板	0.5	
	刺辊～锡林	0.13		有利于纤维向锡林针面转移
锡林、盖板、道夫部分	锡林～活动盖板	进口	0.25	有 5 个隔距点，近刺辊侧为锡林从刺辊上转移来的纤维，首先进入盖板工作区（4～6 块）分梳，纤维量较多，隔距宜偏大，出口时隔距也宜大一点；中间几档可略小一些，以利分梳
		第二点	0.22	
		第三点	0.20	
		第四点	0.20	
		出口	0.23	
	锡林～后固定盖板	下	0.45	锡林从刺辊上转移来的纤维束首先抛向固定盖板，作用比较剧烈，隔距宜由大到小
		中	0.40	
		上	0.30	
	锡林～前固定盖板	上	0.20	利于纤维伸直
		第二	0.20	
		第三	0.20	
		下	0.20	
	锡林～大漏底	入口	6.4	①入口保证不积花 ②出口不影响小漏底气压 ③隔距自入口起由大到小，保持大漏底的曲率半径
		中间	1.58	
		出口	0.78	
	锡林～后罩板	上口	0.48	上口较下口略小，下口隔距与大漏底出口相匹配，使气流畅通
		下口	0.56	
	锡林～前上罩板	上口	0.79	上口与盖板出口相适应，隔距与盖板花量适应
		下口	1.08	

续表

锡林、盖板、道夫部分	锡林～前下罩板	上口	0.79	下口放大，有利于锡林上纤维向道夫转移
		下口	0.60	
	锡林～道夫	0.13		有利于纤维顺利转移
剥棉成条、圈条部分	盖板～斩刀	0.84		能较好剥下盖板花
	道夫～剥棉罗拉	0.3		能较好剥下棉网
	剥棉罗拉～上轧辊	0.5		能较好剥下剥棉罗拉棉网
	上轧辊～下轧辊	0.13		在不加压时，上下轧辊表面最好不接触

二、棉纤维梳棉工艺设计

在梳棉工序中加工棉纤维以减少短绒的产生，排除细小杂质为主。

1. 设计梳棉生条定量及牵伸倍数

根据表1—5—3，梳棉生条定量选择范围是18～24 g/5 m，结合精梳机、并条机、粗纱机、细纱机的牵伸能力，初步设计生条定量为20 g/5 m。

棉卷含杂率较低为1%，所以控制梳棉机的总落棉率为3%，除杂效率达到90%。实际回潮率为6%（控制范围为5.5%～6%）。棉卷干定量为380 g/m。

第一步：计算实际牵伸倍数

$$E_{实际估}=\frac{棉卷干定量\times 5}{G_{生条估}}=\frac{380\times 5}{20}=95$$

第二步：计算机械牵伸倍数

$$E_{机械估}=\frac{E_{实际估}}{1+落棉率}=\frac{95}{1+3\%}=92.23$$

梳棉机的总牵伸倍数是指小压辊与棉卷罗拉之间的牵伸倍数。由FA201型梳棉机的传动图（见图1—5—3），求得其总牵伸倍数$E_{机械}$。

$$E_{机械}=\frac{48}{21}\times\frac{120}{z_1}\times\frac{34}{42}\times\frac{190}{z_2}\times\frac{38}{30}\times\frac{30}{21}\times\frac{60}{152}=\frac{30\ 134.1}{z_2\times z_1}$$

式中，z_1的取值范围是13～21，z_2的取值范围是19～21。z_1、z_2与E的关系见表1—5—9，从表中可以查到与92.23最接近的牵伸倍数是93.3，相应的z_1是17，z_2是19，即$E_{机械}=\frac{30\ 134.1}{19\times 17}=93.29$。

第三步：计算修正后的实际牵伸倍数、生条定量及生条线密度

$$E_{实际}=E_{机械}\times（1+落棉率）=93.29\times（1+3\%）=96.09$$

$$G_{生条}=\frac{棉卷干定量\times 5}{E_{实际}}=\frac{380\times 5}{96.09}=19.77\ g/5\ m$$

$$G_{生条湿}=G_{生条}\times（1+6\%）=19.77\times（1+6\%）=20.96\ g/5\ m$$

$$T_{t梳棉}=G_{生条}\times（1+8.5\%）\times 200=19.77\times（1+8.5\%）\times 200=4\ 290.09\ tex$$

第四步：计算其他牵伸倍数

（1）棉网张力牵伸倍数

棉网张力牵伸即大压辊与下轧辊之间的牵伸。

$$e_{棉网张力}=\frac{45}{55}\times\frac{32}{z_2}\times\frac{38}{28}\times\frac{76}{110}=\frac{24.55}{z_2}=\frac{24.55}{19}=1.29$$

（2）小压辊与道夫间的牵伸倍数

$$e_{小压辊\sim道夫}=\frac{190\times38\times30\times60}{z_2\times30\times21\times706}=\frac{190\times38\times30\times60}{19\times30\times21\times706}=1.54$$

2. 设计梳棉速度

根据图1—5—3，V带和平带的传动效率均取98%。

（1）锡林速度

$$n_{锡林}=1\,460\times\frac{136}{542}\times0.98=359.02\ \text{r/min}$$

（2）刺辊速度

$$n_{刺辊}=1\,460\times\frac{136}{209}\times0.98=931.05\ \text{r/min}$$

（3）盖板速度

盖板由星形导盘传动，星形导盘有14齿，周节为36.5 mm，与相邻两块盖板间的距离相等。

$$v_{盖板}=1\,460\times\frac{136}{542}\times0.98\times\frac{100}{240}\times\frac{z_4}{z_5}\times\frac{1}{17}\times\frac{1}{24}\times14\times36.5\times0.98=183.609\times\frac{z_4}{z_5}$$

式中，z_4值是18、21、26、30、34、39，z_5相对应的值是42、39、34、30、26、21。

盖板速度与变换齿轮齿数之间的关系见表1—5—10。

选择$v_{盖板}$值是140.41 mm/min，对应的z_4值是26，z_5值是34。

（4）道夫速度

$$n_{道夫}=1\,460\times\frac{88}{253}\times\frac{20}{50}\times\frac{z_3}{190}\times0.98=1.048\times z_3$$

式中，z_3取值范围是18～34。

道夫速度与变换齿轮齿数之间的关系见表1—5—11。考虑到梳棉机的产量及分梳的质量等情况，最终选择$n_{道夫}$为29.3 r/min，对应的z_3值是28。

（5）小压辊成条速度

$$v_{出条}=60\times3.14\times1\,460\times\frac{88}{253}\times\frac{20}{50}\times\frac{z_3}{z_2}\times\frac{38}{30}\times\frac{30}{21}\times\frac{1}{1\,000}\times0.98$$

$$=67.9\times\frac{z_3}{z_2}=67.9\times\frac{28}{19}=100.06\ \text{m/min}$$

3. 设计梳棉隔距

FA201型梳棉机隔距的设计及依据见表3—5—3。

表 3—5—3　　**FA201 型梳棉机隔距的设计及依据**

机件部位		隔距的设计（mm）		隔距设计的依据
给棉、刺辊部分	给棉罗拉～给棉板	入口	0.32	①给棉罗拉空转时不接触 ②进口大、出口小，喂入棉层后，基本相同
		出口	0.12	
	刺辊～给棉板	0.23		刺辊对棉层的梳理作用较好，棉层较厚、纤维较长
	刺辊～除尘刀	第一除尘刀	0.3	能除去纤维中大杂质、僵棉、不孕籽
		第二除尘刀	0.3	
	刺辊～分梳板	第一分梳板	0.5	刺辊与分梳板的隔距一般不改变
		第二分梳板	0.5	
	刺辊～锡林	0.15		有利于纤维向锡林针面转移
锡林、盖板、道夫部分	锡林～盖板	进口	0.19	有5个隔距点，近刺辊侧为锡林从刺辊上转移来的纤维，首先进入盖板工作区（4～6块）分梳，纤维量较多，隔距宜偏大，出口时隔距也宜大一点；中间几档可略小一些，以利分梳
		第二点	0.16	
		第三点	0.16	
		第四点	0.16	
		出口	0.18	
	锡林～后固定盖板	下	0.45	锡林从刺辊上转移来的纤维束首先抛向固定盖板，作用比较剧烈，隔距宜由大到小
		中	0.4	
		上	0.3	
	锡林～前固定盖板	上	0.20	有利于纤维伸直和去除棉结、细小杂质、短绒
		第二	0.20	
		第三	0.20	
		下	0.20	
	锡林～大漏底	入口	6.4	①入口保证不积花 ②出口不影响小漏底气压 ③隔距自入口起由大到小，保持大漏底的曲率半径
		中间	1.58	
		出口	0.78	
	锡林～后罩板	上口	0.48	上口较下口略小，下口隔距与大漏底出口相匹配，使气流畅通
		下口	0.56	
	锡林～前上罩板	上口	0.79	上口与盖板出口相适应，隔距与盖板花量适应
		下口	1.08	
	锡林～前下罩板	上口	0.79	有利于锡林上纤维向道夫转移
		下口	0.55	
	锡林～道夫	0.1		有利于纤维顺利转移
剥棉成条、圈条部分	盖板～斩刀	0.84		能较好剥下盖板花
	道夫～剥棉罗拉	0.3		能较好剥下棉网
	剥棉罗拉～上轧辊	0.5		能较好剥下剥棉罗拉棉网
	上轧辊～下轧辊	0.13		在不加压时，上下轧辊最好表面不接触

三、梳棉工艺设计表

梳棉工艺设计见表3—5—4。

表3—5—4　　梳棉工艺设计表

纤维	机型	生条定量（g/5 m）		回潮率（%）	线密度（tex）	总牵伸倍数		棉网张力牵伸倍数	刺辊转速（r/min）	锡林转速（r/min）	盖板速度（mm/min）	道夫转速（r/min）
		干定量	湿定量			机械	实际					
竹	FA201	17.87	19.75	10.5	4 038.62	102.5	103.5	1.17	798	330	78.69	19.9
棉	FA201	19.77	20.96	6	4 290.09	93.29	96.09	1.29	931.05	359.02	140.41	29.3

刺辊与周围机件间的隔距（mm）

	给棉板	第一除尘刀	第二除尘刀	第一分梳板	第二分梳板	锡林
竹	0.25	0.3	0.3	0.5	0.5	0.13
棉	0.23	0.3	0.3	0.5	0.5	0.15

锡林与周围机件间的隔距（mm）

	活动盖板	后固定盖板	前固定盖板	大漏底	后罩板	前上罩板	前下罩板	道夫
竹	0.25/0.22/0.20/0.20/0.23	0.45/0.40/0.30	0.2/0.2/0.2/0.2	6.4/1.58/0.78	0.48/0.56	0.79/1.08	0.79/0.60	0.13
棉	0.19/0.16/0.16/0.16/0.18	0.45/0.4/0.3	0.2/0.2/0.2/0.2	6.4/1.58/0.78	0.48/0.56	0.79/1.08	0.79/0.55	0.1

齿轮的齿数

	z_1	z_2	z_3	z_4	z_5
竹	14	21	19	18	42
棉	17	19	28	26	34

考核评价

考核评分见表3—5—5。

表3—5—5　　考核评分表

项目		分值				得分	
竹浆纤维梳棉工艺设计	梳棉定量及牵伸倍数设计	20（按照要求进行设计，少一项扣5分）					
	梳棉速度设计	15（按照要求进行设计，少一项扣4分）					
	梳棉隔距设计	15（按照要求进行设计，少一项扣1分）					
棉纤维梳棉工艺设计	梳棉定量及牵伸倍数设计	20（按照要求进行设计，少一项扣5分）					
	梳棉速度设计	15（按照要求进行设计，少一项扣4分）					
	梳棉隔距设计	15（按照要求进行设计，少一项扣1分）					
书写、打印规范		书写有错误一次倒扣4分，格式错误倒扣5分，最多不超过20分					
姓名			班级		学号		总得分

思考与练习

1. 设计针织用 C/T 50/50 14.5 tex 混纺纱的梳棉工艺。
2. 设计针织用 Modal/C 60/40 J18.5 tex 混纺纱的梳棉工艺。

任务6 精梳工艺设计

学习目标

1. 能进行精梳工艺参数的选择与计算。
2. 掌握工艺参数对精梳条质量的影响。

任务引入

在梳棉工艺设计的基础上，进行精梳工艺设计，其主要设计内容见表3—6—1。

表3—6—1 精梳工艺

<table>
<tr><td colspan="13">预并条工艺</td></tr>
<tr><td rowspan="2">机型</td><td colspan="2">预并条定量（g/5m）</td><td rowspan="2">回潮率（%）</td><td colspan="2">总牵伸倍数</td><td rowspan="2">线密度（tex）</td><td rowspan="2">并合数</td><td colspan="4">牵伸倍数分配</td><td rowspan="2">前罗拉速度（m/min）</td></tr>
<tr><td>干重</td><td>湿重</td><td>机械</td><td>实际</td><td>紧压罗拉～前罗拉</td><td>前罗拉～中罗拉</td><td>中罗拉～后罗拉</td><td>后罗拉～导条罗拉</td></tr>
<tr><td>FA306</td><td></td><td></td><td></td><td></td><td></td><td></td><td></td><td></td><td></td><td></td><td></td><td></td></tr>
<tr><td colspan="3">罗拉握持距（mm）</td><td colspan="5">罗拉加压（N）</td><td colspan="3">罗拉直径（mm）</td><td rowspan="2">喇叭头孔径（mm）</td><td rowspan="2">压力棒调节环直径（mm）</td></tr>
<tr><td>前～中</td><td colspan="2">中～后</td><td colspan="5">导条×前×中×后×压力棒</td><td colspan="3">前×中×后</td></tr>
<tr><td></td><td colspan="2"></td><td colspan="5"></td><td colspan="3"></td><td></td><td></td></tr>
<tr><td colspan="13">齿轮的齿数</td></tr>
<tr><td colspan="2">z_1</td><td colspan="2">z_2</td><td colspan="2">z_3</td><td colspan="2">z_4</td><td colspan="2">z_5</td><td colspan="2">z_6</td><td>z_8</td></tr>
<tr><td colspan="2"></td><td colspan="2"></td><td colspan="2"></td><td colspan="2"></td><td colspan="2"></td><td colspan="2"></td><td></td></tr>
</table>

<table>
<tr><td colspan="12">条并卷工艺</td></tr>
<tr><td rowspan="2">机型</td><td colspan="2">小卷定量（g/m）</td><td rowspan="2">回潮率（%）</td><td colspan="2">总牵伸倍数</td><td rowspan="2">线密度（tex）</td><td rowspan="2">并合数</td><td rowspan="2">成卷罗拉速度（m/min）</td><td colspan="2">握持距（mm）</td><td rowspan="2">满卷定长（m）</td></tr>
<tr><td>干重</td><td>湿重</td><td>机械</td><td>实际</td><td>主牵伸罗拉</td><td>预牵伸罗拉</td></tr>
<tr><td>FA356A</td><td></td><td></td><td></td><td></td><td></td><td></td><td></td><td></td><td></td><td></td><td></td></tr>
</table>

续表

条并卷工艺									
牵伸倍数分配						胶辊加压（MPa）			
前成卷罗拉与后成卷罗拉	后成卷罗拉与前紧压辊	前紧压辊与后紧压辊	台面压辊与前罗拉	前罗拉与后罗拉	后罗拉与导条辊	前胶辊	中胶辊	后胶辊	紧压胶辊
齿轮的齿数									
z_A	z_B	z_C	z_D	z_F	z_G	z_I	z_J	z_K	z_L

精梳工艺													
机型	精梳条定量（g/5m）		回潮率（%）	并合数	总牵伸倍数		线密度（tex）	落棉率（%）	给棉方式	给棉长度（mm）	转速（r/min）		
	干重	湿重			机械	实际					锡林	毛刷	
FA266													

牵伸倍数分配						隔距				
圈条压辊与前罗拉	前罗拉与后罗拉	后罗拉与台面压辊	台面压辊与分离罗拉	分离罗拉与给棉罗拉	给棉罗拉与承卷罗拉	落棉隔距（刻度）	梳理隔距（mm）	顶梳进出隔距（mm）	顶梳高低隔距（挡）	

主牵伸区罗拉握持距（mm）	锡林定位（分度）	分离罗拉顺转定时（刻度）	加压（N/端）			
			前胶辊	中胶辊	后胶辊	分离胶辊

齿轮的齿数							
z_A	z_B	z_C	z_E	z_F	z_G	z_H	z_J

任务分析

根据表3—6—1，精梳工艺设计分为预并条工艺设计、条并卷工艺设计、精梳工艺设计三部分，每个部分都要进行棉条（小卷）定量及牵伸倍数、速度、罗拉握持距及其他工艺参数的设计。

任务实施

一、设计精梳准备工艺

1. FA306 型并条机的工艺设计：

（1）设计预并条棉条定量及牵伸倍数

精梳机喂入棉卷定量为50～70 g/m，另外，考虑并条机、条并卷联合机的牵伸倍数及并合的根数，初步设计预并条棉条的定量为20 g/5m。

设FA306型并条机的牵伸效率为98%（在实际情况下，工厂可以根据实际牵伸倍数与机械牵伸倍数计算获得，多数情况为96%～99%）。实际回潮率为6%（控制范围为6%～6.5%）。

由于梳棉生条中纤维多数呈后弯钩，到预并条，呈现前弯钩较多，小的牵伸倍数对伸直纤维比较有利，因此，并合根数选择为6。

第一步：计算实际牵伸倍数

$$E_{实际估}=\frac{G_{生条}\times 6}{G_{预并条估}}=\frac{19.77\times 6}{20}=5.93$$

第二步：计算机械牵伸倍数

$$E_{机械估}=\frac{E_{实际估}}{牵伸效率}=\frac{5.93}{0.98}=6.05$$

并条机的总牵伸倍数是指导条罗拉与紧压罗拉之间的牵伸倍数。由FA306型并条机的传动图（见图1—6—9），求得其总牵伸倍数$E_{机械}$。

$$E_{机械}=\frac{18\times 36\times z_8\times 63\times 70\times z_2\times 66\times 61\times 76\times 60}{18\times 36\times 32\times z_4\times 51\times z_1\times z_3\times 43\times 38\times 60}$$

$$=506\times\frac{z_8\times z_2}{z_4\times z_1\times z_3}=506\times\frac{50\times 42}{125\times 56\times 25}=6.07$$

式中，z_2/z_1 为62/36、60/38、58/40、56/42、54/44、52/46、50/48、48/50、46/52、44/54、42/56、40/58、38/60、36/62，取42/56；

z_3 为25、26、27，取25；

z_4 为121、122、123、124、125，取125；

z_8 为49、50、51，取50。

第三步：计算修正后的实际牵伸倍数、棉条定量及线密度

$$E_{实际}=E_{机械}\times 牵伸效率=6.07\times 0.98=5.95$$

$$G_{预并条}=\frac{G_{生条}\times 6}{E_{实际}}=\frac{19.77\times 6}{5.95}=19.94\ \text{g/5m}$$

$$G_{预并条湿}=G_{预并条}\times（1+6\%）=19.94\times（1+6\%）=21.14\ \text{g/5m}$$

$$T_{t预并条}=G_{预并条}\times（1+8.5\%）\times 200=19.94\times（1+8.5\%）\times 200=4\ 326.98\ \text{tex}$$

第四步：计算部分牵伸倍数

①前罗拉与中罗拉间的牵伸倍数：

$$e_{前罗拉\sim中罗拉}=\frac{z_6\times 76\times 38\times 45}{z_5\times 27\times 29\times 35}=4.742\times\frac{z_6}{z_5}=4.742\times\frac{53}{65}=3.87$$

式中，z_5 为47、51、65、71，取65；

z_6 为53、63、74，取53。

②中罗拉与后罗拉间的牵伸倍数：

$$e_{中罗拉\sim后罗拉}=\frac{21\times 63\times 70\times z_2\times 66\times 61\times 76\times 27\times z_5\times 35}{24\times z_4\times 51\times z_1\times z_3\times 43\times 38\times 76\times z_6\times 35}$$

$$= 5\ 033.4 \times \frac{z_2 \times z_5}{z_4 \times z_1 \times z_3 \times z_6} = 5\ 033.4 \times \frac{42 \times 65}{125 \times 56 \times 25 \times 53} = 1.48$$

③紧压罗拉与前罗拉间的牵伸倍数：

$$e_{紧压罗拉\sim前罗拉} = \frac{29 \times 60}{38 \times 45} = 1.017\ 5$$

④后罗拉与导条罗拉间的牵伸倍数：

$$e_{后罗拉\sim导条罗拉} = \frac{35 \times 24 \times z_8}{60 \times 21 \times 32} = 0.020\ 83 \times z_8 = 0.020\ 83 \times 50 = 1.04$$

（2）设计速度

$$v_{前罗拉} = 1\ 470 \times \frac{D_m}{D_1} \times \frac{38}{29} \times \pi \times d$$

$$= 1\ 470 \times \frac{180}{140} \times \frac{38}{29} \times 3.14 \times \frac{45}{1\ 000} = 350\ \text{m/min}$$

式中　D_m——电动机带轮直径，mm，200 mm、190 mm、180 mm、170 mm、160 mm、150 mm、140 mm、130 mm、120 mm，取 180 mm；

D_1——电动机从动轮直径，mm，120 mm、130 mm、140 mm、150 mm、160 mm、170 mm、180 mm、190 mm、200 mm，取 140 mm；

d——前罗拉直径，mm，45 mm。

（3）设计罗拉握持距

FA306 型并条机采用的是三上三下压力棒曲线牵伸，根据棉纤维的品质长度 31.61 mm，则前区握持距设计为 31.61 + 8≈40 mm，后区握持距设计为 31.61 + 10≈42 mm。

（4）设计其他工艺参数

1）压力棒工艺

综合考虑所纺的混纺纱的质量及纤维品质情况，选用直径为 13 mm 的压力棒调节环。

2）罗拉加压（N）

导条罗拉×前罗拉×中罗拉×后罗拉×压力棒：118×362×392×362×58.8。

3）喇叭头孔径

使用压缩喇叭头时，C 取 0.63。

$$喇叭头孔径 = C \times \sqrt{G_m} = 0.63 \times \sqrt{19.94} = 2.81\ \text{mm}$$

采用 2.8 mm 的喇叭头孔径。

2. FA356A 型条并卷联合机的工艺设计

（1）设计小卷定量及牵伸倍数

精梳机喂入棉卷定量为 50～70 g/m，结合生产经验，初步选取 62 g/m。

设 FA356A 型条并卷联合机的牵伸差异率为 +1.5%（在实际情况下，工厂可以根据实际牵伸倍数与机械牵伸倍数计算获得，多数情况为 −1.5%～+1.5%）。实际回潮率为 6%（控制范围为 6%～6.5%）。

并合根数选择为 28。

第一步：计算实际牵伸倍数

$$E_{实际估}=\frac{G_{预并条}\times 28}{G_{条并卷估}\times 5}=\frac{19.94\times 28}{62\times 5}=1.80$$

第二步：计算机械牵伸倍数

$$E_{机械估}=\frac{E_{实际估}}{1+牵伸差异率}=\frac{1.80}{1+1.5\%}=1.77$$

条并卷联合机的总牵伸倍数是指导条辊与前成卷罗拉之间的牵伸倍数。由 FA356A 型条并卷联合机的传动图（见图 1—6—10），求得其总牵伸倍数 $E_{机械}$。

$$E_{机械}=\frac{700\times 18\times z_L\times z_J\times 16\times 25\times z_{F_2}\times 54\times z_C\times 54\times 92\times z_A\times 23}{70\times 15\times 28\times z_I\times 18\times 30\times z_{F_1}\times z_D\times 92\times 92\times z_B\times 83\times 98}$$

$$=0.028\,45\times\frac{z_L\times z_J\times z_{F_2}\times z_C\times z_A}{z_I\times z_{F_1}\times z_D\times z_B}=0.028\,45\times\frac{53\times 76\times 33\times 57\times 88}{55\times 23\times 90\times 94}$$

$$=1.772\,5$$

式中，z_A 为 82 ~ 93，取 88；

z_B 为 91 ~ 103，取 94；

z_C 为 49、50、52 ~ 59，取 57；

z_D 为 82、83、86、87、88、90、91、92、93、95、96、97、98，取 90；

z_{F_1} 为 22 ~ 25，取 23；

z_{F_2} 为 33 ~ 37，取 33；

z_I 为 44、55，取 55；

z_J 为 64、66、68、70、72、74、76、78，取 76；

z_L 为 53、54、55，取 53；

第三步：计算修正后的实际牵伸倍数、小卷定量及线密度

$$E_{实际}=E_{机械}\times（1+牵伸差异率）=1.772\,5\times（1+1.5\%）=1.80$$

$$G_{条并卷}=\frac{G_{预并条}\times 28}{E_{实际}\times 5}=\frac{19.94\times 28}{1.80\times 5}=62.04\ g/m$$

$$G_{条并卷湿}=G_{条并卷}\times（1+6\%）=62.04\times（1+6\%）=65.76\ g/m$$

$$T_{t条并卷}=G_{条并卷}\times（1+8.5\%）\times 1\,000=62.04\times（1+8.5\%）\times 1\,000=67\,313.4\ tex$$

第四步：计算部分牵伸倍数

①前罗拉与后罗拉间的牵伸倍数

$$e_{前罗拉\sim后罗拉}=\frac{40\times 16\times z_J\times 20}{35\times 18\times z_I\times 18}=1.128\,7\times\frac{z_J}{z_I}=1.128\,7\times\frac{76}{55}=1.560$$

②后罗拉与导条辊间的牵伸倍数

$$e_{后罗拉\sim导条辊}=\frac{35\times 18\times z_L\times 18}{70\times 20\times 28\times 15}=0.019\,3\times z_L=0.0193\times 53=1.023$$

③台面压辊与前罗拉间的牵伸倍数

$$e_{台面压辊\sim前罗拉}=\frac{75\times 25\times z_G\times 33}{40\times 30\times 26\times 60}=0.033\,1\times z_G=0.033\,1\times 31=1.026$$

式中，z_G 取值范围为 29 ~ 32，取 31。

④前紧压辊与台面压辊间的牵伸倍数

$$e_{前紧压辊\sim台面压辊}=\frac{154.8\times60\times26\times z_{F_2}\times23}{75\times33\times z_G\times z_{F_1}\times105}$$

$$=21.373\times\frac{z_{F_2}}{z_G\times z_{F_1}}=21.373\times\frac{33}{31\times23}=0.989$$

⑤前紧压辊与后紧压辊间的牵伸倍数

$$e_{前紧压辊\sim后紧压辊}=\frac{154.8\times29}{145.2\times30}=1.031$$

⑥后成卷罗拉与前紧压辊间的牵伸倍数

$$e_{后成卷罗拉\sim前紧压辊}=\frac{700\times23\times54\times z_C\times54\times105}{154.8\times98\times92\times92\times z_D\times23}$$

$$=1.669\times\frac{z_C}{z_D}=1.669\times\frac{57}{90}=1.057$$

⑦前成卷罗拉与后成卷罗拉间的牵伸倍数

$$e_{前成卷罗拉\sim后成卷罗拉}=\frac{700\times23\times z_A\times92\times98}{700\times98\times83\times z_B\times23}$$

$$=1.1084\times\frac{z_A}{z_B}=1.1084\times\frac{88}{94}=1.038$$

⑧第三罗拉与后罗拉间的牵伸（预牵伸）倍数

根据喂入定量对预牵伸倍数进行计算。

$$e_{第三罗拉\sim后罗拉}=\frac{29}{z_K}=\frac{29}{27}=1.074$$

式中，z_K 为 26、27、28，取 27。

（2）设计速度

由于 FA356A 型条并卷联合机采用了变频电动机，所以，可以在允许的范围内，自由选择速度。根据实际经验，选择成卷罗拉的线速度为 90 m/min。

（3）设计罗拉握特距

纤维的品质长度为 31.61 mm，选择主牵伸罗拉隔距为 6 mm，握持距为 38 mm；预牵伸罗拉隔距为 5 mm，握持距为 40 mm。

（4）设计其他工艺参数

1）加压。前胶辊：0.35 MPa，中、后胶辊：0.30 MPa，紧压辊：0.25 MPa。成卷加压：0.2 ~ 0.5 MPa，渐增加压。

2）满卷定长。满卷定长为 250 m。

二、设计精梳工艺

采用“轻定量、高落棉率”的工艺。考虑到竹纤维强力低，成纱中所占的比例大，势必会造成纱线强力低，影响织布效率，因此，在精梳工序调整落棉隔距，增大落棉率，将精梳机的长给棉改为短给棉，增加棉层的梳理次数，提高梳理效果。

1. 设计精梳条定量及牵伸倍数

纺制竹浆纤维/棉 60/40 J14.5 tex 混纺纱，参考不同线密度纱线的精梳条定量常用范围，考虑到精梳条的条干均匀度，精梳条定量初步选择 20 g/5m。实际回潮率为 6%（控制范围为 6% ~6.5%），并合数为 8。

根据精梳落棉率与纺纱线密度的关系（见表1—6—23），选择精梳落棉率为 17%。

第一步：计算实际牵伸倍数

$$E_{实际估}=\frac{G_{条并卷}\times 8\times 5}{G_{精梳估}}=\frac{62.04\times 8\times 5}{20}=124.08$$

第二步：计算机械牵伸倍数

$$E_{机械估}=E_{实际估}\times（1-落棉率）=124.08\times（1-17\%）=102.99$$

精梳机的总牵伸倍数是指圈条压辊与承卷罗拉之间的牵伸倍数。由 FA266 型精梳机的传动图（见图1—6—13），求得其总牵伸倍数 $E_{机械}$。

$$E_{机械}=\frac{z_F\times 138\times 138\times 138\times 138\times 40\times 45\times 28\times z_G\times 104\times 53.25\times 44\times 1.1\times 59.5}{37\times 40\times 40\times 40\times 40\times 140\times 45\times 39\times z_H\times 42\times 98.5\times 28\times 70}$$

$$=1.5448\times\frac{z_F\times z_G}{z_H}=1.5448\times\frac{58\times 38}{33}=103.17$$

式中，z_F 为 52、53、58、59、60、65、66，取 58；

z_G 为 30、33、38、40，取 38；

z_H 为 30、33、38、40，取 33。

第三步：计算修正后的实际牵伸倍数、精梳条定量及线密度

$$E_{实际}=\frac{E_{机械}}{1-落棉率}=\frac{103.17}{1-0.17}=124.30$$

$$G_{精梳}=\frac{G_{条并卷}\times 8\times 5}{E_{实际}}=\frac{62.04\times 8\times 5}{124.30}=19.96\ g/5\ m$$

$$G_{精梳条湿}=G_{精梳}\times（1+6\%）=19.96\times（1+6\%）=21.16\ g/5\ m$$

$$T_{t精梳}=G_{精梳}\times（1+8.5\%）\times 200=19.96\times（1+8.5\%）\times 200=4\ 331.32\ tex$$

第四步：计算部分牵伸倍数

①给棉罗拉与承卷罗拉间的牵伸倍数

$$L_{给棉}=\frac{\pi\times 30}{z_E}=\frac{94.2}{z_E}=\frac{94.2}{18}=5.23\ mm/钳次$$

式中，z_E 为 16、18、20，取 18。

$$L_{喂卷}=\frac{143\times 40\times 40\times 40\times 40\times 37}{29\times 138\times 138\times 138\times 138\times z_F}\times\pi\times 70$$

$$=\frac{283.21}{z_F}=\frac{283.21}{58}=4.88\ mm/钳次$$

$$e_{给棉罗拉\sim 承卷罗拉}=\frac{L_{给棉}}{L_{喂卷}}=\frac{5.23}{4.88}=1.07$$

②分离罗拉与给棉罗拉间的分离牵伸倍数

$$L_{有效输出}=-\frac{15}{95}\times\left(1-\frac{33\times 29}{21\times 25}\right)\times\frac{87}{28}\times 25\times\pi=31.71\ mm/钳次$$

$$e_{分离罗拉\sim给棉罗拉} = \frac{L_{有效输出}}{L_{给棉}} = \frac{31.71}{5.23} = 6.06$$

③台面压辊与分离罗拉间的牵伸倍数

$$L_{台面压辊输出} = \frac{143 \times 40 \times 40 \times 40}{29 \times 138 \times 138 \times 76} \times \pi \times 50 = 34.2504 \text{ mm/钳次}$$

$$e_{台面压辊\sim分离罗拉} = \frac{L_{台面压辊输出}}{L_{有效输出}} = \frac{34.2504}{31.71} = 1.08$$

④后罗拉与台面压辊间的牵伸倍数

$$L_{后罗拉输出} = \frac{143 \times 40 \times 45 \times 28 \times 28 \times 28}{29 \times 140 \times 45 \times 38 \times 70 \times 28} \times \pi \times 27 = 35.2223 \text{ mm/钳次}$$

$$e_{后罗拉\sim台面压辊} = \frac{L_{后罗拉输出}}{L_{台面压辊输出}} = \frac{35.2223}{34.2504} = 1.028$$

⑤第三罗拉与第四罗拉间的牵伸倍数

$$e_{第三罗拉\sim第四罗拉} = \frac{z_J}{28} = \frac{38}{28} = 1.357$$

式中，z_J 为 32、38、42，取 38。

⑥前罗拉与后罗拉间的牵伸倍数

$$e_{前罗拉\sim后罗拉} = \frac{28 \times 70 \times z_G \times 104 \times 35}{28 \times 28 \times z_H \times 28 \times 27} = 12.037 \times \frac{z_G}{z_H} = 12.037 \times \frac{38}{33} = 13.86$$

⑦圈条压辊与前罗拉间的牵伸倍数

$$e_{圈条压辊\sim前罗拉} = \frac{28 \times 53.25 \times 44 \times 1.1 \times 59.5}{42 \times 98.5 \times 28 \times 35} = 1.059$$

2. 设计速度

（1）锡林速度

$$锡林速度 = 1475 \times \frac{z_A \times 29}{z_B \times 143} = 299.13 \times \frac{z_A}{z_B} = 299.13 \times \frac{144}{154} = 280 \text{ r/min}$$

式中，z_A 为 126、144、154、174，取 144；

z_B 为 144、154、174、218，取 154。

（2）毛刷速度

$$n_{毛刷} = 905 \times \frac{D_C}{D} = 905 \times \frac{137}{109} = 1137 \text{ r/min}$$

式中　D_C——毛刷电动机带轮直径，mm，109 mm、137 mm，取 137 mm；

D——毛刷电动机从动轮直径，mm，109 mm。

（3）圈条压辊速度

$$v_{圈条压辊} = 1475 \times \frac{z_A \times 40 \times 45 \times 28 \times z_G \times 104 \times 53.25 \times 44 \times 1.1 \times 59.5 \times \pi}{z_B \times 140 \times 45 \times 39 \times z_H \times 42 \times 98.5 \times 28 \times 1000}$$

$$= 130.80 \times \frac{z_A \times z_G}{z_B \times z_H} = 130.80 \times \frac{144 \times 38}{154 \times 33} = 140.84 \text{ m/min}$$

3. 设计隔距

（1）落棉隔距

落棉刻度选择9。

（2）梳理隔距

梳理隔距为0.40 mm。

（3）顶梳隔距

进出隔距为1.5 mm，高低隔距选择 +0.5 挡。

（4）主牵伸区罗拉握持距

主牵伸区罗拉握持距等于跨距长度的最长纤维长度，根据原棉的情况，握持距应为37 mm，隔距为6 mm。

4. 其他工艺参数设计

（1）定时定位

锡林定位：37 分度，分离罗拉顺转定时刻度：-1。

（2）加压

分离胶辊加压为300 N/端，牵伸前胶辊加压为380 N/端，中、后胶辊为560 N/端。

三、精梳工艺设计表

精梳工艺设计见表3—6—2。

表3—6—2　　精梳工艺设计表

预并条工艺

机型	预并条定量（g/5m）		回潮率（%）	总牵伸倍数		线密度（tex）	并合数	牵伸倍数分配				前罗拉速度（m/min）
	干重	湿重		机械	实际			紧压罗拉~前罗拉	前罗拉~中罗拉	中罗拉~后罗拉	后罗拉~导条罗拉	
FA306	19.94	21.14	6	6.07	5.95	4 326.98	6	1.017 5	3.87	1.48	1.04	350

罗拉握持距（mm）		罗拉加压（N）	罗拉直径（mm）	喇叭头孔径（mm）	压力棒调节环直径（mm）
前~中	中~后	导条×前×中×后×压力棒	前×中×后		
40	42	118×362×392×362×58.8	45×35×35	2.8	13

齿轮的齿数

z_1	z_2	z_3	z_4	z_5	z_6	z_8
56	42	25	125	65	53	50

条并卷工艺

机型	小卷定量（g/m）		回潮率（%）	总牵伸倍数		线密度（tex）	并合数	成卷罗拉速度（m/min）	握持距（mm）		满卷定长（m）
	干重	湿重		机械	实际				主牵伸罗拉	预牵伸罗拉	
FA356A	62.04	65.76	6	1.772 5	1.80	67 313.4	28	90	38	40	250

牵伸倍数分配						胶辊加压（MPa）			
前成卷罗拉与后成卷罗拉	后成卷罗拉与前紧压辊	前紧压辊与后紧压辊	台面压辊与前罗拉	前罗拉与后罗拉	后罗拉与导条辊	前胶辊	中胶辊	后胶辊	紧压胶辊
1.038	1.057	1.031	1.026	1.560	1.023	0.35	0.30	0.30	0.25

续表

条并卷工艺									
齿轮的齿数									
z_A	z_B	z_C	z_D	z_{F1}/z_{F2}	z_G	z_I	z_J	z_K	z_L
88	94	57	90	23/33	31	55	76	27	53

精梳工艺

机型	精梳条定量（g/5m）		回潮率（%）	并合数	总牵伸倍数		线密度（tex）	落棉率（%）	给棉方式	给棉长度（mm）	转速（r/min）	
	干重	湿重			机械	实际					锡林	毛刷
FA266	19.96	21.16	6	8	103.17	124.30	4 331.32	17	后退给棉	5.23	280	1 137

牵伸倍数分配						隔距			
圈条压辊与前罗拉	前罗拉与后罗拉	后罗拉与台面压辊	台面压辊与分离罗拉	分离罗拉与给棉罗拉	给棉罗拉与承卷罗拉	落棉隔距（刻度）	梳理隔距（mm）	顶梳进出隔距（mm）	顶梳高低隔距（挡）
1.059	13.86	1.028	1.08	6.06	1.07	9	0.40	1.5	+0.5

主牵伸区罗拉握持距（mm）	锡林定位（分度）	分离罗拉顺转定时（刻度）	加压（N/端）			
			前胶辊	中胶辊	后胶辊	分离胶辊
37	37	−1	380	560	560	300

齿轮的齿数							
z_A	z_B	z_C	z_E	z_F	z_G	z_H	z_J
144	154	137	18	58	38	33	38

考核评价

考核评分见表 3—6—3。

表 3—6—3　　**考核评分表**

项目	分值	得分
预并条定量及牵伸倍数设计	20（按照要求进行设计，少一项扣 2 分）	
并条机速度、隔距及其他工艺参数设计	10（按照要求进行设计，少一项扣 2 分）	
小卷定量及牵伸倍数设计	20（按照要求进行设计，少一项扣 2 分）	
条并卷联合机速度、隔距及其他工艺参数设计	10（按照要求进行设计，少一项扣 2 分）	

续表

项目	分值				得分	
精梳条定量及牵伸倍数设计	20（按照要求进行设计，少一项扣2分）					
精梳机速度、隔距及其他工艺参数设计	20（按照要求进行设计，少一项扣2分）					
书写、打印规范	书写有错误一次倒扣4分，格式错误倒扣5分，最多不超过20分					
姓名		班级		学号	总得分	

思考与练习

1. 设计针织用 C/T 50/50 14.5 tex 混纺纱精梳工艺。
2. 设计针织用 Modal/C 60/40 J18.5 tex 混纺纱的精梳工艺。

任务7 并条工艺设计

学习目标

1. 能进行并条工艺参数的选择与计算。
2. 掌握工艺参数对熟条质量的影响。

任务引入

在精梳工艺设计的基础上，进行并条工艺设计，两种不同类型的纤维条将在此按照混合的比例进行混合，达到混合均匀、结构均匀，其主要设计内容见表3—7—1。

表3—7—1 并条工艺

竹浆纤维预并条工艺											
机型	条子定量（g/5m）		回潮率（%）	总牵伸倍数		线密度（tex）	并合数	牵伸倍数分配				前罗拉速度（m/min）
	干重	湿重		机械	实际			紧压罗拉～前罗拉	前罗拉～中罗拉	中罗拉～后罗拉	后罗拉～导条罗拉	
FA306												

罗拉握持距（mm）		罗拉加压（N）	罗拉直径（mm）	喇叭头孔径（mm）	压力棒调节环直径（mm）
前～中	中～后	导条×前×中×后×压力棒	前×中×后		

续表

齿轮的齿数						
z_1	z_2	z_3	z_4	z_5	z_6	z_8

混一并工艺

机型	条子定量（g/5m）		回潮率（%）	总牵伸倍数		线密度（tex）	并合数	牵伸倍数分配				前罗拉速度（m/min）
	干重	湿重		机械	实际			紧压罗拉~前罗拉	前罗拉~中罗拉	中罗拉~后罗拉	后罗拉~导条罗拉	
FA306												

罗拉握持距（mm）		罗拉加压（N）	罗拉直径（mm）	喇叭头孔径（mm）	压力棒调节环直径（mm）
前~中	中~后	导条×前×中×后×压力棒	前×中×后		

齿轮的齿数						
z_1	z_2	z_3	z_4	z_5	z_6	z_8

混二并工艺

机型	条子定量（g/5m）		回潮率（%）	总牵伸倍数		线密度（tex）	并合数	牵伸倍数分配				前罗拉速度（m/min）
	干重	湿重		机械	实际			紧压罗拉~前罗拉	前罗拉~中罗拉	中罗拉~后罗拉	后罗拉~导条罗拉	
FA306												

罗拉握持距（mm）		罗拉加压（N）	罗拉直径（mm）	喇叭头孔径（mm）	压力棒调节环直径（mm）
前~中	中~后	导条×前×中×后×压力棒	前×中×后		

齿轮的齿数						
z_1	z_2	z_3	z_4	z_5	z_6	z_8

混三并工艺

机型	条子定量（g/5m）		回潮率（%）	总牵伸倍数		线密度（tex）	并合数	牵伸倍数分配				紧压罗拉速度（m/min）
	干重	湿重		机械	实际			紧压罗拉~前罗拉	前罗拉~后罗拉	后罗拉~检测罗拉	检测罗拉~导条罗拉	
FA326A												

罗拉握持距（mm）		罗拉加压（N）	罗拉直径（mm）	喇叭头孔径（mm）	压力棒调节环直径（mm）
前~中	中~后	导条×前×中×后×压力棒	前×中×后		

齿轮的齿数								
z_1	z_2	z_3	z_4	z_5	z_6	z_7	z_8	z_9

任务分析

根据表3—7—1，并条工艺设计分为棉条定量及牵伸倍数设计、速度设计、隔距设计及其他工艺参数设计。通常先进行棉条定量及牵伸倍数设计，然后进行速度、罗拉握持距及其他工艺参数设计。

任务实施

一、竹浆纤维的预并条

1. 设计竹浆纤维预并化纤条定量及牵伸倍数

精梳棉条的定量为19.96 g/5m，竹浆纤维/棉纤维的混合比例为60/40，并合根数为竹浆纤维5根、棉纤维3根，则竹浆纤维的预并化纤条定量为：

$$竹浆纤维预并化纤条定量 = \frac{60 \times 19.96 \times 3}{40 \times 5} = 17.96 \text{ g/5m}$$

设FA306型并条机的牵伸效率为98%（在实际情况下，工厂可以根据实际牵伸倍数与机械牵伸倍数计算获得，多数情况为96%～99%）。并合根数选择6根，实际回潮率为10%。

第一步：计算实际牵伸倍数

$$E_{实际估} = \frac{G_{生条} \times 6}{G_{一并估}} = \frac{17.87 \times 6}{17.96} = 5.97$$

第二步：计算机械牵伸倍数

$$E_{机械估} = \frac{E_{实际估}}{牵伸效率} = \frac{5.97}{0.98} = 6.09$$

并条机的总牵伸倍数是指导条罗拉与紧压罗拉之间的牵伸倍数。由FA306型并条机的传动图（见图1—6—9），求得其总牵伸倍数$E_{机械}$。

$$E_{机械} = \frac{18 \times 36 \times z_8 \times 63 \times 70 \times z_2 \times 66 \times 61 \times 76 \times 60}{18 \times 36 \times 32 \times z_4 \times 51 \times z_1 \times z_3 \times 43 \times 38 \times 60}$$

$$= 506 \times \frac{z_8 \times z_2}{z_4 \times z_1 \times z_3} = 506 \times \frac{50 \times 42}{125 \times 56 \times 25} = 6.072$$

式中，z_2/z_1为62/36、60/38、58/40、56/42、54/44、52/46、50/48、48/50、46/52、44/54、42/56、40/58、38/60、36/62，取42/56；

z_3为25、26、27，取25；

z_4为121、122、123、124、125，取125；

z_8为49、50、51，取50。

第三步：计算修正后的实际牵伸倍数、化纤条定量及线密度

$$E_{实际} = E_{机械} \times 牵伸效率 = 6.072 \times 0.98 = 5.95$$

$$G_{预并} = \frac{G_{生条} \times 6}{E_{实际}} = \frac{17.87 \times 6}{5.95} = 18.02 \text{ g/5m}$$

$$G_{预并湿} = G_{预并} \times (1+10\%) = 18.02 \times (1+10\%) = 19.82\ g/5m$$

$$T_{t预并} = G_{预并} \times (1+13\%) \times 200 = 18.02 \times (1+13\%) \times 200 = 4\ 072.52\ tex$$

第四步：计算部分牵伸倍数

①前罗拉与中罗拉间的牵伸倍数：

$$e_{前罗拉\sim中罗拉} = \frac{z_6 \times 76 \times 38 \times 45}{z_5 \times 27 \times 29 \times 35} = 4.742 \times \frac{z_6}{z_5} = 4.742 \times \frac{53}{65} = 3.87$$

式中，z_5 为 47、51、65、71，取 65；

z_6 为 53、63、74，取 53。

②中罗拉与后罗拉间的牵伸倍数：

$$e_{中罗拉\sim后罗拉} = \frac{21 \times 63 \times 70 \times z_2 \times 66 \times 61 \times 76 \times 27 \times z_5 \times 35}{24 \times z_4 \times 51 \times z_1 \times z_3 \times 43 \times 38 \times 76 \times z_6 \times 35}$$

$$= 5\ 033.4 \times \frac{z_2 \times z_5}{z_4 \times z_1 \times z_3 \times z_6} = 5\ 033.4 \times \frac{42 \times 65}{125 \times 56 \times 25 \times 53} = 1.48$$

③紧压罗拉与前罗拉间的牵伸倍数：

$$e_{紧压罗拉\sim前罗拉} = \frac{29 \times 60}{38 \times 45} = 1.017\ 5$$

④后罗拉与导条罗拉间的牵伸倍数：

$$e_{后罗拉\sim导条罗拉} = \frac{35 \times 24 \times z_8}{60 \times 21 \times 32} = 0.020\ 83 \times z_8 = 0.020\ 83 \times 50 = 1.04$$

2. 设计速度

$$v_{前罗拉} = 1\ 470 \times \frac{D_m}{D_1} \times \frac{38}{29} \times \pi \times d = 1\ 470 \times \frac{140}{180} \times \frac{38}{29} \times 3.14 \times \frac{45}{1\ 000} = 212\ m/min$$

式中　D_m——电动机带轮直径，mm，200 mm、190 mm、180 mm、170 mm、160 mm、150 mm、140 mm、130 mm、120 mm，取 140 mm；

D_1——电动机从动轮直径，mm，120 mm、130 mm、140 mm、150 mm、160 mm、170 mm、180 mm、190 mm、200 mm，取 180 mm；

d——前罗拉直径，mm，45 mm。

3. 设计罗拉握持距

FA306 型并条机采用的是三上三下压力棒曲线牵伸，根据化纤的主体长度 37.6mm，将前区握持距设计为 $37.6+10 \approx 48$ mm，后区握持距设计为 $37.6+14 \approx 52$ mm。

4. 设计其他工艺参数

（1）压力棒工艺

选用直径为 15 mm（绿）的压力棒调节环。

（2）罗拉加压（N）

导条罗拉×前罗拉×中罗拉×后罗拉×压力棒：118×362×392×362×58.8。

（3）喇叭头孔径

使用压缩喇叭头时，C 取 0.65。

喇叭头孔径 $= C \times \sqrt{G_{预并}} = 0.65 \times \sqrt{18.02} = 2.76$ mm，采用 2.8 mm 孔径。

二、混一并工艺设计——竹浆纤维与棉纤维的混合并条

1. 设计混合条定量及牵伸倍数

在混一并工艺中，要进行竹浆纤维棉条与棉纤维精梳条的混合。竹浆纤维预并条定量为18.02 g/5 m，精梳棉条的定量为19.96 g/5 m，竹浆纤维/棉纤维的混合比例为60/40，并合根数为竹浆纤维5根、棉纤维3根。初步设计混一并混合条的定量为17 g/5 m。

设FA306型并条机的牵伸效率为98%（在实际情况下，工厂可以根据实际牵伸倍数与机械牵伸倍数计算获得，多数情况为96%~99%）。并合根数选择8根。实际回潮率，竹浆纤维条为10%，棉条为6%。

实际回潮率为：混合条实际回潮率＝10%×60%＋6%×40%＝8.4%。

公定回潮率为：混合条公定回潮率＝13%×60%＋8.5%×40%＝11.2%。

第一步：计算实际牵伸倍数

$$E_{实际估}=\frac{G_{竹浆预并条}\times 5+G_{棉精梳}\times 3}{G_{混一并估}}=\frac{18.02\times 5+19.96\times 3}{17}=8.82$$

第二步：计算机械牵伸倍数

$$E_{机械估}=\frac{E_{实际估}}{牵伸效率}=\frac{8.82}{0.98}=9$$

并条机的总牵伸倍数是指导条罗拉与紧压罗拉之间的牵伸倍数。由FA306型并条机的传动图（见图1—6—9），求得其总牵伸倍数E。

$$E_{机械}=\frac{18\times 36\times z_8\times 63\times 70\times z_2\times 66\times 61\times 76\times 60}{18\times 36\times 32\times z_4\times 51\times z_1\times z_3\times 43\times 38\times 60}$$

$$=506\times\frac{z_8\times z_2}{z_4\times z_1\times z_3}=506\times\frac{50\times 52}{124\times 46\times 26}=8.87$$

式中，z_2/z_1为62/36、60/38、58/40、56/42、54/44、52/46、50/48、48/50、46/52、44/54、42/56、40/58、38/60、36/62，取52/46；

z_3为25、26、27，取26；

z_4为121、122、123、124、125，取124；

z_8为49、50、51，取50。

第三步：计算修正后的实际牵伸倍数、混合条定量及线密度

$$E_{实际}=E_{机械}\times 牵伸效率=8.87\times 0.98=8.69$$

$$G_{混一并}=\frac{G_{竹浆预并条}\times 5+G_{棉精梳}\times 3}{E_{实际}}=\frac{18.02\times 5+19.96\times 3}{8.69}=17.26\ \text{g/5 m}$$

$$G_{混一并湿}=G_{混一并}\times(1+8.4\%)=17.26\times(1+8.4\%)=18.71\ \text{g/5 m}$$

$$T_{t混一并}=G_{混一并}\times(1+11.2\%)\times 200=17.26\times(1+11.2\%)\times 200=3\,838.62\ \text{tex}$$

第四步：计算部分牵伸倍数

①前罗拉与中罗拉间的牵伸倍数：

$$e_{前罗拉\sim中罗拉}=\frac{z_6\times 76\times 38\times 45}{z_5\times 27\times 29\times 35}=4.742\times\frac{z_6}{z_5}=4.742\times\frac{63}{51}=5.86$$

式中，z_5为47、51、65、71，取51；

z_6 为 53、63、74，取 63。

②中罗拉与后罗拉间的牵伸倍数：

$$e_{中罗拉\sim后罗拉} = \frac{21 \times 63 \times 70 \times z_2 \times 66 \times 61 \times 76 \times 27 \times z_5 \times 35}{24 \times z_4 \times 51 \times z_1 \times z_3 \times 43 \times 38 \times 76 \times z_6 \times 35}$$

$$= 5\,033.4 \times \frac{z_2 \times z_5}{z_4 \times z_1 \times z_3 \times z_6} = 5\,033.4 \times \frac{52 \times 51}{124 \times 46 \times 26 \times 63} = 1.43$$

③紧压罗拉与前罗拉间的牵伸倍数：

$$e_{紧压罗拉\sim前罗拉} = \frac{29 \times 60}{38 \times 45} = 1.017\,5$$

④后罗拉与导条罗拉间的牵伸倍数：

$$e_{后罗拉\sim导条罗拉} = \frac{35 \times 24 \times z_8}{60 \times 21 \times 32} = 0.020\,83 \times z_8 = 0.020\,83 \times 50 = 1.04$$

2. 设计速度

$$v_{前罗拉} = 1\,470 \times \frac{D_m}{D_1} \times \frac{38}{29} \times \pi \times d$$

$$= 1\,470 \times \frac{140}{180} \times \frac{38}{29} \times 3.14 \times \frac{45}{1\,000} = 212\ \text{m/min}$$

式中　D_m——电动机带轮直径，mm，200 mm、190 mm、180 mm、170 mm、160 mm、150 mm、140 mm、130 mm、120 mm，取 140 mm；

D_1——电动机从动轮直径，mm，120 mm、130 mm、140 mm、150 mm、160 mm、170 mm、180 mm、190 mm、200 mm，取 180 mm；

d——前罗拉直径，mm，45 mm。

3. 设计罗拉握持距

FA306 型并条机采用的是三上三下压力棒曲线牵伸，根据混合纤维中化纤的主体长度 37.6 mm，将前区握持距设计为 37.6 + 10 ≈ 48 mm，后区握持距设计为 37.6 + 14 ≈ 52 mm。

4. 设计其他工艺参数

(1) 压力棒工艺

选用直径为 15 mm（绿）的压力棒调节环。

(2) 罗拉加压（N）

导条罗拉 × 前罗拉 × 中罗拉 × 后罗拉 × 压力棒：118 × 362 × 392 × 362 × 58.8。

(3) 喇叭头孔径

使用压缩喇叭头时，C 取 0.65。

喇叭头孔径 $= C \times \sqrt{G_{混一并}} = 0.65 \times \sqrt{17.26} = 2.7\ \text{mm}$，采用 2.8 mm 孔径。

三、混二并工艺设计

1. 设计混合条的定量及牵伸倍数

初步设计混二并混合条的定量为 16.8 g/5 m。设 FA306 型并条机的牵伸效率为 98%（在实际情况下，工厂可以根据实际牵伸倍数与机械牵伸倍数计算获得，多数情况为 96% ~

99%)。并合根数选择 6 根。

第一步：计算实际牵伸倍数

$$E_{实际估} = \frac{G_{混一并} \times 6}{G_{混二并估}} = \frac{17.26 \times 6}{16.8} = 6.16$$

第二步：计算机械牵伸倍数

$$E_{机械估} = \frac{E_{实际估}}{牵伸效率} = \frac{6.16}{0.98} = 6.29$$

并条机的总牵伸倍数是指导条罗拉与紧压罗拉之间的牵伸倍数。由 FA306 型并条机的传动图（见图 1—6—9），求得其总牵伸倍数 E。

$$E_{机械} = \frac{18 \times 36 \times z_8 \times 63 \times 70 \times z_2 \times 66 \times 61 \times 76 \times 60}{18 \times 36 \times 32 \times z_4 \times 51 \times z_1 \times z_3 \times 43 \times 38 \times 60}$$

$$= 506 \times \frac{z_8 \times z_2}{z_4 \times z_1 \times z_3} = 506 \times \frac{49 \times 44}{124 \times 54 \times 26} = 6.27$$

式中，z_2/z_1 为 62/36、60/38、58/40、56/42、54/44、52/46、50/48、48/50、46/52、44/54、42/56、40/58、38/60、36/62，取 44/54；

z_3 为 25、26、27，取 26；

z_4 为 121、122、123、124、125，取 124；

z_8 为 49、50、51，取 49。

第三步：计算修正后的实际牵伸倍数、混合条定量及线密度

$E_{实际} = E_{机械} \times 牵伸效率 = 6.27 \times 0.98 = 6.14$

$G_{混二并} = \dfrac{G_{混一并} \times 6}{E_{实际}} = \dfrac{17.26 \times 6}{6.14} = 16.87\ \text{g/5 m}$

$G_{混二并湿} = G_{混二并} \times (1 + 8.4\%) = 16.87 \times (1 + 8.4\%) = 18.29\ \text{g/5 m}$

$T_{t混二并} = G_{混二并} \times (1 + 11.2\%) \times 200 = 16.87 \times (1 + 11.2\%) \times 200 = 3\ 751.89\ \text{tex}$

第四步：计算部分牵伸倍数

①前罗拉与中罗拉间的牵伸倍数：

$$e_{前罗拉\sim中罗拉} = \frac{z_6 \times 76 \times 38 \times 45}{z_5 \times 27 \times 29 \times 35} = 4.742 \times \frac{z_6}{z_5} = 4.742 \times \frac{63}{65} = 4.60$$

式中，z_5 为 47、51、65、71，取 65；

z_6：53、63、74，取 63。

②中罗拉与后罗拉间的牵伸倍数：

$$e_{中罗拉\sim后罗拉} = \frac{21 \times 63 \times 70 \times z_2 \times 66 \times 61 \times 76 \times 27 \times z_5 \times 35}{24 \times z_4 \times 51 \times z_1 \times z_3 \times 43 \times 38 \times 76 \times z_6 \times 35}$$

$$= 5\ 033.4 \times \frac{z_2 \times z_5}{z_4 \times z_1 \times z_3 \times z_6} = 5\ 033.4 \times \frac{44 \times 65}{124 \times 54 \times 26 \times 63} = 1.31$$

③紧压罗拉与前罗拉间的牵伸倍数：

$$e_{紧压罗拉\sim前罗拉} = \frac{29 \times 60}{38 \times 45} = 1.017\ 5$$

④后罗拉与导条罗拉间的牵伸倍数：

$$e_{后罗拉\sim导条罗拉} = \frac{35 \times 24 \times z_8}{60 \times 21 \times 32} = 0.020\ 83 \times z_8 = 0.020\ 83 \times 49 = 1.02$$

2. 设计速度

$$v_{前罗拉} = 1\ 470 \times \frac{D_m}{D_1} \times \frac{38}{29} \times \pi \times d = 1\ 470 \times \frac{140}{180} \times \frac{38}{29} \times 3.14 \times \frac{45}{1\ 000} = 212\ \text{m/min}$$

式中　D_m——电动机带轮直径，mm，200 mm、190 mm、180 mm、170 mm、160 mm、150 mm、140 mm、130 mm、120 mm，取 140 mm；

D_1——电动机从动轮直径，mm，120 mm、130 mm、140 mm、150 mm、160 mm、170 mm、180 mm、190 mm、200 mm，取 180 mm；

d——前罗拉直径，mm，45 mm。

3. 设计罗拉握持距

FA306 型并条机采用的是三上三下压力棒曲线牵伸，根据混合纤维中化纤的主体长度 37.6 mm，将前区握持距设计为：37.6 + 10≈48 mm，后区握持距设计为：37.6 + 14≈52 mm。

4. 设计其他工艺参数

（1）压力棒工艺

选用直径为 15 mm（绿）的压力棒调节环。

（2）罗拉加压（N）

导条罗拉 × 前罗拉 × 中罗拉 × 后罗拉 × 压力棒：118 × 362 × 392 × 362 × 58.8。

（3）喇叭头孔径

使用压缩喇叭头时，C 取 0.63。

喇叭头孔径 $= C \times \sqrt{G_{混二并}} = 0.63 \times \sqrt{16.87} = 2.59$ mm，采用 2.6 mm 孔径。

四、混三并工艺设计

1. 设计混合条的定量及牵伸倍数

初步设计混三并混合条的定量为 16.2 g/5 m。

设 FA326A 型并条机的牵伸效率为 98%（在实际情况下，工厂可以根据实际牵伸倍数与机械牵伸倍数计算获得，多数情况在 96% ~99%）。并合根数选择 6 根。

第一步：计算实际牵伸倍数

$$E_{实际估} = \frac{G_{混二并} \times 6}{G_{混三并估}} = \frac{16.87 \times 6}{16.2} = 6.25$$

第二步：计算机械牵伸倍数

$$E_{机械估} = \frac{E_{实际估}}{牵伸效率} = \frac{6.25}{0.98} = 6.38$$

并条机的总牵伸倍数是指导条罗拉与紧压罗拉之间的牵伸倍数。由 FA326A 型并条机的传动图（见图 1—7—3），求得其总牵伸倍数 E。

$$E_{机械} = \frac{20 \times z_5 \times z_7 \times z_4 \times 42 \times 59.8}{20 \times z_6 \times 27 \times z_3 \times (1 - 0.25) \times 24 \times 60}$$

$$= 0.086\ 13 \times \frac{z_5 \times z_7 \times z_4}{z_6 \times z_3} = 0.086\ 13 \times \frac{76 \times 77 \times 63}{72 \times 69} = 6.39$$

式中，z_3 为 60 ~ 73，取 69；

z_4 为 63 ~ 73、80 ~ 90，取 63；

z_5 为 74、75、76，取 76；

z_6 为 72、74，取 72；

z_7 为 76、77、78，取 77。

第三步：计算修正后的实际牵伸倍数、混合条定量及线密度

$$E_{实际} = E_{机械} \times 牵伸效率 = 6.39 \times 0.98 = 6.26$$

$$G_{混三并} = \frac{G_{混二并} \times 6}{E_{实际}} = \frac{16.87 \times 6}{6.26} = 16.17\ \text{g/5 m}$$

$$G_{混三并湿} = G_{混三并} \times (1 + 8.4\%) = 16.17 \times (1 + 8.4\%) = 17.53\ \text{g/5 m}$$

$$T_{t混三并} = G_{混三并} \times (1 + 11.2\%) \times 200 = 16.17 \times (1 + 11.2\%) \times 200 = 3\ 596.21\ \text{tex}$$

第四步：计算部分牵伸倍数

①前罗拉与后罗拉间的牵伸倍数：

$$e_{前罗拉\sim后罗拉} = \frac{33 \times z_4 \times 42 \times 41 \times z_9 \times 45}{20 \times z_3 \times (1 - 0.25) \times 24 \times 53 \times 29 \times 35}$$

$$= 0.132 \times \frac{z_4 \times z_9}{z_3} = 0.132 \times \frac{63 \times 49}{69} = 5.91$$

式中，z_9 为 47 ~ 50，取 49。

②紧压罗拉与前罗拉间的牵伸倍数：

$$e_{紧压罗拉\sim前罗拉} = \frac{29 \times 53 \times 59.8}{z_9 \times 41 \times 45} = \frac{49.817}{z_9} = \frac{49.817}{49} = 1.016\ 7$$

③中罗拉与后罗拉间的牵伸倍数：

$$e_{中罗拉\sim后罗拉} = \frac{z_8}{20} = \frac{28}{20} = 1.4$$

式中，z_8 为 22、24、25、26、28、30、32、34、36、38，取 28。

④后罗拉与检测罗拉间的牵伸倍数：

$$e_{后罗拉\sim检测罗拉} = \frac{33 \times z_7 \times 20 \times 22 \times 35}{22 \times 27 \times 33 \times 22 \times 90} = 0.013\ 1 \times z_7 = 0.013\ 1 \times 77 = 1.008\ 7$$

⑤检测罗拉与导条罗拉间的牵伸倍数：

$$e_{检测罗拉\sim导条罗拉} = \frac{90 \times 22 \times z_5}{60 \times 33 \times z_6} = \frac{z_5}{z_6} = \frac{76}{72} = 1.06$$

2. 设计速度

$$v_{紧压罗拉} = 58 \times f \times \frac{z_1 \times \pi \times d}{z_2 \times 1\ 000} = 58 \times 40 \times \frac{24 \times 3.14 \times 59.8}{44 \times 1\ 000} = 238\ \text{m/min}$$

式中　f——变频电动机频率，Hz，24 Hz、30 Hz、35 Hz、40 Hz、45 Hz、50 Hz、55 Hz、60 Hz、65 Hz，取 40 Hz；

z_1 / z_2——24/44、30/34，取 24/44；

d——紧压罗拉直径，mm，59.8 mm。

3. 设计罗拉握持距

FA326A 型并条机采用的是三上三下压力棒曲线牵伸，根据混合纤维中化纤的主体长度 37.6 mm，将前区握持距设计为：37.6 + 10 ≈ 48 mm，后区握持距设计为：37.6 + 14 ≈ 52 mm。

4. 设计其他工艺参数

（1）压力棒工艺

选用直径为 15 mm（绿）的压力棒调节环。

（2）罗拉加压（N）

导条罗拉 × 前罗拉 × 中罗拉 × 后罗拉 × 压力棒：118 × 353 × 392 × 353 × 58.8。

（3）喇叭头孔径

使用压缩喇叭头时，C 取 0.65。

喇叭头孔径 $= C \times \sqrt{G_{混三并}} = 0.65 \times \sqrt{16.17} = 2.61$ mm，选用 2.6 mm 孔径。

五、并条工艺设计表

并条工艺设计见表 3—7—2。

表 3—7—2　　并条工艺设计表

竹浆纤维预并条工艺

机型	条子定量（g/5 m）		回潮率（%）	总牵伸倍数		线密度（tex）	并合数	牵伸倍数分配				前罗拉速度（m/min）
	干重	湿重		机械	实际			紧压罗拉～前罗拉	前罗拉～中罗拉	中罗拉～后罗拉	后罗拉～导条罗拉	
FA306	18.02	19.82	10	6.072	5.95	4 072.52	6	1.017 5	3.87	1.48	1.04	212

罗拉握持距（mm）		罗拉加压（N）	罗拉直径（mm）	喇叭头孔径（mm）	压力棒调节环直径（mm）
前～中	中～后	导条 × 前 × 中 × 后 × 压力棒	前 × 中 × 后		
48	52	118 × 362 × 392 × 362 × 58.8	45 × 35 × 35	2.8	15

齿轮的齿数

z_1	z_2	z_3	z_4	z_5	z_6	z_8
56	42	25	125	65	53	50

混一并工艺

机型	条子定量（g/5 m）		回潮率（%）	总牵伸倍数		线密度（tex）	并合数	牵伸倍数分配				前罗拉速度（m/min）
	干重	湿重		机械	实际			紧压罗拉～前罗拉	前罗拉～中罗拉	中罗拉～后罗拉	后罗拉～导条罗拉	
FA306	17.26	18.71	8.4	8.87	8.69	3 838.62	8	1.017 5	5.86	1.43	1.04	212

罗拉握持距（mm）		罗拉加压（N）	罗拉直径（mm）	喇叭头孔径（mm）	压力棒调节环直径（mm）
前～中	中～后	导条 × 前 × 中 × 后 × 压力棒	前 × 中 × 后		
48	52	118 × 362 × 392 × 362 × 58.8	45 × 35 × 35	2.8	15

齿轮的齿数

z_1	z_2	z_3	z_4	z_5	z_6	z_8
46	52	26	124	51	63	50

续表

混二并工艺												
机型	条子定量（g/5 m）		回潮率（%）	总牵伸倍数		线密度（tex）	并合数	牵伸倍数分配				前罗拉速度（m/min）
	干重	湿重		机械	实际			紧压罗拉～前罗拉	前罗拉～中罗拉	中罗拉～后罗拉	后罗拉～导条罗拉	
FA306	16.87	18.29	8.4	6.27	6.14	3 751.89	6	1.017 5	4.60	1.31	1.02	212

罗拉握持距（mm）		罗拉加压（N）	罗拉直径（mm）	喇叭头孔径（mm）	压力棒调节环直径（mm）
前～中	中～后	导条×前×中×后×压力棒	前×中×后		
48	52	118×362×392×362×58.8	45×35×35	2.6	15

齿轮的齿数						
z_1	z_2	z_3	z_4	z_5	z_6	z_8
54	44	26	124	65	63	49

混三并工艺												
机型	条子定量（g/5 m）		回潮率（%）	总牵伸倍数		线密度（tex）	并合数	牵伸倍数分配				紧压罗拉速度（m/min）
	干重	湿重		机械	实际			紧压罗拉～前罗拉	前罗拉～后罗拉	后罗拉～检测罗拉	检测罗拉～导条罗拉	
FA326A	16.17	17.53	8.4	6.39	6.26	3 596.21	6	1.016 7	5.91	1.008 7	1.06	238

罗拉握持距（mm）		罗拉加压（N）	罗拉直径（mm）	喇叭头孔径（mm）	压力棒调节环直径（mm）
前～中	中～后	导条×前×中×后×压力棒	前×中×后		
48	52	118×353×392×353×58.8	45×35×35	2.6	15

齿轮的齿数								
z_1	z_2	z_3	z_4	z_5	z_6	z_7	z_8	z_9
24	44	69	63	76	72	77	28	49

考核评价

考核评分见表 3—7—3。

表 3—7—3　　考核评分表

项目	分值				得分	
竹浆纤维预并条工艺设计	30（按照要求进行设计，少一项扣 5 分）					
混一并工艺设计	30（按照要求进行设计，少一项扣 5 分）					
混二并工艺设计	20（按照要求进行设计，少一项扣 5 分）					
混三并工艺设计	20（按照要求进行设计，少一项扣 5 分）					
书写、打印规范	书写有错误一次倒扣 4 分，格式错误倒扣 5 分，最多不超过 20 分					
姓名		班级		学号	总得分	

思考与练习

1. 设计针织用 C/T 50/50 14.5 tex 混纺纱的并条工艺。
2. 设计针织用 Modal/C 60/40 J18.5 tex 混纺纱的并条工艺。

任务 8　粗纱工艺设计

学习目标

1. 能进行粗纱工艺参数的选择与计算。
2. 掌握工艺参数对粗纱质量的影响。

任务引入

在并条工艺设计的基础上，进行粗纱工艺设计，其主要设计内容见表 3—8—1。

表 3—8—1　粗 纱 工 艺

机型	粗纱定量（g/10 m）		回潮率（%）	总牵伸倍数		后区牵伸倍数	线密度（tex）	捻度（捻回/10 cm）	捻系数	罗拉握持距（mm）		
	干重	湿重		机械	实际					前~二	二~三	三~后
TJFA458A												

罗拉加压（daN/双锭）	罗拉直径（mm）	轴向卷绕密度（圈/10 cm）	径向卷绕密度（层/10 cm）	转速（r/min）	
前×二×三×后	前×二×三×后			前罗拉	锭子

集合器口径（宽×高）（mm）			钳口隔距（mm）	齿轮的齿数												
前区	后区	喂入		z_1	z_2	z_3	z_4	z_5	z_6	z_7	z_8	z_9	z_{10}	z_{11}	z_{12}	z_{14}

任务分析

根据表 3—8—1，粗纱工艺设计分为粗纱定量及牵伸倍数设计、捻度设计、速度设计、罗拉握持距设计、粗纱卷绕密度设计及其他工艺参数的设计。通常先进行粗纱定量及牵伸倍数设计，然后进行捻度设计，再进行速度、罗拉握持距、粗纱卷绕密度及其他工艺参数设计。

任务实施

一、设计粗纱定量及牵伸倍数

考虑到 TJFA458A 型粗纱机的牵伸形式，并结合细纱机的牵伸能力，初步设计粗纱的定量为 4 g/10 m。

设 TJFA458A 型粗纱机的牵伸效率为 98%（在实际情况下，工厂可以根据实际牵伸倍数与机械牵伸倍数计算获得，多数情况为 96% ~99%）。实际回潮率为 8.4%，公定回潮率为 11.2%。

第一步：计算实际牵伸倍数

$$E_{实际估} = \frac{G_{混三并} \times 10}{G_{粗纱估} \times 5} = \frac{16.17 \times 10}{4 \times 5} = 8.09$$

第二步：计算机械牵伸倍数

$$E_{机械估} = \frac{E_{实际估}}{牵伸效率} = \frac{8.09}{0.98} = 8.26$$

粗纱机的总牵伸倍数是指导条辊与前罗拉之间的牵伸倍数。由 TJFA458A 型粗纱机的传动图（图 1—8—4），求得其总牵伸倍数 $E_{机械}$。

$$E_{机械} = \frac{z_{14} \times 77 \times 70 \times z_6 \times 96 \times 28}{24 \times 63 \times 31 \times z_7 \times 25 \times 63.5}$$

$$= 0.19471 \times \frac{z_{14} \times z_6}{z_7} = 0.19471 \times \frac{22 \times 79}{41} = 8.25$$

式中，z_{14} 为 19、20、21、22，取 22；

z_6 为 69、79，取 79；

z_7 为 25 ~64，取 41。

第三步：计算修正后的实际牵伸倍数、粗纱定量及线密度

$E_{实际} = E_{机械} \times 牵伸效率 = 8.25 \times 0.98 = 8.09$

$G_{粗纱} = \dfrac{G_{混三并} \times 10}{E_{实际} \times 5} = \dfrac{16.17 \times 10}{8.09 \times 5} = 4.0\ g/10\ m$

$G_{粗纱湿} = G_{粗纱} \times (1 + 8.4\%) = 4.0 \times (1 + 8.4\%) = 4.336\ g/10\ m$

$T_{t粗纱} = G_{粗纱} \times (1 + 11.2\%) \times 100 = 4.0 \times (1 + 11.2\%) \times 100 = 444.8\ tex$

第四步：计算部分牵伸倍数

①前罗拉与后罗拉间的牵伸倍数：

$$e_{前罗拉\sim后罗拉} = \frac{z_6 \times 96 \times 28}{z_7 \times 25 \times 28} = 3.84 \times \frac{z_6}{z_7} = 3.84 \times \frac{79}{41} = 7.40$$

②第三罗拉与后罗拉间的牵伸倍数：

$$e_{第三罗拉\sim后罗拉} = \frac{31 \times 47 \times \pi \times (25 + 2 \times 1.1)}{z_8 \times 29 \times \pi \times 28} = \frac{48.8059}{z_8} = \frac{48.8059}{36} = 1.356$$

式中，z_8 为 22、24、25、26、28、30、32、34、36、38，取 36。

③导条辊与后罗拉间的牵伸倍数：

$$e_{导条辊\sim后罗拉} = \frac{z_{14} \times 77 \times 70 \times 28}{24 \times 63 \times 31 \times 63.5} = 0.0507 \times z_{14} = 0.0507 \times 22 = 1.12$$

二、设计捻度

第一步：初步选取捻系数

化纤混纺的粗纱捻系数选用范围见表3—8—2。

表3—8—2　化纤混纺的粗纱捻系数选用范围

粗纱线密度（tex）	粗纱捻系数	
	涤/棉（65/35）	涤（低比例）/棉、粘/棉、腈/棉
300以下	67.8~73.3	86.6~93.0
301~320	66.8~72.2	85.4~91.6
321~340	65.7~67.8	84.0~90.2
341~360	64.9~70.2	83.0~89.1
361~380	64.1~69.3	82.0~88.1
381~400	63.3~68.5	81.0~87.0
401~420	62.6~67.8	80.0~86.0
421~440	61.8~67.0	79.1~85.0
441~460	61.1~66.2	78.1~84.0
461~480	60.5~65.6	77.4~83.3
481~500	60.0~65.0	76.7~82.5
501~520	59.4~64.5	76.0~81.8
521~540	58.8~63.8	75.3~81.1
541~560	58.3~63.3	74.7~80.4
561~580	57.8~62.7	73.9~79.6
581~600	57.3~62.3	73.3~79.0
601~620	56.9~61.8	72.8~78.4
621~640	56.4~61.3	72.1~77.8
641~660	56.1~60.9	71.7~77.3
661~680	55.7~60.5	71.3~76.9
681以上	55.2~60.1	70.7~76.2

根据表3—8—2，初步设计粗纱的捻系数为64。

第二步：计算捻度

（1）估算粗纱的捻度为：

$$T_{\text{tex估}} = \frac{\alpha_{\text{t估}}}{\sqrt{T_{\text{t}}}} = \frac{64}{\sqrt{444.8}} = 3.03 \text{ 捻回}/10\text{ cm}$$

（2）根据图1—8—4，粗纱的捻度为：

$$T_{\text{tex}} = \frac{91 \times 91 \times z_2 \times 48 \times 40 \times 100}{z_3 \times 72 \times z_1 \times 53 \times 29 \times \pi \times 28} = 163.414 \times \frac{z_2}{z_3 \times z_1}$$

$$= 163.414 \times \frac{91}{60 \times 82} = 3.02 \text{ 捻回}/10\text{ cm}$$

式中，z_2/z_1 为70/103、91/82、103/70，取91/82；

z_3 为30～60，取60。

（3）粗纱的捻系数为：

$$\alpha_{\text{t}} = T_{\text{tex}} \times \sqrt{T_{\text{t}}} = 3.02 \times \sqrt{444.8} = 63.69$$

三、设计速度

1. 锭子速度

锭速设计为：

$$n_{\text{锭子}} = 960 \times \frac{D_{\text{m}}}{D} \times 98\% \times \frac{48 \times 40}{53 \times 29}$$

$$= 1\,175.234\,9 \times \frac{D_{\text{m}}}{D} = 1\,175.234\,9 \times \frac{145}{200} = 852.05 \text{ r/min}$$

式中 D_{m}——电动机带盘节径，mm，120 mm、145 mm、169 mm、194 mm，取145 mm；

D——主轴带盘节径，mm，190 mm、200 mm、210 mm、230 mm，取200 mm。

2. 前罗拉速度

$$n_{\text{前罗拉}} = 960 \times \frac{D_{\text{m}}}{D} \times 98\% \times \frac{z_1 \times 72 \times z_3}{z_2 \times 91 \times 91} = 8.179\,9 \times \frac{D_{\text{m}} \times z_1 \times z_3}{D \times z_2}$$

$$= 8.179\,9 \times \frac{145 \times 82 \times 60}{200 \times 91} = 320.63 \text{ r/min}$$

四、设计罗拉握持距

TJFA458A型粗纱机采用的是四罗拉双胶圈牵伸，混合纤维中化纤的主体长度为37.6 mm，胶圈架长度采用35.2 mm。

前罗拉与第二罗拉之间为整理区，其握持距可略大于或等于纤维的品质长度，因此设计为39 mm；第二罗拉与第三罗拉之间为主牵伸区，其握持距一般等于胶圈架长度加自由区长度，由于牵伸倍数较大，因此握持距设计为：35.2＋25≈60 mm；第三罗拉与后罗拉之间为简单罗拉牵伸，通常采用重加压、大隔距的工艺，其握持距设计为：37.6＋21≈59 mm。

五、设计粗纱卷绕密度

粗纱的密度为$\gamma = 0.65 \times 60\% + 0.55 \times 40\% = 0.61 \text{ g/cm}^3$，粗纱的干定量为4.0 g/10 m，根据经验公式，粗纱轴向卷绕密度H为：

$$H = 125.3 \times \sqrt{\frac{\gamma}{W}} = 125.3 \times \sqrt{\frac{0.61}{4.0}} = 48.9 \text{ 圈}/10\text{ cm}$$

粗纱径向卷绕密度R为：

$$R = 626.6 \times \sqrt{\frac{\gamma}{W}} = 626.6 \times \sqrt{\frac{0.61}{4.0}} = 244.7\ 层/10\ \text{cm}$$

根据图1—8—4，粗纱轴向卷绕密度 H 为：

$$H = \frac{被动铁炮一转时筒管的卷绕圈数}{被动铁炮一转时升降龙筋的升降高度}$$

$$= \frac{\dfrac{25 \times 38 \times z_{12} \times 493 \times 61 \times 40}{51 \times 50 \times 55 \times 1\,485 \times 45 \times 29}}{\dfrac{25 \times z_9 \times 39 \times z_{11} \times 42 \times 1 \times 38}{51 \times z_{10} \times 51 \times 56 \times 47 \times 50 \times 51} \times \dfrac{1}{2} \times \pi \times 110 \times \dfrac{800}{485} \times \dfrac{1}{10}}$$

$$= 1.655\,8 \times \frac{z_{12} \times z_{10}}{z_9 \times Z_{11}} = 1.655\,8 \times \frac{37 \times 45}{22 \times 26} = 4.82\ 圈/\text{cm} = 48.2\ 圈/10\ \text{cm}$$

式中　z_{12}——卷绕变换齿轮，36、37、38，取37；

z_{10}/z_9——升降阶段变换齿轮，39/28、45/22，取45/22；

z_{11}——升降变换齿轮，21～30，取26。

粗纱径向卷绕密度 R 为：

$$R = \frac{铁炮皮带移动范围 \times 100}{铁炮皮带每次移动量 \times \dfrac{(满管直径 - 筒管直径)}{2}}$$

$$= \frac{700 \times 100}{\dfrac{1 \times 1 \times 36 \times z_4 \times 30}{2 \times 25 \times 62 \times z_5 \times 57} \times \pi \times (270 + 2.5) \times \dfrac{(152 - 45)}{2}}$$

$$= 250.18 \times \frac{z_5}{z_4} = 250.18 \times \frac{40}{41} = 244.1\ 层/10\ \text{cm}$$

式中　z_4——成形变换齿轮1，19～41，取41；

z_5——成形变换齿轮2，19～46，取40。

六、设计其他工艺参数

1. 罗拉加压（daN/双锭）

根据设计的罗拉速度、握持距、定量，选择罗拉的加压为：

前罗拉×二罗拉×三罗拉×后罗拉：14×24×20×20。

2. 胶圈原始钳口隔距

由于粗纱的干定量为4.0g/10 m，选择胶圈原始钳口隔距为4.0 mm。

3. 上销弹簧起始压力

上销弹簧起始压力选择9 N。

4. 集合器

由于粗纱的干定量为4.0 g/10 m，熟条的定量为16.17 g/5 m，粗纱机的前区集合器口径（宽×高）选择6 mm×4 mm，后区集合器口径（宽×高）选择6 mm×3.5 mm，喂入集合器口径（宽×高）选择6 mm×4 mm。

七、粗纱工艺设计表

粗纱工艺设计见表3—8—3。

表 3—8—3　　　　　　　　　　粗纱工艺设计表

机型	粗纱定量（g/10 m）		回潮率（%）	总牵伸倍数		后区牵伸倍数	线密度（tex）	捻度（捻回/10 cm）	捻系数	罗拉握持距（mm）		
	干重	湿重		机械	实际					前～二	二～三	三～后
TJFA458A	4.0	4.336	8.4	8.25	8.09	1.356	444.8	3.02	63.69	39	60	59

罗拉加压（daN/双锭）	罗拉直径（mm）	轴向卷绕密度（圈/10 cm）	径向卷绕密度（层/10 cm）	转速（r/min）	
前×二×三×后	前×二×三×后			前罗拉	锭子
14×24×20×20	28×28×25×28	48.2	244.1	320.63	852.05

集合器口径（宽×高）（mm）			钳口隔距（mm）	齿轮的齿数													
前区	后区	喂入		z_1	z_2	z_3	z_4	z_5	z_6	z_7	z_8	z_9	z_{10}	z_{11}	z_{12}	z_{14}
6×4	6×3.5	6×4	4.0	82	91	60	41	40	79	41	36	22	45	26	37	22

考核评价

考核评分见表 3—8—4。

表 3—8—4　　　　　　　　　　考核评分表

项目	分值				得分
粗纱定量及牵伸倍数设计	30（按照要求进行设计，少一项扣 5 分）				
捻度设计	20（按照要求进行设计，少一项扣 5 分）				
速度设计	10（按照要求进行设计，少一项扣 5 分）				
隔距设计	10（按照要求进行设计，少一项扣 5 分）				
卷绕密度设计	20（按照要求进行设计，少一项扣 5 分）				
其他工艺参数设计	10（按照要求进行设计，少一项扣 5 分）				
书写、打印规范	书写有错误一次倒扣 4 分，格式错误倒扣 5 分，最多不超过 20 分				
姓名		班级		学号	总得分

思考与练习

1. 设计针织用 C/T 50/50 14.5 tex 混纺纱的粗纱工艺。
2. 设计针织用 Modal/C 60/40 J18.5 tex 混纺纱的粗纱工艺。

任务9　细纱工艺设计

学习目标

1. 能进行细纱工艺参数的选择与计算。
2. 掌握工艺参数对细纱质量的影响。

任务引入

在粗纱工艺设计的基础上，进行细纱工艺设计，其主要设计内容见表3—9—1。

表3—9—1　　细纱工艺

机型	细纱定量（g/100 m）		实际回潮率（%）	公定回潮率（%）	总牵伸倍数		后区牵伸倍数	线密度（tex）	捻度（捻回/10 cm）	捻系数	捻缩率（%）	捻向
	干重	湿重			机械	实际						
FA506												

罗拉中心距（mm）		罗拉加压（daN/双锭）	罗拉直径（mm）	钢领		钢丝圈型号	转速（r/min）	
前～中	中～后	前×中×后	前×中×后	型号	直径（mm）		前罗拉	锭子

前区集合器口径（mm）	钳口隔距（mm）	卷绕圈距（mm）	钢领板级升距（mm）	齿轮的齿数													
				z_A	z_B	z_C	z_D	z_E	z_F	z_G	z_H	z_J	z_K	z_M	z_N	z_n	n

任务分析

根据表3—9—1，细纱工艺设计分为细纱定量及牵伸倍数设计、捻度设计、速度设计、卷绕圈距设计、钢领板级升距设计、钢领与钢丝圈设计、罗拉中心距设计及其他工艺参数设计。通常先进行细纱定量及牵伸倍数设计，然后进行捻度设计，再进行速度、卷绕圈距、钢领板级升距、钢领与钢丝圈、罗拉中心距及其他工艺参数设计。

任务实施

一、设计细纱定量及牵伸倍数

所纺细纱的线密度14.5 tex，实际回潮率为8.4%，公定回潮率为11.2%，则细纱定量为：

$$G_{细纱} = \frac{T_t}{(1 + 11.2\%) \times 10} = \frac{14.5}{(1 + 11.2\%) \times 10} = 1.30 \text{ g/100 m}$$

$$G_{细纱湿} = G_{细纱} \times (1 + 8.4\%) = 1.30 \times (1 + 8.4\%) = 1.41 \text{ g/100 m}$$

设 FA506 型细纱机的牵伸效率为 92%（在实际情况下，工厂可以根据实际牵伸倍数与机械牵伸倍数计算获得，多数情况为 90% ~96%）。

第一步：计算实际牵伸倍数

$$E_{实际} = \frac{G_{粗纱} \times 10}{G_{细纱}} = \frac{4.0 \times 10}{1.30} = 30.77$$

第二步：计算机械牵伸倍数

$$E_{机械估} = \frac{E_{实际}}{牵伸效率} = \frac{30.77}{0.92} = 33.45$$

细纱机的总牵伸倍数是指前罗拉与后罗拉之间的牵伸倍数。由 FA506 型细纱机的传动图（见图 1—9—4），求得其总牵伸倍数 $E_{机械}$。

$$E_{机械} = \frac{35 \times z_K \times 59 \times z_M \times 104 \times 27 \times d_1}{23 \times z_J \times 28 \times z_N \times 37 \times 27 \times d_3}$$

$$= 9.0129 \times \frac{z_K \times z_M}{z_J \times z_N} = 9.0129 \times \frac{89 \times 69}{59 \times 28} = 33.50$$

式中　z_K——39、43、48、53、59、66、73、81 ~89，取 89；

z_J——39、43、48、53、59、66、73、81 ~89，取 59；

z_M——69、51，取 69；

z_N——28、46，取 28；

d_1——前罗拉直径，mm，25 mm；

d_3——后罗拉直径，mm，25 mm。

第三步：计算部分牵伸倍数

$$e_{中罗拉\sim后罗拉} = \frac{35 \times 36 \times d_2}{23 \times z_H \times d_3} = \frac{35 \times 36 \times 25}{23 \times z_H \times 25} = \frac{54.7826}{z_H} = \frac{54.7826}{42} = 1.30$$

式中，z_H——36、38、40、42、44、46、48、50，取 42；

d_2——中罗拉直径，mm，25 mm。

二、设计捻度

第一步：初步选取捻系数

初步设计细纱的捻系数为 340。

第二步：计算捻度

（1）计算细纱的捻度：

$$T_{tex估} = \frac{\alpha_{t估}}{\sqrt{T_t}}$$

式中，捻系数 $\alpha_{t估}$ =340。

细纱线密度 T_t = 14.5 tex。

则
$$T_{tex估} = \frac{\alpha_{t估}}{\sqrt{T_t}} = \frac{340}{\sqrt{14.5}} = 89.29\ \text{捻回}/10\ \text{cm}$$

（2）根据图1—9—4，细纱的捻度为：

$$T_{tex} = \frac{(D_3 + \delta) \times 71 \times 59 \times z_B \times z_D \times 37 \times 100}{(d + \delta) \times 28 \times 32 \times z_A \times z_C \times z_E \times \pi \times 25}$$
$$= \frac{(250 + 0.8) \times 71 \times 59 \times z_B \times z_D \times 37 \times 100}{(22 + 0.8) \times 28 \times 32 \times z_A \times z_C \times z_E \times \pi \times 25}$$
$$= 2\ 422.74 \times \frac{z_B \times z_D}{z_A \times z_C \times z_E} = 2\ 422.74 \times \frac{68 \times 80}{52 \times 80 \times 36} = 88.01\ \text{捻回}/10\ \text{cm}$$

式中　D_3——滚盘直径，mm，250 mm；

d——锭盘直径，mm，24 mm、22 mm、20.5 mm，取22 mm；

δ——锭带厚度，0.8 mm；

z_A/z_B——38/82、45/75、52/68、60/60、68/52、75/45、82/38，取52/68；

z_C——80、85、87，取80；

z_D——77、80、85，取80；

z_E——捻度变换齿轮（与锭盘直径有关）齿数，33（ϕ24 mm）、36（ϕ22 mm）、39（ϕ20.5 mm），取36。

第三步：计算细纱的捻系数

$$\alpha_t = T_{tex} \times \sqrt{T_t} = 88.01 \times \sqrt{14.5} = 335.13$$

根据表1—9—7，确定捻缩率为2.09%，为方便操作，捻向设计为Z向。

三、设计速度

1. 前罗拉速度

$$n_{前罗拉} = 1\ 460 \times \frac{D_1 \times 28 \times 32 \times z_A \times z_C \times z_E \times 27}{D_2 \times 71 \times 59 \times z_B \times z_D \times 37 \times 27} \times 98\%$$
$$= 8.27 \times \frac{D_1 \times z_A \times z_C \times z_E}{D_2 \times z_B \times z_D} = 8.27 \times \frac{200 \times 52 \times 80 \times 36}{200 \times 68 \times 80} = 227.67\ \text{r/min}$$

式中　D_1——电动机带盘节径，mm，170 mm、180 mm、190 mm、200 mm、210 mm，取200 mm；

D_2——主轴带盘节径，mm，180 mm、190 mm、200 mm、210 mm、220 mm、230 mm、240 mm，取200 mm。

2. 锭子速度

$$n_{锭子} = 1\ 460 \times \frac{(D_3 + \delta) \times D_1}{(d + \delta) \times D_2} \times 98\%$$
$$= 1\ 460 \times \frac{(250 + 0.8) \times 200}{(22 + 0.8) \times 200} \times 98\% = 15\ 739\ \text{r/min}$$

四、设计卷绕圈距

第一步：预测卷绕圈距：

$\Delta_{估} = 0.16 \times \sqrt{T_t} = 0.16 \times \sqrt{14.5} = 0.609\ 3\ \text{mm}$

第二步：计算卷绕圈距

如图1—9—4所示，钢领板每升降一次，前罗拉输出长度等于同一时间内管纱绕纱长度。

$$\frac{\pi \times d_1 \times 35 \times 25 \times z_G \times 20 \times 104 \times 27}{1 \times 25 \times z_F \times 20 \times 37 \times 27} = \frac{d_m + d_0}{2} \times \pi \times \frac{A}{\Delta} \times \frac{4}{3} = \frac{\pi \times (d_m^2 - d_0^2)}{3 \times \Delta \times \sin \frac{\gamma}{2}}$$

$$7\ 726.62 \times \frac{z_G}{z_F} = \frac{\pi \times (d_m^2 - d_0^2)}{3 \times \Delta \times \sin \frac{\gamma}{2}}$$

$$\frac{z_G}{z_F} = \frac{0.000\ 135\ 5 \times (d_m^2 - d_0^2)}{\Delta \times \sin \frac{\gamma}{2}}$$

$$\frac{z_G}{z_F} = \frac{0.000\ 135\ 5 \times (35^2 - 18^2)}{0.609\ 3 \times \sin 10.47°}$$

式中 d_m——管纱直径，35 mm；

d_0——筒管直径，18 mm；

$\frac{\gamma}{2}$——成形半锥角，10.47°。

$$z_G + z_F = 122$$

所以

$$z_G = 64, z_F = 58$$

则 $$\Delta = \frac{0.000\ 135\ 5 \times (d_m^2 - d_0^2) \times z_F}{\sin \frac{\gamma}{2} \times z_G} = \frac{0.000\ 135\ 5 \times (35^2 - 18^2) \times 58}{\sin 10.47° \times 64} = 0.61 \text{ mm}$$

五、设计钢领板级升距

第一步：预测钢领板级升距

$$m_{2估} = \frac{\sqrt{T_t}}{120\rho \sin(\gamma/2)} = \frac{\sqrt{14.5}}{120 \times 0.55 \times \sin 10.47°} = 0.317\ 5 \text{ mm}$$

式中 ρ——管纱绕纱密度，在一般卷绕张力条件下为0.55 g/cm³

第二步：计算钢领板级升距

由FA506型细纱机的传动图（见图1—9—4）可知，钢领板每升降一次，级升距变换棘轮 z_n 撑过 n 齿，从而获得级升距 m_2。

$$m_2 = \frac{n \times 1 \times D_6}{z_n \times 40 \times D_4} \times \pi \times D_5 = \frac{n \times 1 \times 140}{z_n \times 40 \times 130} \times \pi \times 130$$

$$= 10.995\ 6 \times \frac{n}{z_n} = 10.995\ 6 \times \frac{2}{70} = 0.314\ 2 \text{ mm}$$

式中 D_4——上分配轴左端轮直径，mm，130 mm；

D_5——钢领板牵吊轮直径，mm，130 mm；

D_6——卷绕轮直径，mm，140 mm；

n——1 ~ 3，取2；

z_n——43、45、48、50、55、60、65、70、72、75、80，取70。

六、选取钢领与钢丝圈

钢领：PG1/2，直径为38 mm。

钢丝圈型号：2.6Elf。

钢丝圈号数：10/0。

七、设计罗拉中心距

根据FA506型细纱机的牵伸形式（长短胶圈牵伸）及纤维、粗纱及所纺纱的情况，设计罗拉中心距如下：

前区罗拉中心距：46 mm。

后区罗拉中心距：63 mm。

八、设计其他工艺参数

1. 罗拉加压（daN/双锭）

根据设计的罗拉速度、握持距、定量，选择罗拉的加压为：

前罗拉×中罗拉×后罗拉：16×12×16。

2. 胶圈原始钳口隔距

由于细纱的线密度为14.5 tex，选择胶圈原始钳口隔距为2.8 mm。

3. 前区集合器

由于细纱的线密度为14.5 tex，选择细纱机的前区集合器开口尺寸为2.0 mm。

九、细纱工艺设计表（见表3—9—2）

细纱工艺设计见表3—9—2。

表3—9—2　　细纱工艺设计表

机型	细纱定量（g/100 m）		实际回潮率（%）	公定回潮率（%）	总牵伸倍数		后区牵伸倍数	线密度（tex）	捻度（捻回/10 cm）	捻系数	捻缩率（%）	捻向
	干重	湿重			机械	实际						
FA506	1.30	1.41	8.4	11.2	33.50	30.77	1.30	14.5	88.01	335.13	2.09	Z

罗拉中心距（mm）		罗拉加压（daN/双锭）	罗拉直径（mm）	钢领		钢丝圈型号	转速（r/min）	
前~中	中~后	前×中×后	前×中×后	型号	直径（mm）		前罗拉	锭子
46	63	16×12×16	25×25×25	PG1/2	38	2.6Elf 10/0	227.67	15 739

前区集合器口径（mm）	钳口隔距（mm）	卷绕圈距（mm）	钢领板级升距（mm）	齿轮的齿数													
				z_A	z_B	z_C	z_D	z_E	z_F	z_G	z_H	z_J	z_K	z_M	z_N	z_n	n
2.0	2.8	0.61	0.314 2	52	68	80	80	36	58	64	42	59	89	69	28	70	2

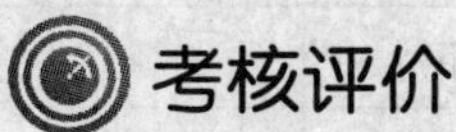

考核评分见表3—9—3。

表 3—9—3 考核评分表

项目	分值				得分	
细纱定量及牵伸倍数设计	20（按照要求进行设计，少一项扣 5 分）					
捻度设计	20（按照要求进行设计，少一项扣 5 分）					
速度设计	10（按照要求进行设计，少一项扣 5 分）					
卷绕圈距设计	10（按照要求进行设计，少一项扣 5 分）					
钢领板级升距设计	10（按照要求进行设计，少一项扣 5 分）					
钢领、钢丝圈选取	10（按照要求进行设计，少一项扣 5 分）					
隔距设计	10（按照要求进行设计，少一项扣 5 分）					
其他工艺参数设计	10（按照要求进行设计，少一项扣 5 分）					
书写、打印规范	书写有错误一次倒扣 4 分，格式错误倒扣 5 分，最多不超过 20 分					
姓名		班级		学号	总得分	

思考与练习

1. 设计针织用 C/T 50/50 14.5 tex 混纺纱的细纱工艺。
2. 设计针织用 Modal/C 60/40 J18.5 tex 混纺纱的细纱工艺。

任务 10 络筒工艺设计

学习目标

1. 能进行络筒工艺参数的选择与计算。
2. 掌握工艺参数对筒纱质量的影响。

任务引入

在细纱工艺设计的基础上，进行络筒工艺设计，其主要设计内容见表 3—10—1。

表 3—10—1 络筒工艺

络筒工艺								
机型	络筒速度（m/min）	张力（cN）	卷绕长度（m）	电子清纱器				
				形式	棉结	短粗节	长粗节	长细节
AUTOCONER338								

任务分析

根据表3—10—1，络筒工艺设计分为速度、张力、卷绕长度及清纱设定值设计。

任务实施

一、络筒速度的设计

综合考虑竹浆纤维/棉 60/40 J14.5 tex 混纺纱的影响因素，选择络筒速度为 900 m/min。

二、络筒张力的设计

考虑到纱线粗细、卷绕速度、纱线强力、纱线原料等与络筒张力的关系，另外，由于 AUTOCONER338 自动络筒机带有张力自调装置，纱线张力是通过计算机输入来设定的，故将络筒张力设计为 24 cN（竹浆纤维/棉 60/40 J14.5 tex 混纺纱的单纱强力为 269.56 cN）。

三、清纱设定值的设计

根据客户的要求及织物外观质量的要求，电子清纱设定为：

形式：USTER。

棉结：横截面 +250%。

短粗节：横截面 +160%，长度 2 cm。

长细节：横截面 -30%，长度 30 cm。

长粗节：横截面 +40%，长度 30 cm。

四、卷绕长度的设计

根据客户的要求，股线筒子的质量大约是 2.5 kg，络筒卷绕的长度大约为 172 400 m。

五、络筒工艺设计表

络筒工艺设计见表3—10—2。

表3—10—2　　络筒工艺设计表

络筒工艺								
机型	络筒速度（m/min）	张力（cN）	卷绕长度（m）	电子清纱器				
				形式	棉结	短粗节	长粗节	长细节
AUTOCONER338	900	24	172 400	USTER	+250%	+160% ×2 cm	+40% ×30 cm	-30% ×30 cm

考核评价

考核评分见表3—10—3。

表 3—10—3　　考核评分表

项目	分值					得分	
络筒速度设计	20（按照要求进行设计，少一项扣 10 分）						
络筒张力设计	30（按照要求进行设计，少一项扣 10 分）						
清纱设定值设计	30（按照要求进行设计，少一项扣 5 分）						
卷绕长度设计	20（按照要求进行设计，少一项扣 10 分）						
书写、打印规范	书写有错误一次倒扣 4 分，格式错误倒扣 5 分，最多不超过 20 分						
姓名		班级		学号		总得分	

思考与练习

1. 设计针织用 C/T 50/50 14. 5 tex 混纺纱的络筒工艺。
2. 设计针织用 Modal/C 60/40 J18. 5 tex 混纺纱的络筒工艺。

任务 11　纺纱设备配备计算

学习目标

1. 能计算理论生产量、定额生产量及各工序总产量。
2. 能计算设备配备的数量。

任务引入

4 天后交付 2 000 kg 竹浆纤维/棉 60/40 J14. 5 tex 混纺纱，现需要对设备的配备进行计算，计算内容见表 3—11—1。

表 3—11—1　　设备配备表

工序		每台（锭、眼）理论产量（kg/h）	时间效率（%）	每台（锭、眼）定额产量（kg/h）	消耗率（%）	总生产量（kg/h）	定额设备台（眼、锭）数	计划停台率（%）	计算设备台（眼、锭）数	配备数量		
										设备台数	规格	台（锭、头、眼）总数
竹	开清棉											
	梳棉											
	预并条											

续表

工序		每台（锭、眼）理论产量（kg/h）	时间效率（%）	每台（锭、眼）定额产量（kg/h）	消耗率（%）	总生产量（kg/h）	定额设备台（眼、锭）数	计划停台率（%）	计算设备台（眼、锭）数	配备数量		
										设备台数	规格	台（锭、头、眼）总数
棉	开清棉											
	梳棉											
	预并条											
	条并卷											
	精梳											
竹棉	混一并											
	混二并											
	混三并											
	粗纱											
	细纱											
	络筒											

任务分析

客户需要 2 000 kg 的竹浆纤维/棉 60/40 J14. 5 tex 混纺纱，并且要求 4 天后交货。需要对理论产量、定额产量、总生产量、设备配备进行计算，通常对以上的参量依次进行计算。

任务实施

一、理论生产量的计算

理论生产量是指单位时间内机器的连续生产量。

1. 开清棉

（1）竹浆纤维

$$G_{L清棉竹} = \frac{60 \times \pi \times d_{棉卷罗拉} \times n_{棉卷罗拉} \times T_{t成卷}}{1\ 000 \times 1\ 000 \times 1\ 000}$$

$$= \frac{60 \times 3.14 \times 230 \times 12.312 \times 418\ 100}{1\ 000 \times 1\ 000 \times 1\ 000} = 223.06\ \text{kg/台} \cdot \text{h}$$

式中 $T_{t成卷}$ ——成卷纤维线密度，418 100 tex；

$d_{棉卷罗拉}$ ——棉卷罗拉直径，230 mm；

$n_{棉卷罗拉}$ ——棉卷罗拉转速，12. 312 r/min。

（2）棉纤维

$$G_{L清棉} = \frac{60 \times \pi \times d_{棉卷罗拉} \times n_{棉卷罗拉} \times T_{t成卷}}{1\ 000 \times 1\ 000 \times 1\ 000}$$

$$= \frac{60 \times 3.14 \times 230 \times 12.312 \times 412\ 300}{1\ 000 \times 1\ 000 \times 1\ 000} = 219.96\ \text{kg/台·h}$$

式中 $T_{t成卷}$——棉卷线密度，412 300 tex；

$d_{棉卷罗拉}$——棉卷罗拉直径，230 mm；

$n_{棉卷罗拉}$——棉卷罗拉转速，12.312 r/min。

2. 梳棉

（1）竹浆纤维

$$G_{L梳棉竹} = \frac{60 \times \pi \times d_{道夫} \times n_{道夫} \times e_{小压辊\sim道夫} \times T_{t梳棉}}{1\ 000 \times 1\ 000 \times 1\ 000}$$

$$= \frac{60 \times 3.14 \times 706 \times 19.9 \times 1.39 \times 4\ 038.62}{1\ 000 \times 1\ 000 \times 1\ 000} = 14.86\ \text{kg/台·h}$$

式中 $T_{t梳棉}$——梳棉条线密度，4 038.62 tex；

$d_{道夫}$——道夫直径，706 mm；

$n_{道夫}$——道夫转速，19.9 r/min；

$e_{小压辊\sim道夫}$——小压辊与道夫间的牵伸倍数，1.39。

（2）棉纤维

$$G_{L梳棉棉} = \frac{60 \times \pi \times d_{道夫} \times n_{道夫} \times e_{小压辊\sim道夫} \times T_{t梳棉}}{1\ 000 \times 1\ 000 \times 1\ 000}$$

$$= \frac{60 \times 3.14 \times 706 \times 29.3 \times 1.54 \times 4\ 290.09}{1\ 000 \times 1\ 000 \times 1\ 000} = 25.75\ \text{kg/台·h}$$

式中 $T_{t梳棉}$——梳棉条线密度，4 290.09 tex；

$d_{道夫}$——道夫直径，706 mm；

$n_{道夫}$——道夫转速，29.3 r/min；

$e_{小压辊\sim道夫}$——小压辊与道夫间的牵伸倍数，1.54。

3. 预并条

（1）竹浆纤维

$$G_{L预并条竹} = \frac{60 \times v_{前罗拉} \times e_{紧压罗拉\sim前罗拉} \times T_{t预并条}}{1\ 000 \times 1\ 000}$$

$$= \frac{60 \times 212 \times 1.017\ 5 \times 4\ 072.52}{1\ 000 \times 1\ 000} = 52.71\ \text{kg/眼·h}$$

式中 $T_{t预并条}$——竹浆纤维预并条线密度，4 072.52 tex；

$v_{前罗拉}$——前罗拉线速度，212 m/min；

$e_{紧压罗拉\sim前罗拉}$——紧压罗拉与前罗拉间的牵伸倍数，1.017 5。

（2）棉纤维

$$G_{L预并条棉} = \frac{60 \times v_{前罗拉} \times e_{紧压罗拉\sim前罗拉} \times T_{t预并条}}{1\ 000 \times 1\ 000}$$

$$= \frac{60 \times 350 \times 1.017\ 5 \times 4\ 326.98}{1\ 000 \times 1\ 000} = 92.46\ \text{kg/眼·h}$$

式中　$T_{t预并条}$——棉卷预并条线密度，4 326.98 tex；

$v_{前罗拉}$——前罗拉线速度，350 m/min；

$e_{紧压罗拉\sim前罗拉}$——紧压罗拉与前罗拉间的牵伸倍数，1.017 5。

4. 条并卷（棉纤维）

$$G_{L条并卷} = \frac{60 \times v_{成卷罗拉} \times T_{t条并卷}}{1\,000 \times 1\,000}$$

$$= \frac{60 \times 90 \times 67\,313.4}{1\,000 \times 1\,000} = 363.49\ \text{kg/台·h}$$

式中　$T_{t条并卷}$——棉卷条并卷线密度，67 313.4 tex；

$v_{成卷罗拉}$——成卷罗拉线速度，90 m/min。

5. 精梳（棉纤维）

$$G_{L精梳} = \frac{60 \times v_{圈条压辊} \times T_{t精梳}}{1\,000 \times 1\,000} = \frac{60 \times 140.84 \times 4\,331.32}{1\,000 \times 1\,000} = 36.60\ \text{kg/台·h}$$

式中　$v_{圈条压辊}$——140.84 m/min；

$T_{t精梳}$——4 331.32 tex。

6. 并条（混一并）

$$G_{L混一并} = \frac{60 \times v_{前罗拉} \times e_{紧压罗拉\sim前罗拉} \times T_{t混一并}}{1\,000 \times 1\,000}$$

$$= \frac{60 \times 212 \times 1.017\,5 \times 3\,838.62}{1\,000 \times 1\,000} = 49.68\ \text{kg/眼·h}$$

式中　$T_{t混一并}$——混一并条线密度，3 838.62 tex；

$v_{前罗拉}$——前罗拉线速度，212 m/min；

$e_{紧压罗拉\sim前罗拉}$——紧压罗拉与前罗拉间的牵伸倍数，1.017 5。

7. 并条（混二并）

$$G_{L混二并} = \frac{60 \times v_{前罗拉} \times e_{紧压罗拉\sim前罗拉} \times T_{t混二并}}{1\,000 \times 1\,000}$$

$$= \frac{60 \times 212 \times 1.017\,5 \times 3\,751.89}{1\,000 \times 1\,000} = 48.56\ \text{kg/眼·h}$$

式中　$T_{t混二并}$——混二并条线密度，3 751.89 tex；

$v_{前罗拉}$——前罗拉线速度，212 m/min；

$e_{紧压罗拉\sim前罗拉}$——紧压罗拉与前罗拉间的牵伸倍数，1.017 5。

8. 并条（混三并）

$$G_{L混三并} = \frac{60 \times v_{紧压罗拉} \times T_{t混三并}}{1\,000 \times 1\,000}$$

$$= \frac{60 \times 238 \times 3\,596.21}{1\,000 \times 1\,000} = 51.35\ \text{kg/眼·h}$$

式中　$T_{t混三并}$——混三并条线密度，3 596.21 tex；

$v_{紧压罗拉}$——紧压罗拉线速度，238 m/min。

9. 粗纱

$$G_{L粗纱} = \frac{60 \times \pi \times d_{前罗拉} \times n_{前罗拉} \times T_{t粗纱}}{1\,000 \times 1\,000 \times 1\,000}$$

$$= \frac{60 \times 3.14 \times 28 \times 320.63 \times 444.8}{1\,000 \times 1\,000 \times 1\,000} = 0.752\,3\ \text{kg/锭} \cdot \text{h}$$

式中 $T_{t粗纱}$——粗纱线密度，444.8 tex；

$d_{前罗拉}$——前罗拉直径，28 mm；

$n_{前罗拉}$——前罗拉转速，320.63 r/min。

10. 细纱机

$$G_{L细纱} = \frac{60 \times \pi \times d_{前罗拉} \times n_{前罗拉} \times (1 \pm s) \times T_{t细纱}}{1\,000 \times 1\,000 \times 1\,000}$$

$$= \frac{60 \times 3.14 \times 25 \times 227.67 \times (1 - 2.09\%) \times 14.5}{1\,000 \times 1\,000 \times 1\,000} = 0.015\,2\ \text{kg/锭} \cdot \text{h}$$

式中 $T_{t细纱}$——细纱线密度，14.5 tex；

$d_{前罗拉}$——前罗拉直径，25 mm；

$n_{前罗拉}$——前罗拉转速，227.67 r/min；

s——捻缩率，2.09%。

11. 络筒

$$G_{L络筒} = \frac{60 \times v_{络筒} \times T_{t络筒}}{1\,000 \times 1\,000} = \frac{60 \times 900 \times 14.5}{1\,000 \times 1\,000} = 0.783\ \text{kg/锭} \cdot \text{h}$$

式中 $v_{络筒}$——络筒机线速度，900 m/min；

$T_{t络筒}$——络筒纱（或线）的线密度，14.5 tex。

二、定额生产量计算

1. 时间效率

选取纺纱各工序设备的时间效率（在实际生产中可以测定具体数值），见表3—11—2。

表3—11—2 各工序机器的时间效率取值

工序	时间效率 K（%）	时间效率取值（%）
开清棉	82～87	85
梳棉	85～90	87
预并条	75～82	80
条并卷	70～80	78
精梳	85～90	88
并条	75～82	80
粗纱	70～80	75
细纱	经纱：91～98，纬纱：90～97	96
络筒	65～70	70

2. 定额生产量

各工序的定额生产量如下。

（1）开清棉

1）竹浆纤维：$q_{清棉竹} = G_{L清棉竹} \times K_{清棉} = 223.06 \times 85\% = 189.601$ kg/台·h

2）棉纤维：$q_{清棉棉} = G_{L清棉棉} \times K_{清棉} = 219.96 \times 85\% = 186.97$ kg/台·h

（2）梳棉

1）竹浆纤维：$q_{梳棉竹} = G_{L梳棉竹} \times K_{梳棉} = 14.86 \times 87\% = 12.93$ kg/台·h

2）棉纤维：$q_{梳棉棉} = G_{L梳棉棉} \times K_{梳棉} = 25.75 \times 87\% = 22.40$ kg/台·h

（3）预并条

1）竹浆纤维：$q_{预并条竹} = G_{L预并条竹} \times K_{预并条} = 52.71 \times 80\% = 42.17$ kg/眼·h

2）棉纤维：$q_{预并条棉} = G_{L预并条棉} \times K_{预并条} = 92.46 \times 80\% = 73.97$ kg/眼·h

（4）条并卷

$$q_{条并卷} = G_{L条并卷} \times K_{条并卷} = 363.49 \times 78\% = 283.52 \text{ kg/台·h}$$

（5）精梳

$$q_{精梳} = G_{L精梳} \times K_{精梳} = 36.60 \times 88\% = 32.21 \text{ kg/台·h}$$

（6）并条（混一并）

$$q_{混一并} = G_{L混一并} \times K_{并条} = 49.68 \times 80\% = 39.74 \text{ kg/眼·h}$$

（7）并条（混二并）

$$q_{混二并} = G_{L混二并} \times K_{并条} = 48.56 \times 80\% = 38.85 \text{ kg/眼·h}$$

（8）并条（混三并）

$$q_{混三并} = G_{L混三并} \times K_{并条} = 51.35 \times 80\% = 41.08 \text{ kg/眼·h}$$

（9）粗纱

$$q_{粗纱} = G_{L粗纱} \times K_{粗纱} = 0.7523 \times 75\% = 0.5642 \text{ kg/锭·h}$$

（10）细纱

$$q_{细纱} = G_{L细纱} \times K_{细纱} = 0.0152 \times 96\% = 0.0146 \text{ kg/锭·h}$$

（11）络筒

$$q_{络筒} = G_{L络筒} \times K_{络筒} = 0.783 \times 70\% = 0.5481 \text{ kg/锭·h}$$

三、各工序总产量计算

1. 消耗率

生产过程中，必然要产生回花、落棉、回丝、风耗等落物，形成一定量的消耗，使后一工序的产量小于前一工序的产量，通常用消耗率表示各工序消耗量的多少。

某工序的消耗率是该工序的制成量与细纱生产量比值的百分率，即：

$$本工序消耗率(S_i) = \frac{本工序半制品产量}{细纱产量} \times 100\%$$

或
$$本工序消耗率(S_i) = \frac{Z_i}{Z_x} \times 100\%$$

式中　Z_i——本工序累计制成率；

Z_x——细纱累计制成率。

若是两种纤维混纺，则混并前各工序的消耗率即为选用的消耗率。

$$S'_{iA}=S_{iA}\times K_A$$
$$S'_{iB}=S_{iB}\times K_B$$

式中 S'_{iA}、S'_{iB}——混并前各工序的消耗率（A、B 两种原料）；

K_A、K_B——A、B 两种纤维公定回潮率下的湿重混纺比。

竹浆纤维与棉纤维的湿重混纺比：

$$\frac{K_{竹浆纤维}}{K_{棉纤维}}=\frac{\dfrac{0.60\times(1+13\%)}{0.60\times(1+13\%)+0.40\times(1+8.5\%)}}{\dfrac{0.40\times(1+8.5\%)}{0.60\times(1+13\%)+0.40\times(1+8.5\%)}}=\frac{0.609\ 7}{0.390\ 3}$$

生产竹浆纤维/棉 60/40 J14.5 tex 混纺纱的消耗率取值见表 3—11—3。

表 3—11—3　竹浆纤维/棉 60/40 J14.5 tex 混纺纱的消耗率

工序	本工序落棉率 L_i（%）		本工序制成率 $D_i=100-L_i$（%）		累计制成率 $Z_i=Z_{i-1}\times D_i$（%）		消耗率 $S_i=(Z_i/Z_{细纱})\times100\%$	
	竹浆纤维	棉纤维	竹浆纤维	棉纤维	竹浆纤维	棉纤维	竹浆纤维 $S'_{i竹浆纤维}=S_{i竹浆纤维}\times K_{竹浆纤维}$	棉纤维 $S'_{i棉纤维}=S_{i棉纤维}\times K_{棉纤维}$
开清棉	1.60	3.10	98.40	96.90	98.40	96.90	109.2×0.609 7=66.58	137.3×0.390 3=53.59
梳棉	4.36	7.07	95.64	92.93	94.11	90.05	104.5×0.609 7=63.71	127.6×0.390 3=49.80
预并条	0.63	0.33	99.37	99.67	93.52	89.75	103.8×0.609 7=63.29	127.2×0.390 3=49.65
条并卷		0.56		99.44		89.25		126.5×0.390 3=49.37
精梳		17.90		82.10		73.27		103.8×0.390 3=40.51
混并	1.34		98.66		92.27	72.29	102.4	
粗纱	0.54		99.46		91.77	71.90	101.9	
细纱	1.85		98.15		90.07	70.57	100	
络筒	0.11		99.89		89.97	70.49	99.9	

2. 各工序总生产量

纺制 2 000 kg 竹浆纤维/棉 60/40 J14.5 tex 混纺纱，客户要求 4 天后交货，换算各工序半制品总产量（即需要量）G_i 为：

（1）络筒总产量

$$G_{i络筒}=\frac{2\ 000}{24\times4}=20.83\ \text{kg/h}$$

（2）细纱总产量

$$Q_{i细纱}=\frac{G_{i络筒}}{S_{i络筒}}=\frac{20.83}{99.9\%}=20.85\ \text{kg/h}$$

（3）粗纱总产量

$$G_{i粗纱}=Q_{i细砂}\times S_{i粗纱}=20.85\times101.9\%=21.25\ \text{kg/h}$$

（4）混并总产量

$$G_{i混并}=Q_{i细纱}\times S_{i混条}=20.85\times 102.4\%=21.35\ \text{kg/h}$$

（5）精梳总产量

$$G_{i精梳}=Q_{i细纱}\times S_{i精梳}=20.85\times 40.51\%=8.45\ \text{kg/h}$$

（6）条并卷总产量

$$G_{i条并卷}=Q_{i细纱}\times S_{i条并卷}=20.85\times 49.37\%=10.29\ \text{kg/h}$$

（7）预并总产量

1）竹浆纤维：$G_{i预并条竹}=Q_{i细纱}\times S_{i预并条竹}=20.85\times 63.29\%=13.20\ \text{kg/h}$

2）棉纤维：$G_{i预并条棉}=Q_{i细纱}\times S_{i预并条棉}=20.85\times 49.65\%=10.35\ \text{kg/h}$

（8）梳棉总产量

1）竹浆纤维：$G_{i梳棉竹}=Q_{i细纱}\times S_{i梳棉竹}=20.85\times 63.71\%=13.28\ \text{kg/h}$

2）棉纤维：$G_{i梳棉棉}=Q_{i细纱}\times S_{i梳棉棉}=20.85\times 49.80\%=10.38\ \text{kg/h}$

（9）清棉总产量

1）竹浆纤维：$G_{i清棉竹}=Q_{i细纱}\times S_{i清棉竹}=20.85\times 66.58\%=13.88\ \text{kg/h}$

2）棉纤维：$G_{i清棉棉}=Q_{i细纱}\times S_{i清棉棉}=20.85\times 53.59\%=11.17\ \text{kg/h}$

四、设备配备计算

1. 纺纱各工序定额设备数量计算

（1）开清棉定额设备台数

1）竹浆纤维：$M_{d清棉竹}=\dfrac{G_{i清棉竹}}{q_{清棉竹}}=\dfrac{13.88}{189.601}=0.07$ 台

2）棉纤维：$M_{d清棉棉}=\dfrac{G_{i清棉棉}}{q_{清棉棉}}=\dfrac{11.17}{186.97}=0.06$ 台

（2）梳棉定额设备台数

1）竹浆纤维：$M_{d梳棉竹}=\dfrac{G_{i梳棉竹}}{q_{梳棉竹}}=\dfrac{13.28}{12.93}=1.03$ 台

2）棉纤维：$M_{d梳棉棉}=\dfrac{G_{i梳棉棉}}{q_{梳棉棉}}=\dfrac{10.38}{22.40}=0.46$ 台

（3）预并条定额设备眼数

1）竹浆纤维：$M_{d预并条竹}=\dfrac{G_{i预并条竹}}{q_{预并条竹}}=\dfrac{13.20}{42.17}=0.31$ 眼

2）棉纤维：$M_{d预并条棉}=\dfrac{G_{i预并条棉}}{q_{预并条棉}}=\dfrac{10.35}{73.97}=0.14$ 眼

（4）条并卷定额设备台数

$$M_{d条并卷}=\frac{G_{i条并卷}}{q_{条并卷}}=\frac{10.29}{283.52}=0.04\ 台$$

（5）精梳定额设备台数

$$M_{d精梳}=\frac{G_{i精梳}}{q_{精梳}}=\frac{8.45}{32.21}=0.26\ 台$$

（6）混并定额设备眼数

1）混一并：$M_{d混一并} = \frac{G_{i混并}}{q_{混一并}} = \frac{21.35}{39.74} = 0.54$ 眼

2）混二并：$M_{d混二并} = \frac{G_{i混并}}{q_{混二并}} = \frac{21.35}{38.85} = 0.55$ 眼

3）混三并：$M_{d混三并} = \frac{G_{i混并}}{q_{混三并}} = \frac{21.35}{41.08} = 0.52$ 眼

（7）粗纱定额设备锭数

$$M_{d粗纱} = \frac{G_{i粗纱}}{q_{粗纱}} = \frac{21.25}{0.5642} = 37.66 \text{ 锭}$$

（8）细纱定额设备锭数

$$M_{d细纱} = \frac{G_{i细纱}}{q_{细纱}} = \frac{20.85}{0.0146} = 1\,428.08 \text{ 锭}$$

（9）络筒定额设备锭数

$$M_{d络筒} = \frac{G_{i络筒}}{q_{络筒}} = \frac{20.83}{0.5481} = 38.00 \text{ 锭}$$

2. 纺纱设备数量的计算

生产竹浆纤维/棉 60/40 J14.5 tex 混纺纱的计划停台率取值见表 3—11—4。

表 3—11—4　　生产竹浆纤维/棉 60/40 J14.5 tex 混纺纱的计划停台率

工序	计划停台率范围 η（%）	生产竹浆纤维/棉 60/40 J14.5 tex 混纺纱的计划停台率 η（%）
开清棉	10～12	10
梳棉	5～7	6
预并条	4～6	5
条并卷	3～5	4
精梳	5～7	5
并条	4～6	5
粗纱	4～6	4
细纱	3～4	3
络筒	4～6	5

（1）开清棉设备数量

1）竹浆纤维：$M_{i清棉竹} = \frac{M_{d清棉竹}}{1-\eta_{清棉}} = \frac{0.07}{1-10\%} = 0.08$ 台，取 0.5 台。

2）棉纤维：$M_{i清棉棉} = \frac{M_{d清棉棉}}{1-\eta_{清棉}} = \frac{0.06}{1-10\%} = 0.07$ 台，取 0.5 台。

（2）梳棉设备数量

1）竹浆纤维：$M_{i梳棉竹} = \frac{M_{d梳棉竹}}{1-\eta_{梳棉}} = \frac{1.03}{1-6\%} = 1.10$ 台，取 2 台。

2）棉纤维：$M_{i梳棉棉} = \frac{M_{d梳棉棉}}{1 - \eta_{梳棉}} = \frac{0.46}{1 - 6\%} = 0.49$ 台，取 1 台。

（3）预并条设备数量

1）竹浆纤维：$M_{i预并条竹} = \frac{M_{d预并条竹}}{1 - \eta_{预并条}} = \frac{0.31}{1 - 5\%} = 0.33$ 眼，取 2 眼/1 台。

2）棉纤维：$M_{i预并条棉} = \frac{M_{d预并条棉}}{1 - \eta_{预并条}} = \frac{0.14}{1 - 5\%} = 0.15$ 眼，取 2 眼/1 台。

（4）条并卷设备数量

$$M_{i条并卷} = \frac{M_{d条并卷}}{1 - \eta_{条并卷}} = \frac{0.04}{1 - 4\%} = 0.04 \text{ 台，取 1 台。}$$

（5）精梳设备数量

$$M_{i精梳} = \frac{M_{d精梳}}{1 - \eta_{精梳}} = \frac{0.26}{1 - 5\%} = 0.27 \text{ 台，取 1 台。}$$

（6）并条设备数量

1）混一并：$M_{i混一并} = \frac{M_{d混一并}}{1 - \eta_{并条}} = \frac{0.54}{1 - 5\%} = 0.57$ 眼，取 2 眼/1 台。

2）混二并：$M_{i混二并} = \frac{M_{d混二并}}{1 - \eta_{并条}} = \frac{0.55}{1 - 5\%} = 0.58$ 眼，取 2 眼/1 台。

3）混三并：$M_{i混三并} = \frac{M_{d混三并}}{1 - \eta_{并条}} = \frac{0.52}{1 - 5\%} = 0.55$ 眼，取 2 眼/1 台。

（7）粗纱设备数量

$$M_{i粗纱} = \frac{M_{d粗纱}}{1 - \eta_{粗纱}} = \frac{37.66}{1 - 4\%} = 39.23 \text{ 锭，取 1 台（120 锭/台）。}$$

（8）细纱设备数量

$$M_{i细纱} = \frac{M_{d细纱}}{1 - \eta_{细纱}} = \frac{1\,428.08}{1 - 3\%} = 1\,472.25 \text{ 锭，取 4 台（420 锭/台）。}$$

（9）络筒设备数量

$$M_{i络筒} = \frac{M_{d络筒}}{1 - \eta_{络筒}} = \frac{38}{1 - 5\%} = 40 \text{ 锭，取 0.5 台（80 锭/台）。}$$

五、竹浆纤维/棉 60/40 J14.5 tex 混纺纱的机器配备表（见表 3—11—5）

表 3—11—5　　竹浆纤维/棉 60/40 J14.5 tex 混纺纱的机器配备表

工序		每台（锭、眼）理论产量（kg/h）	时间效率（%）	每台（锭、眼）定额产量（kg/h）	消耗率（%）	总生产量（kg/h）	定额设备台（眼、锭）数	计划停台率（%）	计算设备台（眼、锭）数	配备数量		
										设备台数	规格	台（锭、头、眼）总数
竹	开清棉	223.06	85	189.601	66.58	13.88	0.07	10	0.08	0.5	1	0.5
	梳棉	14.86	87	12.93	63.71	13.28	1.03	6	1.10	2	1	2
	预并条	52.71	80	42.17	63.29	13.20	0.31	5	0.33	1	2	2

续表

工序		每台（锭、眼）理论产量（kg/h）	时间效率（%）	每台（锭、眼）定额产量（kg/h）	消耗率（%）	总生产量（kg/h）	定额设备台（眼、锭）数	计划停台率（%）	计算设备台（眼、锭）数	配备数量		
										设备台数	规格	台（锭、头、眼）总数
棉	开清棉	219.96	85	186.97	53.59	11.17	0.06	10	0.07	0.5	1	0.5
	梳棉	25.75	87	22.40	49.80	10.38	0.46	6	0.49	1	1	1
	预并条	92.46	80	73.97	49.65	10.35	0.14	5	0.15	1	2	2
	条并卷	363.49	78	283.52	49.37	10.29	0.04	4	0.04	1	1	1
	精梳	36.60	88	32.21	40.51	8.45	0.26	5	0.27	1	1	1
竹棉	混一并	49.68	80	39.74	102.4	21.35	0.54	5	0.57	1	2	2
	混二并	48.56	80	38.85	102.4	21.35	0.55	5	0.58	1	2	2
	混三并	51.35	80	41.08	102.4	21.35	0.52	5	0.55	1	2	2
	粗纱	0.752 3	75	0.564 2	101.9	21.25	37.66	4	39.23	1	120	120
	细纱	0.015 2	96	0.014 6	100	20.85	1 428.08	3	1 472.25	4	420	1 680
	络筒	0.783	70	0.548 1	99.9	20.83	38	5	40	0.5	80	40

考核评价

考核评分见表3—11—6。

表3—11—6　　考核评分表

项目	分值				得分	
理论生产量的计算	40（按照要求进行设计，少一项扣2分）					
定额生产量的计算	20（按照要求进行设计，少一项扣2分）					
总产量的计算	20（按照要求进行设计，少一项扣2分）					
设备配备的计算	20（按照要求进行设计，少一项扣2分）					
书写、打印规范	书写有错误一次倒扣4分，格式错误倒扣5分，最多不超过20分					
姓名		班级		学号	总得分	

思考与练习

1. 计算C/T 50/50 14.5 tex混纺纱，3 000 kg，8天交货的设备配备。

2. 计算Modal/C 60/40 J18.5 tex混纺纱，5 000 kg，12天交货的设备配备。